国家级职业教育规划教材
人力资源社会保障部职业能力建设司推荐
高等职业技术院校电类专业教材

# 电视机检修技术

（第二版）

DIANSHIJI JIANXIU JISHU

主 编 何培森

中国劳动社会保障出版社

**简介**

本书主要内容包括电视技术基础知识、液晶电视机原理与检修、数字电视技术、数字电视机顶盒原理与检修、OLED 显示技术、LED 显示屏技术。

本书由何培森任主编，康婷霞任副主编，罗丽娜、郝国勇参与编写，刘娟主审。

**图书在版编目（CIP）数据**

电视机检修技术 / 何培森主编. -- 2 版. -- 北京：中国劳动社会保障出版社，2020
高等职业技术院校电类专业教材
ISBN 978-7-5167-4365-2

Ⅰ. ①电… Ⅱ. ①何… Ⅲ. ①电视接收机 - 检修 - 高等职业教育 - 教材 Ⅳ. ①TN949.7

中国版本图书馆 CIP 数据核字（2020）第 144650 号

**中国劳动社会保障出版社出版发行**
（北京市惠新东街 1 号 邮政编码：100029）

*

北京谊兴印刷有限公司印刷装订 新华书店经销

787 毫米 ×1092 毫米 16 开本 23.25 印张 2 插页 540 千字
2020 年 10 月第 2 版 2020 年 10 月第 1 次印刷
**定价：46.00 元**

读者服务部电话：（010）64929211/84209101/64921644
营销中心电话：（010）64962347
出版社网址：http://www.class.com.cn
http://jg.class.com.cn

# 前　言

为了更好地适应全国高等职业技术院校电类专业教学要求，全面提升教学质量，人力资源社会保障部教材办公室组织有关学校的一线教师和行业、企业专家，充分调研企业生产和学校教学情况，广泛听取各职业技术院校对教材使用情况的反馈意见，对2006年至2007年出版的高等职业技术院校电类专业教材进行了修订，并做了适当的补充开发。

本次教材修订（新编）工作的重点主要体现在以下四个方面：

第一，科学合理安排内容，融入先进教学理念。

根据电类专业毕业生所从事职业的实际需要和教学实际情况的变化，合理确定学生应具备的能力与知识结构，适当调整部分教材的内容及其深度、难度，如《数控机床电气检修（第二版）》中增加了教学中广泛使用的广数GSK980T系统的相关知识；根据相关工种及专业领域的最新发展，在教材中充实“四新”内容，如《变频技术及应用（三菱　第二版）》中改用目前广泛应用的较新型的FR-E740型通用变频器。同时，结合教学改革要求，在教材中融入较为成熟的课改理念和教学方法，以完成具体典型工作任务为主线组织教材内容，将理论知识的讲解与具体的任务载体有机结合，激发学生学习兴趣，提高学生实践能力。

第二，进一步完善教材体系，充分满足教学需求。

在进一步完善现有教材教学内容的基础上，适应专业发展趋势，新开发了《电力电子技术》《过程控制技术》《工业组态软件应用技术》《自动化综合实训》《SMT基础与工艺》《SMT设备操作与维护》《SMT编程技术》等教材，以充分满足当前教学实际需求。

第三，涵盖国家职业标准，与职业技能鉴定要求相衔接。

教材编写坚持以国家职业标准为依据，涵盖相关国家职业标准中、高级的知识和技能要求，并在与教材配套的习题册中增加针对相关职业技能鉴定考试的练习题。同时，严格贯彻国家有关技术标准的要求。

第四，进一步开发辅助产品，提供优质教学服务。

根据大多数学校的教学实际需求，部分教材还配套开发了习题册，以便于学生巩固练习使用。本套教材均提供多媒体教学课件，可通过技工教育网（http://jg.class.com.cn）下载，进入主页后搜索相应教材并进入图书详细页面即可找到下载链接。

本次教材的修订（新编）工作得到了江苏、安徽、山东、河南、湖南、广东、广西、四川等省人力资源社会保障厅及一些高等职业技术院校的大力支持，教材的编审人员做了大量的工作，在此我们表示诚挚的谢意。

人力资源社会保障部教材办公室

2019 年 7 月

# 目　录

国家级职业教育规划教材

# CONTENTS

## 第二章 液晶电视机原理与检修……120

# 第一章 电视技术基础知识

要系统掌握电视机的工作原理与维修技能，必须从基础知识入手。本章将从电视机的发展概况开始，系统地介绍黑白全电视信号、彩色全电视信号的产生与传输方法，以及彩色电视信号的制式与解码器的工作原理等方面的知识。

## §1-1 电视机发展概述

### 学习目标

1. 了解电视机的发展史。
2. 了解电视机发展过程中的特点。

19 世纪 80 年代，人们就开始研究电视机技术，经过一百多年不懈的努力，电视机从机械式电视机开始，经历了电子管电视机、晶体管电视机等发展阶段，到目前为止，已成功地推出了智能化、超高清化、超大屏幕化、轻薄化、节能环保型的 OLED 电视机。电视机的问世，深刻改变了人们的生活方式。

**一、机械式电视机**

1880 年，法国科学家莱布朗克使用一个镜面在两个不同的轴线上来回转动，把一个画面的不同部分按顺序反射到另一个位置，实现了图像的分解与再现。

1883 年，德国电气工程师尼普柯夫使用机械式的圆盘扫描法进行了反射图像的实验，当时的每幅画面只有 24 行，且图像相当模糊。

光电效应现象被发现后，人们发明了光电转换的方法，通过机械扫描使图像亮暗的变化转变成电信号成为可能。1897 年，德国的布劳恩发明了阴极射线管（CRT），使快速显示电信号的变化成为可能。

1904 年，英国人贝尔威尔和德国人柯隆发明了通过电线一次传送一张照片的方法，每传送一张照片需要 10 min。1924 年，英国和德国的科学家对该方法进行了改进，运用机械扫描方式成功地传出了静止图像。

这一时期电视机的特点是，通过光电效应，利用机械扫描的方式产生电信号，用电缆线传送信号，用阴极射线管显示图像，电视传播的距离和范围非常有限，图像也相当粗糙，只用于实验室研究，没有实用性。

**二、电子管电视机**

1923 年，美籍苏联人兹沃里金发明了静电积贮式摄像管，申请了光电显像管、电视信号发射器及电视信号接收器的专利，首次采用电子式的收发系统，虽然该项技术不够成熟，但其成了现代电视技术的先驱。

1925 年，英国科学家在兹沃里金研究的基础上，研制成功了电子式的电视机。电子技术在电视上的应用，使电视机开始走出实验室。

1928 年，美国纽约广播电台进行了世界上第一次电视广播实验，整个实验持续了 30 min，收看的电视机有 10 多台，成为电视机发展史上划时代的事件。

1933 年，兹沃里金成功改进了电视摄像用的摄像管和显像管，电视技术进一步成熟，完成了电视摄像与显像完全电子化的过程，现代电视系统基本成型。

1935 年，德国成立了第一家实用型的电视台，每周播放三次节目，黑白电视机正式进入社会化。

在彩色电视机的发展史上，1929 年，美国科学家伊夫斯在纽约和华盛顿之间进行彩色电视图像播送的实验，启动了对彩色电视机的研究。1938 年，德国人弗莱彻西格提出三枪三束彩色显像管的设想。1940 年，美国人古尔马研制出机电式彩色电视系统。1949 年，美国研制出世界上第一只三枪三束彩色显像管。1951 年，美国科学家洛伦斯发明了单枪式彩色显像管，彩色电视机开始进入家庭化。

## 三、晶体管电视机

20 世纪 50 年代以前，无论是黑白电视机还是彩色电视机，都是使用电子管来制造的。1954 年，美国得克萨斯仪器公司研制出第一台全晶体管电视接收机，电视机进入晶体管时代。

1958 年 3 月 18 日，我国的第一台黑白电视机诞生。新中国成立后，国家为了发展广播电视事业，由北京广播器材厂负责研制电视信号发射的任务，由天津无线电厂负责研制电视接收机的任务。1958 年 3 月 17 日晚，我国电视中心在北京第一次试播电视节目。半年后，我国第一家电视台——北京电视台正式开播，当时全国的黑白电视机只有 50 多台。我国生产的第一台黑白电视机如图 1–1–1 所示。

图 1–1–1　我国生产的第一台黑白电视机

## 四、集成电路电视机

1966 年，美国无线电公司研制出集成电路电视机。黑白电视机开始采用“三片机”集成电路，彩色电视机开始采用“四片机”集成电路。随着集成电路制造技术的发展，彩色电视机由“四片机”发展为以 TA7680、TA7698 为代表的“两片机”集成电路，不久又推出了单片集成电路彩色电视机、超单片集成电路彩色电视机。

## 五、遥控彩色电视机

1955 年，美国的 Zenith 电器公司最早采用有线遥控器来控制电视机。同年，该公司经过改进，研制出无线遥控器，但这种无线遥控器必须对准电视机才可以进行控制。

1956 年，罗伯 · 爱德勒研究出实用性较好的电视机遥控器，它采用超声波技术来更换频道和进行音量调节，每个按键发出的频率不一样。因为这种遥控器的工作频率为超声波频段，所以其抗干扰能力不够好。20 世纪 80 年代初期，出现了红外线遥控器，这种遥控器功能强大、性能稳定、抗干扰能力好，直到现在还在广泛使用。

随着大规模集成电路制造技术的出现，以及红外线遥控器的应用，20 世纪 90 年代，黑白电视机开始被淘汰，彩色电视机则向多功能化、大屏幕化发展，立体声技术、清晰度控制技术、变场频与变行频扫描技术、$I^2C$ 技术、图像信号数字化分离处理技术不断应用于彩色电视机中，提高了声图质量，使 CRT 彩色电视机的声图质量水平达到顶峰。

## 六、平板电视机

平板电视机主要是指等离子电视机与液晶电视机。

### 1. 等离子电视机（PDP TV）

20 世纪 70 年代开始研究等离子显示技术，最早的等离子产品主要用于显示文字和简单的图像。1997 年 12 月，日本先锋公司率先推出第一台家用型等离子电视机。我国的长虹公司于 2007 年正式启动等离子屏研发项目，2008 年 7 月投产，生产出我国第一台采用国产等离子屏的电视机。

等离子电视机的工作原理是，用两张超薄、密封的玻璃片制作成一个像素小空间，将每个像素的小空间内都充入混合惰性气体，然后对每个像素施加一定的工作电压，使之发生辉光放电，激发荧光粉发光而出现图像。与 CRT 电视机相比，等离子电视机的特点是分辨率高、屏幕大、超薄、图像无几何失真、色彩比较逼真，不足之处是耗电量较大、价格偏高、使用寿命较短，现在已逐渐退出市场。

### 2. 液晶电视机（LCD TV）

液晶材料最早是由奥地利的植物学家于 1888 年发现的，但直到 1968 年，美国的 RCA 公司进一步研究才发现，液晶材料中的分子在外加电场的作用下会重新排列，并且可以让入射的光线产生偏转现象，液晶材料从此进入实用阶段，进而研究出液晶显示屏。1972 年，日本夏普公司最早推出液晶显示型的电子计算器，标志着液晶显示正式进入显示领域。1996 年，日本索尼公司制造出世界上第一台家用型液晶电视机。

液晶电视机与传统的 CRT 电视机相比，具有可平板化、图像无几何失真、环保（无 X 射线）、节能省电、图像效果良好等诸多优点，但也存在响应时间偏长、图像易出现拖尾的情况。液晶电视机具有良好的性价比，基本取代了传统的 CRT 电视机，进入千家万户。

## 七、数字电视机

1973 年，数字技术开始应用于广播电视，实验证明数字电视信号可通过卫星进行转播，但遇到技术不够成熟、费用也不易解决等问题。

1998 年 11 月，美国最早在大城市播出数字电视节目，我国也于 1999 年成功进行了数字电视广播，这标志着新的电视时代又开始了。普通的模拟电视机加配一个数字信号转换器（即机顶盒），即可收看普通清晰度的数字电视节目；高清晰度数字电视机加配一个机顶盒，即可收看高清晰度的数字电视节目。

数字电视技术是伴随着计算机、多媒体、互联网、卫星转播等高科技而出现的，正在改变人类社会的生活质量和方式，模拟电视技术将逐渐被淘汰，这是电视技术领域的又一次革命。

## 八、智能电视机

电视信号可以采用数字化方式进行传输之后，从 2010 年开始，科技人员便将电视技术与互联网技术结合在一起，推出了智能电视机。所谓智能电视机，就是通过电视机上的操作系统，用户可自行安装和卸载各类应用软件，电视机能从网络、AV 设备、PC 等多种渠道获得节目内容。

交互式网络电视又称为 IP TV（Interactive Personal TV），它是一种智能电视。网络电视将电视机、计算机及手持设备作为显示终端，可使计算机显示器大屏幕化，通过机顶盒或计算机与网络进行连接，可实现数字电视、时移电视、互动电视等服务功能，用户可以按需观看，何时观看、何时停看完全由用户决定。

云电视是智能化程度更高的智能电视。云电视要通过专业的云平台才能工作，云平台将网上众多的图片、视频、音乐、文字等资源集成在一起，利用云存储技术将其存储在云端，云平台实际上是一个庞大的资源平台。这种存储方式不会占用电视机的存储空间，用户在电视机工作时利用其云功能可随时与手机、平板电脑等移动设备进行互动，自动搜寻、计算、分析存储在云端的海量内容，将处理结果调取出来给用户使用，让用户可以随时随地分享各种视频、图片、文字等资源。

### 九、4 K 电视机

4 K 电视机是指屏幕分辨率达到 3 840×2 160 像素或以上的超高清电视机。4 K 电视机屏幕的分辨率是高清电视机的 8 倍，全高清电视机的 4 倍，屏幕显示的图像更加细腻，细节更加清晰，观看 4 K 电视比观看普通电视的感觉要好很多。

我国的创维公司在 2013 年首次推出 4 K 互联网电视机，TCL 公司也于 2014 年开始量产 4 K 电视机。4 K 电视机集智能化与超高清晰度于一体，深受用户欢迎，但其目前尚未普及，原因是价格较高，并且仅有 4 K 电视机还不行，还需要有 4 K 的电视节目源，因为用 4 K 电视机观看普通的高清节目是体现不了超高清功能的，只有用 4 K 电视机观看 4 K 节目源，才能让 4 K 电视机拥有超高清的效果。

### 十、OLED 电视机

目前，电视机正向超高清化、超大屏幕化、轻薄化、节能环保化方向发展，有机发光二极管（Organic Light Emitting Diode，OLED）电视机应运而生，并正从实验室走向市场。OLED 电视机不采用液晶材料，每一个彩色像素点由能够发出三基色光的发光二极管组成，像素亮灭响应时间很短，没有拖尾现象，厚度仅为 1 mm，抗振性好，不怕摔，图像色彩丰富，还可以进行弯曲，是电视机发展的趋势。

## §1–2　黑白电视信号的传输

### 学习目标

1. 掌握图像的分解方法。
2. 掌握光电转换的原理。
3. 掌握黑白电视信号的传输原理。

要学习电视机重现图像的原理，就必须了解电视台是如何把图像（画面）转变为电信号并进行传输的。

电视信号的传输原理是，对要传输的图像先进行像素分解；再通过电子扫描进行光电转换，将各像素亮暗的变化转变为电压的变化；把各像素信号电压按照一定的顺序逐行传输出去，直至传完整个图像的信号；每秒传送不少于 24 个完整的画面，利用人眼的视觉惰性即能产生活动画面的效果。

## 一、黑白图像的分解与光电转换

### 1. 黑白图像的分解

要把一幅图像传输出去时，先要对图像进行分解，并转变为电信号后才能进行传输。

图 1–2–1a 表示一幅由白到黑八级灰度等级的竖条图像，从左到右画面上各处的亮度不同。如果将图像分解成许多小块，如图 1–2–1b 所示，就每一个小块图像而言，其亮度可以看作是相同的。每一个小块图像通常称为一个像素，由此可见，一幅图像是由许多像素组成的。仔细观察报纸上的黑白照片，就会发现整幅画面是由很多小黑点（像素）组成的，这是因为在实际运用中，图像被分解得非常小，所以一个像素仅仅是一个点。

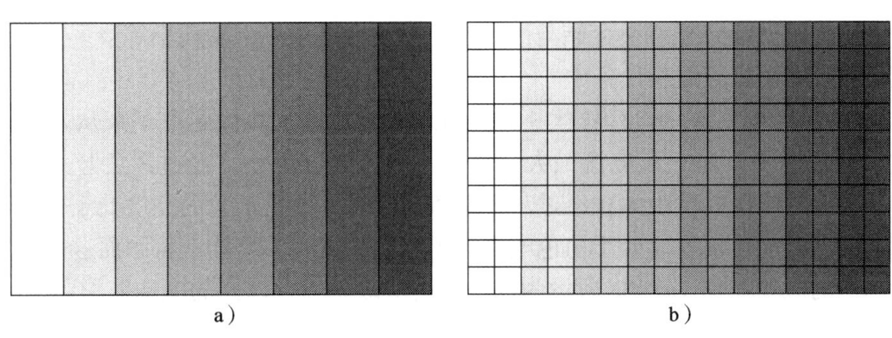

图 1–2–1 八级灰度竖条图像

a）八个灰度等级竖条图像 b）将八个灰度等级竖条图像进行像素分解

像素是组成图像的最小单位，一幅图像分解的像素越多，每个像素越能准确反映该点图像的亮度，越能准确反映图像的细节，因此，重现的图像就越清晰。普通电视一幅图像约有四十多万个像素，高清电视的一幅图像有几百万个像素，因而人们看到的高清节目图像要比普通电视图像更细腻、更逼真。

### 2. 光电转换

将图像各点（像素）亮度的变化转换为电压幅度变化的过程叫光电转换，光电转换是通过摄像机来完成的。

早期的摄像机采用电子束摄像管，电子束摄像管是一种真空器件，主要由光电靶、电子枪等组成。摄像机镜头对准所要拍摄的景物，景物正好在光电靶上形成一幅图像，同时，这幅图像被分解成许多像素。光电靶是由光敏材料制成的，光敏材料受到不同的光照射时会呈现出不同的电阻，像素暗时，电阻值较大；像素亮时，电阻值较小。

电子枪发出的电子束射向光电靶，并在光电靶上从左到右、从上到下有规律地移动，使电子束按顺序经过一行行的像素。亮暗不同，像素的电阻值也不同，电子束通过时，束电流的大小亦随之发生变化，由此就能得到不同幅度的图像信号电压输出，以完成光电转换。光电转换原理图如图 1–2–2 所示。

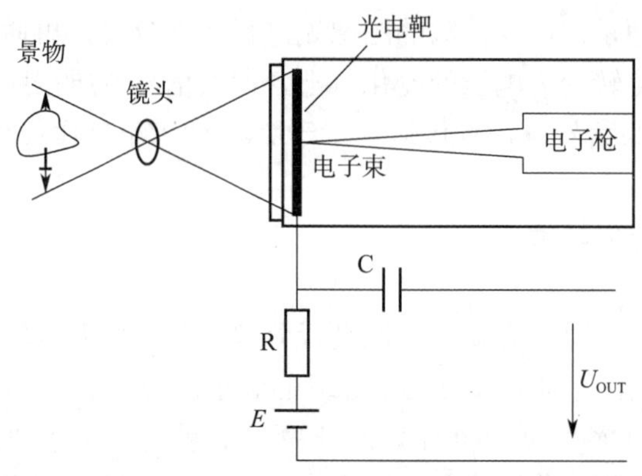


图 1-2-2　光电转换原理图

电子束摄像管光电转换效果虽好，但存在工作电压高、功耗大、使用寿命短、体积大等缺点，现已很少采用，而是采用电荷耦合器件（Charge Coupled Device，CCD）来进行光电转换。CCD 具有光电转换效果好、存储与读取信息方便、体积小、功耗小等诸多优点，已广泛应用在数码相机、手机等照相设备中。

通过图 1-2-3 可以进一步了解黑白图像的光电转换过程。假定电子束从左到右移动一行，经过白色竖条像素时，束电流最大，输出的电压幅度最小；经过黑色竖条像素时，束电流最小，输出的电压幅度最大；经过灰色竖条像素时，由于灰色的亮度处于白色与黑色之间，因此，输出的电压幅度就处于白色电平与黑色电平之间，这样就将画面这一行像素的亮暗转换为电压的大小。图 1-2-3a 所示为八个灰度等级第 1 行像素的电压波形图，图 1-2-3b 所示为某景物第 3 行的电压波形图。

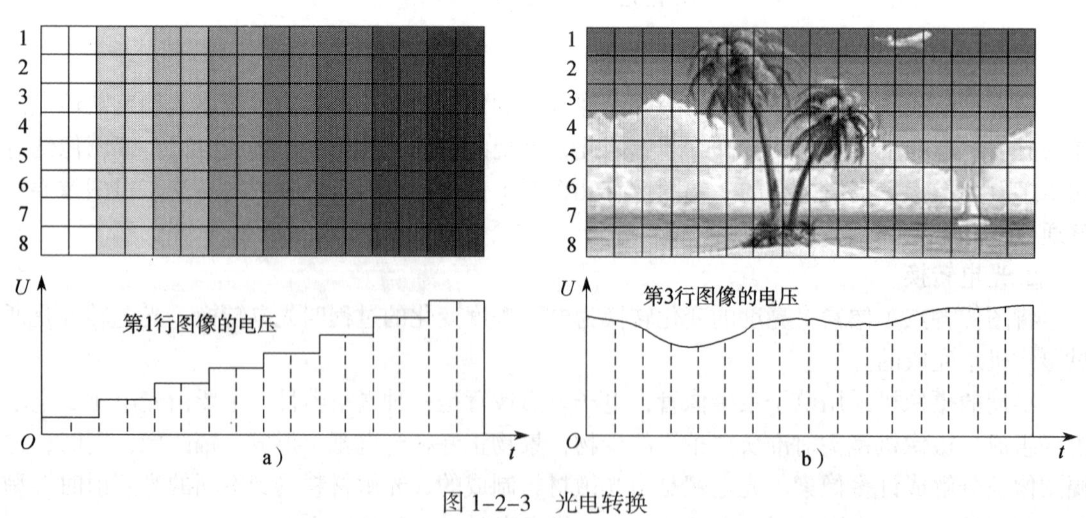


图 1-2-3　光电转换

a）八个灰度等级第 1 行像素的电压波形图　b）某景物第 3 行的电压波形图

## 二、黑白电视信号的传输原理

### 1. 静止图像的传送

传输一幅静止图像的方法是，将经过光电转换的各个像素信号电压按照一定的顺序进行高频调制，高频信号再通过电缆传输或天线发射出去，直至传完整幅图像的信号。

在接收端，电视机收到高频电信号以后，经过电路的处理得到原来的图像信号，通过显像管再把电信号转换成亮度信号重现图像，显像管的这一工作过程称为电光转换。因摄像机对图像的各个像素进行光电转换时，是按一定的顺序进行的，故显像管必须按原来的顺序和对应的位置进行电光转换。图 1–2–4 所示为静止图像传送示意图，K1 与 K2 的步调要严格一致，才能重现正确的图像。实际的电视机是通过同步信号来进行控制的。

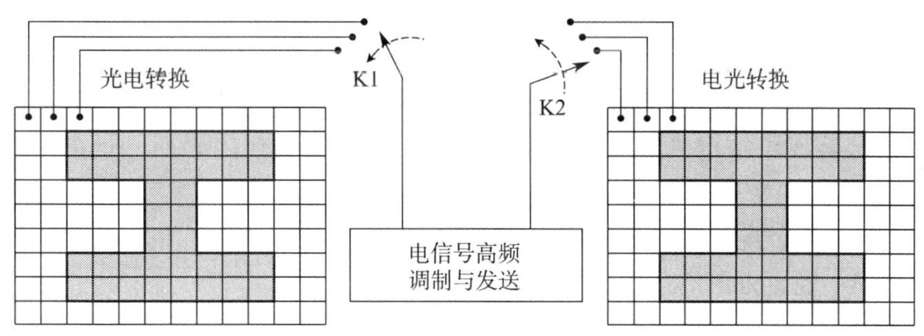


图 1–2–4 静止图像传送示意图

一幅图像的几十万个像素按顺序依次传送，在每一个时刻只传输一个像素信息。在接收端，显像管按传送顺序对应地进行电光转换。像素显示的过程是有先后之分的，为什么看到的却是一幅完整的图像呢？这是由于人眼的视觉惰性与荧光粉的余辉效应造成的。

所谓人眼的视觉惰性，就是当人的眼睛观看某一个发光点时，该光点消失后，人眼对光的感觉并不瞬间消失，会有大约 0.1 s 的瞬时保留，有一个逐渐消失的过程。荧光粉的余辉效应是指荧光屏上的荧光粉被电信号激发闪亮后，即使切断了电信号，荧光粉的光亮还要保留一定的时间。虽然图像是依次显示的，但看到的却是一幅完整的图像。

**2. 活动图像的传送**

电视系统传送活动图像是受到电影重现活动画面启发的结果，把连续、活动的图像分解成一幅幅瞬时静止的画面，然后按顺序进行传送，每幅画面称为一帧。只要每秒传送的画面不少于 24 帧，利用人眼的视觉惰性，人们看到的就是连续、活动的画面了。传送的画面如果偏少，看到的图像将会有明显的抖动感，画面的亮度也不够稳定，但又不能传送得过多，否则，由于人眼的视觉惰性会引起图像重叠。

在电视技术中，每秒传送 25 帧连续的画面，每一帧画面又分成两个不同的部分分两次进行传送，每次称为一场，采用这种方法每秒共传送 50 场画面。

## §1–3 电子扫描

### 学习目标

1. 了解逐行扫描的概念与方法。
2. 了解隔行扫描的概念与方法。
3. 掌握行、场扫描的基本参数。

4. 掌握黑白显像管的结构、组成及基本参数。

5. 能进行黑白显像管电参数的测试。

## 一、电子扫描

电子束有规律地来回运动，称之为电子扫描。电子扫描可以分为逐行扫描与隔行扫描两种。根据目前电视机的显像方式，CRT 电视机采用隔行扫描技术，而平板电视机则采用逐行扫描技术。

### 1. 逐行扫描

电子束从上到下一行一行地依次扫描，称为逐行扫描，如图 1–3–1a 所示。图中实线表示扫描正程，虚线表示扫描逆程，也就是说，一个完整的扫描周期，是由正程和逆程组成的。

要扫描一幅图像，电子束既要做水平方向的运动，又要做竖直方向的运动，水平方向的运动称为行扫描，竖直方向的运动称为场扫描。

（1）行扫描

在行扫描过程中，电子束从画面的左边运动到画面的右边（面向荧光屏观看时），这一段扫描称为行扫描正程。正程结束后，电子束从画面的右边迅速回到画面的左边，为下一行扫描做好准备，这一段扫描称为行扫描逆程。电子束完成一次行正程和逆程扫描所需的时间，称为行扫描周期。

（2）场扫描

在场扫描过程中，电子束从画面的上方开始扫描，到画面的下方扫描结束，这一段扫描称为场扫描正程。正程结束后，电子束从画面的下方迅速回到画面的上方，为下一场图像的扫描做好准备，这一段扫描称为场扫描逆程。电子束完成一次场正程和逆程扫描所需的时间，称为场扫描周期。

（3）扫描光栅的形成

行、场扫描是同时进行的，电子束的运动轨迹称为扫描线。图 1–3–1a 中，电子束从 $A$ 点开始到 $B$ 点结束，其扫描线形成了一幅完整的光栅。

图像信息是在扫描正程期间传送的，正程扫描占用的时间较长，逆程扫描占用的时间较短，逆程期间不传送图像。正是由于逆程期间不传送图像，所以逆程的回扫线不能在屏幕上显示出来，实际光栅如图 1–3–1b 所示。

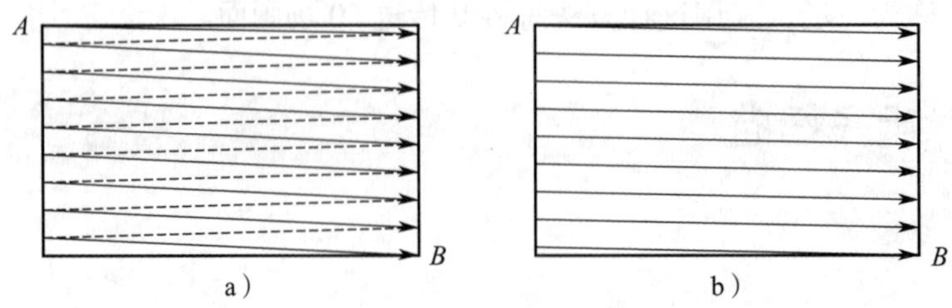


图 1–3–1　逐行扫描示意图

a）逐行扫描光栅　b）实际扫描光栅

电子束如果没有行扫描与场扫描运动时，就会一直打在屏幕的中间，只在屏幕中心形成一个亮点，如图 1–3–2a 所示；电子束如果没有场扫描运动，只有行扫描运动时，就会在屏幕中间形成一条水平亮线，如图 1–3–2b 所示；电子束如果没有行扫描运动，只有场扫描运动时，就会在屏幕中间形成一条竖直亮线，如图 1–3–2c 所示。

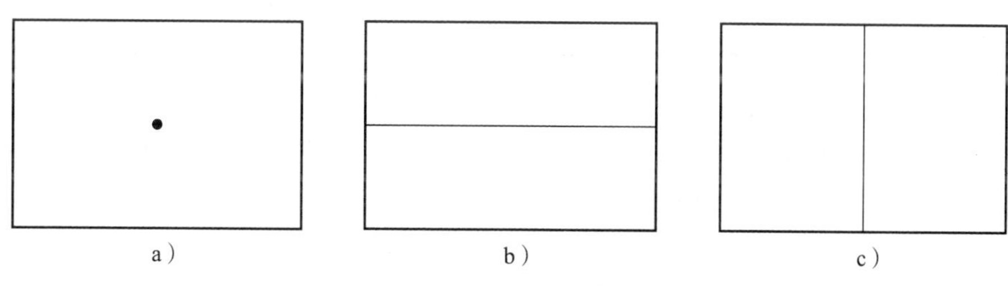


图 1–3–2　分解扫描示意图

a）无行扫描与场扫描　b）无场扫描　c）无行扫描

（4）逐行扫描存在的问题

采用逐行扫描每秒传送 25 帧画面，虽然利用人眼的视觉惰性和分辨能力实现了活动图像的传送，但是在观看图像时，会感觉到画面的平均亮度有闪烁的感觉，画面的清晰度也不够高。

要使画面不产生亮度闪烁的感觉，就要增加传送画面的帧数，每秒要传送 48 帧图像。要使画面有足够高的清晰度，每帧画面的扫描行数应在 500 行以上。但如果既增加每秒的帧数，又增加每帧的行数，图像信号的频带会很宽，将会使设备复杂化，频段的利用率也会降低。

（5）解决逐行扫描问题的方法

为了解决逐行扫描存在的问题，CRT 电视技术中采用了隔行扫描的方法。所谓隔行扫描，就是将一帧图像分两次进行扫描，每次称为一场，这样每秒传送 25 帧图像就等于每秒扫描了 50 场，即场频为 50 Hz。采用这种方法，既克服了亮度的闪烁现象与清晰度不高的问题，又减小了图像信号的频带宽度。

**2. 隔行扫描**

隔行扫描示意图如图 1–3–3 所示，其中实线表示第一场（奇数场），虚线表示第二场（偶数场）。

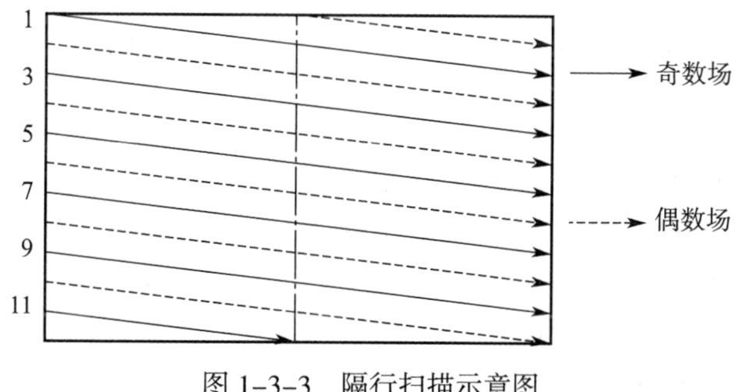


图 1–3–3　隔行扫描示意图

假设一帧图像在扫描时，传送图像的总行数是 11 行，采用隔行扫描时，电子束从左上角开始，先自上而下地扫描每帧图像中的奇数行，即 1、3、5……行，在扫描一帧图像中的奇数行时，最后一行只扫描了前半行，第一场正程结束。逆程期间，电子束回到屏幕上方的中点，准备扫描第二场。第二场先扫描了一个后半行，然后依次扫描一帧图像中的偶数行，即 2、4、6……行，最后扫描一个整行，第二场正程结束。逆程期间，电子束回到屏幕的左上角，准备扫描下一帧图像。按照这样的过程，一帧图像经过两场扫描，所有的像素全部扫完。

通常把扫奇数行的场称为奇数场，把扫偶数行的场称为偶数场。其中偶数场的光栅应刚好嵌在奇数场光栅的中间，这样才能构成一幅均匀的光栅，并得到图像的最高清晰度。图 1-3-4 所示为隔行扫描重现图像示意图。

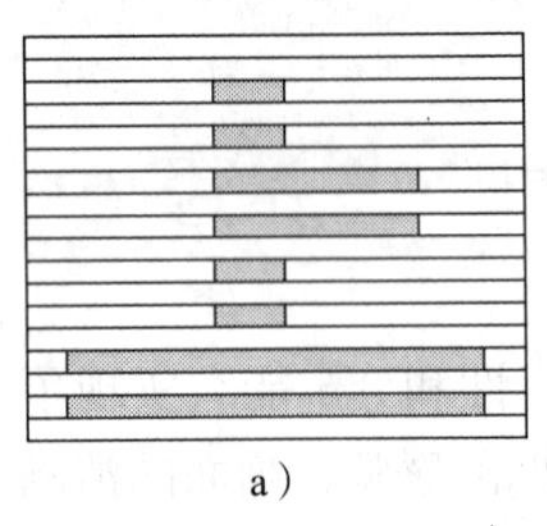
a）

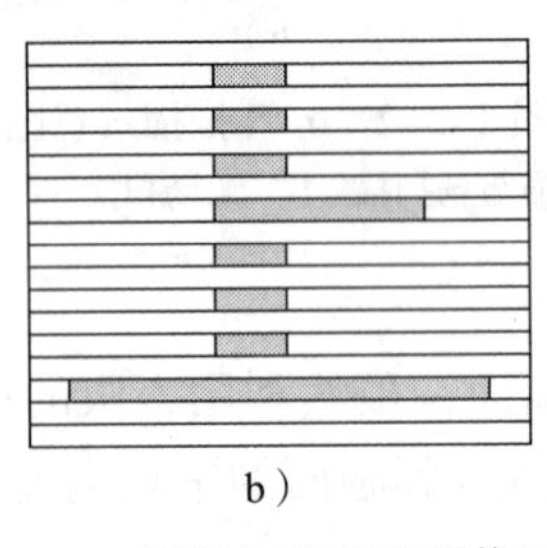
b）

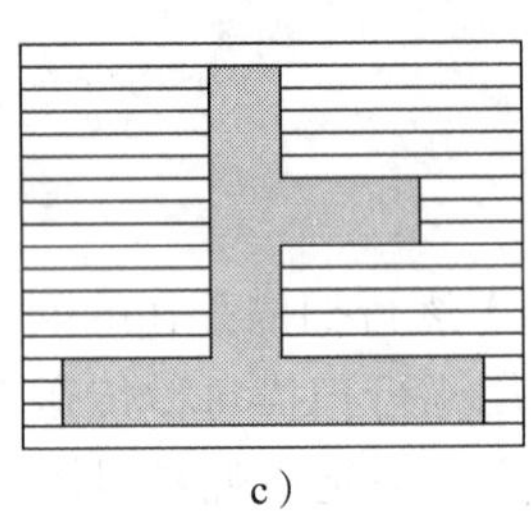
c）

图 1-3-4　隔行扫描重现图像示意图
a）奇数场　b）偶数场　c）合成图像

## 二、行、场扫描的电参数

关于电子扫描的电参数，我国电视标准规定如下：

| | | | |
|---|---|---|---|
| 行周期： | $T_H$=64 μs | 行频： | $f_H$=15 625 Hz |
| 行正程时间： | 52 μs | 行逆程时间： | 12 μs |
| 场周期： | $T_V$=20 ms | 场频： | $f_V$=50 Hz |
| 场正程时间： | 18.4 ms | 场逆程时间： | 1.6 ms |
| 每帧总行数： | 625 行 | 每场行数： | 312.5 行 |
| 每场正程： | 占 287.5 行 | 每场逆程： | 占 25 行 |

## 三、黑白显像管的结构、组成及基本参数

### 1. 黑白显像管的结构

黑白显像管用于黑白电视接收机中，它能产生由图像信号调制的电子束，在行、场偏转线圈磁场的控制下进行扫描，从而在荧光屏上显示出黑白电视图像。黑白显像管的结构如图 1-3-5 所示，它主要由玻璃外壳、荧光屏和电子枪构成。

### 2. 黑白显像管各组成部分的作用

（1）玻璃外壳和荧光屏

玻璃外壳由管颈、锥体和玻璃屏三部分组成，内部抽成真空。

管颈是一根细长的圆柱形玻璃管，内装电子枪。

矩形的玻璃屏内壁涂有荧光粉，称之为荧光屏。当电子枪阴极发射的电子束以很高的速度打在荧光屏上时，荧光粉发光并激发出二次电子，二次电子被涂在锥体内壁的石墨导电层吸收，形成电流通路，该电流即电子束电流。

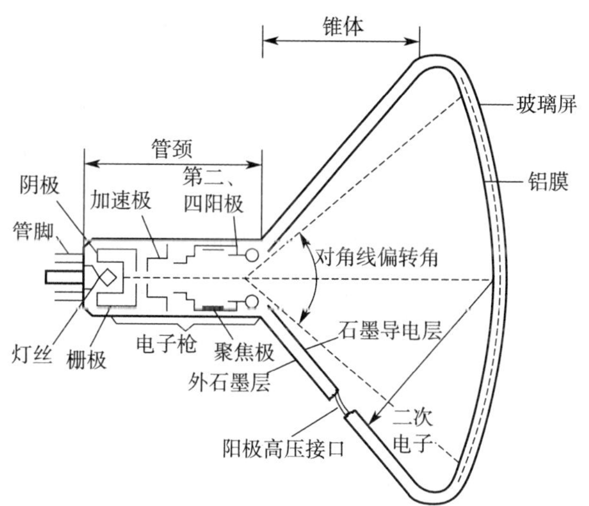


图 1-3-5 黑白显像管的结构

荧光屏发光的亮度除了受电子束强度控制外，还与荧光粉的发光效率、电子束轰击荧光屏的速度等因素有关，所以改变电子束电流的大小或高压阳极电压的高低，都可以改变荧光屏的亮度。

在荧光粉后层还蒸发有一层很薄的铝膜，它可以反射荧光粉发出的漫射光，提高屏幕的亮度，同时能对透过的电子起过滤作用，只让质量很小的电子束通过，并打向荧光粉，而不让质量较大的负离子通过。

锥体的内壁与外表面都涂有石墨导电层，其构成 500 ~ 1 000 pF 的电容，这个电容通常用作阳极高压整流后的滤波电容。锥体玻璃外侧装有阳极高压帽，它与内部的高压阳极相连，用于高压电气连接。锥体部分张开的角度决定了电子束偏转的最大角度，称为偏转角。

（2）电子枪

电子枪的作用是，发出一束能受视频图像信号控制的、聚焦良好的电子束，轰击荧光粉，使之发光。电子枪的结构如图 1-3-6 所示，它主要由灯丝，阴极，栅极，第一、二、三、四阳极等组成。

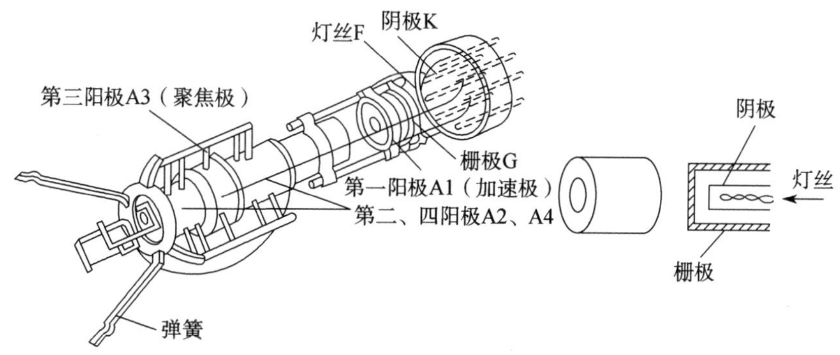


图 1-3-6 电子枪的结构

灯丝（F）由钨丝制成，当接上额定电压后，灯丝会发热，其作用是对阴极进行加热。

阴极（K）的作用是发射电子，其外形是一个金属圆筒，筒的端部涂有容易发射电子的金属氧化物，当受到灯丝加热后，阴极就可以发射出电子。

栅极（G）的作用是控制发射电子的数量，即控制电子束电流的大小。栅极也是一个金属圆筒，中间有个小孔让电子束通过。由于它离阴极很近，阴极电位的变化对穿过的电子束有很大影响，即电子束电流的大小受阴极电压的控制。采用负极性调制方式时，栅极接地，阴极有 60 V 左右的正电压，栅、阴极之间的电压为负压。

第一阳极（A1）也称为加速极，它是一个顶部开孔的金属圆筒，紧靠栅极，通常加上百余伏到几百伏的正电压，对电子束起加速作用。

第二阳极（A2）和第四阳极（A4）也称为高压阳极，它们是连接在一起的两个金属圆筒，中间隔着第三阳极。高压阳极应加上 10 kV 以上的高压，其作用是让电子束进一步加速。

第三阳极（A3）也称为聚焦极，其作用是加 0 ~ 500 V 的可调电压，使电子束聚焦良好。由于黑白显像管的制造工艺不断改进，第三阳极的电压高低对电子束的聚焦作用影响已不明显，所以第三阳极在实际电路中通常可以与加速极一起接入固定电压。

**3. 黑白显像管的基本参数**

黑白显像管的基本参数有机械参数、电性能参数和光性能参数。

（1）机械参数

1）荧光屏尺寸。荧光屏尺寸指的是显像管对角线的长度，以英寸（厘米）为单位。例如，14 英寸（36 cm）、18 英寸（46 cm）、20 英寸（51 cm）、22 英寸（56 cm）等。

2）偏转角。从电子束偏转中心到荧光屏对角线两端的张角，称为偏转角。偏转角越大，所需的偏转功率越大。管颈越细，所需的偏转功率越小，但管颈过细时，电子枪容易碰极，致使显像管报废。

（2）电性能参数

电性能参数包括电子枪各电极所需的直流电压、灯丝电压、调制特性等。

显像管的调制特性是指显像管栅、阴极之间电压（$-U_{GK}$）与电子束电流（$I_K$）之间的对应关系。栅、阴极之间电压与电子束电流的关系可用曲线来表示，称为调制特性曲线，如图 1–3–7 所示。从曲线可以看出，栅、阴极间电压越负，电子束电流越小，当电子束电流为零时，栅、阴极之间的电压称为栅极截止电压。

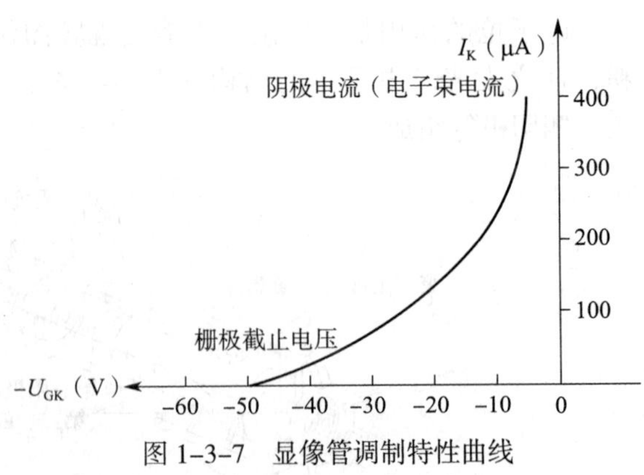

图 1–3–7　显像管调制特性曲线

显像管的调制特性曲线是非线性的，这将对重现图像造成失真，对于显像管调制特性非线性所造成的失真，在电视台发送信号时，用 γ 校正电路加以校正。

图 1–3–8 所示是几种常见黑白显像管的管脚排列图，从电子枪尾部看，顺时针排列。第一脚与最后一脚之间的间隔较大，利用这一特点就可以正确识别管脚。

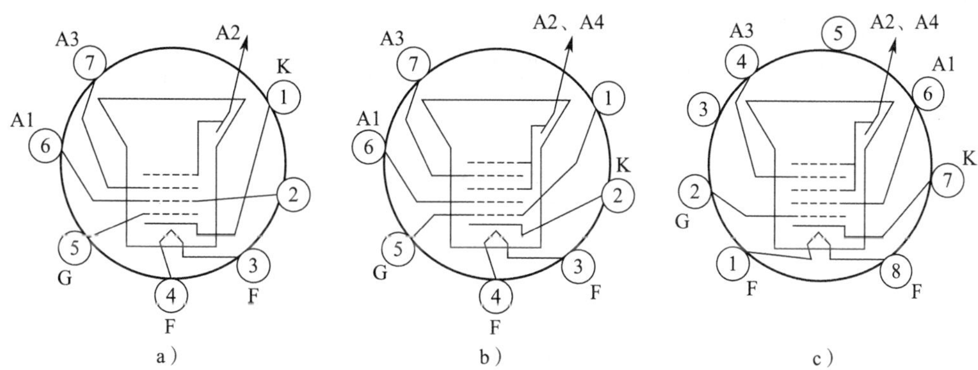


图 1-3-8 几种常见黑白显像管的管脚排列图

a）23SX5B 管 b）40SX1B 管 c）43SX3B 管

（3）光性能参数

光性能参数包括电子束聚焦性能、光栅色调、平均亮度、对比度等参数。

# 实训 1 黑白显像管电参数测试

## 实训目的

1. 进一步熟悉黑白显像管的结构、组成及基本参数。
2. 能对黑白显像管的电参数进行测试。

## 实训设备与工具

黑白电视机、电视机常用维修工具、双踪示波器、彩条信号源、实训指导书等。

## 实训内容与步骤

### 一、认识电子枪

1. 认清黑白显像管电子枪各电极的排列情况，即认清灯丝、阴极、栅极、加速极、聚焦极、高压阳极的排列情况。

2. 认识光栅中心位置调节磁环，并进行调节。开机，接收电子圆信号，进行光栅中心位置调节，看图像如何变化。

3. 认清黑白显像管电子枪各电极的供电情况。

### 二、测量黑白显像管各电极的电阻值

不取下显像管座，用万用表测试黑白显像管各电极对地的电阻值（黑表笔接地），并将结果填入表 1-3-1 中。

表 1-3-1 黑白显像管的电阻值

| 电子枪引脚 | 1 | 2 | 3 | 4 | 5 | 6 | 7 |
|---|---|---|---|---|---|---|---|
| 电极名称 | 空脚 | 阴极 | 灯丝 | 灯丝 | 栅极 | 加速极 | 聚焦极 |
| 对地电阻值（Ω） | | | | | | | |

### 三、测量黑白显像管电子枪各电极的工作电压

开机，将亮度、对比度调至适中，测量电子枪各电极对地的电压，并将结果填入表 1–3–2 中。

表 1–3–2　　　　电子枪各电极对地电压

| 电子枪引脚 | 1 | 2 | 3 | 4 | 5 | 6 | 7 |
| --- | --- | --- | --- | --- | --- | --- | --- |
| 电极名称 | 空脚 | 阴极 | 灯丝 | 灯丝 | 栅极 | 加速极 | 聚焦极 |
| 对地电压值（V） | | | | | | | |

### 四、测量显像管的阴极电压

开机收台，调节亮度电位器，当亮度最大和最小时，分别测量阴极电压并做好记录。分析显像管阴极电压高低与荧光屏亮度的关系。

### 五、测量图像信号波形

开机，接收标准电视信号台，在显像管阴极处进行测量，并将结果填入表 1–3–3 中。

表 1–3–3　　　　图像信号波形的测量

| 电参数 | | | 波形图 |
| --- | --- | --- | --- |
| $V_{P-P}$ | 周期 $T$ | 频率 $f$ | |
| | | | |

## 【想一想】

为什么显像管的阴极电压越高，荧光屏的亮度越暗？

# §1–4　黑白全电视信号的组成

## 学习目标

1. 掌握黑白全电视信号的组成及作用。
2. 熟悉黑白全电视信号的波形。

黑白全电视信号由图像信号、消隐信号、同步信号、槽脉冲与均衡脉冲信号组成。

### 一、图像信号

#### 1. 图像信号的作用

图像信号是指在扫描、光电转换过程中，由图像亮暗转变而成的电信号。图像信号的作用是传递图像内容，在传送时按照逐行的顺序进行，一场传完传另一场，一帧传完传另一帧。

2. 图像信号的分类

图像上明暗不同的像素，通过扫描变成按时间变化的强弱不同的电信号。按像素的亮暗与信号电平的关系，可以将图像信号分为两种：若图像越亮，信号电平越高，这样的信号称为正极性图像信号；若图像越暗，信号电平越高，这样的信号称为负极性图像信号。我国使用的是负极性图像信号。

采用负极性图像信号时，干扰信号对图像影响较小，外来干扰信号一般都是宽度窄、幅度大的信号，以脉冲的形式叠加在图像信号上时，在荧光屏上表现为黑点，不易被人眼察觉，所以对图像影响较小。另外，由于图像亮的部分多一些，信号电压低，发射图像信号时的平均功率也较小，便于实现自动增益控制。

3. 图像信号的电平范围

电视台在传送图像信号时，一般规定每行信号中黑色电平幅度最大，在 75% 处白色电平幅度最小，在 12.5% 处灰色电平介于黑色与白色电平之间。如果要传送五个灰度等级的负极性图像信号，其波形如图 1–4–1 所示。

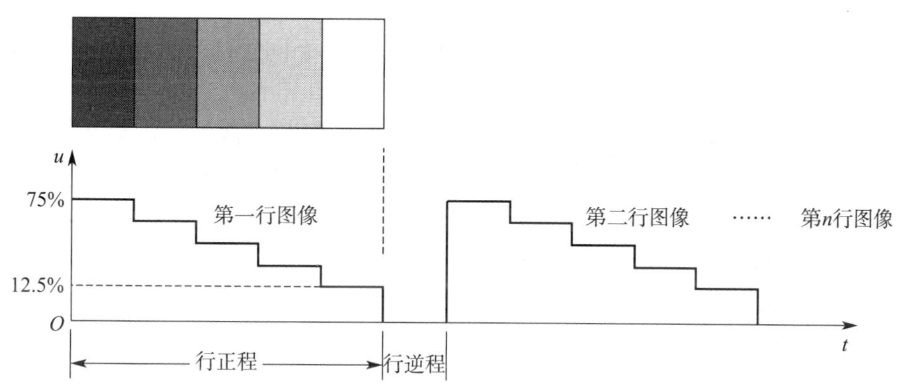


图 1–4–1　五个灰度等级的负极性图像信号波形

## 二、消隐信号

1. 消隐信号的作用

在行、场扫描的逆程时间内是不传送图像信号的，电视机如果不关闭电子枪，让行扫描逆程时产生的回扫线显示出来，将会对图像产生干扰；同样，在场扫描的逆程期间，有 25 行的时间不传送图像，如果让场扫描逆程时产生的回扫线显示出来，将对图像产生更为严重的干扰。为了消除行、场逆程回扫线的干扰，在行、场扫描逆程期间都要加入黑色电平信号，使电子束在逆程期间截止，即关闭电子枪，这个黑色电平信号就是消隐信号。

2. 消隐信号的参数

在行逆程期间加入的黑色电平信号称为行消隐信号，在场逆程期间加入的黑色电平信号称为场消隐信号，行消隐信号和场消隐信号合称为复合消隐信号。

行、场消隐信号的幅度应与图像信号的黑色电平相同，即 75% 处。行、场消隐信号的周期应分别与行、场扫描的周期相同，其宽度与行、场扫描逆程时间相同。行消隐信号周期为 64 μs，宽度为 12 μs；场消隐信号周期为 20 ms，宽度为 1.6 ms，正好是 25 个行周期（25$H$，$H$ 为行周期）。五个灰度等级的负极性图像信号，其行逆程期间加入的行消隐信号波形如图 1-4-2 所示。

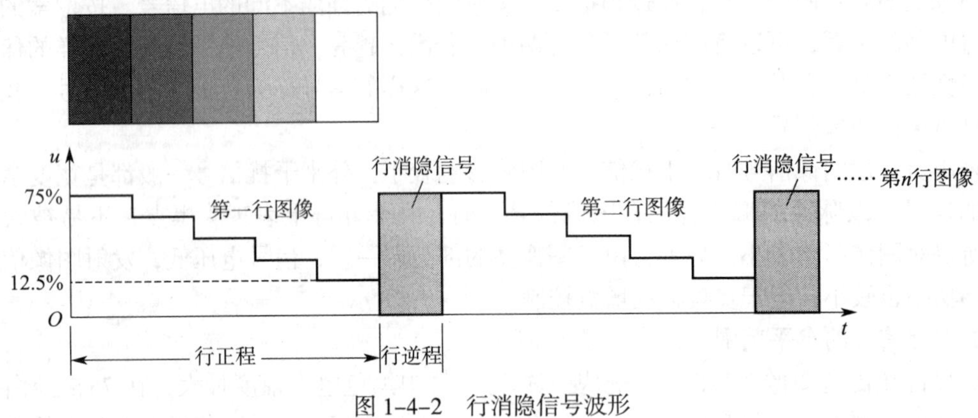


图 1-4-2　行消隐信号波形

## 三、同步信号

### 1. 同步信号的作用

为了保证显像管正确地重现图像，电视台还要发送一个同步信号，其作用是，控制显像管与摄像管的扫描，确保两者扫描的频率和相位完全一致。

如果接收机与发送端不同步，则重现的图像将发生混乱。例如，如果行扫描周期大于 64 μs，除了扫完一行图像外，还要扫出一段行消隐信号，屏幕上出现消隐黑线，以后各行的正程时间向后推移，消隐黑线在屏幕上逐渐左移；如果场扫描周期大于 20 ms，则在扫描正程时间内获得了多于一场的图像，致使后一场提前了，并且以后各场图像都要依次提前，结果看到的图像会不断上移。

### 2. 同步信号的参数

由于在正程期间要传送图像，因此，同步信号只能在逆程时间内加入。在行消隐期间加入行同步信号，在场消隐期间加入场同步信号，行同步信号和场同步信号合称为复合同步信号。每扫完一行时要传送一个行同步信号，每一场结束时要传送一个场同步信号。图 1-4-3 所示为行同步信号波形。

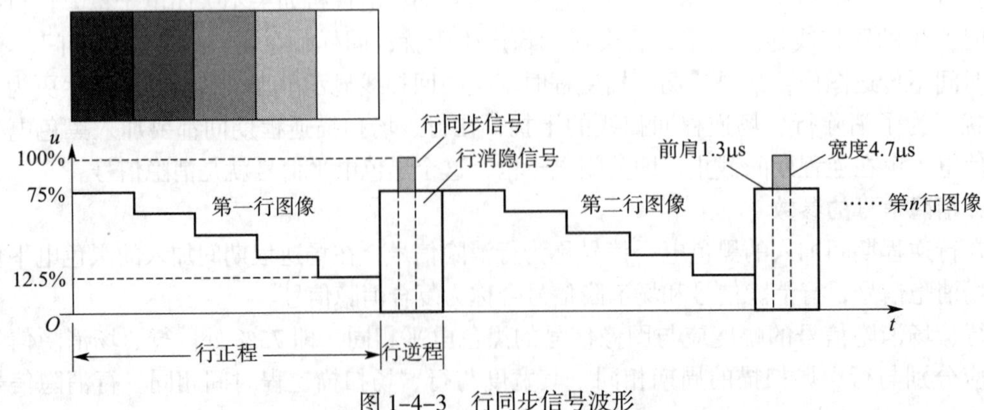


图 1-4-3　行同步信号波形

行同步信号延迟行消隐信号约 1.3 μs 出现，称为行同步信号前肩，行同步信号的脉冲宽度为 4.7 μs。场同步信号延迟场消隐信号 160 μs，正好是 2.5 个行周期，场同步信号的脉冲宽度为 160 μs，也是 2.5 个行周期。

为了使行、场同步信号既不影响消隐信号，又能与消隐信号区分开，应将同步信号叠加在消隐信号之上，即使同步脉冲电平高于消隐脉冲电平。在视频图像信号中，行、场同步脉冲的幅度最大，在 75%～100% 范围。行同步信号的周期为 64 μs，场同步信号的周期为 20 ms。

## 四、槽脉冲与均衡脉冲信号

### 1. 槽脉冲的作用及参数

场同步信号的宽度为 2.5*H*，在此期间的行同步信号被场同步信号所覆盖，造成行同步信号丢失。这几行期间，会因丢失行同步信号而发生行扫描失步，引起场扫描正程开始部分同步紊乱，图像上部产生扭曲。为了在场同步信号期间不丢失行同步信号，保证行扫描同步，应在场同步信号中开五个小槽，称为槽脉冲。槽脉冲的后沿必须对准行同步脉冲的前沿，槽脉冲宽度等于行同步脉冲宽度，槽脉冲的周期为半个行周期。

### 2. 均衡脉冲的作用及参数

为了保证电视机隔行扫描的准确性，让奇数场与偶数场的画面完全地镶嵌在一起，还要在场同步脉冲信号的前、后位置各增加五个窄脉冲，称为前、后均衡脉冲，宽度为行同步脉冲的一半，即 2.35 μs，间隔为半个行周期。槽脉冲与均衡脉冲波形如图 1-4-4 所示。

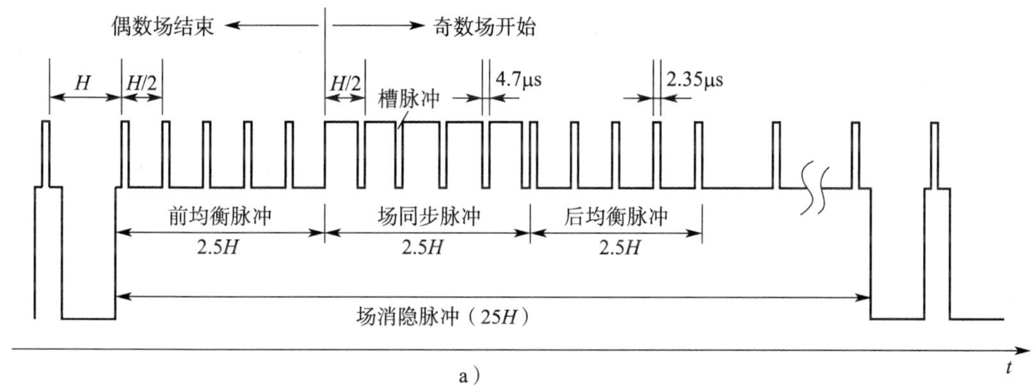


a）

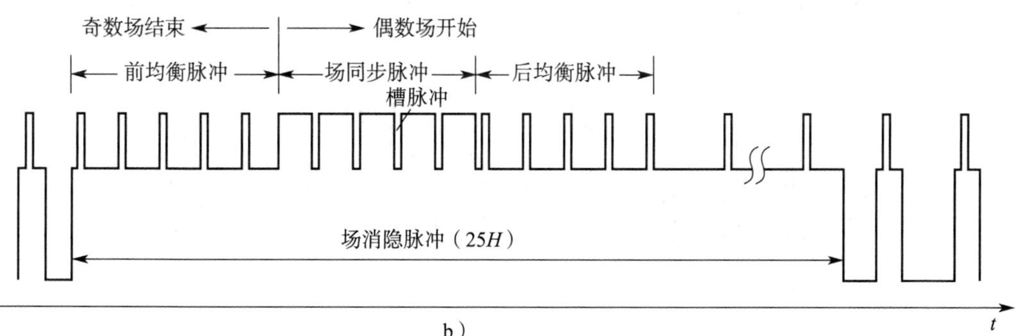


b）

图 1-4-4　槽脉冲与均衡脉冲波形

a）奇数场　b）偶数场

## §1-5 模拟电视信号的调制与发送

### 学习目标

1. 掌握模拟电视信号的调制方式。
2. 了解残留边带发送与频道的划分方法。

全电视信号又叫视频信号，其频率范围为 0 ~ 6 MHz，伴音信号的频率范围为 50 Hz ~ 15 kHz。视频信号和伴音信号都是低频信号，不能以电磁波的形式在空间传输。要想把它们以无线电波的形式发射出去，需先将它们调制在频率较高的载波上，然后进行发射。

视频信号和伴音信号在电视台是同时发射的，电视接收机也是同时接收的，为了避免两种信号互相影响，对它们采用了不同的调制方式。视频信号采用调幅调制方式，伴音信号采用调频调制方式。

### 一、模拟电视信号的调制

#### 1. 视频信号的调制

图 1–5–1 所示为四个灰度等级的调制波形。图 1–5–1a 是光电转换得到的一行行视频信号，图 1–5–1b 所示为高频载波振荡器产生的高频载波信号。当用视频信号对高频载波进行调制时，高频载波振荡器输出幅度随视频信号幅度变化的调幅波波形如图 1–5–1c 所示，调幅波的正、负峰包络线都包含了视频图像信息。

#### 2. 伴音信号的调制

我国电视标准规定，伴音信号的最高频率为 15 kHz，伴音调频波的最大频偏为 ±50 kHz，所以伴音调频信号的频带宽度为 2×（50+15）=130 kHz。

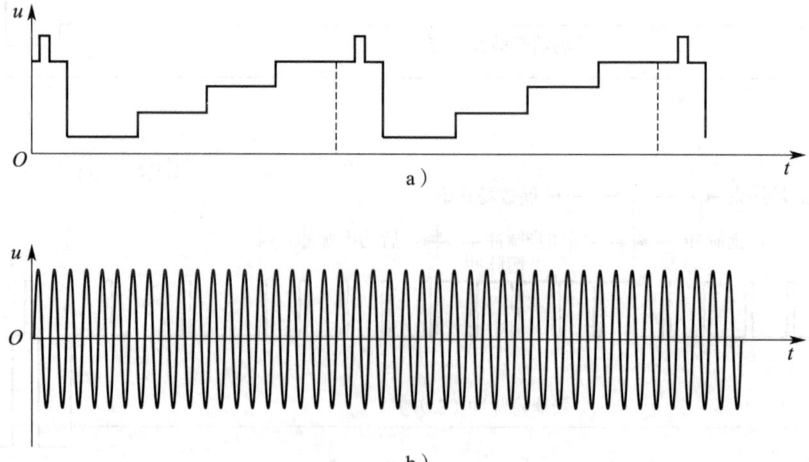

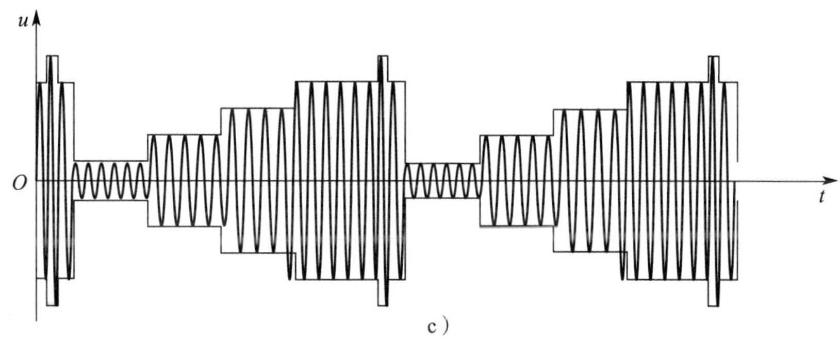


c）

图 1-5-1　四个灰度等级的调制波形

a）视频信号　b）高频载波信号　c）调幅信号

## 二、残留边带发送和频道的划分

### 1. 残留边带发送

由信号调幅理论可知，用单一频率的低频信号对高频载波进行调制后，在高频载波频率两侧会产生上、下两个边频，两个边频的低频内容是相同的（$F$），如图 1-5-2a 所示。例如，用 1 kHz 的低频信号对 1 000 kHz 高频载波信号进行调制，调制后上边频为 1 001 kHz，下边频为 999 kHz，上、下边频中都含有 1 kHz 的信号，调制后频带的宽度为 2 kHz。

图像信号的频率范围为 0 ~ 6 MHz，不是单一频率信号，进行调幅调制后将产生上、下两个边带，如图 1-5-2b 所示，$f_p$ 为图像载波频率，图像信号经调制后，靠近 $f_p$ 两侧的频带反映了图像信号的低频成分，远离 $f_p$ 两侧的频带反映了图像信号的高频成分，上、下两个边带的内容也是完全相同的，整个频带的宽度达到 12 MHz。这么宽的频带不仅给发送带来一定的困难，而且也使频段利用率大大降低。

为了减小频带宽度，可以采用单边带发送，即只发送一个边带就可以反映出图像信号的全部内容。要实现单边带发送，就要把另一个边带滤去，但是，由于图像信号中包含有很低的频率成分，这些成分离载波频率很近，难以滤除，因此，采用残留边带发送。残留边带发送时，用滤波器将下边带滤去一部分，仅发送上边带全部及下边带残留部分，残留边带频谱图如图 1-5-2c 所示，图像载波频率 $f_p$ 两侧 0.75 MHz 范围内的频率成分采用双边带发送，即低频成分采用双边带发送，0.75 MHz 以上的高频成分采用单边带发送。

采用这种发送方式虽然减少了信号的频带宽度，但是，由于图像信号的低频成分用双边带发送，图像信号的高频成分用单边带发送，如果接收机将接收的信号进行均匀放大，势必会因低频分量过重而造成失真。要克服这种原因产生的失真，在接收机中通过调整中频放大器的幅频特性曲线，将靠近图像载波频率 0.75 MHz 范围内的增益下降一半，使图像信号 0 ~ 6 MHz 的各种频率成分得到均衡。

伴音调频信号频带宽度比图像调幅信号宽度小得多，因此，伴音调频信号采用双边带发送。我国电视标准规定，同一套节目中的模拟电视信号，伴音载波频率 $f_c$ 比图像载波频率 $f_p$ 高 6.5 MHz。电视台发送一套节目所占用的频率范围为 8 MHz，一套节目所占的频率范围称为一个频道。

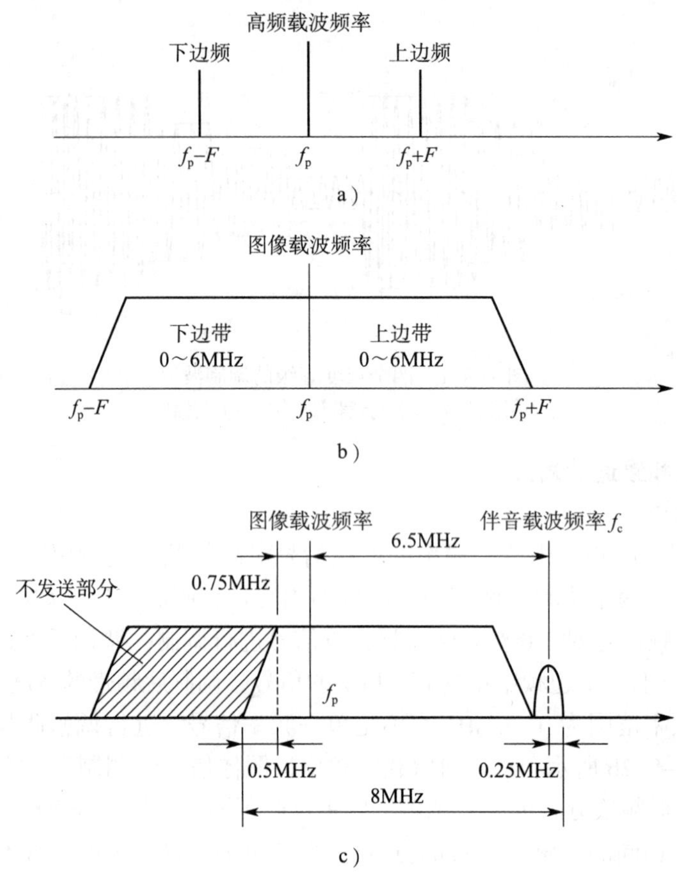


图 1–5–2　残留边带发送频谱图

a）单一频率信号调制频谱图　b）图像信号调制频谱图　c）残留边带频谱图

**2. 频道的划分**

（1）标准频道

图像信号对载波进行调制时，载波频率要比图像信号的最高频率高十倍以上，因此，电视台发射电视信号是由超短波或微波来传送的。我国电视广播应用频段为甚高频段（VHF）和特高频段（UHF）。VHF 又分为 VHF–L 与 VHF–H 两个频段，为 1 ~ 12 频道。UHF 频段的频率范围为 470 ~ 958 MHz，为 13 ~ 68 频道。1 ~ 68 频道也称为标准频道，各频道的频率规定值见表 1–5–1。

**表 1–5–1　　VHF、UHF 频段各频道的频率规定值**

| 频段 | 频道 | 频率范围（MHz） | 图像载波频率（MHz） | 伴音载波频率（MHz） |
|---|---|---|---|---|
| VHF–L 频段 | 1 | 48.5 ~ 56.5 | 49.75 | 56.25 |
| | 2 | 56.5 ~ 64.5 | 57.75 | 64.25 |
| | 3 | 64.5 ~ 72.5 | 65.75 | 72.25 |
| | 4 | 76 ~ 84 | 77.25 | 83.75 |
| | 5 | 84 ~ 92 | 85.25 | 91.75 |

续表

| 频段 | 频道 | 频率范围（MHz） | 图像载波频率（MHz） | 伴音载波频率（MHz） |
|---|---|---|---|---|
| VHF-H 频段 | 6 | 167 ~ 175 | 168.25 | 174.75 |
| | 7 | 175 ~ 183 | 176.25 | 182.75 |
| | 8 | 183 ~ 191 | 184.25 | 190.75 |
| | 9 | 191 ~ 199 | 192.25 | 198.75 |
| | 10 | 199 ~ 207 | 200.25 | 206.75 |
| | 11 | 207 ~ 215 | 208.25 | 214.75 |
| | 12 | 215 ~ 223 | 216.25 | 222.75 |
| UHF 频段 | 13 ~ 68 | 470 ~ 958 | 471.25 ~ 951.25 | 477.75 ~ 957.75 |

（2）增补频道

标准电视频道主要供无线电视广播使用。近年来，我国各地有线电视系统的普及日趋广泛，新型电视接收机既能接收无线广播电视节目信号，又能接收有线电视节目信号，有线电视节目占用的电视频道称为增补频道。

从标准频道频率的划分可知，在 L 与 H 频段之间，以及在 H 与 U 频段之间有部分未使用的空频段，这一部分空频段作为增补频道使用，供有线电视系统传输节目，如图 1–5–3 所示。

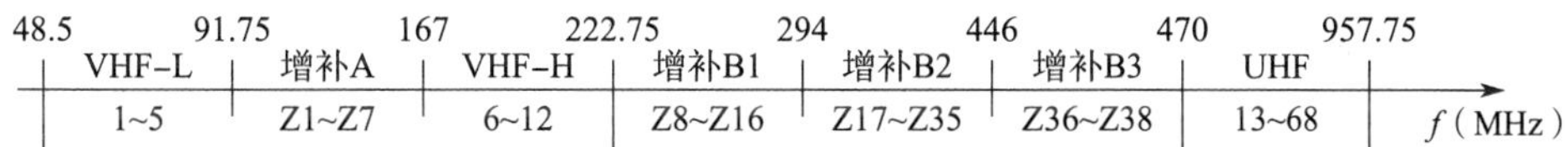


图 1–5–3　频道划分示意图

在 L 与 H 频段之间，91.75 ~ 167 MHz 频率范围内，增补 Z1 ~ Z7 七个频道，称为增补 A 频段。在 H 与 U 频段之间，222.75 ~ 294 MHz 频率范围内，增补 Z8 ~ Z16 九个频道，称为增补 B1 频段；294 ~ 446 MHz 频率范围内，增补 Z17 ~ Z35 十九个频道，称为增补 B2 频段；446 ~ 470 MHz 频率范围内，增补 Z36 ~ Z38 三个频道，称为增补 B3 频段。全频段通过有线方式共可以传输 106 个频道。

## §1–6　三基色原理

### 学习目标

1. 掌握光的特性。
2. 掌握三基色原理与混色原理。
3. 了解色度方程与亮度方程。
4. 了解彩色显像管的结构与工作原理。
5. 能进行 CRT 彩色显像管电参数的测试。

## 一、光的特性

### 1. 可见光的特性

光是一种以电磁波形式存在的物质，其属性与无线电波一样，传播速度为 $3\times10^8$ m/s。人眼能看得见的光称为可见光，其波长为 380～780 nm，仅占极小的一段，如图 1–6–1 所示。

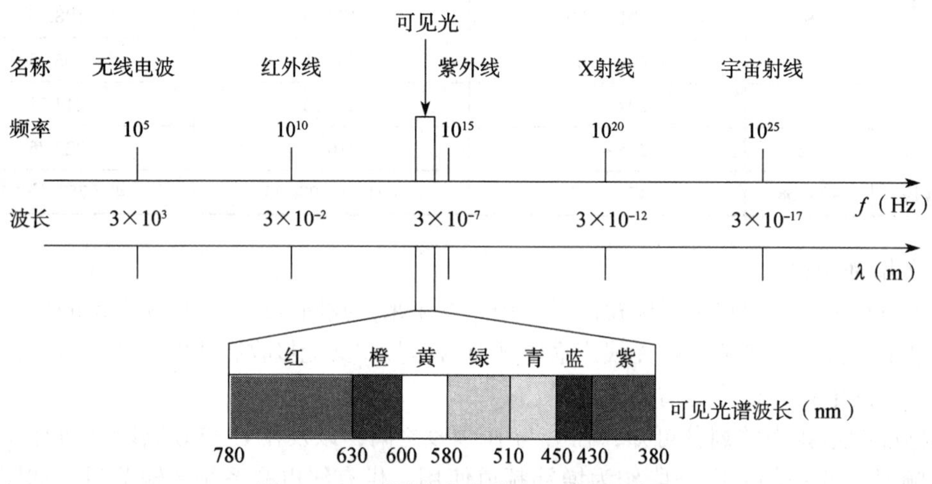


图 1–6–1　可见光在电磁波波谱中的位置

光的颜色由光的波长决定。例如，波长为 400 nm 左右的光给人以紫色的感觉，波长为 700 nm 左右的光则给人以红色的感觉。

单一波长的光对应一种颜色，这种可见光叫单色光，由两种以上单色光组成的光称为复色光。白光是由多种颜色的光组成的，太阳所发出的白光就包含了所有的单色光。如果把一束太阳光斜射到一块玻璃棱镜上，太阳光会被分解成按红、橙、黄、绿、青、蓝、紫的顺序排列的连续光谱，表明太阳光包含有各种颜色的彩色光，但基本上可分成上述七类。

光具有可逆性，白光可以分解成各种颜色的单色光，各种颜色的单色光也可以重新聚合成白光。

### 2. 物体的颜色

物体的颜色分两种情况来决定，一种是发光体，另一种是不发光体。本身会发光的物体，其所呈现的颜色取决于所发光的颜色。本身不发光的物体，其所呈现的颜色取决于两个方面，一是用来照射物体的光源的颜色，二是物体固有的光学属性。物体的光学属性是指不同的物体对光有不同的吸收、反射和透射特性。

实验表明，本身不发光的物体，当用来照射的光的颜色与物体的颜色相同时，物体并不吸收该光，只会反射该光；当用来照射的光的颜色与物体的颜色不相同时，物体会吸收该光；透明体只让与透明体颜色相同的光通过，与透明体颜色不相同的光会被透明体吸收掉。

当太阳光照射到红领巾上时，看到的红领巾是红色，这是因为红领巾反射了太阳光中的红色光，其他光被吸收了。当绿色霓虹灯照射到红领巾上时，看到的红领巾会变成黑色，这是因为绿光被红领巾吸收了，所以红领巾变成了黑色。白色的布可以反射全部白光，因而呈现白色；黑色的石墨可以吸收全部的白光，因而呈现黑色。

当白光照射到透明物体上时，某一光谱的光能够透射过去，而其他光谱的光被吸收，透过光的颜色就成了透明物体的颜色。利用这个特性，可以做出各种颜色的滤色片。当人们戴上绿色眼镜时，白光中的绿光成分可以透过绿色镜片映入眼睛，而其他颜色的光被吸收了，看到的环境便是绿色的视野。

**3. 人眼的视觉特性**

人眼对物体亮暗的感觉与两个因素有关，一是进入眼睛的光的强度，二是光的波长（颜色）。同一波长的光，当光的强度不一样时，给人眼的亮度感觉是不同的；相同强度而波长不同的光，给人眼的亮度感觉也是不同的。

人眼对光的波长改变的感觉是，不仅颜色的感觉不同，而且亮度的感觉也是不同的。人眼对光谱的响应情况如图 1–6–2 所示，图中实线和虚线分别表示白天、夜间人眼对光的响应。从白天的曲线可以看出，人眼感到最暗的是红色，其次是蓝色和紫色，而最亮的是黄绿色。反过来说，要获得相同的亮度感觉，所需要的红光辐射功率要比绿光大得多。

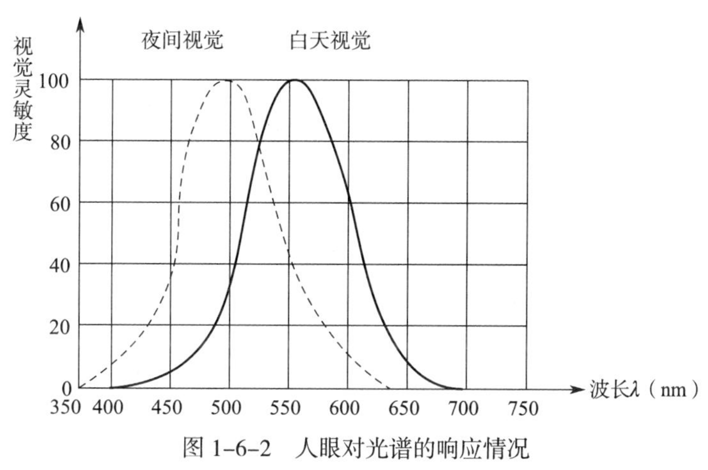


图 1–6–2　人眼对光谱的响应情况

**4. 彩色的三要素**

对任意的彩色光，都可以用亮度、色调、色饱和度这三个物理量来进行描述。亮度、色调、色饱和度称为彩色的三要素。

（1）亮度

亮度是光作用于人眼时，引起的明亮程度的感觉。亮度与彩色光的强弱、波长有关。

（2）色调

色调就是彩色光的类别。通常所说的红色、绿色、蓝色等指的就是色调。彩色物体的色调与物体本身的属性（吸收、反射或透射）及照射的光源有关。

（3）色饱和度

色饱和度是指彩色光所呈现的彩色的深浅程度，即颜色的浓度。对于同一色调的彩色光，其饱和度越高，颜色越深；饱和度越低，颜色越浅。如在某一色调的彩色光中掺入白光，会使彩色光的饱和度下降。饱和度下降的程度反映了彩色光被白光冲淡的程度，可见饱和度反映了某种色光的纯度。色饱和度最高的称为纯色或饱和色。色度学中把纯色的饱和度定为 100%，而饱和度低于 100% 的彩色，被称为非饱和色，白色的饱和度为零。

色调和色饱和度又合称为色度，它既说明彩色光的颜色类别，又说明颜色的深浅程度。在电视系统中传输彩色图像信号，其实就是传输图像的亮度和色度信号。

## 二、三基色原理、混色原理及色度、亮度方程

### 1. 三基色原理

不同波长的单色光会引起人眼不同的彩色感觉，但相同的彩色感觉却可以来源于不同的光谱成分的组合。例如，以适当比例让红光和绿光相混合，可以产生与黄单色光相同的彩色效果；白色日光也可以由适当比例的红、绿、蓝三种单色光混合而得到。

根据人眼的视觉特性，在彩色重现的过程中，并不要求恢复原景物反射光的光谱成分，重要的是获得与原景物相同的彩色感觉。于是，可以选择几种单色光作为基色光，将它们按不同比例进行混合，以获得需要的彩色感觉，即利用混色的方法来得到重现彩色图像的目的。

彩色电视中选用的三基色光是红、绿、蓝这三种颜色的光，因为这三种单色光符合三基色原理。三基色原理的内容如下：

（1）自然界中的绝大多数彩色光几乎都可以用三种基色光按一定比例混合得到；反之，任何一种彩色光都可以被分解为三种基色光。

（2）三种基色光必须是相互独立的彩色，即其中任一种基色光都不能由其他两种基色光混合产生。

（3）三种基色光之间的混合比例决定混合色光的色调与色饱和度。

（4）混合色光的亮度等于三种基色光的亮度之和。

三基色原理是对彩色光进行分解、混合的重要原理。这一原理为彩色电视技术奠定了基础，极大地简化了用电信号来传送彩色的技术问题。对于色度千差万别的彩色景物，根据三基色原理，只需将要传送的各种彩色分解成红、绿、蓝三种基色光，然后再将它们变成三种电信号进行传送。在接收端，用这三种电信号分别控制能发红、绿、蓝三色光的彩色显像管，就能重现原来的彩色图像。

### 2. 混色原理

利用三基色原理，将三基色光按不同比例进行混合来获得彩色光的方法称为混色法。为了说明相加混色原理，可以将红、绿、蓝三种基色光部分重叠地投射到白色屏幕上，在屏幕上便会呈现出一幅品字形的三基色圆图，如图 1–6–3 所示。由图可知：

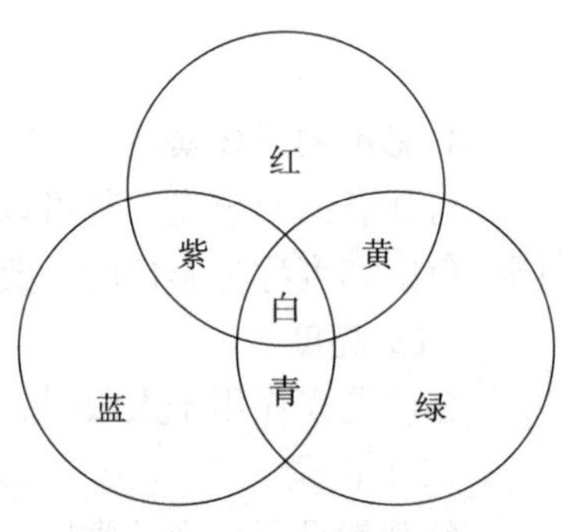


图 1–6–3　三基色圆图

红色 + 绿色 = 黄色

绿色 + 蓝色 = 青色

蓝色 + 红色 = 紫色

红色 + 青色 = 白色

绿色 + 紫色 = 白色

蓝色 + 黄色 = 白色

红色 + 绿色 + 蓝色 = 白色

混色规律可以这样来记忆，由红色开始，沿顺时针方向，“红绿蓝两两相加，变为黄青紫”。

红、绿、蓝是基色，而黄、青、紫称为补色。如果基色与补色相加混色后成为白色，则该基色和补色称为互补色，即红色与青色为互补色，绿色与紫色为互补色，蓝色与黄色为互补色。

相加混色的方法又可分为空间相加混色法和时间相加混色法。

（1）空间相加混色法

利用人眼分辨能力有一定限度的特点，将红、绿、蓝三基色光按一定比例，分别投射到同一平面的三个相邻点上，只要这三个光点足够小，且相距足够近，人眼就会产生三种基色光混合后的彩色感觉，这种方法称为空间相加混色法。空间相加混色法主要用于彩色电视机中。

（2）时间相加混色法

利用人眼的视觉惰性，将三种基色光按一定顺序，以足够快的轮换速度投射到同一平面的同一个点上，以获得相同的彩色效果，这种混色法称为时间相加混色法。时间相加混色法一般用于设备的面板显示中。

**3. 色度方程与亮度方程**

（1）色度方程

不同比例的红、绿、蓝三基色光进行相加混色可以得到各种彩色光。对于任意彩色光而言，其相加的结果可以用色度方程表示：

$$F=R(\mathrm{R})+G(\mathrm{G})+B(\mathrm{B})$$

式中，$R$、$G$、$B$ 为三基色比例系数，不同的比例关系决定了配色光 $F$ 的色调和色饱和度。对于白色光而言，$R=G=B=1$，则：

$$F_{\mathrm{E}}=1(\mathrm{R})+1(\mathrm{G})+1(\mathrm{B})$$

（2）亮度方程

从人眼视觉灵敏度曲线可以看出，等强度的红、绿、蓝三基色光给人眼的亮度感觉是不一样的。实验证明，如果白色光的亮度为 100%，分解成三种基色光时，亮度分别为红色占 30%，绿色占 59%，蓝色占 11%。反之，不同强度的三基色光进行混合时，总亮度也符合这个比例关系，这种关系用亮度方程表示为：

$$Y=0.30R+0.59G+0.11B$$

式中，$R$、$G$、$B$ 表示三基色光的强度，$Y$ 表示混合后各颜色的亮度之和，它示出了混合色亮度与三基色亮度之间的关系。

在彩色广播电视节目中，三基色光是转换为电压形式来传送的，三基色电压分别用 $U_{\mathrm{R}}$、$U_{\mathrm{G}}$、$U_{\mathrm{B}}$ 来表示，用电压形式来表示的亮度方程式为：

$$U_{\mathrm{Y}}=0.30U_{\mathrm{R}}+0.59U_{\mathrm{G}}+0.11U_{\mathrm{B}}$$

## 三、彩色显像管的结构与工作原理

彩色显像管的作用是，在末级视放电路三基色信号电压控制下，调制三枪阴极的电子束，完成电光转换，在屏幕上重现彩色图像。

**1. 彩色显像管的结构**

彩色显像管主要由电子枪、荧光屏、荫罩板、玻璃外壳这四大部分组成，如图 1–6–4 所示。

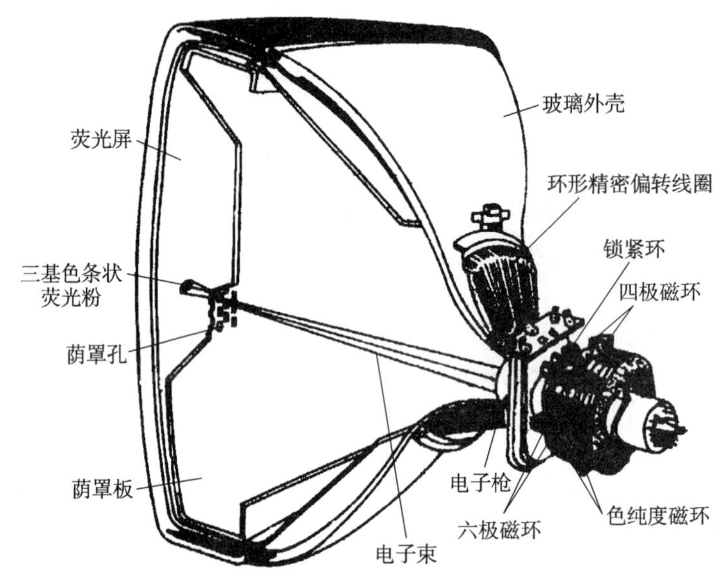


图 1–6–4　彩色显像管的结构

（1）电子枪

电子枪主要由灯丝等六部分组成，其作用是产生受控的电子束。

1）灯丝。灯丝的作用是加热阴极，其电压一般为 6.3 V 行频脉冲交流电压。目前的彩色电视机灯丝电压都是由行逆程变压器供给的。灯丝共有三组，三组灯丝并联使用。

2）阴极。阴极的作用是发射电子，在阴极筒端面涂有金属氧化物（俗称电子粉），当阴极被灯丝加热后就能发射电子。正常工作时，阴极电压约为 135 ~ 160 V。阴极共有三个，在水平方向上按一字形排列，彼此之间的间距很小，各自独立使用，分别与三基色视放管的输出端相连。

3）调制栅极。调制栅极的作用是控制电子束电流的大小。当调制栅极上加交变信号电压时，通过其上的电子数量将随着信号幅度的高、低变化而增加或减小，也就是电子束能被信号幅度所调制。被调制的电子束打在荧光屏上，就能产生与信号幅度变化相对应的亮度变化，借助扫描的方法，就能在荧光屏上组成一幅由不同亮度构成的图像。

4）第一阳极。第一阳极又叫加速极，其作用是使电子加速。电压一般为零至几百伏。

5）聚焦极。聚焦极的作用是使电子束聚焦成极细的束电流。聚焦电压约在 1 000 ~ 6 000 V 可调。

6）第二阳极。第二阳极的作用是对电子束进行会聚与加速，以获得足够的动能来激励荧光粉发光。第二阳极电压一般为 25 kV 左右。

（2）荧光屏

荧光屏主要是指屏面及涂在屏面玻璃内壁的荧光粉薄层。在荧光屏上的每一个像素都涂有红、绿、蓝三种荧光粉，能分别显示红、绿、蓝三基色光。为提高图像的对比度，显像管都在没有荧光粉的空隙处涂上黑色的石墨。

（3）荫罩板

荫罩板的作用是使每一个像素的红、绿、蓝三条电子束只能轰击与之对应的荧光粉。荫罩板放在荧光屏后面 1 cm 处。荫罩板上的槽孔必须与荧光粉的排列相对应，每个荫罩孔对应着一个像素的三基色条状荧光粉，如图 1–6–5 所示。

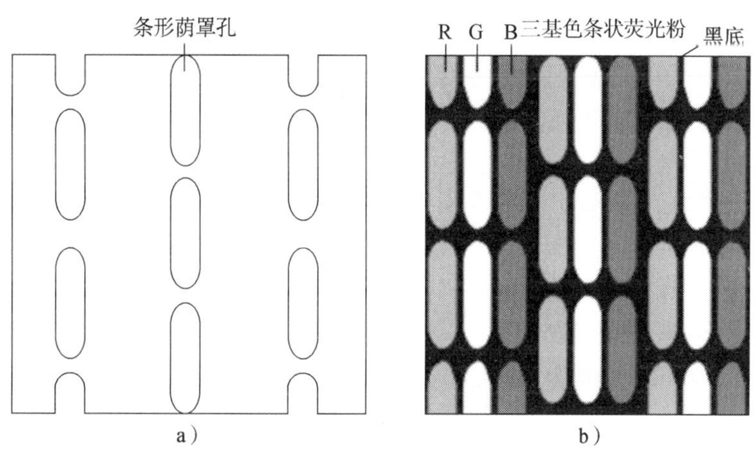


图 1–6–5 荫罩板与荧光屏

a）荫罩板 b）荧光屏

（4）玻璃外壳

彩色电视机的玻璃外壳与黑白电视机的玻璃外壳相同。外壳的尾部装有行、场偏转线圈，以及色纯度与会聚调整磁环。行偏转线圈所产生的磁场是枕形的，而场偏转线圈所产生的磁场是桶形的，这样的磁场分布能使三条电子束在整个荧光屏上自动会聚。

**2. 彩色显像管的调整**

彩色显像管的调整分为色纯度的调整与会聚的调整。

（1）色纯度的调整

色纯度就是指单色光栅纯净的程度，也就是要求红、绿、蓝三条电子束只能分别激发其对应的红、绿、蓝三种荧光粉。分别让三个电子枪单独工作时，应出现相对应的纯净单色光栅。色纯度不良是由于显像管制造工艺的误差引起的，解决色纯度不良的方法是调整管颈处的色纯度磁环，调整时可以两片磁环相对转动，也可整体绕管颈转动，以使电子束的位置偏移，纠正显像管制造工艺的误差。

（2）会聚的调整

会聚是指将三条电子束合在一起，在扫描的任何时刻，电子束都能同时穿过同一荫罩孔，使它们分别同时击中荧光屏上同一组相对应的荧光粉，如图 1–6–6 所示。会聚又分为静会聚和动会聚两种，对荧光屏中心部位的会聚称为静会聚，对荧光屏四周部分的会聚称为动会聚。

静会聚不良是由于电子枪在管内安装有偏差造成的，可通过调整管颈处四极、六极磁环的相对位置来解决。

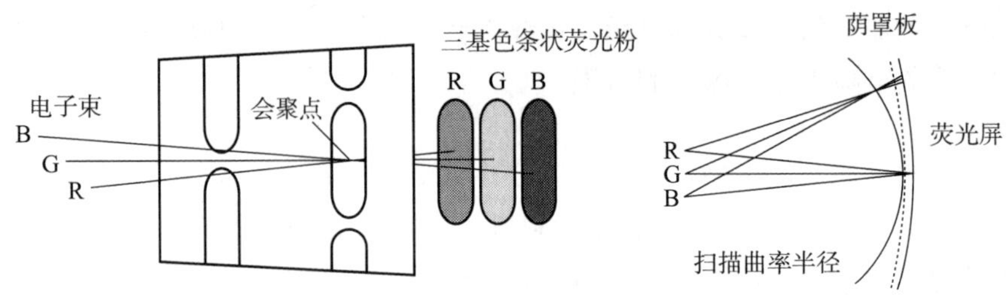


图 1–6–6　会聚原理

动会聚不良是由于电子枪的扫描偏转半径与荧光屏的半径不一致引起的，可采用特殊的偏转线圈，使行偏转线圈产生枕形磁场、场偏转线圈产生桶形磁场来解决。

**3. 彩色显像管的消磁**

彩色显像管内的铁制部件，如荫罩板等，在使用过程中会因周围磁场的作用而被磁场磁化，这会严重影响色纯度和会聚，因此，需要经常对显像管的铁制部件进行消磁。彩色电视机中都安装有自动消磁电路，在每次开机时，自动消除所有不需要的剩余磁场。

（1）彩色显像管的消磁方法

彩色显像管采用的消磁方法是，用逐渐减小的交变磁场来消除铁制部件的剩磁。这种磁场可以利用一个逐渐变小的交流电流流过一个线圈而得到，消磁原理如图 1–6–7 所示。

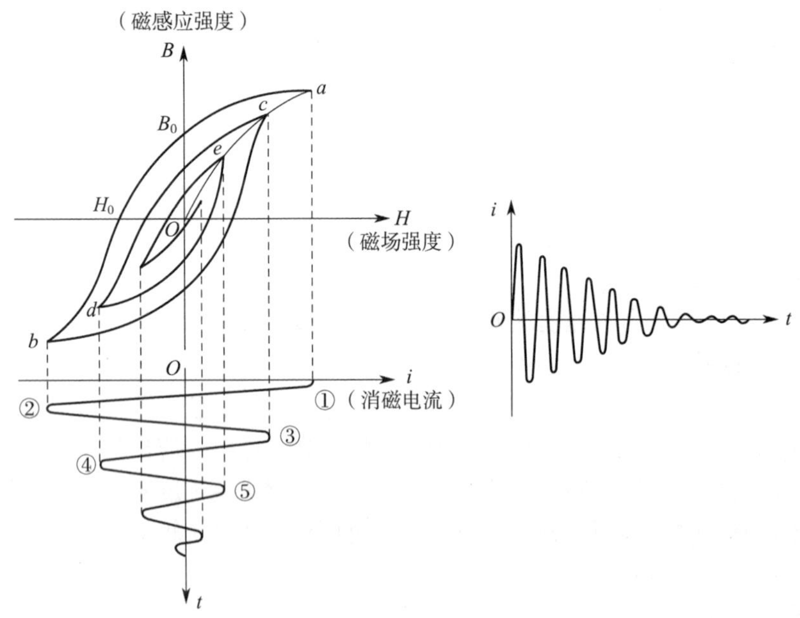


图 1–6–7　消磁原理

（2）常用的消磁电路

常用的消磁电路如图 1–6–8a 所示，L 为消磁线圈；$R_T$ 为正温度系数热敏电阻，在常温下其电阻值仅为 20 Ω 左右，当温度升高时，其电阻值急剧升高；C 为电容器，其作用是用来消除行辐射在消磁线圈中的感应电流。当开关刚合上时，因为 $R_T$ 的电阻值很小，故有很大的消磁电流通过消磁线圈对显像管进行消磁，同时该电流在流过电阻 $R_T$ 时使 $R_T$ 的温度上升，电阻值迅速增加，流过消磁线圈的电流在几秒内降低至接近于零，从而达到消磁的目的。改进型消磁电路如图 1-6-8b 所示，该电路采用三端消磁电阻，$R_{T1}$ 也是正温度系数热敏电阻，其作用是通电后迅速发热，对 $R_{T2}$ 进行加热，以达到更好的消磁效果。

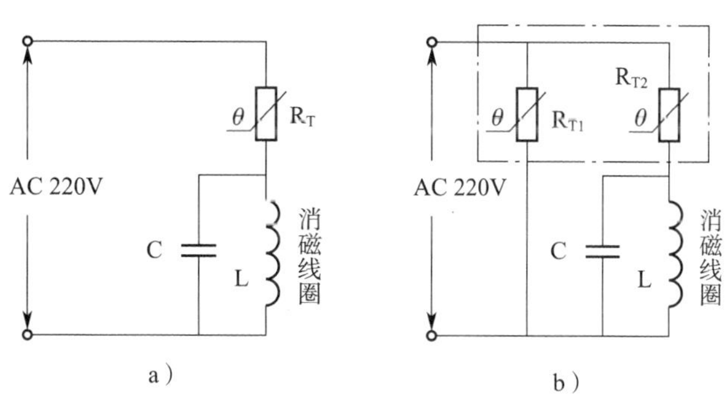


图 1-6-8　消磁电路

a）常用的消磁电路　b）改进型消磁电路

# 实训 2　CRT 彩色显像管电参数测试

## 实训目的

1. 进一步熟悉彩色显像管的结构与工作原理。
2. 能对彩色显像管的电参数进行测试。

## 实训设备与工具

普通彩色电视机、电视机常用维修工具、双踪示波器、彩条信号源、实训指导书等。

## 实训内容与步骤

### 一、认识电子枪

1. 认清彩色显像管电子枪各电极的排列情况，即认清灯丝、阴极、调制栅极、加速极、聚焦极、第二阳极的排列情况。

2. 认识电子枪四极、六极磁环，并进行调节。开机，接收电子圆信号，进行四极、六极磁环调节，看图像如何变化。

3. 认清彩色显像管电子枪各电极的供电情况。

### 二、测量彩色显像管各电极的电阻值

不取下显像管座，用万用表测试彩色显像管各电极对地的电阻值（黑表笔接地），并将结果填入表 1-6-1 中。

表 1-6-1　彩色显像管的电阻值

| 电子枪电极 | KR | KG | KB | 灯丝 | 调制栅极 | 加速极 |
|---|---|---|---|---|---|---|
| 对地电阻值（Ω） | | | | | | |

## 三、测量彩色显像管电子枪各电极的工作电压

电视机通电，收台，将亮度、对比度调至适中，测量电子枪各电极对地的电压，并将结果填入表 1-6-2 中。注意，测试时，不可碰触电路板，以防人身触电。

表 1-6-2 电子枪各电极对地电压

| 电子枪电极 | KR | KG | KB | 灯丝 | 调制栅极 | 加速极 |
|---|---|---|---|---|---|---|
| 对地电压值（V） | | | | | | |

## 四、测量阴极电压高低与图像亮暗的关系

开机，接收彩条信号，当电视机调到画面最亮时、画面最暗时、处于蓝背景状态时，测量表 1-6-3 中各点的电压，并记录数据。

表 1-6-3 阴极电压高低与图像亮暗的关系

| 测量点 | R-Y | G-Y | B-Y | Y | KR | KG | KB |
|---|---|---|---|---|---|---|---|
| 画面最亮时 | | | | | | | |
| 画面最暗时 | | | | | | | |
| 蓝背景时 | | | | | | | |

## 五、测量图像信号波形

### 1. 测量色度信号与亮度信号波形

接收彩条信号，将亮度、对比度、彩色调到适中，在视放电路板上测量表 1-6-4 中各点的波形，并记录相关参数。

表 1-6-4 色度信号与亮度信号波形

| 测量项目 | （R-Y）波形 | （G-Y）波形 | （B-Y）波形 | Y 波形 |
|---|---|---|---|---|
| 波形图 | | | | |
| $V_{P-P}$ | | | | |
| 周期 $T$ | | | | |
| 频率 $f$ | | | | |

### 2. 测量三基色信号波形

接收彩条信号，将亮度、对比度、彩色调到适中，在视放电路板上测量表 1-6-5 中各点的波形，并记录相关参数。注意，测量 KR、KG、KB 的波形时，探头应衰减 10 倍。

表 1-6-5 三基色信号波形

| 测量项目 | KR 波形 | KG 波形 | KB 波形 |
|---|---|---|---|
| 测量点 | | | |
| 波形图 | | | |

续表

| 测量项目 | KR 波形 | KG 波形 | KB 波形 |
|---|---|---|---|
| $V_{P-P}$ | | | |
| 周期 $T$ | | | |
| 频率 $f$ | | | |

【想一想】

1. 用示波器测 R、G、B 的信号波形时，为什么要使用衰减探头？
2. 能否在拆下显像管座后给电视机通电？
3. 调节对比度时，三个阴极电压会改变吗？
4. 蓝背景时，R–Y、G–Y、B–Y 与 KR、KG、KB 电压的大小应如何变化？

## §1–7 彩色电视信号的传输

### 学习目标

1. 掌握彩色图像三基色电信号的产生方法。
2. 掌握亮度信号与色差信号的产生方法。
3. 了解黑白电视信号与彩色电视信号的兼容方法。
4. 了解彩色电视信号的传输方法。

要传输彩色图像信号，根据三基色原理，首先需要将一幅彩色画面分解成红、绿、蓝三基色图像，再用三个摄像管对各个基色图像进行扫描，变为三基色电信号。为了与黑白节目进行兼容，需要再把三基色电信号转变为亮度信号与色差信号，与其他辅助信号混合后，才能进行调制与传输。

**一、彩色图像三基色电信号的产生**

**1. 彩色图像的分解**

要将一幅画面的彩色光变为三基色电信号，首先要将这幅彩色画面分解成红、绿、蓝三基色图像（单色），再用三个摄像管分别对各个基色图像进行扫描，以转变为三基色信号，这一过程是利用彩色摄像机来完成的。彩色摄像机的镜头后面装有棱镜分色系统，可将一幅彩色画面分解为三基色图像，如图 1–7–1 所示。

彩色景物产生的彩色光在经过镀有多层薄膜的三角棱镜时，使其中一种基色光从薄膜表面反射出去，让另外两种基色光透过薄膜，透过的两种基色光经过另一个薄膜时再反射出一种基色光，剩下最后一种基色光则透射出去。这样将彩色光分解为三种基色光，分别射向三个摄像管，在摄像管的光电靶上分别形成三基色图像。

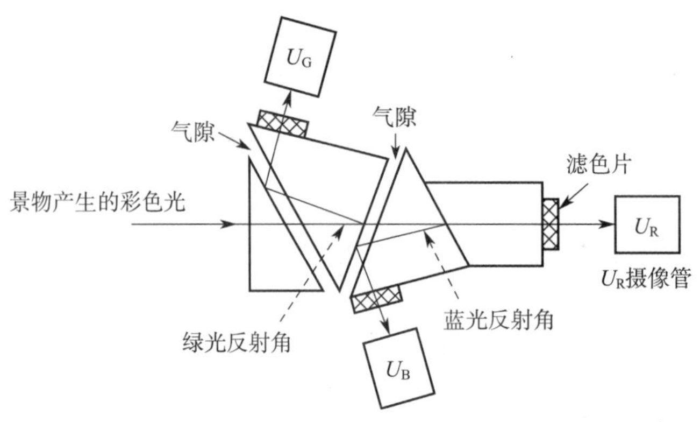


图 1–7–1　彩色摄像机棱镜分色系统

三个摄像管在进行扫描时，彼此之间必须保持完全同步，这样才能保证在任一瞬间，三个摄像管输出的基色信号电压都对应于景物的同一点上。

**2. 标准彩条图像信号的波形**

以标准的彩条图像为例，彩色摄像机的分光系统将彩条图像分解成三个基色图像，在三个摄像管的光电靶上分别形成了如图 1–7–2a 所示的三个基色画面。三个电子枪分别对三个基色画面进行扫描，就可以输出三基色信号电压，其波形如图 1–7–2b 所示。

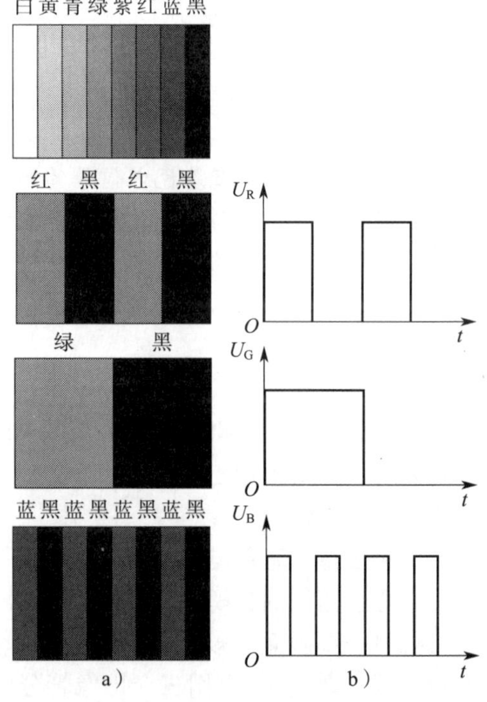


图 1–7–2　彩条图像的三基色图像与三基色信号电压波形
a）三基色图像　b）三基色信号电压波形

彩色电视机的显像管有红、绿、蓝三个电子枪，三基色信号电压分别加在电子枪的三个阴极上，对各个阴极进行调制，就可以重现彩色图像。

## 二、黑白电视信号与彩色电视信号的兼容

**1. 兼容的原因**

电视台传输彩色图像信号时，如果只传送三基色信号，彩色电视机虽然可以重现彩色图像，但是黑白电视机却不能接收这样的信号；同样，电视台播送黑白节目时，彩色电视机也不能接收黑白信号。因此，黑白电视系统与彩色电视系统必须进行兼容。

**2. 兼容的含义**

所谓兼容，就是既能用彩色电视机收看黑白电视节目，又能用黑白电视机收看彩色电视节目，看到的都是黑白图像。实现兼容后，彩色电视机与黑白电视机都可以接收电视台发射的彩色电视节目广播信号。

**3. 实现兼容的条件**

要实现兼容，应满足以下两个基本条件：

一是需要将三基色电信号转换为一个亮度信号和一个色度信号。其中亮度信号只反映图像的亮度信息，与黑白电视广播中的图像信号相同，供黑白与彩色电视机使用。色度信号只反映图像的色度信息，供彩色电视机使用。亮度信号、色度信号、复合同步信号、复合消隐信号组成了彩色全电视信号。彩色全电视信号的频带宽度应与黑白电视信号一样，也为 0 ~ 6 MHz。

二是彩色电视与黑白电视的基本参数要尽量一致。例如，调制方式、图像载波频率、伴音载波频率、扫描方式、扫描频率和频带宽度等都要相同。

## 三、亮度信号与色差信号的产生方法

### 1. 亮度信号的产生方法

产生亮度信号的依据是亮度方程。根据亮度方程，利用三基色信号可以得到亮度信号。标准彩条图像信号的波形如图 1–7–3 所示，其中图 1–7–3d 所示为亮度信号波形。从图中可以看出，一幅标准的彩条图像，它的亮度电平是八级灰度等级的信号电压。传输的彩色信号中有了这一亮度信号，当黑白电视机接收彩色电视节目时，只需对亮度信号进行处理就可以显示黑白图像，以满足对黑白电视兼容的需要。

### 2. 色差信号的产生方法

要满足彩色电视机接收的条件，除了要传输亮度信号外，还必须传输代表彩色的信号。彩色电视技术中，采用将每个基色信号减去亮度信号（使基色信号中不含有亮度成分），变换为三个色差信号（色差信号波形如图 1–7–3e ~ 图 1–7–3g 所示），然后只传输红色差信号（$U_{R-Y}$）与蓝色差信号（$U_{B-Y}$）的方法，来解决这个问题。

用基色信号与亮度信号相减，表示为：

$$U_R-U_Y=U_{R-Y}=0.70U_R-0.59U_G-0.11U_B$$

$$U_G-U_Y=U_{G-Y}=-0.30U_R+0.41U_G-0.11U_B$$

$$U_B-U_Y=U_{B-Y}=-0.30U_R-0.59U_G+0.89U_B$$

相减之后的色差信号把基色信号中的亮度信号去掉了，只含有色度信息，实现了亮、色分离。

### 3. 不传送绿色色差信号

三个色差信号不是各自独立的信号，每一个色差信号都可以由另外两个色差信号按一定比例混合得到，利用亮度方程可推出三个色差信号之间的关系。

因　$U_Y=0.30U_R+0.59U_G+0.11U_B$

则　$U_Y=0.30U_Y+0.59U_Y+0.11U_Y=0.30U_R+0.59U_G+0.11U_B$

因此　$0.30(U_R-U_Y)+0.59(U_G-U_Y)+0.11(U_B-U_Y)=0$

即　$0.30U_{R-Y}+0.59U_{G-Y}+0.11U_{B-Y}=0$

由上式可知，若已知两个色差信号，即可求出第三个色差信号，故只需传输两个色差信号即可。

在彩色电视传输技术中，只传输亮度信号与 $U_{R-Y}$、$U_{B-Y}$ 两个色差信号，不传输 $U_{G-Y}$，理由是绿色差信号的幅度相对较小，不利于提高传送信号时的信噪比。

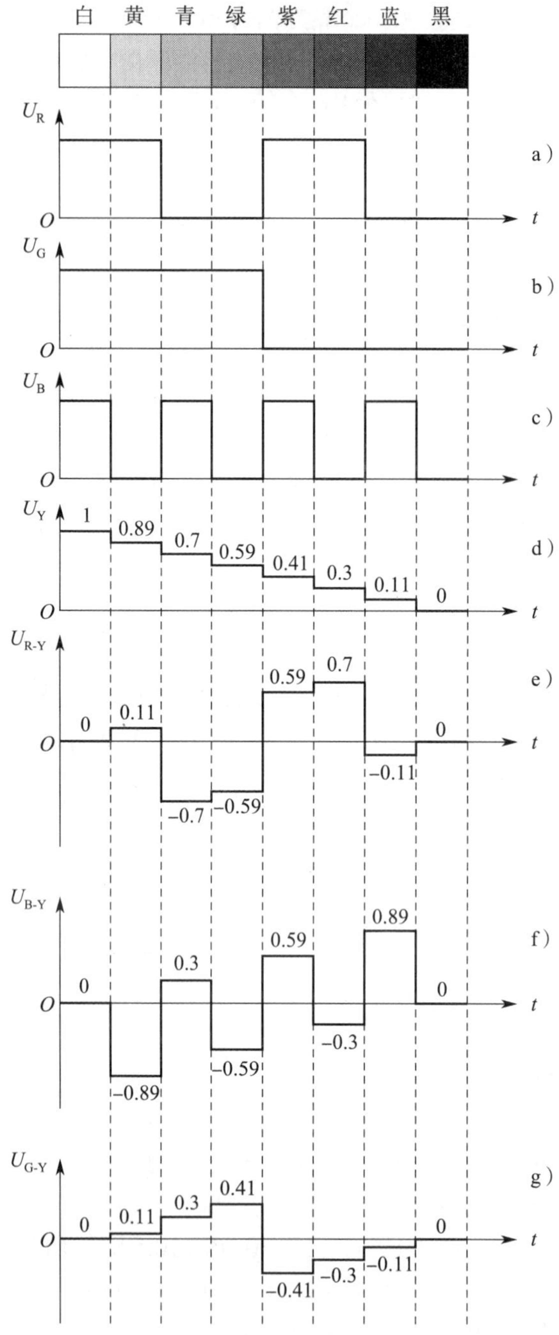


图 1–7–3　标准彩条图像信号的波形

a）~c）三基色信号波形　d）亮度信号波形　e）~g）色差信号波形

### 4. 亮度信号与色差信号产生电路

亮度信号与色差信号是通过编码矩阵电路产生的，如图 1–7–4 所示。根据亮度方程，将三基色信号按比例相加，就得到亮度信号 $U_Y$。再将亮度信号反相后分别与红基色信号、蓝基色信号相加，就得到红色差信号 $U_{R-Y}$ 和蓝色差信号 $U_{B-Y}$。

### 四、彩色电视信号的传输

电视台传输彩色电视信号时，需要将每一行的 $U_Y$、$U_{R-Y}$、$U_{B-Y}$ 三个信号同时传输出去，但这三个信号都是由 $U_R$、$U_G$、$U_B$ 产生的，它们的频带宽度都是 0～6 MHz。如何将三个频带宽度相同的信号合在一起，而只让它们共占 0～6 MHz 的带宽传输出去呢？在现代彩色电视技术中，主要采用以下两种措施来满足上述的要求：

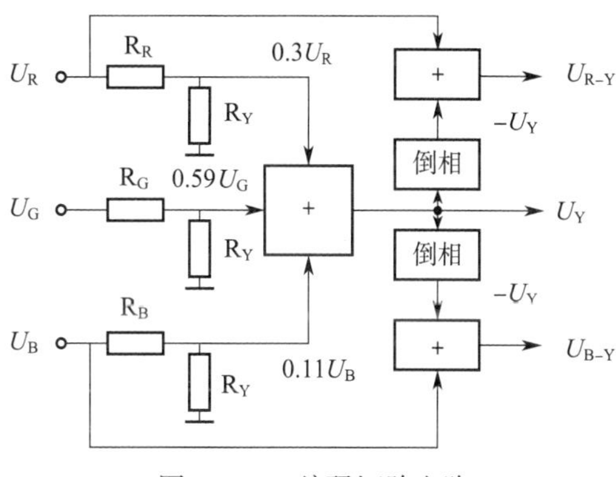


图 1-7-4　编码矩阵电路

**1. 采用大面积着色法——只传送色差信号中 0～1.3 MHz 的低频成分**

画家在绘画时总是将轮廓描绘得非常清晰，但在上色时是不分细节的，只进行大面积着色即可。尽管没有用彩笔进行细致的描绘，整个画面还是给人以色彩鲜艳、绚丽的感觉，这是因为人眼对彩色细节的分辨力远远低于对黑白图像细节的分辨力。

根据人眼的这一特性，就可以利用低通滤波器将反映色调与饱和度的色差信号频带进行压缩，只传送色差信号中 0～1.3 MHz 的低频成分，不传送 1.3 MHz 以上的高频成分。这是因为色差信号的低频成分反映了图像大面积的彩色情况，而 1.3 MHz 以上的高频成分反映的是彩色的细节，人眼很难分辨。

**2. 采用频谱间置法——让色差信号穿插在亮度信号的高频端**

经过压缩后的色差信号与亮度信号有着相同的频谱结构，其频谱分布不是连续的，而是由一组组间隔为行频的谱线组成，其中有许多空隙，色差信号可以叠加在空隙中进行传播。另外，亮度信号低频端比高频端的幅度要大，如果直接将色差信号插入亮度信号的低频端，会产生严重的干扰。综合以上两个因素，可以将色差信号调制在一个载波上，然后在亮度信号的高频端相加，并且让色差信号的频谱与亮度信号的频谱刚好错开半个位（采用 1/2 行频间置）再相加，这样，彩色电视图像信号的总频带宽度仍为 0～6 MHz。

## §1-8　常见的电视制式及 NTSC 制

### 学习目标

1. 了解常见的电视制式。
2. 掌握 NTSC 制的概念与方法。
3. 了解 NTSC 制副载波的选用原则。
4. 掌握 NTSC 制色度信号的形成方法。
5. 熟悉 NTSC 制色同步信号与彩色全电视信号。

### 一、常见的电视制式

对电视信号进行处理与传输的方式，称为电视制式。

### 1. 黑白电视制式

对于黑白电视系统，制式通常指扫描的频率、每帧扫描的行数、信号带宽、第二伴音载波频率、调制方式等内容。常见的黑白电视制式见表 1–8–1。

表 1–8–1　　常见的黑白电视制式

| 制式代号 | 扫描行数 | 频道带宽（MHz） | 视频带宽（MHz） | 第二伴音载波频率（MHz） |
|---|---|---|---|---|
| B | 625 | 7 | 5 | 5.5 |
| D | 625 | 8 | 6 | 6.5 |
| G（H） | 625 | 8 | 5 | 5.5 |
| I | 625 | 8 | 5.5 | 6 |
| K | 625 | 8 | 6 | 6.5 |
| M | 525 | 8 | 4.2 | 4.5 |

### 2. 彩色电视制式

彩色电视制式主要指对两个色差信号的处理与传输方式。目前，世界上最常用的彩色电视制式主要有 NTSC 制、PAL 制和 SECAM 制。

（1）NTSC 制

NTSC（National Television Systems Committee，国家电视系统委员会）制又称为正交平衡调幅制，于 1954 年由美国首次推出，目前，日本、加拿大等国都在使用。这种制式的特点是，将每一场中每一行的两个色差信号分别对频率相同而相位相差 90° 的两个副载波进行正交平衡调幅，将已调制的两个色差信号叠加在一起形成色度信号，再穿插到亮度信号的高频端进行叠加（亮色相加），最后进行高频调制发送。该制式的主要缺点是对信号的相位失真较敏感，重现的图像易产生色调失真。

（2）PAL 制

PAL（Phase Altemative Line，隔行倒相）制即隔行倒相正交平衡调幅制，1967 年在德国、英国首先使用，我国也采用这种制式。这种制式将每一场中每一行的两个色差信号分别对频率相同而相位相差 90° 的两个副载波进行正交平衡调幅，将已调制的 $U_{R-Y}$ 色差信号隔一行倒一次相，同一行的两个色差信号叠加在一起形成色度信号，再穿插到亮度信号的高频端进行叠加（亮色相加），最后进行高频调制发送。该制式利用相邻两行 $U_{R-Y}$ 信号的互补作用消除由相位变化引起的色调失真，其主要缺点是电视接收机的电路比较复杂。

（3）SECAM 制

SECAM（法文 Sequential Couleur Avec Memoire 的缩写）制又称为顺序传输存储制，1966 年在法国首先使用。

NTSC 制、PAL 制、SECAM 制虽然都能和黑白电视兼容，但是，由于传送色差信号的方式不同，致使这三种制式之间不能相互兼容收看。NTSC 制、PAL 制和 SECAM 制的参数见表 1–8–2。

表 1-8-2 NTSC 制、PAL 制和 SECAM 制的参数

| 参数 \ 制式 | PAL（中国） | NTSC（美国） | PAL（德国） | SECAM（法国） |
|---|---|---|---|---|
| 频道带宽（MHz） | 8 | 6 | 7 | 8 |
| 第二中频频率（MHz） | 6.5 | 4.5 | 5.5 | 6.5 |
| 伴音调制方式 | 调频 | 调频 | 调频 | 调频 |
| 色副载波（MHz） | 4.43 | 3.58 | 4.43 | 4.43 |
| 副载波调制方式 | 隔行倒相正交平衡调幅 | 正交平衡调幅 | 隔行倒相正交平衡调幅 | 调频 |
| 视频带宽（MHz） | 6 | 4.2 | 5 | 6 |
| 视频信号调制方式 | 负极性 | 负极性 | 负极性 | 正极性 |
| 行扫描频率（Hz） | 15 625 | 15 734 | 15 625 | 15 625 |
| 场扫描频率（Hz） | 50 | 60 | 50 | 50 |
| 每帧行数 | 625 | 525 | 625 | 625 |

## 二、NTSC 制

### 1. 正交平衡调幅制

所谓正交平衡调幅制，就是把正交调幅与平衡调幅结合到一起的调幅方法。

（1）平衡调幅

平衡调幅是指信号调幅后又把载波抑制掉的调幅。它与普通调幅波的不同之处是平衡调幅不输出载波信号，即调制的低频信号为零时载波信号也为零。

信号进行平衡调幅的目的不是用来发射信号，而是对信号的频谱位置进行移动，以便于两个信号进行叠加。

下面将平衡调幅与一般调幅进行比较。

设调制信号 $u_m=U_m\cos\Omega t$，载波信号 $u_s=U_s\cos\omega t$，则当进行一般调幅时，形成的一般调幅信号可表示为：

$$
\begin{aligned}
u_a&=(U_s+u_m)\cos\omega t\\
&=(U_s+U_m\cos\Omega t)\cos\omega t\\
&=U_s\cos\omega t+U_m\cos\Omega t\cos\omega t
\end{aligned}
$$

也可以写成：

$$u_a=U_s\cos\omega t+\frac{1}{2}U_m\cos(\omega+\Omega)t+\frac{1}{2}U_m\cos(\omega-\Omega)t$$

由此可以看出，一般调幅波是由以载波频率 $\omega$ 为中心、上下边频为 $\omega\pm\Omega$ 的三个分量组成的，其波形如图 1-8-1c 所示。

如果把调制信号中的 $U_s\cos\omega t$ 载波分量去掉，即变为平衡调幅波，其表达式为：

$$u_b=U_m\cos\omega t\cos\Omega t=\frac{1}{2}U_m\cos(\omega+\Omega)t+\frac{1}{2}U_m\cos(\omega-\Omega)t$$

由此可以看出，平衡调幅波为调制信号与载波信号的乘积，平衡调制器实质上是一个乘法器。平衡调幅波的频谱只有 $\omega\pm\Omega$ 的边频分量，没有载波频率 $\omega$，其波形如图 1-8-1d 所示。

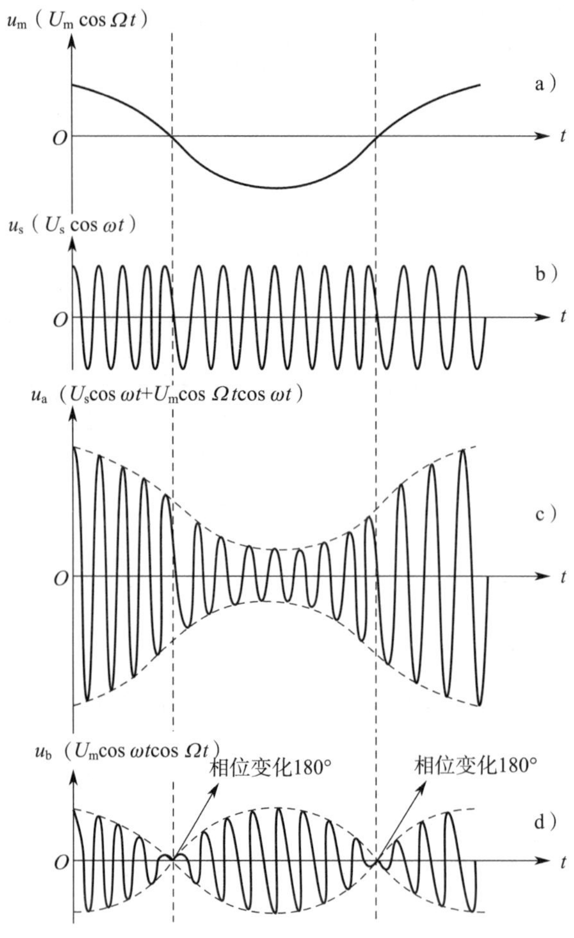


图 1-8-1　一般调幅与平衡调幅波形

a）调制信号波形　b）载波信号波形　c）一般调幅波形　d）平衡调幅波形

采用抑制副载波的平衡调幅来传送色度信号，不但能减少色度信号对亮度信号的干扰，还可大大减小发射功率。

（2）正交调幅

用两个调制信号分别对频率相同、相位相差 90° 的两个载波信号进行调幅，然后再将它们矢量相加，就得到正交调制信号，这种调制方法叫正交调幅。

（3）正交平衡调幅

如果用两个调制信号分别对两个正交载波进行平衡调幅，就叫正交平衡调幅。两个调幅信号的矢量和，就是正交平衡调幅信号。

设两个调制信号 $u_1$ 与 $u_2$ 分别对载波频率为 $\omega$ 的正交副载波进行平衡调幅，再进行相加，即成为正交平衡调幅波，合成信号表达式为：

$$u=u_1 \sin \omega t+u_2 \cos \omega t$$

两个信号进行正交调幅的目的是，让两个调幅信号相互叠加后还能重新进行分离，以便于多个信号混合后一起传输出去。

**2. NTSC 制副载波的选用原则**

平衡调幅使用的载波称为副载波。为了使彩色电视与黑白电视兼容，根据大面积着色原理，只传送 0 ~ 1.3 MHz 范围的色差信号。先用正交的两个副载波分别对两个色差信号进行平衡调幅，再相互叠加，成为正交平衡调幅波，使色差信号频谱发生移动，最后根据频谱交错原理，将色差信号插入亮度信号中，实现彩色电视与黑白电视兼容。

NTSC 制在选择副载波时，采用 1/2 行频间置，即色差信号的频谱与亮度信号频谱要交错半行，而且要靠近亮度信号频谱的高端进行相加。

在 NTSC 制彩色电视系统中，当一个频道带宽为 8 MHz 时，副载波频率选用 4.43 MHz；当一个频道带宽为 6 MHz 时，副载波频率选用 3.58 MHz。

色差信号对副载波进行调幅的目的是为了移动色差信号的频谱，以便实现频谱间置，这和无线电发送中的调幅目的不一样。色差信号经副载波调制后仍然作为视频信号，它和亮度信号混合后，还需要调制在高频载波上才能发送出去。可见色差信号要经过两次调幅，但两次调幅的目的不一样。

副载波为 4.43 MHz 的 NTSC 制信号一个频道的彩色电视信号频谱图如图 1–8–2a 所示。它也采用残留边带发送，每一频道占有 8 MHz 带宽，色度信号插入亮度信号中传送，不增加视频信号的带宽，实现了彩色电视信号的兼容。

副载波为 3.58 MHz 的 NTSC 制信号一个频道的彩色电视信号频谱图如图 1–8–2b 所示。

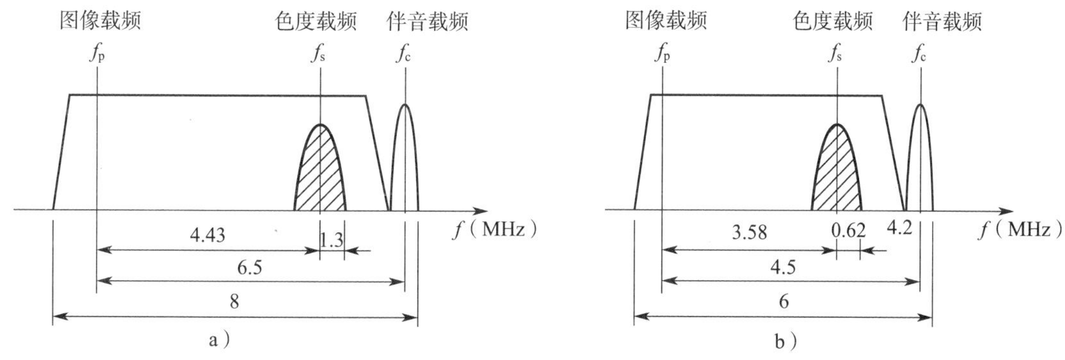


图 1–8–2　彩色电视高频信号频谱

a）副载波为 4.43 MHz 的频谱　b）副载波为 3.58 MHz 的频谱

**3. NTSC 制色度信号的形成**

色度信号的形成方法是，先对红、蓝两个色差信号进行压缩，然后分别与相位相差 90° 的副载波进行平衡调幅，再将两个平衡调幅信号相加，即可得到正交平衡调幅的色度信号。

两个色差信号之所以要先进行压缩，是因为幅度过大时会对亮度信号产生干扰。压缩后的两个色差信号分别用 $U$ 和 $V$ 表示，即：

$$U=0.493U_{B-Y}$$

$$V=0.877U_{R-Y}$$

式中，0.493 和 0.877 分别是两个色差信号 $U_{B-Y}$ 和 $U_{R-Y}$ 的压缩系数。压缩后的色差信号分别对两个正交副载波 sin $\omega t$ 和 cos $\omega t$ 进行平衡调幅，得到两个平衡调幅信号：

$$F_U=U\sin\omega_s t$$

$$F_V=V\cos\omega_s t$$

这两个平衡调幅信号频率相等，相位相差 90°，将它们相加可得到正交平衡调幅色度信号：

$$F=F_U+F_V=U\sin\omega_s t+V\cos\omega_s t$$

$F$ 称为已调色度信号，简称色度信号，它可以用矢量来表示，叫彩色矢量，如图 1–8–3 所示。

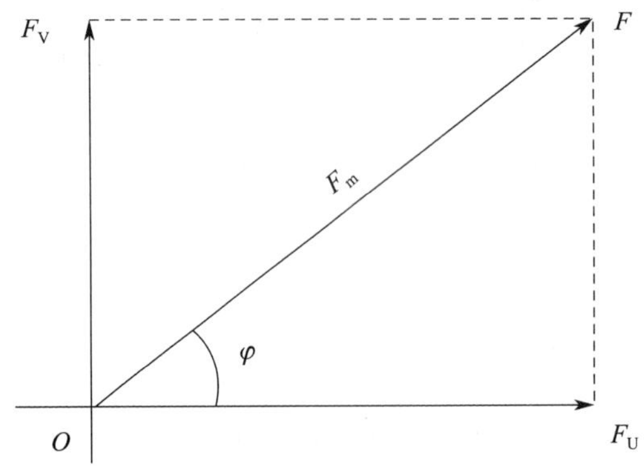


图 1–8–3　彩色矢量

由图 1–8–3 可知，色度信号的幅值和相角为：

$$F_m=\sqrt{U^2+V^2}$$

$$\varphi=\arctan\frac{V}{U}$$

由上式可以看出，色度信号的振幅 $F_m$ 由色差信号 $U$、$V$ 的大小决定，它反映了彩色的饱和度；色度信号的相角 $\varphi$ 由色差信号 $V$、$U$ 的比值决定，它反映了彩色的色调。这说明色度信号包含了全部色度信息。

色差信号 $U$、$V$ 的带宽为 2.6 MHz，它与亮度信号相加后的频谱图如图 1–8–4 所示。

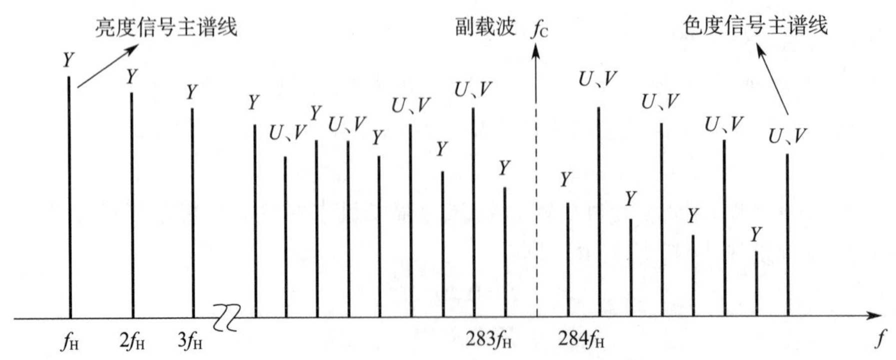


图 1–8–4　NTSC 制亮度信号与色度信号频谱图

色度信号形成电路的框图如图 1–8–5 所示。由副载波发生器产生的副载波信号经放大后，直接加至 $U$ 平衡调制器，对 $U$ 信号进行平衡调幅，产生平衡调幅波 $F_U$；同时副载波信号经 90° 移相后成为正交副载波 $\cos\omega_s t$，送入 $V$ 平衡调制器，对 $V$ 信号进行平衡调幅，得到平衡调幅波 $F_V$。将 $F_U$ 和 $F_V$ 同时送往加法器进行混合，在输出端便得到色度信号 $F$。

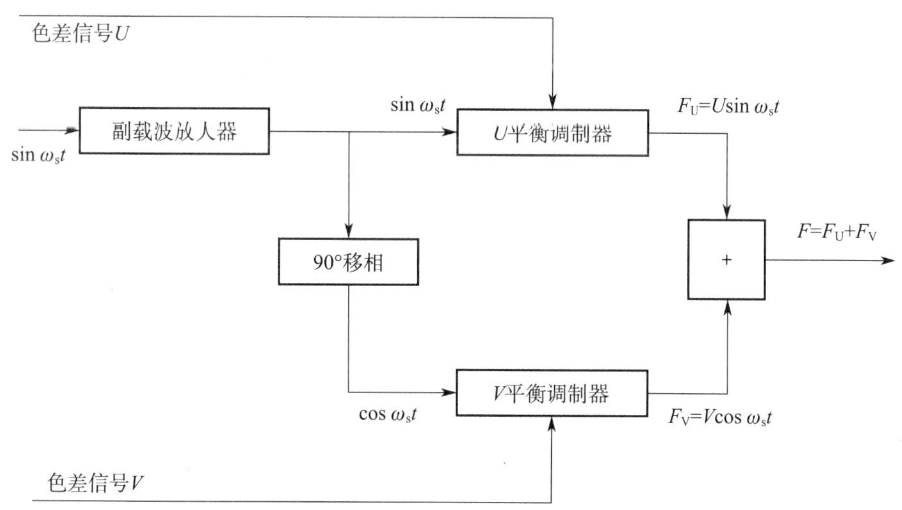


图 1–8–5 色度信号形成电路的框图

色度信号与亮度信号相加后，其波形如图 1–8–6 所示。图 1–8–6e 中的信号幅度是通过式 $F_m=\sqrt{U^2+V^2}$ 计算得出的。

4. **NTSC 制色同步信号与彩色全电视信号**

（1）NTSC 制色同步信号的作用

色度信号 $F$ 是正交平衡调幅波，在接收机中，要利用同步检波器把其还原成 $U$ 和 $V$ 两个色差信号。同步检波器在工作时，必须有一个与副载波同频、同相的信号才能完成检波。但由于平衡调幅波抑制了副载波，为了保证接收机中副载波恢复电路产生的副载波与发送端调制用的副载波同频、同相，发送端还要传输一个控制信号，称为色同步信号。色同步信号由一小串副载波群组成，约有 9 ~ 11 个周期，宽度约为 2.25 μs，它能反映发送端副载波的频率和相位信息。

（2）NTSC 制色同步信号的位置

色同步信号是在逆程期间传送的，它位于行消隐信号之上、行同步信号之后，幅度和行同步信号相同，如图 1–8–7a 所示。

（3）NTSC 制色同步信号的表达式

色同步信号的频率与发送端副载波的频率一样，相位为 180°，可表示为：

$$F_b=\frac{B}{2}\sin(\omega_s t+180^\circ)$$

式中，$B$ 为色同步脉冲的幅度。

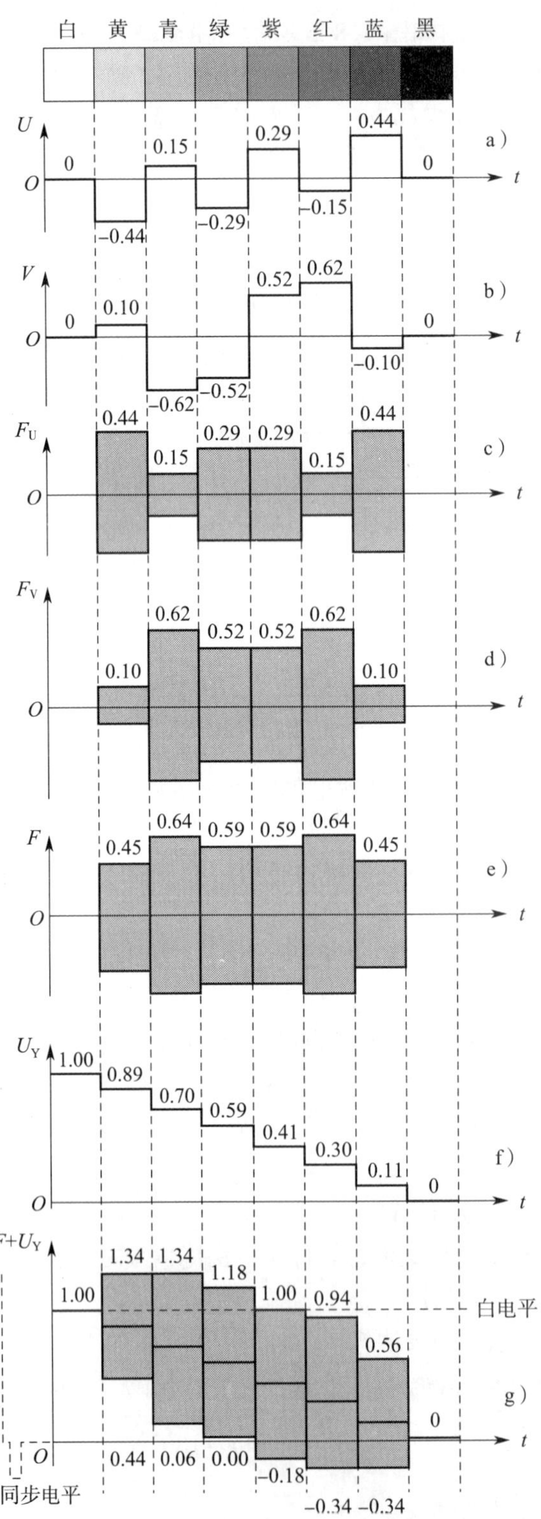


图 1-8-6　兼容制亮度信号与色度信号波形

色同步信号与其他彩色电视信号一起传送到接收端，彩色电视接收机将它从彩色电视信号中分离出来，去控制接收机中的副载波发生器，使之产生与发送端同频、同相的再生副载波，将该副载波加至同步检波器，便可解调出 $U$、$V$ 两个色差信号。

（4）NTSC 制彩色全电视信号的表达式与波形

NTSC 制彩色全电视信号由亮度信号、色度信号、色同步信号、复合同步信号、复合消隐信号等组成。它的表达式为：

$$FBYS=F+F_b+U_Y+U_s$$

$$=U\sin\omega_s t+V\cos\omega_s t+\frac{B}{2}\sin(\omega_s t+180°)+U_Y+U_s$$

式中，$F$ 为色度信号，$F_b$ 为色同步信号，$U_Y$ 为亮度信号，$U_s$ 为辅助信号（复合同步信号、复合消隐信号等）。

图 1-8-7b 所示是 NTSC 制彩条信号一行的负极性彩色全电视信号波形。

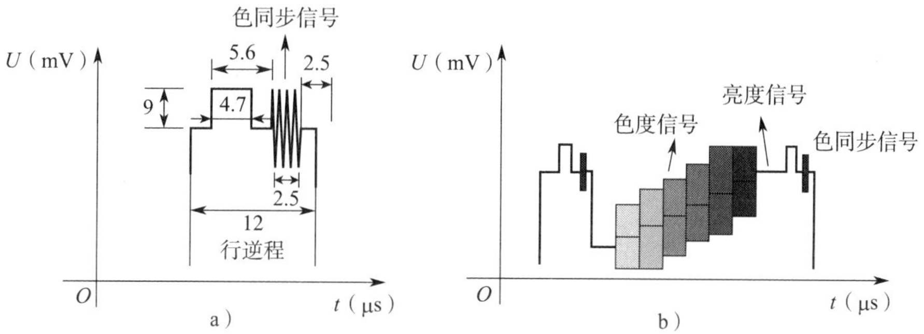


图 1-8-7　NTSC 制色同步信号与彩色全电视信号波形

a）色同步信号波形　b）彩色全电视信号波形

## §1-9　PAL 制

### 学习目标

1. 掌握彩条信号的矢量表示法。
2. 了解彩色失真的原因与克服方法。
3. 了解 PAL 制副载波的选用原则。
4. 掌握 PAL 制色度信号的形成方法。
5. 熟悉 PAL 制色同步信号与彩色全电视信号。

PAL 制是在 NTSC 制基础上改进的制式，其最大的优点是能克服相位变换引起的色调失真。

### 一、彩条信号矢量表示法

彩条信号既可以用波形图来表示，又可以用矢量图来表示。在彩色矢量图中，矢量的模值表示色度信号的饱和度，模值越小，饱和度越低，坐标原点的饱和度为零。矢量水平轴正方向的夹角 $\varphi$ 称为相角，它表示色度信号的色调，相角 $\varphi$ 的变化反映了颜色类别的改变。按矢量的长短和相角就可以准确求得色度信号的饱和度和色调失真情况。

根据式 $F_m=\sqrt{U^2+V^2}$ 可以计算出 NTSC 制彩条信号的幅度，通过 $\varphi=\arctan\frac{V}{U}$ 可以计算出各彩条的相角，计算结果见表 1–9–1。

表 1–9–1　　NTSC 制压缩后彩条信号的幅度与相角

| 彩条 | $U_Y$ | $U$ | $V$ | $F_m$ | $\varphi$ |
|---|---|---|---|---|---|
| 白 | 1.00 | 0 | 0 | 0 | — |
| 黄 | 0.89 | –0.439 | 0.097 | 0.44 | 167° |
| 青 | 0.70 | 0.148 | –0.614 | 0.63 | 283° |
| 绿 | 0.59 | –0.291 | –0.517 | 0.59 | 241° |
| 紫 | 0.41 | 0.291 | 0.517 | 0.59 | 61° |
| 红 | 0.30 | –0.148 | 0.614 | 0.63 | 103° |
| 蓝 | 0.11 | 0.439 | –0.097 | 0.44 | 347° |
| 黑 | 0 | 0 | 0 | 0 | — |

根据表 1–9–1 中的数据可以画出 NTSC 制压缩后的彩条信号彩色矢量图，如图 1–9–1 所示。

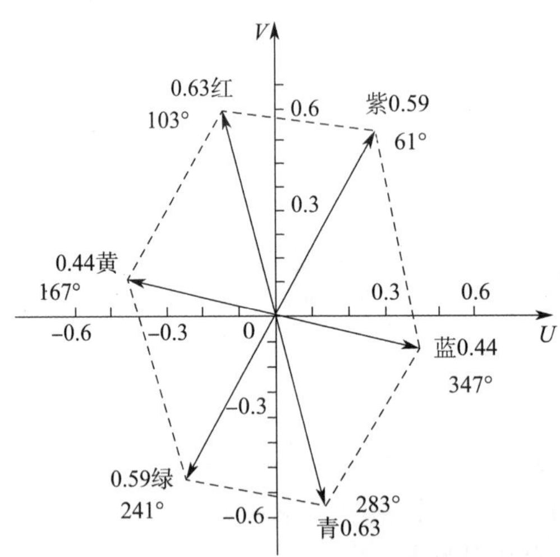


图 1–9–1　NTSC 制压缩后的彩条信号彩色矢量图

由图 1–9–1 可知，各种彩色在矢量图中均有确定的位置；任意两个彩色矢量，按平行四边形法则都可以合成另外一个彩色矢量。

## 二、彩色失真的原因与克服方法

彩色的失真可分为亮度失真、饱和度失真和色调失真。亮度失真主要影响景物的层次；饱和度失真主要影响彩色的深浅程度，在矢量图中表现为矢量长短的变化；色调失真会改变景物的颜色，在矢量图中表现为矢量相位的变化。在这三种失真中，人眼对色调的失真最敏感，特别是对比较熟悉的一些颜色，如绿叶、红花、人的肤色等，失真后会使人感到很不真实。

引起相位失真的原因有很多，其中以传输系统的非线性引起的相位失真最为严重。实践证明，为了使人感觉不到色调的畸变，相位失真应小于 ±5°。

PAL 制是利用将 $V$ 信号隔行倒相来克服色调畸变的，下面用图 1-9-2 来说明 PAL 制克服色调畸变的原理。

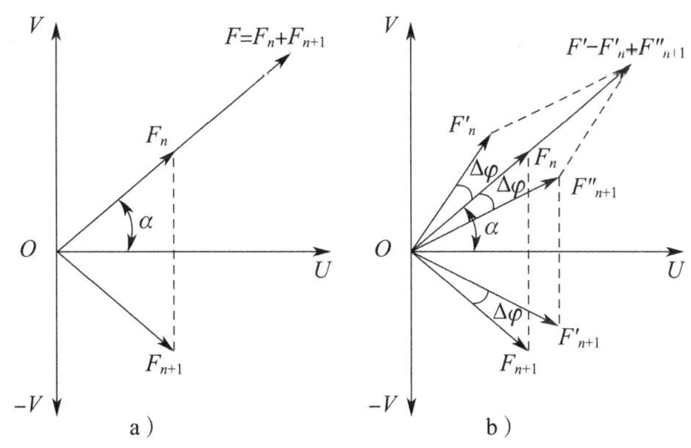


图 1-9-2 PAL 制克服色调畸变的原理

在信号的发送端，如果用 $F_n$ 表示第 $n$ 行的色度信号矢量，$F_{n+1}$ 表示第 $n$+1 行的色度信号矢量，由于第 $n$ 行和第 $n$+1 行是相邻行，可以认为它们的颜色是一样的，即 $F_n=F_{n+1}$，而且可以认为 $F=F_n=F_{n+1}=(F_n+F_{n+1})/2$。

在发送第 $n$ 行的色度信号时，$V$ 分量不进行倒相；在发送第 $n$+1 行的色度信号时，对 $V$ 分量进行倒相。

在接收机中，最终还是要将倒相行重新倒回来，相邻的倒相行与不倒相行进行叠加运算时，就会消除色度信号相位引起的失真。

## 三、PAL 制副载波的选用原则

PAL 制将色度信号的 $F_V$ 隔行倒相进行传送，频谱结构与 NTSC 制有所不同，PAL 制副载波采用 1/4 行频间置，即亮度信号的频谱与色度信号的频谱应错开 1/4 行进行相加，副载波的频率选用 4.433 MHz。

## 四、PAL 制色度信号的形成

PAL 制色度信号的形成与 NTSC 制方法大致相同，也是先把三个基色信号 $U_R$、$U_G$、$U_B$ 变成一个亮度信号 $U_Y$ 和两个色差信号 $U$、$V$，然后对 $U$、$V$ 信号进行正交平衡调幅，再把两个已调色差信号合成色度信号，并插入亮度信号的高频端。与 NTSC 制不同的是，PAL 制将色度信号中的 $F_V$ 分量进行隔行倒相，隔行倒相后的色度信号为：

第一行：$F=U\sin\omega_s t+V\cos\omega_s t$

第二行：$F=U\sin\omega_s t-V\cos\omega_s t$

第三行：$F=U\sin\omega_s t+V\cos\omega_s t$

第四行：$F=U\sin\omega_s t-V\cos\omega_s t$

如此类推，PAL 制色度信号的数学表达式为：

$$F=U\sin\omega_s t \pm V\cos\omega_s t$$

式中，± 号表示第 $n$ 行取“+”号，第 $n$+1 行取“−”号。通常把与 NTSC 制一样取“+”号的行叫 NTSC 行，把取“−”号的行叫 PAL 行。即：

$$F_{NTSC}=U\sin\omega_s t+V\cos\omega_s t$$

$$F_{PAL}=U\sin\omega_s t-V\cos\omega_s t$$

PAL 制隔行倒相的原理如图 1–9–3 所示，它与 NTSC 制的区别是增加了一个 PAL 开关和一个倒相器。PAL 开关是一个由半行频对称方波控制的电子开关，它能隔行改变开关的接通位置。NTSC 行时方波是正值，使开关与接点 1 相连，输出 $\cos\omega_s t$ 副载波信号；PAL 行时方波是负值，使开关与接点 2 相连，输出 $-\cos\omega_s t$ 副载波信号，这样经 $V$ 平衡调制器调制后的信号就是隔行倒相的 $F_V$ 信号。$U$ 平衡调制器对 $U$ 信号进行调制，输出的 $F_U$ 信号与 NTSC 制是相同的。即：

$$F_U=U\sin\omega_s t$$

$$F_V=\pm V\cos\omega_s t$$

将两个已调色差信号相加后，就得到 PAL 制色度信号 $F$（$F=F_U \pm F_V$）。

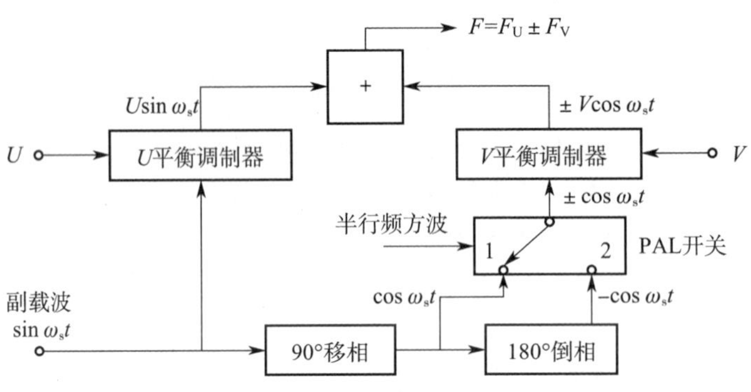


图 1–9–3　PAL 制隔行倒相的原理

在接收机中必须将 PAL 行色度信号分量 $F_V$ 重新倒回来，为此在接收机中送入 $V$ 同步检波器的副载波也应与发送端一样，交替地送入 $\pm\cos\omega_s t$ 副载波，用 $+\cos\omega_s t$ 解调 NTSC 行，用 $-\cos\omega_s t$ 解调 PAL 行，从而正确解调出 $V$ 信号。

## 五、PAL 制色同步信号

### 1. PAL 制色同步信号的作用

PAL 制彩色电视接收机在对色度信号进行解调时，要把 $F_V$ 分量的相位再隔行倒回来，要求 PAL 开关能够正确识别哪一行是 NTSC 行，哪一行是 PAL 行。发送过来的是 NTSC 行信号时，PAL 开关输出 $+\cos\omega_s t$ 副载波；发送过来的是 PAL 行信号时，PAL 开关输出 $-\cos\omega_s t$ 副载波。为此，发送端就要发送一个附加的控制信号，这个信号就是色同步信号。

在发送色同步信号时，NTSC 行与 PAL 行的色同步信号相位是不同的。NTSC 行的色同步信号相位为 +135°，PAL 行的色同步信号相位为 −135°。因此，PAL 制的色同步信号除了为接收机恢复副载波提供一个相位基准，使其与发送端副载波同频、同相外，还要能完成对 PAL 行的识别，保证收、发两端隔行倒相同步进行。前一个作用与 NTSC 制色同步信号是一样的，后一个作用是 PAL 制独有的。

2. PAL 制色同步信号的表达式

PAL 制色同步信号所含副载波的个数、幅度和在全电视信号中的位置等都与 NTSC 制一样，不同的是 NTSC 制色同步信号的副载波相位为 180°，而 PAL 制色同步信号的副载波相位逐行变化，NTSC 制时为 +135°，PAL 制时为 –135°，两行的平均相位为 180°，其表达式为：

$$F_b=\frac{B}{2}\sin(\omega_s t\pm 135^\circ)$$

## 六、PAL 制彩色全电视信号

1. PAL 制彩色全电视信号的表达式

PAL 制彩色全电视信号也是由亮度信号、色度信号、色同步信号及复合同步信号、复合消隐信号等组成，与 NTSC 制不同的是，色度信号 $F_V$ 分量隔行倒相，色同步信号的相位隔行变动，其表达式为：

$$FBYS=F+F_b+U_Y+U_s$$

$$=U\sin\omega_s t\pm V\cos\omega_s t+\frac{B}{2}\sin(\omega_s t\pm 135^\circ)+U_Y+U_s$$

2. PAL 制彩色全电视信号的波形

标准彩条 PAL 制彩色全电视信号的波形与 NTSC 制是相同的，只是色同步信号的相位不同，图 1–9–4 所示为 PAL 制彩条图像的彩色全电视信号波形。

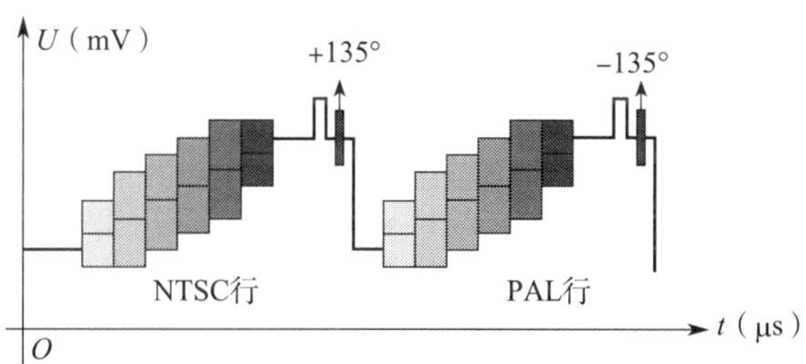


图 1–9–4 PAL 制彩条图像的彩色全电视信号波形

# §1–10 PAL 制解码器和 NTSC 制解码器

## 学习目标

1. 了解 PAL 制彩色全电视信号的编码过程。
2. 掌握 PAL 制解码器的组成与工作原理。
3. 了解 NTSC 制解码器的组成。

## 一、PAL 制彩色全电视信号的编码过程

把三基色信号 $U_R$、$U_G$、$U_B$ 按一定方式编制成彩色全电视信号的过程称为编码，完成这

一任务的电路称为编码器，PAL 制编码器的框图如图 1–10–1 所示。其编码过程如下：

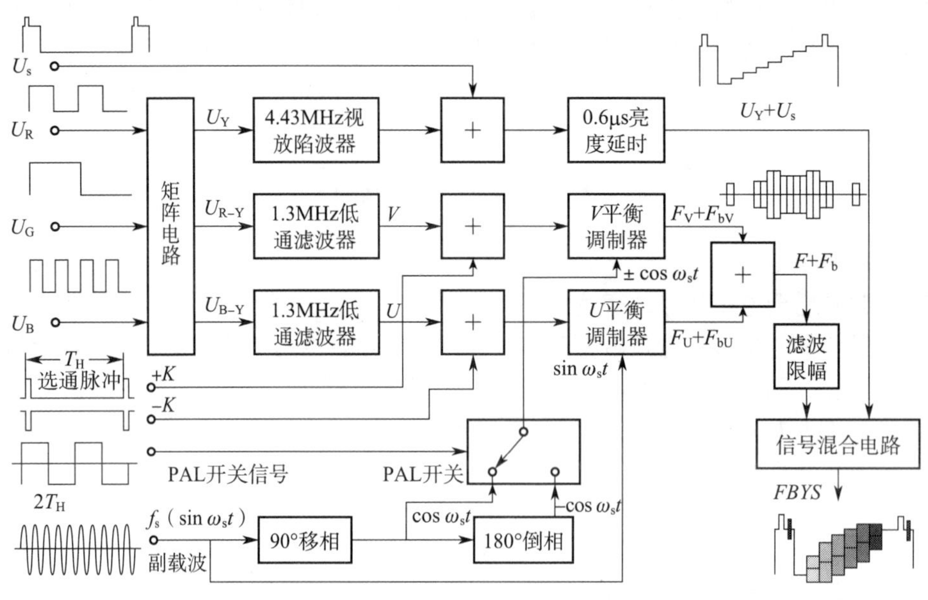


图 1–10–1　PAL 制编码器的框图

1. 将 $U_R$、$U_G$、$U_B$ 三个基色信号送入矩阵电路进行变换，产生出亮度信号 $U_Y$ 和色差信号 $U_{R-Y}$ 和 $U_{B-Y}$。

2. 为了减小色度信号的干扰，让亮度信号通过一个中心频率为 4.43 MHz、带宽为 2.6 MHz 的陷波器，以滤去 4.43 ± 1.3 MHz 的亮度信号。亮度信号经过放大后，与行、场同步信号和消隐信号 $U_s$ 混合。此外，由于色差信号经过低通滤波器后会引起附加延时，为了使亮度信号与色度信号同时进入信号混合电路，需要对亮度信号进行适当延时，延时量为 0.6 μs 左右。

3. 色差信号经过适当的幅度压缩和频谱压缩（0 ~ 6 MHz 变为 0 ~ 1.3 MHz）后，得到新的色差信号 $U$ 和 $V$。

4. sin $\omega_s t$ 经 90° 移相、180° 倒相和 PAL 开关电路后，得到 ± cos $\omega_s t$ 副载波，将色差信号 $V$ 与 +$K$ 脉冲混合后，再与副载波 ± cos $\omega_s t$ 进行平衡调幅，得到已调色差信号 $F_V$ 和色同步信号分量 $F_{bV}$。将色差信号 $U$ 与 –$K$ 脉冲混合后，再与副载波 sin $\omega_s t$ 进行平衡调幅，得到已调色差信号 $F_U$ 和色同步信号分量 $F_{bU}$。上述信号分别混合后，形成色度信号 $F$ 和色同步信号 $F_b$。

5. 将色度信号，色同步信号，亮度信号，行、场同步信号和消隐信号在信号混合电路中混合后，即形成彩色全电视信号。

## 二、PAL 制解码器的组成与工作原理

### 1. PAL 制解码器的组成

把彩色全电视信号还原成三基色信号的过程叫解码，它是编码的逆过程。完成解码任务的电路叫解码器，PAL 解码器由亮度通道、色度通道、基准副载波恢复电路和矩阵电路四大部分组成，其组成框图如图 1–10–2 所示。

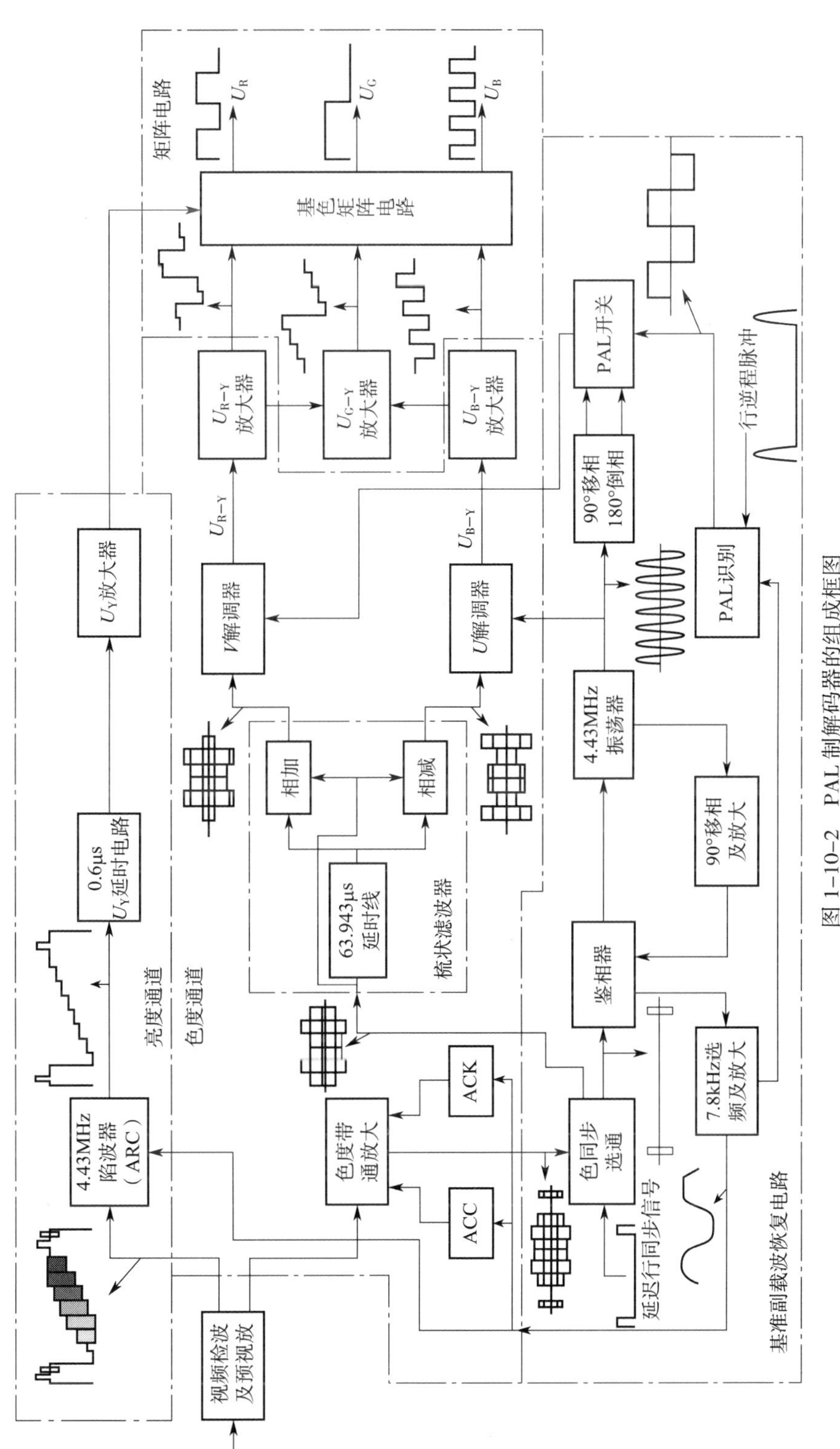


图 1-10-2　PAL 制解码器的组成框图

### 2. PAL 制解码器的工作原理

（1）亮度信号和色度信号的分离

首先通过频率分离电路将彩色全电视信号中的亮度信号和色度信号进行分离。在亮度通道中，用一个 4.43 MHz 的陷波器将彩色全电视信号中的色度信号滤除，保留亮度信号；在色度通道中，设立一个色度带通滤波器，其中心频率为 4.43 MHz，带宽为 2.6 MHz，用它从彩色全电视信号中选出色度信号，如图 1–10–3 所示。

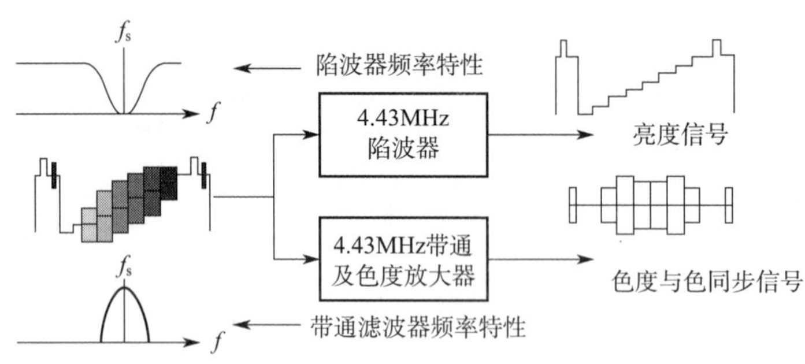


图 1–10–3　亮度信号和色度信号分离电路

（2）亮度信号的处理

将滤除色度信号后的亮度信号送入 0.6 μs 延时电路，再将延时后的亮度信号经放大后送至基色矩阵电路。

（3）色度信号 $F$ 分离成 $F_U$ 和 $F_V$ 两个分量

色度信号中包含有两个正交分量 $F_U$ 和 $F_V$，PAL 解码器采用梳状滤波器来实现 $F_U$ 和 $F_V$ 的分离。梳状滤波器又叫延时解调器，其组成框图如图 1–10–4 所示。

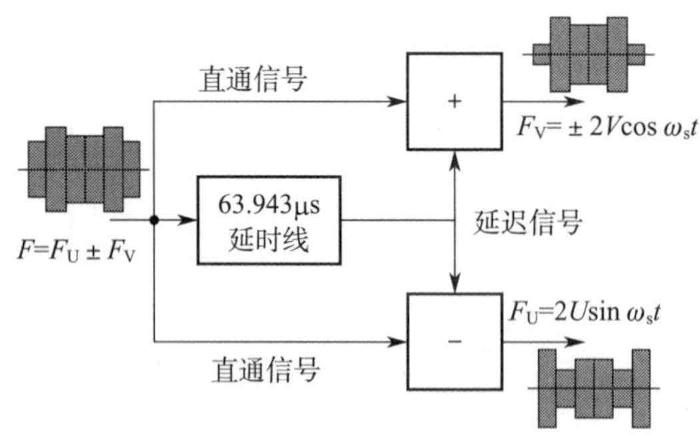


图 1–10–4　梳状滤波器的组成框图

（4）$F_U$ 和 $F_V$ 信号的解调

$F_U$ 和 $F_V$ 信号与副载波电路产生的同频、同相的基准副载波信号相乘，完成解调过程。同步解调过程及波形如图 1–10–5 所示。

（5）色同步信号与色度信号的分离

利用色同步信号和色度信号出现的时间不同（色同步信号在行逆程期间出现，色度信号在行正程期间出现），采用时间分离的方法，将色同步信号和色度信号进行分离，其分离电路如图 1–10–6 所示。

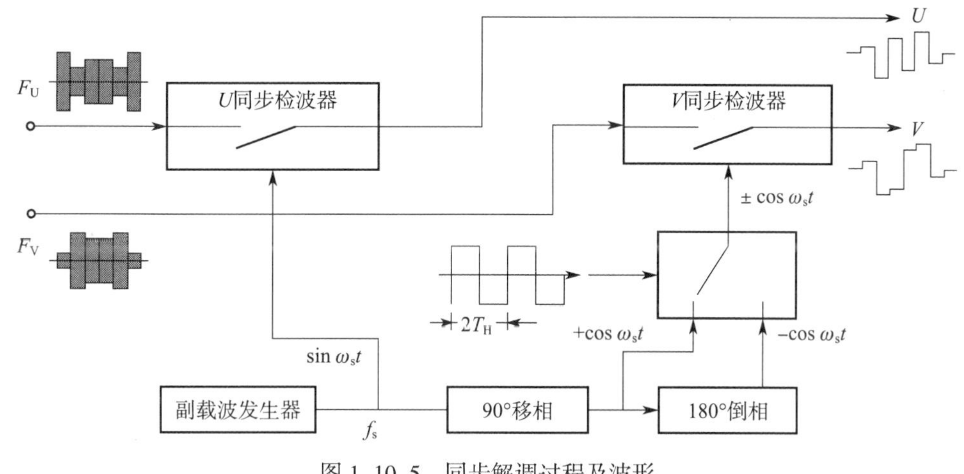


图 1-10-5　同步解调过程及波形

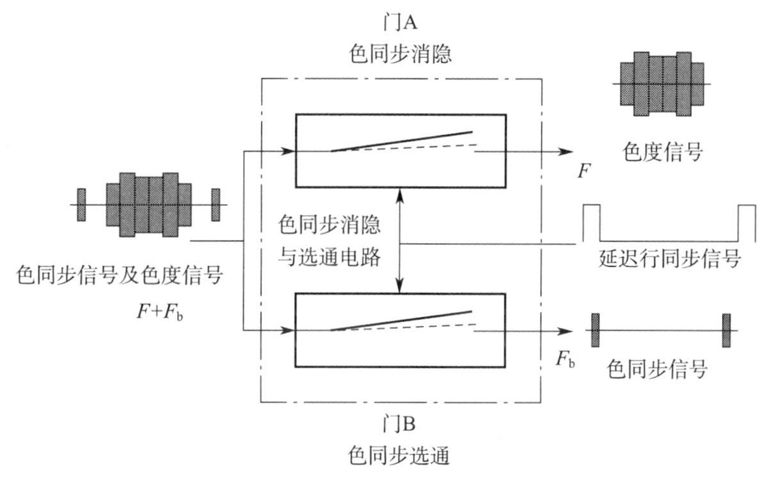


图 1-10-6　分离电路

图 1-10-6 中，A、B 两个门电路在门控脉冲控制下交替导通。门控脉冲是将行同步脉冲经过一定的延时后取得的，它与色同步脉冲在时间上是一致的。在门控脉冲到达时，门 A 关断，门 B 导通，在门 B 输出色同步信号；门控脉冲过去后，门 A 导通，门 B 关断，在门 A 输出色度信号，这样就实现了色度信号和色同步信号的分离。

（6）基准副载波的恢复

基准副载波恢复电路的作用是，在色同步信号的控制下，让振荡电路产生与发送端的副载波完全同频、同相的振荡信号，完成 $F_U$ 和 $F_V$ 信号的解调任务。

（7）三基色信号的还原

将由亮度通道输出的亮度信号和色度通道输出的色差信号同时输入基色矩阵电路中；在矩阵电路中，亮度信号分别与三个色差信号相加，得到三个基色信号；将三基色信号送到彩色显像管重现彩色图像，从而完成解码工作。

彩色图像发送与接收的处理过程如图 1-10-7 所示。

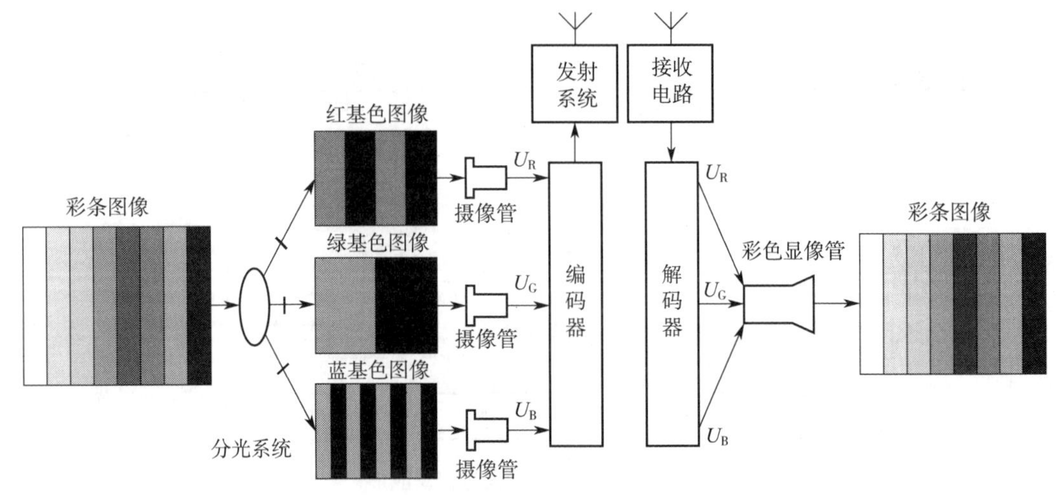

图 1–10–7　彩色图像发送与接收的处理过程

### 三、NTSC 制解码器的组成

目前，几乎所有电视机都具有 NTSC 制信号接收功能，NTSC 制与 PAL 制解码器的组成是不同的。NTSC 制解码器的组成框图如图 1–10–8 所示。由图可见，NTSC 制解码器的组成比 PAL 制解码器简单许多，除了亮度通道等部分电路相同外，它没有梳状滤波器、PAL 开关等电路，*U* 和 *V* 同步检波器仍采用双差分模拟乘法器。

## § 1–11　遥控彩色电视机的组成

### 学习目标

1. 熟悉 LA7685 集成电路的组成和引脚功能。
2. 能分析由单片集成电路 LA7685 组成的遥控彩色电视机的主要信号流程。

随着大规模集成电路制造技术的不断发展，彩色电视机的集成电路先后出现了四片机、二片机、单片机、超单片机电路，集成度的提高使电视机的电路越来越简洁，功能越来越先进，可靠性也越来越高。下面以单片集成电路 LA7685 组成的电视机（TCL9614C）为例，介绍单片集成电路彩色电视机的组成。

### 一、LA7685 集成电路简介

#### 1. LA7685 集成电路的组成

LA7685 单片集成电路是可以完成彩色电视机图像中频、伴音中频、亮度通道、色度通道解码、同步分离及扫描等功能的集成电路。它有 64 只引脚，采用双列直插式塑料封装。

（1）图像中频电路

其功能与特点如下：

1）声音与图像采用准分离技术，声图干扰小。

2）采用直接耦合的中频放大器，中放增益高，频带宽。

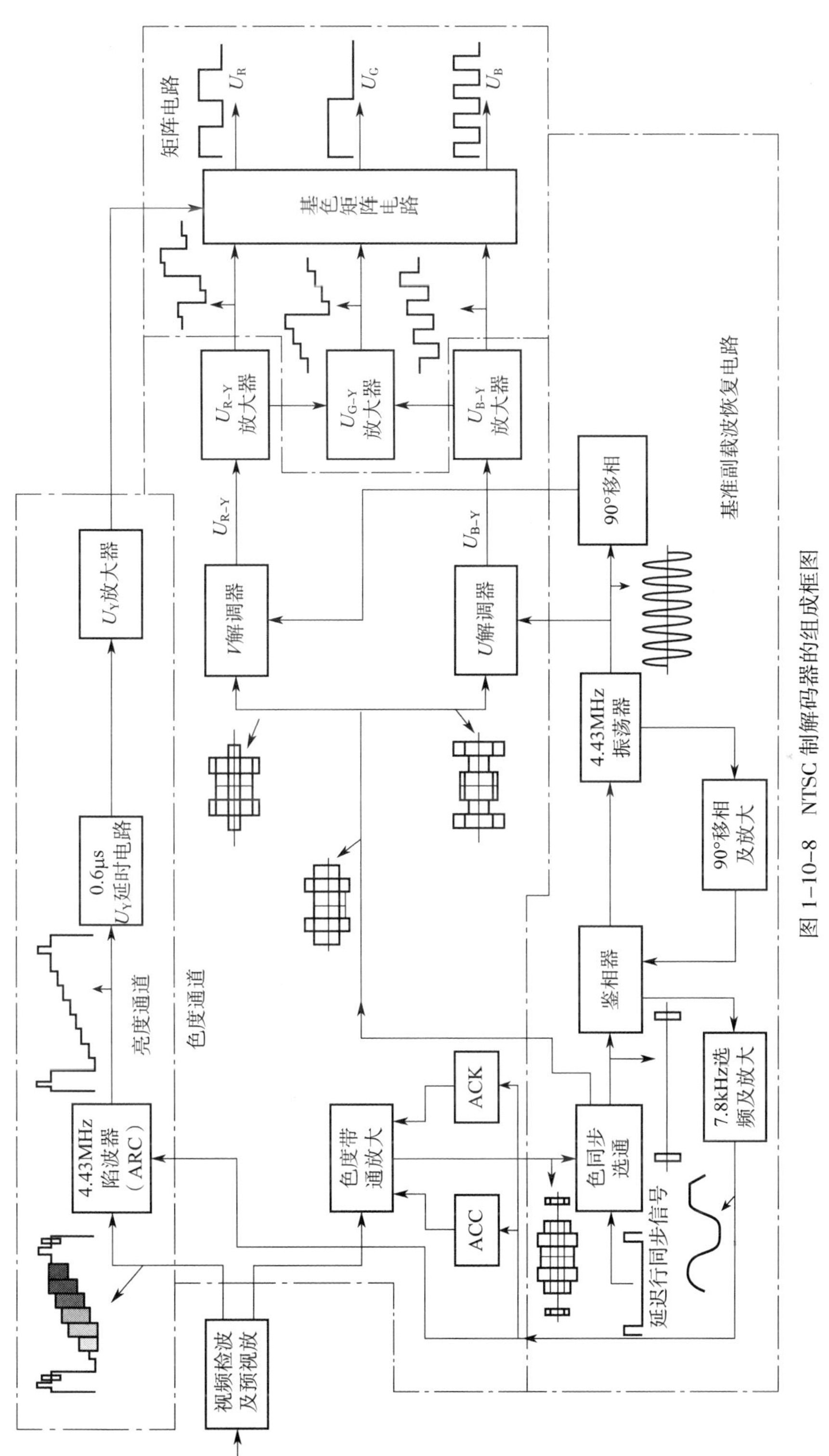

图 1-10-8 NTSC 制解码器的组成框图

3）采用压控振荡锁相环同步检波技术，图像检波失真小。

4）采用峰值自动增益控制（AGC）电路，线路简单，控制灵敏度高。

5）自动频率微调（AFT）电路采用双差分乘法电路，控制灵敏度高，性能稳定。

6）有自动消噪（ANC）电路，能自动抑制黑白噪声，抗脉冲干扰能力强。

（2）伴音中频电路

其功能与特点如下：

1）第一伴音中频信号（31.5 MHz）采用声图准分离技术，由 LC 滤波电路在声表面滤波器（SAWF）之前取出，声图干扰小。

2）第二伴音中频信号由第一伴音中频信号与压控振荡器产生的 38 MHz 基准信号进行差频后得到，无声、色中频信号差频（33.57–31.5=2.07 MHz）干扰。

3）采用双差分正交伴音鉴频电路，电路简单，音质好。

4）有 AV/TV 切换功能。

（3）亮度通道电路

亮度通道电路主要包括陷波器、延时电路、对比度调节电路、亮度调节电路、自动亮度限制电路、行 / 场消隐电路、锐度调节电路、黑色电平扩展电路。

（4）色度通道解码电路

色度通道解码电路主要包括带通放大电路、梳状滤波器、同步检波电路、彩色副载波恢复电路、色饱和度调节电路、ACC 电路、字符显示与叠加电路，能进行 PAL 制 4.43 MHz、NTSC 制 4.43 MHz 和 3.58 MHz 多制式解码，输出 R–Y、G–Y、B–Y 色差信号。

（5）同步分离及扫描电路

这部分电路包括复合同步信号分离电路、32 倍行频振荡电路、分频电路、AFC 电路、行推动电路、场同步矩形脉冲形成电路。

**2. LA7685 集成电路各引脚的功能**

LA7685 集成电路各引脚的功能见表 1–11–1。

**表 1–11–1　LA7685 集成电路各引脚的功能**

| 引脚 | 引脚功能 | 符号 | 引脚 | 引脚功能 | 符号 |
|---|---|---|---|---|---|
| 1 | 调频检波输出 | FM DET OUT | 12 | 亮色电路供电 | VCD VCC |
| 2 | 图像中频电路供电 | IF VCC | 13 | 消色滤波 | KILLER |
| 3 | 调频检波移相 | FM DET SHIFT | 14 | 对比度控制输入 | CONTRAST |
| 4 | AV 音频输入 | EXT AUDIO IN | 15 | 色度信号输出 | CHROMA OUT |
| 5 | 高放 AGC 输出 | RF AGC OUT | 16 | 识别滤波 | IDENT F |
| 6 | 音频信号输出 | AUDIO OUT | 17 | 3.58 MHz 振荡 | X–TAL |
| 7 | AV/TV 切换控制 | AV/TV | 18 | 4.43 MHz 振荡 | X–TAL |
| 8 | 图像中频信号输入 | PIF IN | 19 | 自动相位控制滤波 | APC F |
| 9 | 图像中频信号输入 | PIF IN | 20 | B–Y 色差信号输入 | B–Y IN |
| 10 | 图像中频电路接地 | IF GND | 21 | 制式选择控制 | X–TAL SW |
| 11 | 第一伴音中频信号输入 | SIF IN | 22 | R–Y 色差信号输入 | R–Y IN |

续表

| 引脚 | 引脚功能 | 符号 | 引脚 | 引脚功能 | 符号 |
|---|---|---|---|---|---|
| 23 | 色调控制输入 | TINT | 44 | 清晰度控制输入 | SHARP |
| 24 | R-Y 色差信号输出 | R-Y OUT | 45 | TV 视频信号输入 | VIDEO IN |
| 25 | G-Y 色差信号输出 | G-Y OUT | 46 | 消隐脉冲滤波 | CALMP F |
| 26 | B-Y 色差信号输出 | B-Y OUT | 47 | 开关，未用接地 | — |
| 27 | 亮度信号输出 | Y OUT | 48 | 黑电平扩展信号输入 | BLACK |
| 28 | 红色字符信号输入 | OSD R | 49 | PAL/NTSC 色度信号输入 | CHROMA IN |
| 29 | 绿色字符信号输入 | OSD G | 50 | 视频信号输出 | VIDEO OUT |
| 30 | 字符消隐 / 蓝屏控制信号输入 | OSD B | 51 | 色饱和度控制输入 | COLOR |
| 31 | 空脚 | — | 52 | 外接 AV 视频信号输入 | VIDEO IN |
| 32 | 行扫描电路供电 | H VCC | 53 | 自动增益控制滤波 | AGC F |
| 33 | 行逆程脉冲信号输入 | FBP IN | 54 | 视频信号输入 | VIDEO IN |
| 34 | X 射线保护（未用接地） | X-RAY | 55 | 高放 AGC 延迟调节 | RF AGC |
| 35 | 行激励信号输出 | H OUT | 56 | 视频信号输出 | VIDEO OUT |
| 36 | 32 倍行频振荡 | H X-TAL | 57 | AFT 检波 | AFT |
| 37 | 行 AFC 滤波 | AFC F | 58 | AFT 检波 | AFT |
| 38 | 水平同步检波 | H COIN | 59 | 第二伴音中频信号输出 | SIF OUT |
| 39 | 50/60 Hz 场频检测输出 | 50/60 | 60 | AFT 控制电压输出 | AFT IST |
| 40 | 场激励信号输出 | V OUT | 61 | 压控振荡 | VCO |
| 41 | 复合同步脉冲信号输入 | SYNC | 62 | 压控振荡 | VCO |
| 42 | 亮度控制输入 | BRIGHT | 63 | 自动相位控制滤波 | APC F |
| 43 | 接地 | GND | 64 | 第二伴音中频信号输入 | SIF IN |

## 二、由单片集成电路 LA7685 组成的遥控彩色电视机

这里以由单片集成电路 LA7685 组成的 9614C 型彩色电视机为例进行说明。9614C 型彩色电视机的组成框图如图 1-11-1 所示。整机主要由遥控系统、高频调谐器、图像中频通道电路、伴音中频通道电路、亮色通道电路、行扫描电路、场扫描电路、视频输出电路、伴音功放电路、开关稳压电路等组成。

在整机组成中，由 IC201 完成图像中频信号、伴音中频信号、伴音鉴频信号、亮度信号、色度信号、行 / 场小信号等信号的处理；由 IC001、IC002、遥控接收器等完成遥控系统的控制功能；由 IC102 完成 6.5 MHz 与 6.0 MHz 第二伴音中频多制式信号的自动转换；由 IC601 完成伴音功放；由 IC301 完成场扫描放大与输出；由 IC101 完成两位二进制频段译码（结合附图 1 进行分析，下同）。

## 三、整机的主要信号流程

结合 9614C 型彩色电视机的电路原理图，分析整机的主要信号流程。

### 1. 公共通道信号流程

从天线输入的信号，经高频调谐器 TU101 变频等处理后，输出 38 MHz 的图像中频信号

和 31.5（或 32）MHz 的第一伴音中频信号。高频调谐器输出的中频信号幅度都很小，只有 mV 级。38 MHz 的图像中频信号经 Q101 放大后，由 Z101 声表面波滤波器进行滤波，去掉第一伴音中频信号，从 8、9 脚进入 IC201。31.5（或 32）MHz 的第一伴音中频信号经 Q101 放大后，由 T102 进行滤波，去掉 38 MHz 的图像中频信号，从 11 脚进入 IC201。

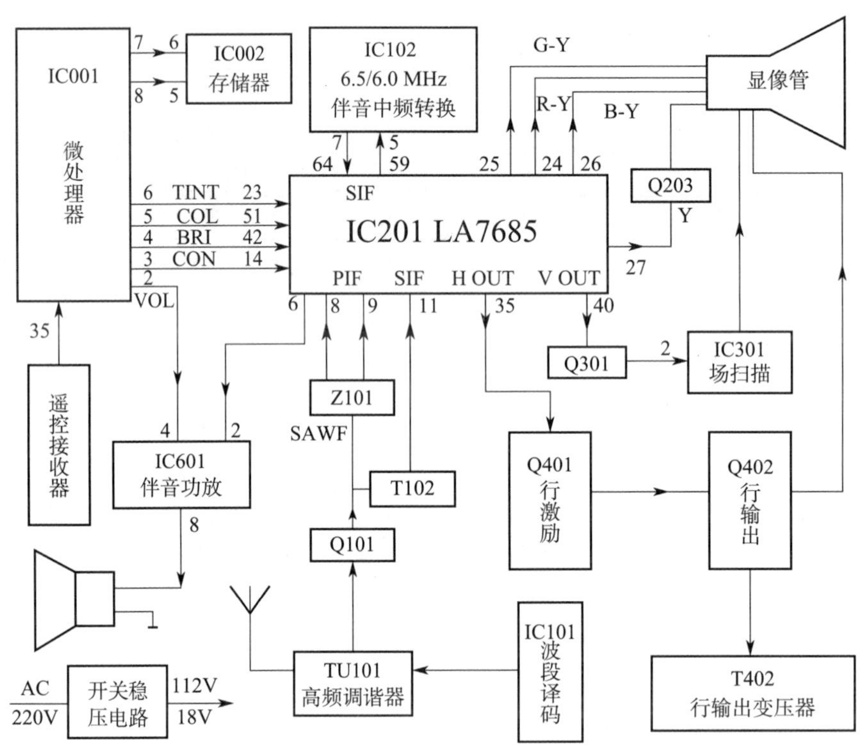


图 1–11–1　9614C 型彩色电视机的组成框图

**2. 伴音通道信号流程**

从 IC201 的 11 脚进入的 31.5（或 32）MHz 的第一伴音中频信号，与压控振荡电路产生的 38 MHz 正弦波信号进行差频，变为 6.5（或 6.0）MHz 的第二伴音中频信号，从 IC201 的 59 脚输出，送入 IC102 的 5 脚进行第二伴音中频信号自动变换，6.5（或 6.0）MHz 的第二伴音中频信号统一变成 6.0 MHz，输出的信号经 Z104 滤波后，取出 6.0 MHz 的信号，从 64 脚进入 IC201。6.0 MHz 信号经鉴频后变为音频信号，与 4 脚送来的外接音频信号进行 AV/TV 转换后，从 IC201 的 6 脚输出，送入 IC601 的 2 脚进行功率放大，然后从 IC601 的 8 脚输出，送往扬声器还原声音。

**3. 亮度通道信号流程**

图像中频信号在 IC201 内经中放与检波后，彩色全电视信号从 IC201 的 56 脚输出，经 Z103 滤波（滤去残留的 6.5 MHz 信号），从 54 脚送回 IC201，与 52 脚送来的外接图像信号进行 AV/TV 转换后，又从 IC201 的 50 脚输出，送往 Q204 进行放大，然后从多路输出。从 Q204 e 极输出的一路，经 T202 滤波取出亮度信号，当 Q212 截止时，进行 4.43 MHz 陷波；当 Q212 饱和时，进行 3.58 MHz 陷波。取出的亮度信号从 45 脚输入，经过内部处理后，亮度信号 Y 从 IC201 的 27 脚输出，由 Q203 跟随放大，送入视放矩阵电路。

**4. 色度通道信号流程**

Q204 e 极输出的一路由 C245、L204、C244 进行高通滤波后，取出色度信号，从 IC201 的 49 脚输入。当 Q211 截止时，进行 4.43 MHz 带通滤波；当 Q211 饱和时，进行 3.58 MHz 带通滤波。色度信号经过内部处理后，从 IC201 的 15 脚输出，经 X206、T203 等元件组成的梳状滤波器滤波后，变为 $F_U$ 与 $F_V$ 两个信号，分别从 20、22 脚进入 IC201。解调后从 24、25、26 脚输出三个色差信号，送入视放矩阵电路。

**5. 行场扫描信号流程**

Q204 e 极输出的另一路经 R238 等从 IC201 的 41 脚输入，进行同步分离。行同步信号控制压控振荡器的振荡，产生的行驱动信号从 IC201 的 35 脚输出，经 Q401 行推动和 Q402 行输出，完成行扫描任务。产生的场驱动信号从 IC201 的 40 脚输出，经 Q301 倒相放大，进入 IC301 的 2 脚，经 IC301 场锯齿波形成、激励与放大电路后，从 11 脚输出，完成场扫描任务。

## §1-12 高频调谐器电路分析与故障检修

### 学习目标

1. 熟悉高频调谐器的种类、组成与性能要求。
2. 掌握高频调谐器电路的工作原理。
3. 熟悉全频段、电压合成式高频调谐器及新型的高频调谐器。
4. 熟悉高频调谐器电路的常见故障及检修方法。
5. 能进行高频调谐器电参数测试与故障检修。

由天线传输过来的信号，首先进入电视机的高频调谐器电路（高频调谐器又称为高频头）。高频调谐器的作用是将天线传输过来的信号进行选择、放大、差频变换，输出 38 MHz 的图像中频信号和 31.5 MHz 的第一伴音中频信号。

### 一、高频调谐器的种类、组成与性能要求

**1. 高频调谐器的种类**

（1）按接收频段来分，可分为 VHF、UHF、V/U 一体化全频段高频调谐器。

（2）按电路结构来分，可分为机械式与电调谐式高频调谐器。

（3）按选台方式来分，可分为电压合成式与频率合成式高频调谐器。电压合成式又有普通高频调谐器与 $I^2C$ 总线技术控制的高频调谐器之分。

目前，普通的彩色电视机一般使用 V/U 一体化、电调谐、电压合成方式的高频调谐器，而高清晰 CRT 电视机与平板电视机一般使用 V/U 一体化、频率合成式、$I^2C$ 总线技术控制式高频调谐器。

**2. 高频调谐器的组成**

这里主要介绍单频段高频调谐器的组成。单频段高频调谐器不论何种结构，其电路都是

由高通（带通）滤波器、输入回路、高频放大器、本机振荡器和混频器组成的。单频段高频调谐器的基本组成框图如图 1-12-1 所示。

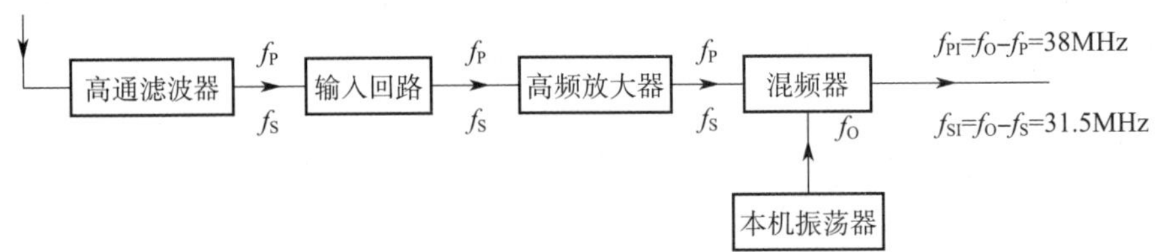


图 1-12-1　单频段高频调谐器的基本组成框图

需要注意的是，若是全频段高频调谐器，则是由 VL、VH、U 三个频段的电路组成的，各个频段的工作频率虽不同，但其组成结构是一样的。

（1）高通滤波器

高通滤波器的作用是滤除 40 MHz 以下的各种干扰信号，取出某一频段内的电视信号，如取出 VHF 频段的信号。

（2）输入回路

输入回路是由电感与电容组成的 LC 串联谐振回路，谐振于某一频道（节目）对应的中心频率，并有不小于 8 MHz 的带宽，其作用是选出某一频道的电视信号。

（3）高频放大器

高频放大器的作用是对输入回路送来的微弱高频电视信号进行放大，它是一个增益受 RF AGC 电压控制、有足够带宽、LC 双调谐的选频放大器。

（4）本机振荡器

本机振荡器的作用是产生高频振荡信号，其任一频道的振荡频率总是高出所接收频道的图像载波频率（38 MHz）和伴音载波频率（31.5 MHz）。

全频段高频调谐器一般通过改变电感量来转换频段，通过改变变容二极管的电容量来转换频道。

（5）混频器

混频器的作用是将本机振荡器产生的、频率为 $f_0$ 的本振信号与所接收到的图像载波频率为 $f_P$、伴音载波频率为 $f_S$ 的信号进行差频，输出 38 MHz（$f_O-f_P$=38 MHz）的图像中频信号和 31.5 MHz（$f_O-f_S$=31.5 MHz）的伴音中频信号。混频原理与收音机完全相同。

**3. 高频调谐器的性能要求**

高频调谐器位于电视接收机的最前端，其性能直接影响整机的灵敏度及声图质量，对高频调谐器的主要性能要求如下：

（1）选择性要好。高频信号中包含有用的电视信号和各种干扰信号，调谐器在选出有用电视信号的同时，还要求能最大限度地抑制邻近频道和其他干扰信号带来的影响。选择性不好的高频调谐器，会出现邻近频道节目的模糊干扰图像。

（2）增益要足够大，噪声系数要小，否则电视机重现图像的清晰度会变差。

（3）本机振荡器振荡频率的稳定性要高。本机振荡器振荡频率的稳定性不好时，会直接影响输出中频信号频率的稳定性，即输出的中频会偏离 38 MHz 与 31.5 MHz，电视机会出现走台现象。

（4）电路的带宽不应小于 8 MHz，否则会出现一个频道的节目中声图不能完全兼顾的现象，即图像清晰时，伴音有杂音，或伴音清楚时，图像又不清晰。

（5）自动增益控制能力要强。不同频道信号的强弱差异是很大的，要求高频调谐器能随输入信号强弱的变化自动调整高放级的增益，以尽量保持输出的中频信号幅度基本不变。

## 二、高频调谐器电路的工作原理

### 1. 高频调谐器及其控制电路原理图

高频调谐器及其控制电路原理图如图 1–12–2 所示。

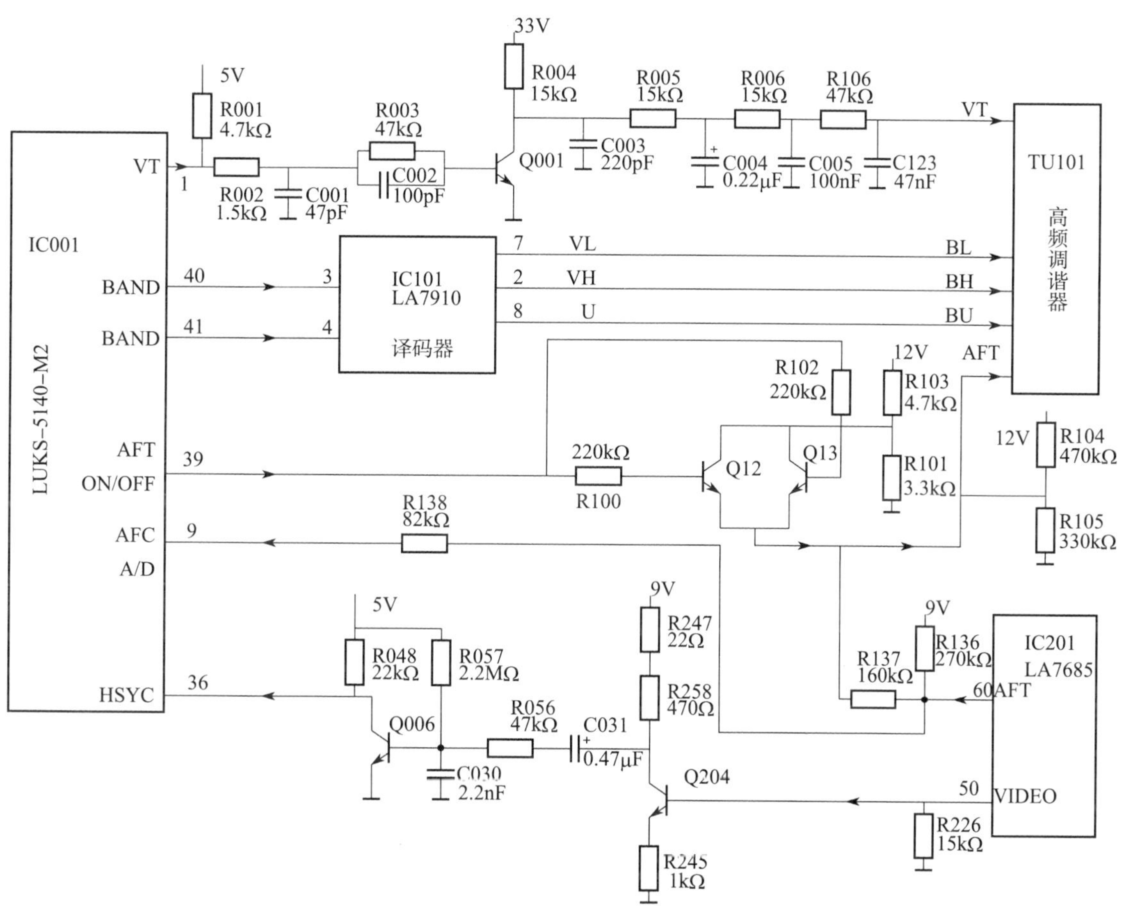


图 1–12–2 高频调谐器及其控制电路原理图①

由图 1–12–2 可见，整个电路主要由微处理器 IC001 40、41 脚的编码信号输出电路、IC101 频段译码电路、VT 电压产生电路、高频调谐器等电路组成。

### 2. 频段转换控制电路的工作原理

频段转换控制电路的作用是，向高频调谐器提供频段转换控制 BL、BH、BU 电压。

①本书部分电路图采用对应型号电视机的原厂图，与标准电路图有差异。

9614C 型彩色电视机频段转换电压产生电路的工作原理是，微处理器 IC001 的 40、41 脚输出两位二进制编码信号，送入 IC101 的 3 脚和 4 脚，经 IC101 译码后，按编码要求输出 BL、BH、BU 三个频段转换电压，送往高频调谐器的相应输入端，完成频段转换控制。其编码与译码逻辑关系见表 1–12–1。

表 1–12–1　　频段转换编码与译码逻辑关系

| | 编码输入 | | 译码输出 | | |
|---|---|---|---|---|---|
| | IC001 40 脚（IC101 3 脚） | IC001 41 脚（IC101 4 脚） | IC101 7 脚 | IC101 2 脚 | IC101 8 脚 |
| VL 段收台时 | 0 | 1 | 12 V | 0 V | 0 V |
| VH 段收台时 | 1 | 0 | 0 V | 12 V | 0 V |
| U 段收台时 | 1 | 1 | 0 V | 0 V | 12 V |

编码输入高电平时为 3.6 V，低电平时为 0 V，输入端开路时以高电平论。译码输出高电平时为 12 V，低电平时为 0 V。

例如，若某台在 VH 段传送，当使用者按遥控器收看这个台时，IC001 的 40、41 脚输出的编码信号便为 1、0，经过译码后，送往高频调谐器的频段转换电压便为 VH=12 V，VL=U=0 V。

**3. 调谐电压产生电路的工作原理**

调谐电压产生电路的作用是，向高频调谐器的 VT 端提供 0 ~ 30 V 连续可调的调谐电压。

其产生过程如下：

（1）微处理器 IC001 接到调台指令后，从 1 脚（VT 端）输出一个有效值为 0 ~ 4.5 V、占空比可变的脉宽调制电压（PWM 波）。

（2）脉宽调制电压被 Q001 倒相放大，使之变为有效值为 0 ~ 33 V、占空比可变的脉宽调制电压。该脉宽调制电压被 R005、R006、C003、C004、C005 进行滤波后，即变为平滑、连续可变的电压。

电路中，R001 为上拉电阻，R002、R003 为隔离电阻，R004 为 Q001 的集电极电阻。Q001 的集电极调谐电压波形及滤波后的波形如图 1–12–3 所示。

值得注意的是，同一频段内，不同的台，其调谐电压大小是不相同的，微处理器输出的脉宽调制波占空比也是不相同的。

**4. 高频调谐器 AGC 电压的输入电路**

IC201 内中频公共通道电路产生的 RF AGC 电压从 5 脚输出，经过 R116A、R115A、C121 等滤波后，送入高频头的 AGC 端，该电压的大小约为 5 V。

**5. 高频调谐器 AFT 电压的输入电路**

当电视机处于调台状态时，微处理器 IC001 的 39 脚输出一个高电平，Q12、Q13 同时饱和，12 V 电压经 R103、R101 串联分压后，变为约 5 V，送入高频调谐器的 AFT 端。这个电压为固定直流电压，其目的是让 AFT 功能暂时不起作用。当调台完毕、正常收看时，IC001 的 39 脚为低电平，Q12、Q13 截止，此时 IC201 的 60 脚送出的可变 AFT 电压经 R104、R105 叠加一个直流电压后，送入高频调谐器的 AFT 端，完成自动调整本振频率的功能。

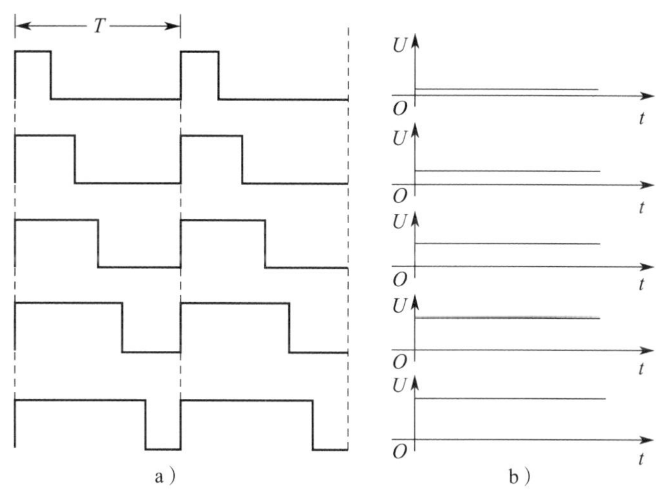


图 1–12–3 Q001 的集电极调谐电压波形及滤波后的波形
a）调谐电压波形 b）滤波后的波形

另外，当电视机处于调台状态时，微处理器会自动将各频道的频段电压和调谐电压数据数字化后存储在存储器中，收看节目时，重新从存储器中读出要收看频道的频段电压和调谐电压的数字信号，经译码、D/A 转换后送入高频调谐器中，即可收看相应频道的节目。

## 三、全频段、电压合成式高频调谐器

### 1. 组成框图

前面已介绍了高频调谐器的基本组成，那是单频段高频调谐器的组成结构。由于目前大部分电视机使用的高频调谐器都是全频段、电压合成式高频调谐器，故以这种高频调谐器为例，介绍其组成结构与工作原理。全频段、电压合成式高频调谐器的组成框图如图 1–12–4 所示。

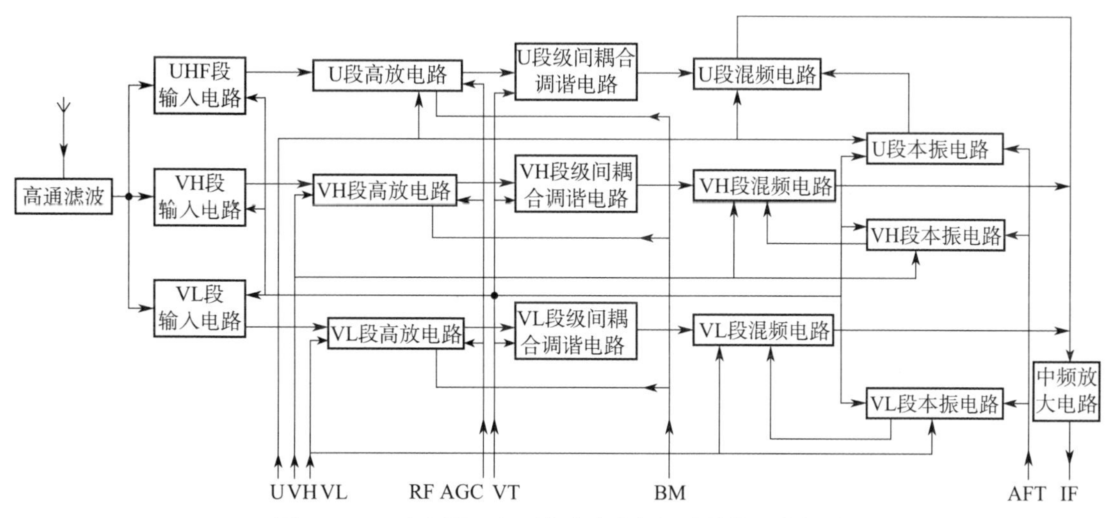


图 1–12–4 全频段、电压合成式高频调谐器的组成框图

由图 1–12–4 可知，高频调谐器是由 VL、VH、U 三个相对独立的调谐通道构成的，每个通道都有各自的输入电路、高放电路、级间耦合调谐电路、本振电路及混频电路。

VL、VH、U 三个频段的高放级都受 RF AGC 电压控制。VT 电压同时送到每个通道的输入电路、级间耦合调谐电路、本振电路。AFT 电压同时送到三个频段的本振电路。

高频调谐器内的本振电路、混频电路、中频放大电路等一般都集中在一个集成电路里，电路非常简洁。

**2. 接收频段的切换方式**

电视台在 VL、VH、U 三个频段里都传送电视信号，电视机的高频调谐器是通过什么方式转换接收频段的呢?

转换接收频段的方式通常有两种，一种是用一个开关二极管的通断来改变 LC 回路中的电感量，其他元件则是公共的；另一种是让每个频段都有高放、本振、混频电路，各频段相对独立，互不影响。目前使用的高频调谐器，尤其是 $I^2C$ 总线技术控制的高频调谐器，改换频段的方法以第二种居多。

其实，电视机中的高频调谐器，不论用哪一种方法来切换频段，都是通过控制 VL、VH、U 三个频段电压的有无来实现的。当 VL=12 V、VH=0 V、U=0 V 时，电视机接收的是 VL 频段内的节目；当 VH=12 V、VL=0 V、U=0 V 时，电视机接收的是 VH 频段内的节目；当 U=12 V、VL=0 V、VH=0 V 时，电视机接收的是 U 频段内的节目。

**3. 选台的原理**

电视台在每一个频段内都传送好几个台，电视机的高频调谐器是通过什么方式来进行选台的呢?

电视机是通过改变变容二极管所加反向电压的大小，从而改变其等效电容量，也即改变 LC 回路谐振频率来实现选台的，与单波段收音机选台的方法完全相同。

变容二极管的特性曲线及 LC 调谐回路的工作原理如图 1–12–5 所示。

图 1–12–5a 表示给变容二极管施加一个 0 ~ 30 V 连续可调的反向电压 $U_T$ 时，其等效电容量的变化情况。所加的反向电压越大，其等效电容量越小。图 1–12–5b 所示为实际应用电路，图中 C0 容量较大，为隔直流电容，并不是谐振电容，R 为隔离电阻。

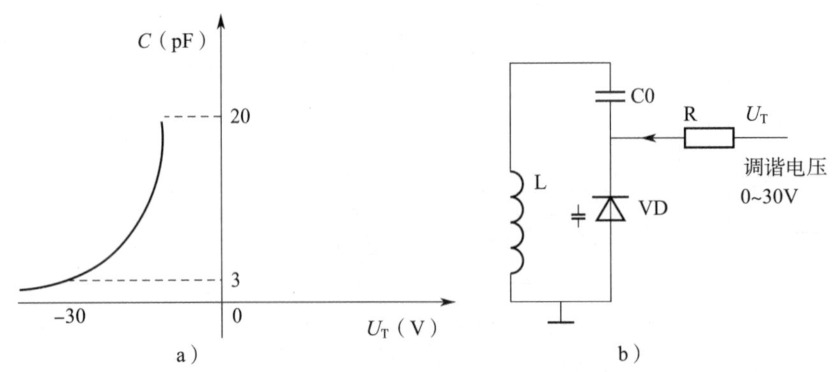


图 1–12–5　变容二极管的特性曲线及 LC 调谐回路的工作原理

a）变容二极管的特性曲线　b）LC 调谐回路的工作原理

值得注意的是，根据超外差接收机的工作原理，选台时，其输入电路的电容量、高放级输出的电容量、双调谐电路的电容量与本振电路的电容量应同步变化，才能协调工作，故在高频调谐器 VL、VH、U 任一频段中，其输入电路、高放电路、双调谐电路和本振电路中，都有一只变容二极管（共有四只），调谐电压也应送往各只变容二极管。

**4. 各引脚的名称及作用**

全频段、电压合成式高频调谐器的引脚图如图 1–12–6 所示。

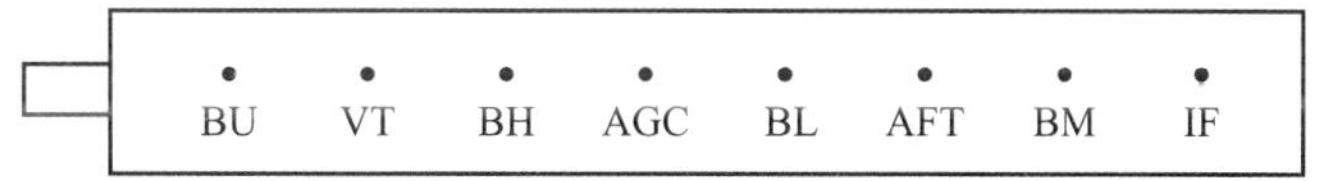


图 1–12–6　全频段、电压合成式高频调谐器的引脚图

各引脚的作用如下：

（1）IF（中频信号输出端）：输出的图像中频信号频率为 38 MHz，第一伴音中频信号的频率为 31.5 MHz，输出电压的大小为 mV 级。

（2）BM（电源输入端）：一般为 12 V，由稳压电路进行供电。

（3）AFT（自动频率微调电压输入端）：由图像中频通道的 AFT 鉴频电路送来，与 VT 端输入的调谐电压一起控制高频头的本振频率，确保本振频率稳定。AFT 的电压一般为 5 V。

（4）AGC（高放管 RF AGC 电压输入端）：由图像中频通道送来，电压大小约为 5 V。

（5）BL（有时写成 VL 或Ⅰ，VHF–L 频段的供电端）：提供 VL 频段转换电压。

（6）BH（有时写成 VH 或Ⅲ，VHF–H 频段的供电端）：提供 VH 频段转换电压。

（7）BU（有时写成 U，UHF 频段的供电端）：提供 U 频段转换电压。

（8）VT（调谐电压输入端）：在 0 ~ 30 V 内连续可调，用于改变高频头的本振频率和调谐电压的大小，以接收不同频道的节目。

**5. 接收不同频段的电视信号时，各引脚的电压**

全频段、电压合成式高频调谐器可以接收 VL、VH、U 任一频段内的电视信号，工作在不同频段时，各引脚电压有的有变化，有的无变化，见表 1–12–2。

表 1–12–2　接收不同频段的电视信号时，各引脚的电压

| 引脚 | IF | BM | VT | AFT | AGC | BL | BH | BU |
|---|---|---|---|---|---|---|---|---|
| 接收 VL 段节目时 | mV 级 | 12 V | 0 ~ 30 V | 5 V | 5 V | 12 V | 0 V | 0 V |
| 接收 VH 段节目时 | mV 级 | 12 V | 0 ~ 30 V | 5 V | 5 V | 0 V | 12 V | 0 V |
| 接收 U 段节目时 | mV 级 | 12 V | 0 ~ 30 V | 5 V | 5 V | 0 V | 0 V | 12 V |

由表 1–12–2 可知，改变不同的接收频段，是通过改变频段 BL、BH、BU 的供电情况来实现的。任一频段内 VT 端输入的调谐电压的变化范围都是相同的，为 0 ~ 30 V，改变 VT 端输入的调谐电压，就可在某一个频段内接收不同的电视台。

## 四、新型高频调谐器

**1. 六只引脚的全频段、电压合成式高频调谐器**

前面所介绍的全频段、电压合成式高频调谐器有八只引脚，随着技术的改进，又出现了一种较为先进、只有六只引脚的全频段、电压合成式高频调谐器，其引脚图如图 1–12–7 所示。

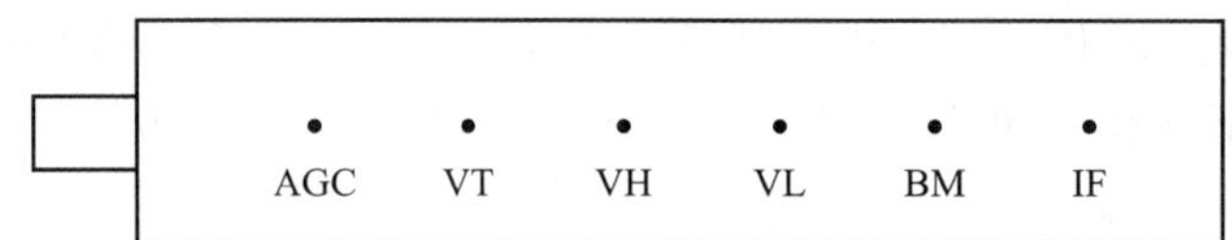


图 1–12–7　六只引脚的全频段、电压合成式高频调谐器引脚图

这种高频调谐器的特点如下：

（1）AGC、BM、IF 这几只引脚的作用，与前述的八只引脚的全频段、电压合成式高频调谐器相应引脚的作用完全相同，但 BM、AGC 的电压都为 5 V。

（2）这种高频调谐器 VT 端输入的电压不是一般的 VT 电压，其内部还含有 AFT 电压，即调谐电压 VT 与 AFT 电压相加后，一起送往高频调谐器的 VT 端。VT 端的电压范围仍为 0 ~ 30 V。

（3）VH、VL 端输入的为两位二进制编码信号，其译码电路设计在高频调谐器的内部，其频段转换编码、译码关系表与前述的八只引脚的全频段、电压合成式高频调谐器相同。

**2. 频率合成式高频调谐器**

（1）频率合成式高频调谐器的组成框图

前述的高频调谐器是电压合成式的，在高清晰 CRT 电视机与平板电视机中，一般采用 $I^2C$ 总线技术控制的频率合成式高频调谐器。目前，电视机中使用的频率合成式高频调谐器一般采用锁相环频率合成方式，这里以锁相环频率合成式高频调谐器为例介绍其组成与工作原理。其组成框图如图 1–12–8 所示。

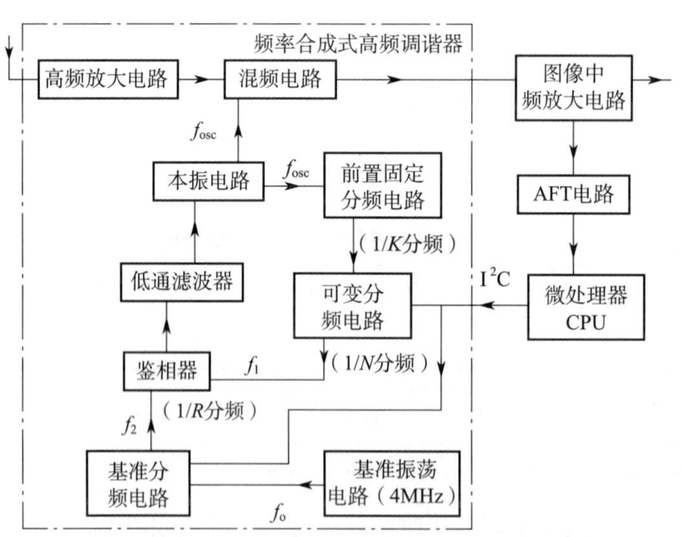


图 1–12–8　锁相环频率合成式高频调谐器的组成框图

（2）频率合成式高频调谐器的工作原理

锁相环频率合成式高频调谐器的工作原理是，电视机在生产过程中，预先在 CPU 中将各电视频道的频段数据、调谐电压数据、标称本振频率（载波频率 38 MHz）所对应的分频系数数据写入与频道位置号相对应的存储单元中。正常收看时，CPU 会根据所选的频道位置号取出该频道的上述数据，通过 $I^2C$ 总线送入高频调谐器中。

高频调谐器收到数据后，其本振电路开始工作，本振频率与天线信号频率进行差频后，产生 38 MHz 与 31.5 MHz 的中频信号，送往图像中频放大电路。分频系数数据信号的作用是，将本振电路产生的振荡频率（不同的台，VT 电压不同，振荡频率也不同）按分频系数进行分频（不同的台，$f_{osc}$ 不同，CPU 送来的分频系数也不同），将分频后的信号作为本振频率是否稳定的取样信号。分频后的信号被送入鉴相器中，鉴相器的另一个输入信号是高频头内基准振荡器产生的、稳定度极高并经分频的信号。两路输入信号经鉴相后，产生的误差信号经低通滤波器滤波后又送入高频调谐器的本振电路中，如此来对本振电路实现环路锁定，确保高频调谐器输出的中频信号为准确的 38 MHz 与 31.5 MHz。

（3）各频道分频系数的确定方法

1）前置固定分频系数 $K$ 的确定。由于电视机在接收最高频道时高频调谐器中的本振频率接近 900 MHz，如此高的频率不宜直接送入可变分频电路中，而应先经过前置固定分频电路分频后，才可送入可变分频电路中进行进一步的分频。分频系数 $K$ 一般取 8，即进行 8 分频。

2）可变分频系数 $N$ 的确定。各个频道的可变分频系数 $N$ 的大小与两个因素有关，一个因素是各频道需要的本振频率 $f_{osc}$，不同的台其本振频率是不同的，$N$ 的大小也就不同；另一个因素是，即使同一个台，取不同的步进频率（即频率变化一级的增减量），$N$ 的大小也是不同的。步进频率一般用 $\Delta f$ 来表示，有的电视机取 62.5 kHz，有的取 31.25 kHz，可通过 I²C 总线来确定。分频系数 $N$ 的大小由下式确定：

$$N=\frac{f_{osc}}{\Delta f}$$

如第 1 频道，图像载波频率为 49.75 MHz，对应高频调谐器的本振频率 $f_{osc}$=87.75 MHz，若选 $\Delta f$=62.5 kHz，则 $N$=1 404；若选 $\Delta f$=31.25 kHz，则 $N$=2 808。$\Delta f$ 不同，调谐的精度也就不同，一般取 62.5 kHz 为多。其他频道的 $N$ 值可仿此方法求出。

3）基准分频系数 $R$ 的确定。高频调谐器内基准振荡电路的振荡频率为 4 MHz，其分频系数 $R$ 的确定与 $\Delta f$ 取值有关，其目的就是为了确保送入鉴相器的两个信号 $f_1$ 与 $f_2$ 必须是同频的。当 $\Delta f$ 取 62.5 kHz 时，$R$ 取 512；当 $\Delta f$ 取 31.25 kHz 时，$R$ 取 1024，可通过 I²C 总线来确定。

（4）AFT 的控制原理

通过锁相环频率合成方式来控制高频调谐器的本振电路，其频率的精确度与稳定度都很高，但不能排除有偏移的情况存在，这种偏移的校正是通过图像中频通道中的 AFT 电路来完成的。图像中频通道中的 AFT 鉴相器输出的误差电压被送往微处理器中，通过 I²C 总线自动增减分频系数 $N$ 的大小以及步进频率 $\Delta f$ 的变化量，完成高频调谐器本振电路的锁定任务。

（5）频率合成式高频调谐器各引脚的作用

频率合成式高频调谐器的引脚图如图 1-12-9 所示。

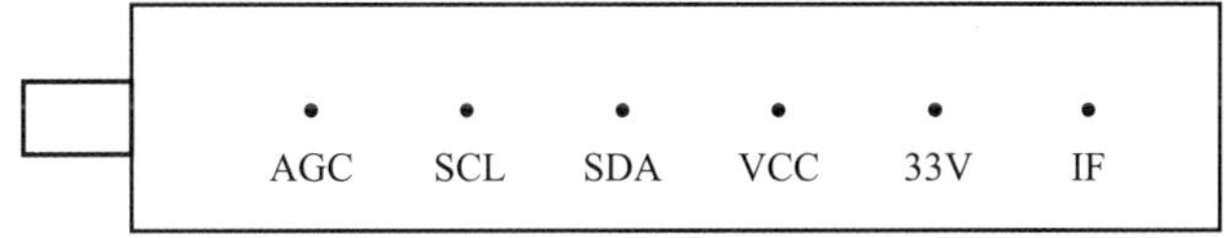


图 1-12-9　频率合成式高频调谐器的引脚图

AGC、IF 这两只引脚的作用与一般高频调谐器的作用相同；VCC 供电脚的电压为 5 V；SCL、SDA 脚为 $I^2C$ 总线控制脚，主要用于传输时钟信号、各个台的频段数据、VT 数据、AFT 数据、分频系数数据 $N$ 和 $R$；33 V 供电脚输入时虽为固定电压，但在 $I^2C$ 总线数据的控制下，在高频头内部会按照各个台的要求转变为 0 ~ 30 V 连续可变的电压，以满足不同台的要求。

### 五、高频调谐器电路的常见故障及检修方法

**1. 有光栅但无法收台**

处理这种故障时，要让电视机进入调台状态，测量高频调谐器各引脚的电压，当发现有的引脚电压不正常时，查明不正常的原因即可。一般当 AGC、VT、BM、BL、BH、BU 等端口电压不正常时，就会出现上述现象。

**2. 有的频段收不到台**

这种故障检修较容易，让电视机进入调台状态，根据屏幕显示的频段检测微处理器输出的编码信号和译码器输出的译码信号是否正常，即可找出根源。

**3. 一个频段内收台变少**

让电视机进入调台状态，测量 VT 电压的变化范围，看是否在 0 ~ 30 V 范围内连续变化。当 VT 电压变化范围变小时，就会出现收台变少的现象。若 VT 电压变化范围正常，则应更换高频调谐器。

**4. 图像信噪比差**

若确认天线信号是正常的，应重点检查高频调谐器的 AGC、AFT、BM 电压和输入、输出耦合元件是否正常，若上述电压与耦合元件都正常，可更换高频调谐器试一试。

## 实训 3　高频调谐器电参数测试与故障检修

### 实训目的

1. 进一步熟悉高频调谐器的工作原理。
2. 能对高频调谐器电路的电参数进行测试。
3. 能完成高频调谐器电路常见故障的检修。

### 实训设备与工具

普通 CRT 遥控彩色电视机、电视机常用维修工具、双踪示波器、实训指导书等。

### 实训内容与步骤

#### 一、高频调谐器电参数测试

**1. 调谐电压 VT 波形的测试**

（1）使电视机进入调台状态，测 Q001 的基极或集电极的波形，波形占空比的变化规律是__________，峰 - 峰值的变化规律是__________。

（2）使电视机进入调台状态，测 C004 正极波形，波形的变化规律是__________。

2. **电压的测量**

（1）测量同一个频段内各个台的调谐电压（VT 电压）的大小。

让电视机分别在不同频段进行调台，测量各个台的 VT 电压，并填入表 1–12–3 中。

表 1–12–3　　在 VL/VH/U 段进行调台时的 VT 电压

| 电台名称 | | | | | | | | | |
|---|---|---|---|---|---|---|---|---|---|
| VT 电压 | | | | | | | | | |

（2）测量高频调谐器各引脚的电压。

让电视机分别在不同的频段进行调台，测量高频调谐器各引脚的电压，并填入表 1–12–4 中。

表 1–12–4　　高频调谐器各引脚的电压

| TU101 引脚 | IF | BM | AFT | BL | AGC | BH | VT（范围） | BU |
|---|---|---|---|---|---|---|---|---|
| 在 VL 段调台时 | | | | | | | | |
| 在 VH 段调台时 | | | | | | | | |
| 在 U 段调台时 | | | | | | | | |

### 二、高频调谐器故障检修

1. **进行故障设置**

结合电路原理图，如果要使电视机出现无法收台的故障，可使 BM 供电端开路、AGC 端子开路等；如果要使电视机出现收台变少的故障，可使 R004、R006、R005、R003、Q001 等元件开路；如果要使电视机有的频段无法收台，可使编码或译码电路工作不正常（根据实际情况选做）。

2. **故障检修**

按照高频调谐器电路的检修方法进行检修，重点检测高频调谐器 AGC、VT、BM、BL、BH、BU、AFT 各引脚的电压，做好检修记录，并与正常工作时的值进行比较，找出故障元件。

## 【想一想】

1. 若电视机出现走台现象，应如何检查？
2. 若高频调谐器的 AFT 引脚电压为 0 V，电视机会出现何种故障现象？

## §1–13　图像中频通道电路分析与故障检修

### 学习目标

1. 熟悉图像中频通道电路的作用与性能要求。
2. 掌握图像中频通道电路的组成与工作原理。

3. 熟悉图像中频通道电路的常见故障及检修方法。

4. 能进行图像中频通道电路电参数测试与故障检修。

## 一、图像中频通道电路的作用

图像中频通道电路的作用是，对高频调谐器输出的、电压大小只有 mV 级的 38 MHz 的图像中频信号与 31.5 MHz 的伴音中频信号进行放大与分离处理，把图像中频信号检波还原成彩色全电视信号；产生 AGC 控制电压，以自动控制中放电路与高频调谐器内高放电路的增益；产生 AFT 控制电压，送往高频调谐器，以自动控制高频调谐器内本振电路的振荡频率。

## 二、图像中频通道电路的性能要求

图像中频通道电路接于高频调谐器的后面，其总增益将对整机的灵敏度起重要作用，其稳定性将直接影响重现图像与伴音的质量。因此，对图像中频通道电路的主要性能有以下要求：

### 1. 电压的增益要足够大

在信噪比满足要求的前提下，一般来说，包括高频调谐器、中放、视放在内的信号通道增益越高，则电视机接收微弱信号的灵敏度就越高，而中频通道的增益占总增益的 60% 以上，故公共通道的电压增益要足够大才行。电视机的图像中频放大电路通常采用多级放大器来完成放大任务。

### 2. AGC 的控制范围要足够宽

电视机在同一个位置接收不同的电台时，不同电台的信号强弱差异是很大的，为保证接收强弱不同的电视节目时电视机都可以稳定工作，在图像中频通道中设置了 AGC 电路，并且要求其动态范围要足够宽。

### 3. 中频滤波电路的幅频特性要符合要求

目前生产的电视机，其声图的分离方法都采用准分离技术，即在预中放电路之后，用不同的滤波器分别取出 38 MHz 的图像中频信号与 31.5 MHz 的伴音中频信号。这种分离法声图的干扰最小。

（1）图像中频信号的滤波幅频特性曲线（图 1–13–1）

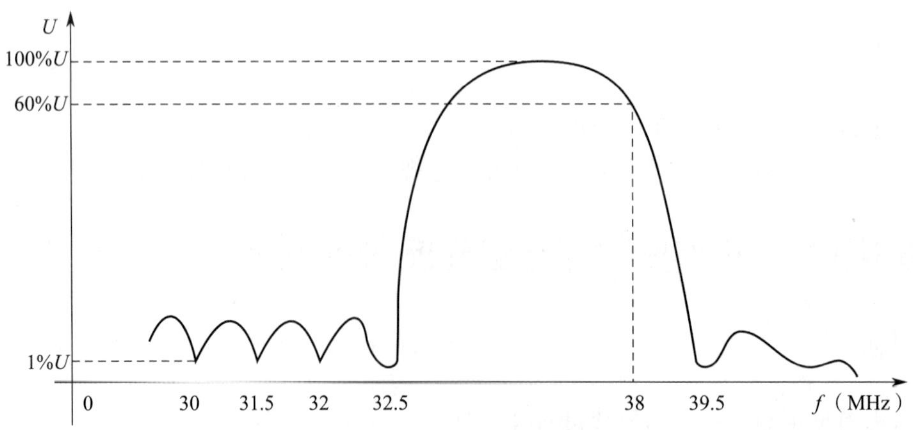


图 1–13–1　图像中频信号的滤波幅频特性曲线

由图 1–13–1 可知，图像中频信号的滤波幅频特性曲线与内载波式声图分离法的曲线是不相同的。这种滤波幅频特性对邻频段的 30 MHz 与 39.5 MHz 差频干扰信号，以及对多制式的第一伴音中频信号 31.5 MHz（D/K 制）、32 MHz（I 制）、32.5 MHz（B/G 制）的衰减量都非常大，衰减后的幅度只有原幅度的 1%；对 38 MHz 附近双边带传送的图像信号，衰减后的幅度约为原幅度的 60%；对单边带传送的图像信号不衰减。

（2）伴音中频信号的滤波幅频特性曲线（图 1–13–2）

由图 1–13–2 可知，对第一伴音中频信号 31.5 MHz（D/K 制）、32 MHz（I 制）、32.5 MHz（B/G 制）不衰减，而对 30 MHz 的邻频道干扰信号及 38 MHz 的图像中频信号衰减量非常大。

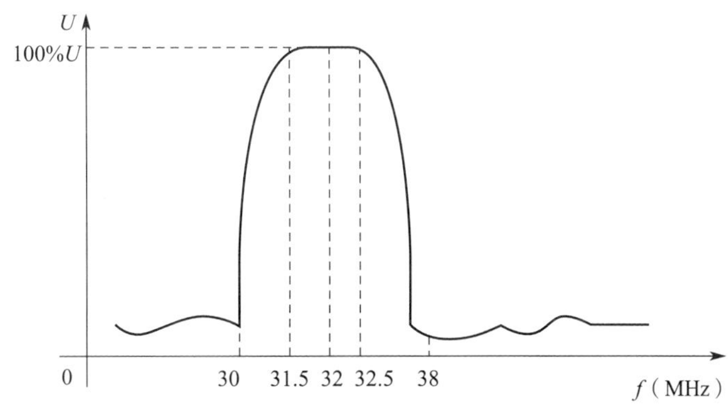


图 1–13–2　伴音中频信号的滤波幅频特性曲线

### 4. 工作的稳定性要高

由于中放电路工作频率较高，放大电路增益也高，故要求各级放大电路以及图像检波、AFT 鉴频等电路应有较高的工作稳定性，否则会影响声图的质量。

## 三、图像中频通道电路的组成与工作原理

9614C 型彩色电视机的图像中频通道电路如图 1–13–3 所示。

### 1. 图像中频放大电路

图像中频放大电路的作用是，形成中频通道的滤波幅频特性，并将中频信号放大到足够大的幅度，以满足检波电路的电平要求。中频放大电路通常由预中放电路（Q101）、声表面波滤波器 SAWF（Z101）和集成宽带中放电路组成。

（1）预中放电路

预中放电路的作用是，对高频调谐器输出的 38 MHz 图像中频信号与 31.5 MHz 伴音中频信号进行放大，以补偿后级的声表面波滤波器和声图分离电路的滤波损耗。

预中放电路如图 1–13–3 所示，C115、C116、T101、R112 为桥接 T 形滤波电路，其作用是滤去邻频段的 30 MHz 与 39.5 MHz 的差频干扰信号；R107、C113 为电源退耦电路；L102 与分布电容一起构成 LC 并联谐振电路，对中频信号 32 ~ 38 MHz、高端频 36 ~ 38 MHz 的信号进行高频补偿。R129、R109 组成偏置电路，R110 起扩展 LC 回路带宽的作用。

（2）声表面波滤波器

声表面波滤波器是一种利用声表面波的传输特性进行滤波的新型器件，其作用是形成符合要求的图像中频信号滤波幅频特性。

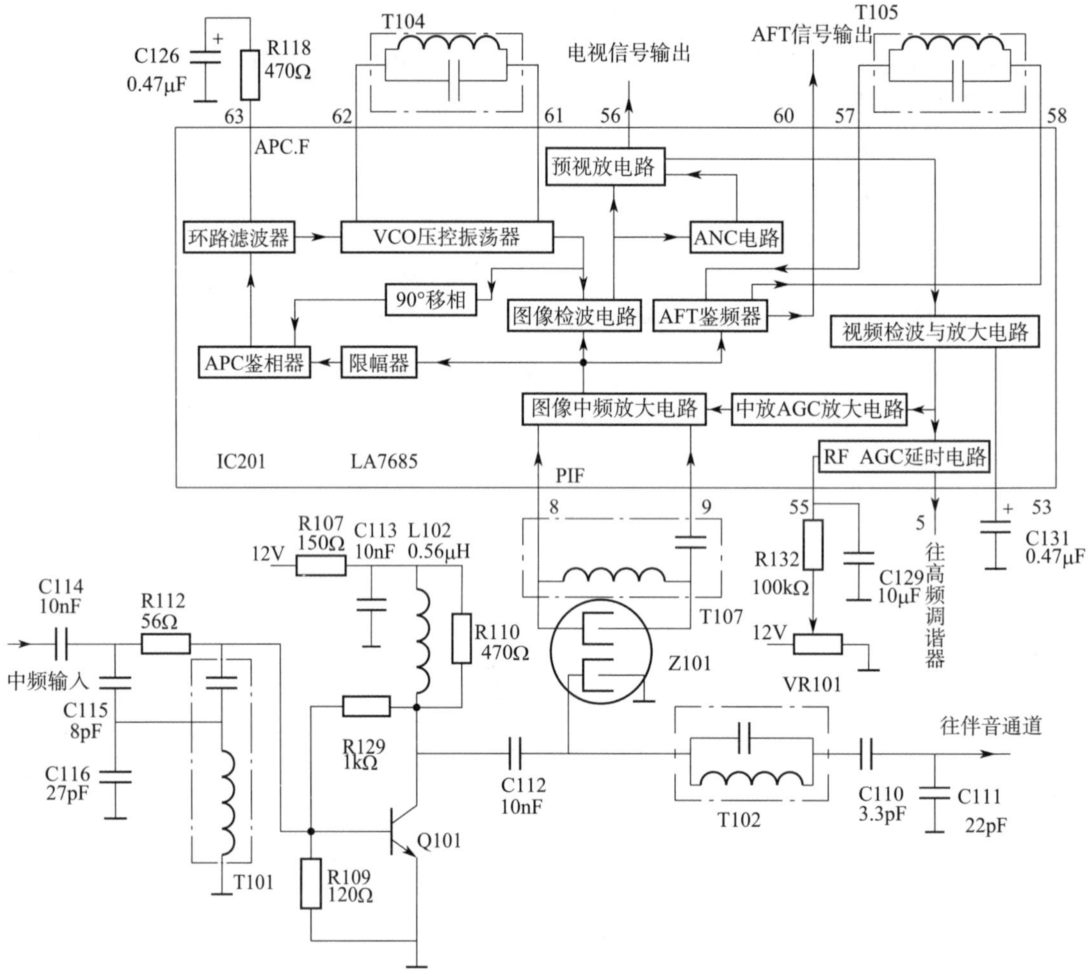

图 1–13–3　9614C 型彩色电视机的图像中频通道电路

声表面波滤波器的外形结构、引脚与符号如图 1–13–4 所示。

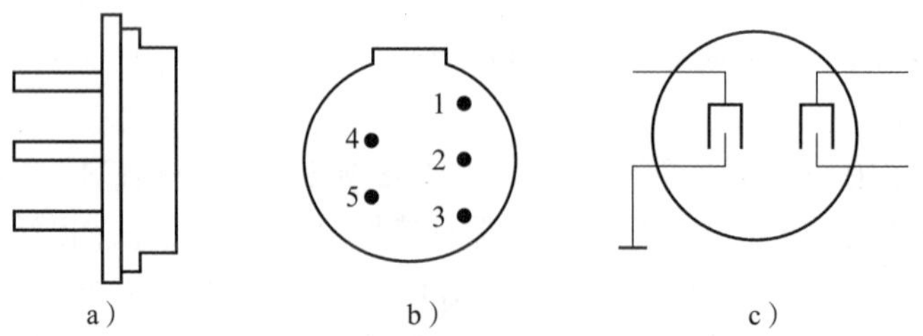


a）　　b）　　c）

图 1–13–4　声表面波滤波器的外形结构、引脚与符号

a）外形结构　b）引脚　c）符号

**2. 同步检波电路**

同步检波电路的作用是，将 38 MHz 的图像中频信号还原成 0 ~ 6 MHz 的彩色全电视信号。因在检波过程中必须要用一个与待检波的信号同频、同相的信号，在双差分模拟乘法器

中相乘才能完成检波任务，故这种检波又称为同步检波。

（1）同步检波电路的组成框图

9614C 型彩色电视机同步检波电路的组成框图如图 1-13-5 所示。图像中频信号经图像中频放大电路后分为两路，一路直接送入图像检波电路中，另一路经限幅器后，送入由 APC 鉴相器、环路滤波器、VCO 压控振荡器和 90° 移相电路组成的锁相环电路中。锁相环电路的作用是，产生与 38 MHz 图像中频信号同频、同相的信号。将与图像中频信号同频、同相的信号送入图像检波电路中，与待检波的图像中频信号相乘，即可完成图像检波任务。

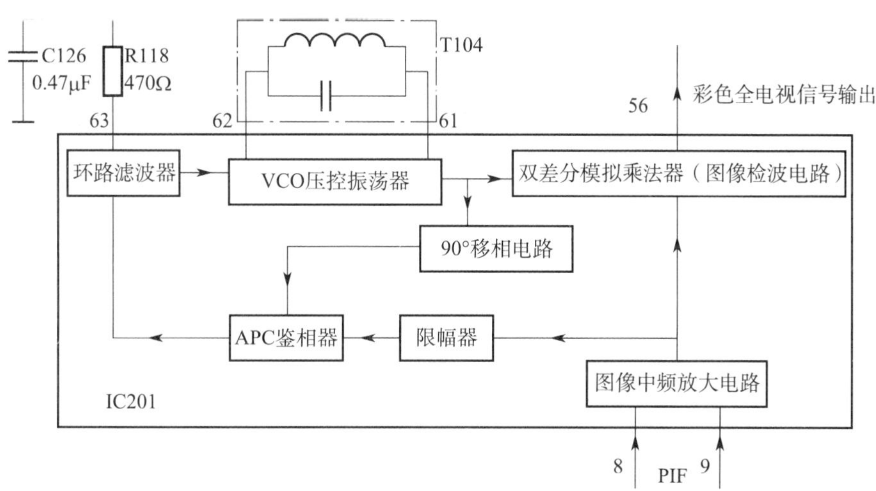


图 1-13-5　9614C 型彩色电视机同步检波电路的组成框图

（2）APC 鉴相器的工作原理

APC 鉴相器实际上是一个双差分模拟乘法器，能比较出同频但相位不同的两路输入信号的相位差。当输入的两路信号频率相等而相位不同时，鉴相器输出电压的大小和极性与两路信号的相位差有关。

1）当两个输入信号的相位差正好为 90° 时，鉴相器的输出电压 $U_{APC}=0$。

2）当两个输入信号的相位差大于 90° 时，鉴相器的输出电压 $U_{APC}>0$，相位差在 90° ~ 270° 时输出都为正。当相位差为 180° 时，输出电压为正最大值。

3）当两个输入信号的相位差小于 90° 时，鉴相器的输出电压 $U_{APC}<0$，相位差在 −90° ~ 90° 时输出都为负。当相位差为 0° 时，输出电压为负最大值。

鉴相器的输出电压与输入信号相位差的关系曲线如图 1-13-6 所示。

图 1-13-5 中，输入 APC 鉴相器的信号有两路，一路是经限幅器后的图像中频信号，另一路是 VCO 压控振荡器产生的、经过 90° 移相的信号（其频率为图像中频 38 MHz）。两者在 APC 鉴相器中进行相位比较，将输出的误差电压送往环路滤波器进行滤波，再去控制 VCO 压控振荡器的振荡频率，使之锁定为 38 MHz，该路信号与图像中频信号不但同频而且同相。

VCO 压控振荡器电路中，IC201 的 61、62 脚外接的 LC 回路 T104，其谐振频率为 38 MHz，对 38 MHz 信号起选频作用。当该中周失谐时，图像会变差，严重失谐时，电视机会收不到图像。

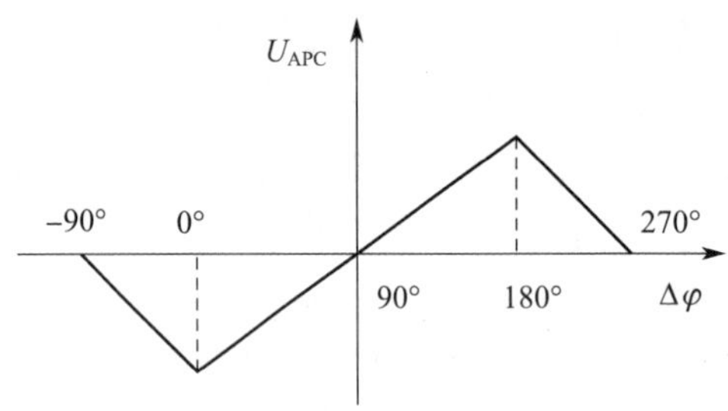


图 1-13-6　鉴相器的输出电压与输入信号相位差的关系曲线

（3）图像检波电路的工作原理

图像检波电路实际上也是双差分模拟乘法器电路，检波前、后灰度图像的波形变化如图 1-13-7 所示。检波电路的输入信号有两路，一路是待检波的图像中频信号（图 1-13-7a），另一路是锁相环路产生的同频、同相的正弦波信号（图 1-13-7b）。两路信号相乘，利用正 × 正 = 正，负 × 负 = 正，相当于对图像中频信号进行全波整流而实现检波，波形如图 1-13-7c 所示，再滤去残留的高频成分，即还原成图像信号，波形如图 1-13-7d 所示。

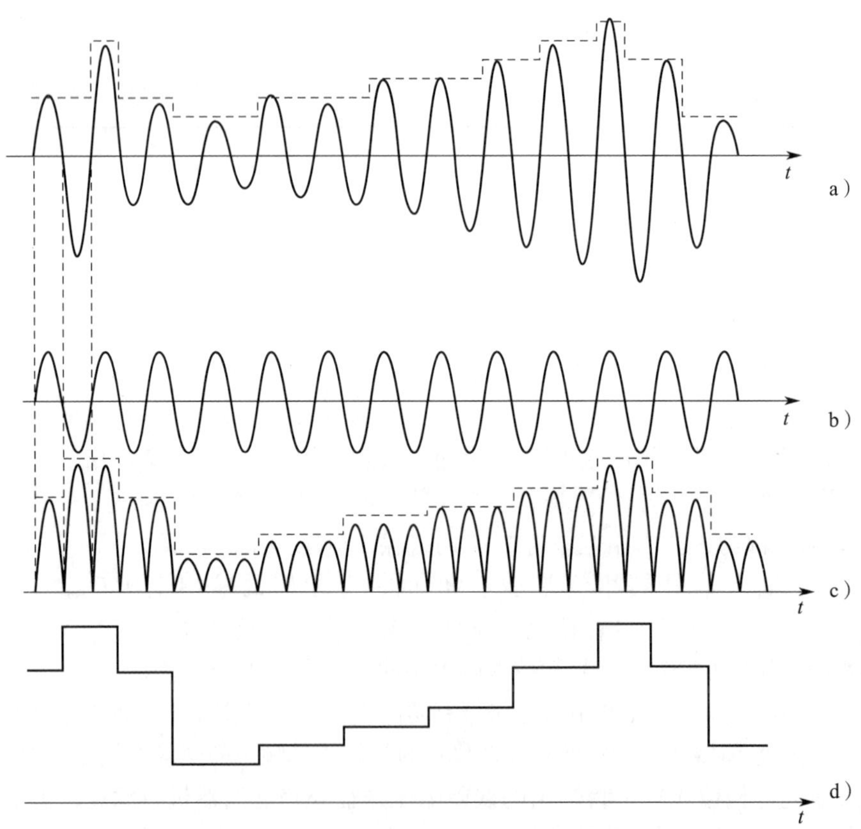


图 1-13-7　检波前、后灰度图像的波形变化

a）待检波的图像中频信号　b）同频、同相的正弦波信号　c）相乘后的波形　d）滤波后的波形

### 3. AGC 电路

（1）AGC 电路的作用

AGC 电路的作用是，在电视机接收到强弱不同的电视信号时，能自动调节高放与中放电路的增益，使检波后输出的视频图像信号幅度基本不变，保证电视机能稳定、可靠地显示良好的图像。

（2）AGC 电路的控制特性

在接收信号较弱时，总是希望信号通道的增益最大，只有当信号达到一定幅度后，AGC 电路才起控制作用，将增益减小，也就是说，AGC 电路的控制特性是延迟型的，延迟型 AGC 电路的控制特性曲线如图 1–13–8 所示。

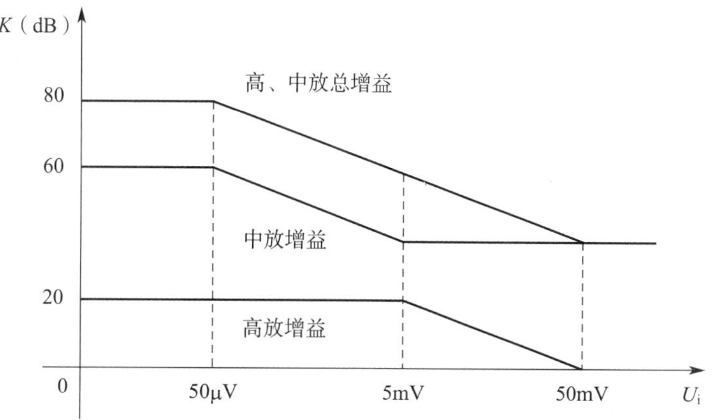


图 1–13–8　延迟型 AGC 电路的控制特性曲线

延迟型 AGC 电路的控制特性如下：

1）当天线信号较弱（在 50 μV 以下时），高放与中放电路的增益都最大，AGC 电路不起控制作用，一般称之为 AGC 不起控。

2）当输入信号较强（在 50 μV ~ 5 mV 范围时），中放 AGC 电路开始起控，中放电路的增益随输入信号的增强而下降，使检波后图像信号的幅度保持稳定，但高放 AGC 还未起控，高放级增益仍处于最大。这是由于高频调谐器内的高放级是电视信号的第一级放大器，为了提高信噪比，在输入信号不太强时，高放级应保持最大增益。

3）当输入信号太强（在 5 mV 以上时），中放电路将会进入非线性工作状态，其增益无法再下降，这时高放 AGC 开始起控，高放级的增益随输入信号的增强而下降。

（3）AGC 电路的工作原理

AGC 电路的组成框图如图 1–13–9 所示。预视放电路输出的信号，一路送入比较器 1 中，送 AGC 放大电路进行放大。放大后的输出信号，一路送入图像中频放大电路，控制其增益；另一路作为比较器 2 的取样电压，当信号过强、高放 AGC 取样电压达到起控点时，用输出的高放 AGC 电压控制高放级的增益，使之下降，以保证电视机正常工作。

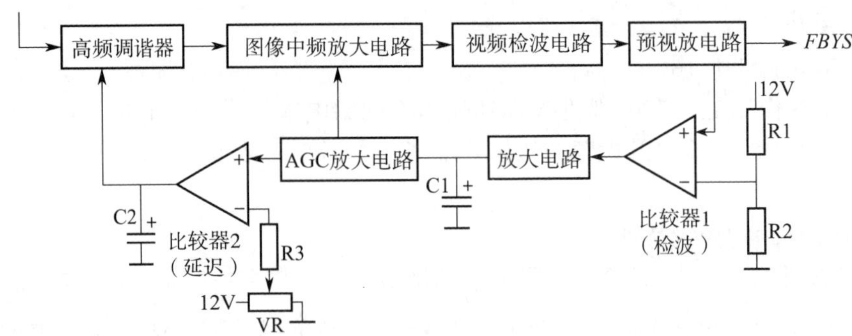


图 1–13–9　AGC 电路的组成框图

## 4. AFT 电路

（1）AFT 电路的作用

电视台传送过来的天线信号，各个台的频率一般认为是固定不变的，但电视机在使用过程中，由于某种原因，如电压波动，电视机高频调谐器的本机振荡频率有时会发生偏移。本振信号频率与天线信号频率差频的结果将不再是固定的 38 MHz 和 31.5 MHz，这势必会出现声、图变差，甚至无法收台的现象。为了防止出现这种情况，在电视机的图像中频通道中设置了一个 AFT 电路。

AFT 电路的作用是，当高频调谐器输出的图像中频信号的频率偏离 38 MHz 时，会产生一个反馈电压给高频调谐器的本振电路，使本振电路的振荡频率自动恢复到正常值，让高频调谐器输出的图像中频信号为准确的 38 MHz，伴音中频信号为准确的 31.5 MHz。

对能进行自动方式调台的电视机而言，AFT 电路的另一个作用是，将调台时产生的 AFT 电压送回遥控系统中，作为微处理器判断有无调准节目的检测信号。

（2）AFT 电路的工作原理

AFT 电路实际上是一个鉴频电路。目前生产的电视机，其 AFT 电路一般都采用同步鉴频器，这种鉴频器因有 90° 移相电路，故又叫正交鉴频器。

同步鉴频器的鉴频原理是，利用移相电路将信号的频率变化转变为相位的变化，然后利用双差分模拟乘法器（鉴相器）的鉴相特性，把相位的变化转换成幅度的变化，以完成鉴频任务。

同步鉴频器电路由限幅放大电路、双差分模拟乘法器（鉴相器）、90° 移相电路等组成。AFT 电路的组成框图如图 1–13–10 所示。

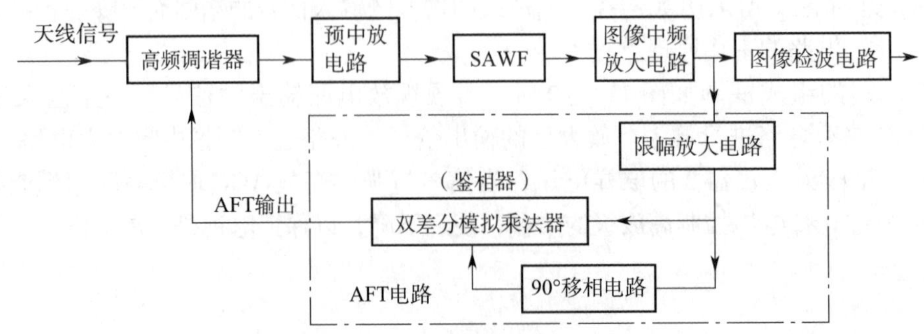


图 1–13–10　AFT 电路的组成框图

### 四、图像中频通道电路的常见故障及检修方法

图像中频通道电路易出现声图都差；无图无声；调台速度过快，不容易调出节目；有黑白图像，也有伴音，但图像无彩色等故障，各种故障的检修方法如下：

**1. 声图都差**

对于声图都差这种故障，当天线信号正常时，应重点检查高频调谐器电路与中频通道电路。对中频通道电路而言，应重点做如下检查：

（1）检查中频信号的耦合元件有无损坏，如 C112、C114 等。

（2）检查预中放电路是否正常工作，可测 Q101 各极的工作电压。

（3）检查声表面波滤波器的好坏，可用同型号的元件进行替换。

（4）检查 RF AGC 可调电位器的好坏和 AGC 滤波电容的好坏。

（5）检查图像检波中周有无失谐，可适当调 T104。

**2. 无图无声**

无图无声故障的检修方法与声图都差故障的检修方法相同，只是元件损坏或失谐的程度严重一些而已。

**3. 调台速度过快，不容易调出节目**

这种故障与图像检波中周失谐有关，重新微调 T104 即可，若仍无法调出节目，应考虑更换该中周。

**4. 有黑白图像，也有伴音，但图像无彩色**

这种故障现象由图像中频通道引起，应重点检修 AFT 电路元件，可一边微调 T105，一边进行自动调台，直至找到最佳点。

## 实训 4 图像中频通道电路电参数测试与故障检修

### 实训目的

1. 进一步熟悉图像中频通道电路的工作原理。
2. 能对图像中频通道电路的电参数进行测试。
3. 能完成图像中频通道电路常见故障的检修。

### 实训设备与工具

普通 CRT 遥控彩色电视机、电视机常用维修工具、双踪示波器、彩条信号源、实训指导书等。

### 实训内容与步骤

#### 一、图像中频通道电路电参数测试

**1. 预中放管电阻与电压的测量**

（1）测量预中放管 Q101 各极对地正、反向电阻值，并将测量结果填入表 1-13-1 中。

表 1-13-1　预中放管 Q101 各极对地正、反向电阻值

| 测量方法（×1 k 挡） | b | c | e |
| --- | --- | --- | --- |
| 黑表笔接地、红表笔测 | | | |
| 红表笔接地、黑表笔测 | | | |

（2）测 Q101 各极的电压，$U_b$= ______，$U_c$= ______，$U_e$= ______。Q101 是 NPN 管，正常放大状态时应满足 $U_c > U_b > U_e$ 的关系。

**2. 彩色全电视信号波形的测量**

（1）电视机接收彩条信号，将示波器探头与 IC201 的 56 脚外元件相连，如与 Z103、C103 等元件相连。

（2）测量彩色全电视信号波形，填写表 1-13-2。

表 1-13-2　彩色全电视信号波形的测量

| 电参数 | | | 波形图 |
| --- | --- | --- | --- |
| $V_{P-P}$ | 周期 $T$ | 频率 $f$ | |
| | | | |

## 二、图像中频通道电路故障检修

**1. 进行故障设置**

结合图像中频通道电路原理图进行故障设置（结合实际选做）。

（1）如果要使电视机出现声图都差的故障，可使中频信号耦合电容 C114 或 C112 开路，可把 AGC 滤波电容 C131 的容量调小，可以使图像检波中周 T104 失谐。

（2）如果要使电视机出现无图无声故障，可拆下 AGC 滤波电容 C131，可以使图像检波中周 T104 严重失谐，可以使图像信号的耦合元件 C130 开路（参阅附图）。

（3）如果要使电视机调台速度过快，不容易调出节目，可以把图像检波中周 T104 调乱。

（4）如果要使电视机出现有黑白图像，也有伴音，但图像无彩色的故障，可以使 AFT 中周 T105 失谐。

**2. 故障检修**

按照图像中频通道电路故障检修的方法进行检修，重点是检测各个信号耦合元件和 AGC 滤波电容的好坏、预中放管 Q101 各极的电压是否正常、图像检波中周 T104 和 AFT 中周 T105 有无失谐；进行收台（也可直接从预中放管处送入图像中频信号），测试图像检波输出全电视信号是否正常。检修时做好记录，并与正常工作时的值进行比较，找出故障元件。

## 【想一想】

1. 当电视机出现无图无声故障时，如何区别是高频调谐器电路损坏引起的，还是由中频通道电路损坏引起的？

2. 若 T104 与 T105 都失谐，会出现什么现象？如何才能使电视机正常工作？

# §1-14 伴音通道电路分析与故障检修

## 学习目标

1. 熟悉伴音通道电路的作用。
2. 掌握伴音通道电路的组成与工作原理。
3. 熟悉伴音通道电路的常见故障及检修方法。
4. 能进行伴音通道电路电参数测试与故障检修。

### 一、伴音通道电路的作用

伴音通道电路的作用是，将中频公共通道输出的伴音中频信号分离出来，进行放大、鉴频，还原成音频信号，再由功率放大器放大到足够的功率，推动扬声器发出声音。

### 二、伴音通道电路的组成

**1. 基本组成**

伴音通道电路由伴音分离电路、伴音中放电路、限幅电路、鉴频电路、音量控制电路、音频功率放大电路等组成，其基本组成框图如图 1–14–1 所示。

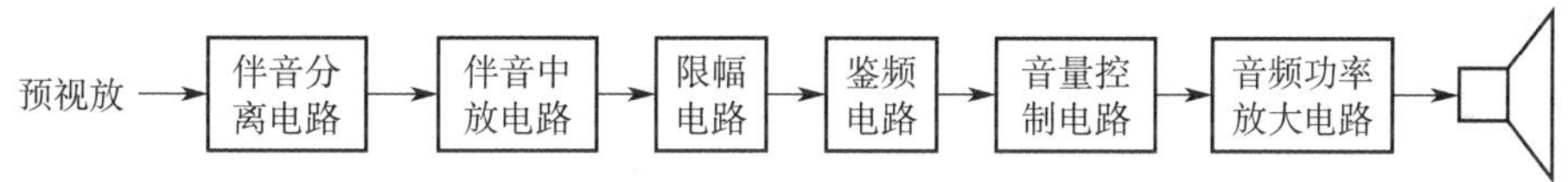


图 1–14–1　伴音通道电路的基本组成框图

各组成电路的作用如下：

（1）伴音分离电路的作用是，从预视放输出的 0 ~ 6 MHz 视频图像信号与 6.5 MHz 的第二伴音中频信号中分离出 6.5 MHz 的第二伴音中频信号。电视机通常采用 6.5 MHz 的带通滤波器来取出第二伴音中频信号。

（2）伴音中放电路的作用是，对幅度很小的 6.5 MHz 的第二伴音中频信号进行放大。

（3）限幅电路的作用是，消除叠加在伴音中频信号中的寄生调幅干扰信号。因电视台采用调频方式发送伴音信号，伴音信号在传送过程中受到各种干扰的影响，等幅的调频信号会产生寄生调幅，如果不对此加以抑制，重放的声音中将会出现严重的蜂音。

（4）鉴频电路的作用是，把 6.5 MHz 的伴音调频中频信号还原成音频信号。鉴频的方法是，先将调频波的频率变化转变为包络幅度的变化，即先变为调频调幅波，调频调幅波再经过幅度检波还原成音频信号。

（5）音量控制电路的作用是，通过改变音量控制电压的大小来控制电视机伴音的音量。

（6）音频功率放大电路的作用是，对音频信号进行功率放大。

**2. 采用声图准分离技术的伴音通道电路的组成**

目前生产的电视机，其声图的分离方法大部分都采用准分离技术。高频调谐器输出的声图中频信号经预中放电路之后，声、图便进行分离，采用这种分离技术的伴音通道电路的组成框图如图 1–14–2 所示。

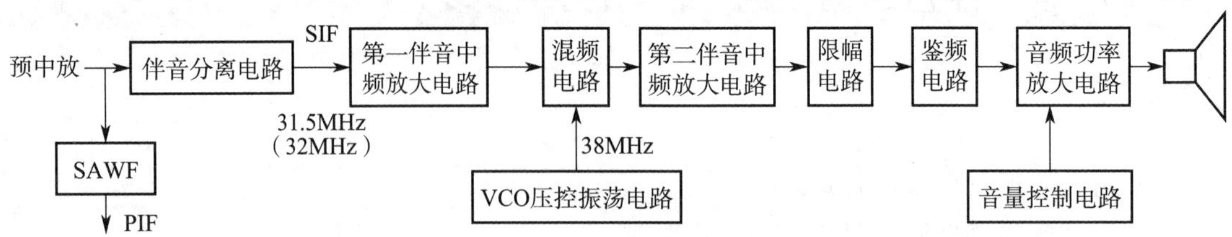


图 1–14–2　采用声图准分离技术的伴音通道电路的组成框图

采用声图准分离技术的伴音通道电路，与在预视放之后才进行声图分离的电路相比，有两大差异：

（1）声图分离的位置不同。准分离技术的声图分离在预中放之后进行，取出的是 31.5 MHz（32 MHz）的第一伴音中频信号。

（2）产生第二伴音中频信号的方法不同。采用准分离技术时，与第一伴音中频信号 31.5 MHz 进行差频的信号不是 38 MHz 的图像中频信号，而是由 VCO 压控振荡电路产生的 38 MHz 等幅正弦波信号。

正是由于有上述两个方面的差异，采用这种方法分离声图信号时，声、图干扰可以被降到最小的程度。

## 三、伴音通道电路的工作原理

9614C 型彩色电视机伴音通道电路如图 1–14–3 所示。

### 1. 声图准分离电路

声图准分离电路采用准分离技术来分离声图信号。高频调谐器输出的声图中频信号经预中放电路放大之后，一路经过 SAWF，取出 38 MHz 的图像中频信号，进入 IC201 的 8 脚和 9 脚；一路送 T102、C111 组成的低通滤波器，由于 T102 的谐振频率为 38 MHz，则 38 MHz 的图像中频信号无法通过，而第一伴音中频信号 31.5 MHz（D/K 制）、32 MHz（I 制）可以通过，进入 IC201 的 11 脚。当 T102 失谐时，伴音中会出现杂音，甚至无伴音的现象。

### 2. 第二伴音中频信号产生电路

采用内载波方式产生第二伴音中频信号的电视机，用 38 MHz 的图像中频信号与 31.5 MHz 的第一伴音中频信号进行差频，产生 6.5 MHz 的第二伴音中频信号。采用准分离技术分离声图信号的电视机，因分离时只取出了第一伴音中频信号，故这种电视机采用图像检波电路中 VCO 压控振荡器产生的 38 MHz、稳定度极高的基准信号作为本机振荡信号来进行差频。当电视伴音信号的制式为 D/K 制时，差频输出为 6.5 MHz；当电视伴音信号的制式为 I 制时，差频输出为 6.0 MHz。

### 3. 6.5 MHz 与 6.0 MHz 第二伴音中频信号自动转换电路

9614C 型彩色电视机可以接收 6.5 MHz（D/K 制）与 6.0 MHz（I 制）的伴音信号。6.5 MHz 或 6.0 MHz 的第二伴音中频信号从 IC201 的 59 脚输出，进入 IC102 的 5 脚。

IC102（TA8710）为 6.5 MHz 与 6.0 MHz 伴音中频自动转换电路，其内部由 500 kHz 振荡器、混频器等电路组成。

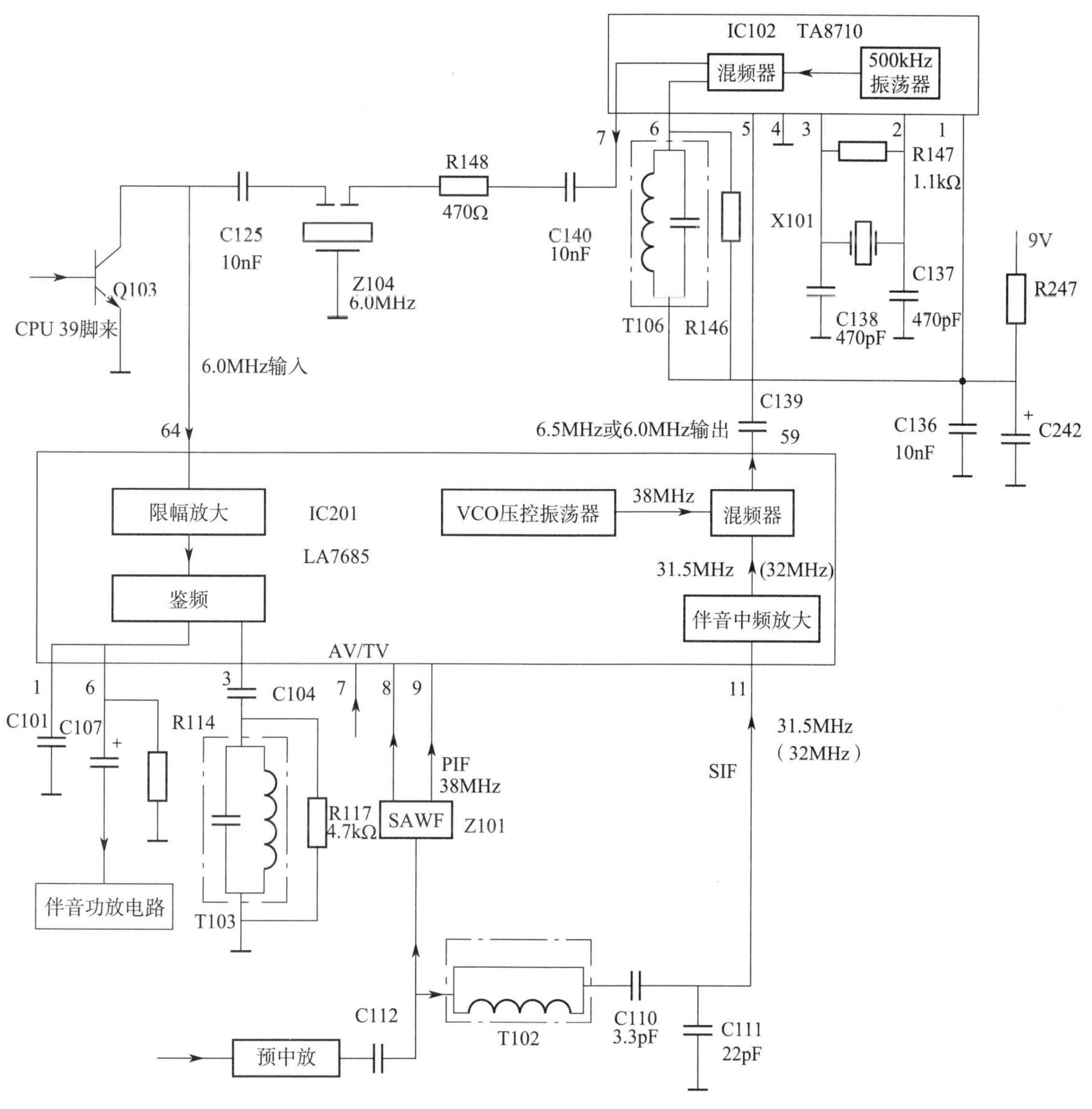


图 1-14-3　9614C 型彩色电视机伴音通道电路①

6.5 MHz 与 6.0 MHz 伴音中频自动转换原理如下：

IC102 的 2 脚和 3 脚内、外电路组成一个 0.5 MHz 的正弦波振荡电路，0.5 MHz 的本振信号送入内部的混频器，从 IC102 的 5 脚送来的 6.5 MHz 或 6.0 MHz 第二伴音中频信号也进入混频器，其混频结果见表 1-14-1。

①电路图中未标注参数的元器件，其参数暂无法确定，需要根据实际情况进行调整。

表 1–14–1　　混频结果

| 输入频率 | 混频结果 | | | |
|---|---|---|---|---|
| | 本频 1 | 本频 2 | 和频 | 差频 |
| 本频 1=6.5 MHz<br>本频 2=0.5 MHz | 6.5 MHz | 0.5 MHz | 7.0 MHz | 6.0 MHz |
| 本频 1=6.0 MHz<br>本频 2=0.5 MHz | 6.0 MHz | 0.5 MHz | 6.5 MHz | 5.5 MHz |

由表 1–14–1 可知，不论输入的第二伴音中频是 6.5 MHz 还是 6.0 MHz，与本振 0.5 MHz 信号混频的结果总有 6.5 MHz 或 6.0 MHz 的信号存在，可用滤波器取出任意一个中频，送往鉴频电路进行鉴频。本电路用 IC102 的 6 脚外接的 LC 选频回路和 IC102 的 7 脚所接的陶瓷滤波器 Z104 进行 6.0 MHz 选频，取出混频后的 6.0 MHz 信号，从 IC201 的 64 脚进入鉴频电路。

IC201 的 64 脚所接的三极管 Q103 是无节目时伴音中频信号静噪管。Q103 受 CPU 的 39 脚控制，正常收看节目时，CPU 的 39 脚为低电平，Q103 截止，对 IC201 的 64 脚不起作用；当电视机处于无节目信号、调台、换台瞬间、按下静音键等状态时，39 脚为高电平（有效值约 0.6 V），Q103 饱和，6.0 MHz 的信号通过 C125 被交流短路，实现伴音中频信号静噪。

**4. 鉴频电路**

从 IC201 的 64 脚输入的 6.0 MHz 第二伴音中频信号经过限幅放大后，进入鉴频电路。鉴频电路的工作原理与图像中频通道电路的 AFT 鉴频器完全相同，只是工作频率不同而已。鉴频电路有两路输入信号，一路为直通输入信号，另一路为经过 IC201 的 3 脚外接的 T103 进行 90° 移相的信号。调整 T103，使移相电路对 6.0 MHz 的信号正好移相 90°，而高于或低于 6.0 MHz 的信号的移相则不是 90°，就可以实现鉴频。当该中周失谐时，伴音音质会变差。

**5. 伴音功放电路**

（1）伴音功放电路的信号流程

伴音功放电路由 IC601 及其外围元件组成，其电路原理图如图 1–14–4 所示。

从 IC201 的 6 脚输出的音频信号经过 R603 隔离和 C602 耦合，从 IC601 的 2 脚输入，进行前置放大。该前置放大器的增益受控于 4 脚的电压，即 4 脚为音量控制电压输入端。音频信号前置放大后再进行功率放大，放大后的音频信号从 IC601 的 8 脚输出，经 C608 送往扬声器。8 脚外接的 R606、C609 为消振元件；R605、R604、C605 为负反馈元件，使音质良好。5 脚所接的电容 C604 为退耦电容。

（2）音量控制原理

音量控制原理是，按遥控器或本机面板 VOL 增减键时，微处理器的 2 脚 VOL 端会输出一个占空比连续可变的脉宽调制信号，经 R609 与 C611 滤波后，变为平滑的 0 ~ 12 V 连续可变的电压，送入 IC601 的 4 脚，以实现音量控制。R608 为 IC001 的 2 脚上拉电阻，其作用相当于共发射极放大电路中的 $R_c$。当电视机处于调台、换台瞬间、按下静音键、无节目信号等状态时，微处理器 IC001 2 脚的输出电压为 0 V，关闭功放通道实现静音。

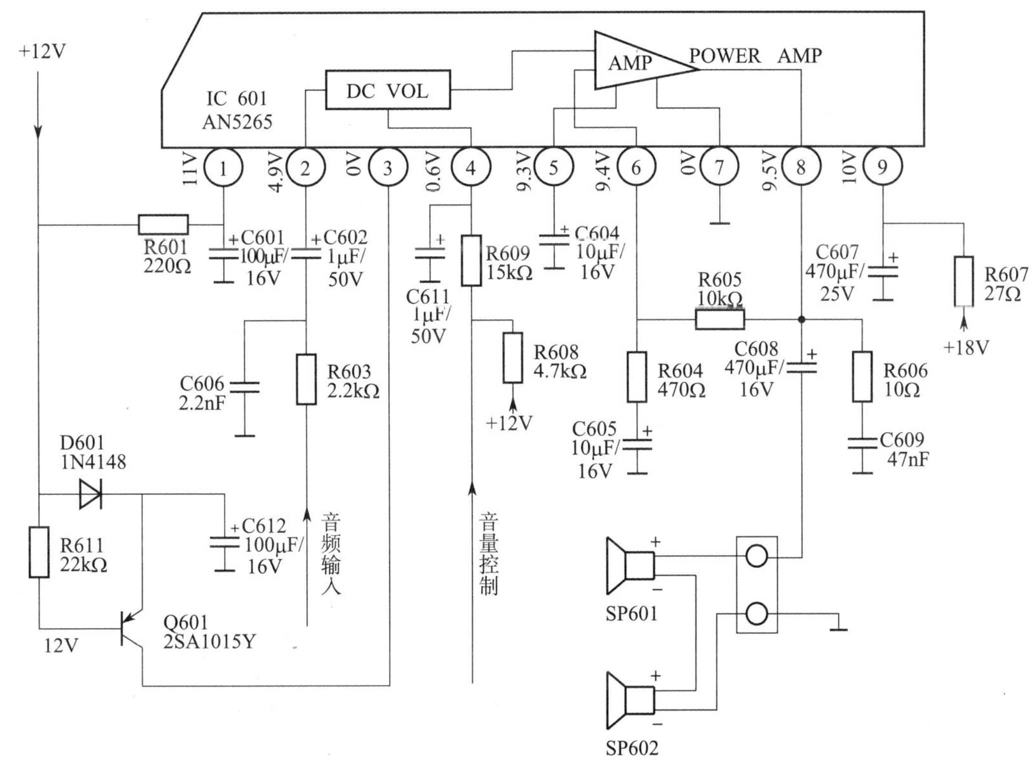


图 1-14-4　伴音功放电路原理图

（3）关机瞬间静音控制电路

关机瞬间静音控制电路由 IC601 的 3 脚内、外电路来实现。正常收看时，12 V 电压通过 D601 向 C612 充电，C612 上充有 12 V 电压，Q601 的 b、e 极同时为高电平而截止，IC601 的 3 脚为低电平。关机瞬间，供电电压（12 V）消失，Q601 的 b 极电压迅速下降，而 e 极的 C612 充有 12 V 电压，Q601 瞬间饱和导通，IC601 的 3 脚为高电平（约 3 V），把功放通道关闭而静音。使用过程中，若 Q601 损坏，致使 IC601 的 3 脚为高电平时，电视机会出现无伴音的故障现象。

## 四、伴音通道电路的常见故障及检修方法

伴音通道电路常见的故障有图像正常，但无伴音、伴音失控且音量小、伴音失真等，各种故障的检修方法如下：

### 1. 图像正常、无伴音

当电视机出现图像正常、无伴音故障时，应重点检查以下部位：

（1）检查功放电路是否正常。

（2）检查微处理器送出的 VOL 控制电压是否正常（0 ~ 12 V 可变）。

（3）检查 6.5 MHz 与 6.0 MHz 自动转换电路是否正常。

（4）检查鉴频电路是否正常。

（5）检查伴音静噪控制电路是否正常，包含中频信号静噪与功放电路静噪。

**2. 图像正常、伴音失控且音量小**

当电视机出现图像正常、伴音失控且音量小的故障时，应重点检查以下部位：

（1）检查功放电路是否正常。

（2）检查微处理器送出的 VOL 控制电压是否正常（0～12 V 可变）。

（3）检查声图分离中周 T102、鉴频中周 T103 等有无失谐。

**3. 图像正常、伴音失真**

当电视机出现图像正常、伴音失真故障时，应重点检查以下部位：

（1）检查声图分离中周 T102 有无失谐。

（2）检查鉴频中周 T103 有无失谐。

（3）检查 6.0 MHz 选频元件 T106、Z104 是否正常。

# 实训 5　伴音通道电路电参数测试与故障检修

## 实训目的

1. 进一步熟悉伴音通道电路的工作原理。
2. 能对伴音通道电路的电参数进行测试。
3. 能完成伴音通道电路常见故障的检修。

## 实训设备与工具

普通 CRT 遥控彩色电视机、电视机常用维修工具、双踪示波器、彩条信号源、实训指导书等。

## 实训内容与步骤

### 一、伴音通道电路电参数测试

检修伴音通道电路时，其关键点电参数的测试主要有以下几个（接收彩条信号）：

**1. AV/TV 转换控制电压的测试**

在 IC201 的 7 脚处测试。

**2. 伴音功放 IC601 音量控制电压的测试**

开机，收台，调整音量大小，在 IC601 的 4 脚处测试。

**3. 关机静噪控制电压的测试**

关机瞬间在 IC601 的 3 脚处测试。

**4. 鉴频输出音频信号波形的测试**

接收彩条信号，在 IC201 的 6 脚处测试。

**5. 功放电路输入信号波形的测试**

接收彩条信号，在 IC601 的 2 脚处测试。

### 二、伴音通道电路故障检修

**1. 进行故障设置**

结合伴音通道电路原理图进行故障设置（结合实际选做）。

（1）如果要使电视机出现有图像、无伴音的故障，可使功放电路供电不正常；可使微处理器送出的 VOL 控制电压不正常；可使 6.5 MHz 与 6.0 MHz 自动转换电路不正常；可使鉴频电路失谐；可使伴音中频信号静噪与功放电路静噪不正常；可使信号的耦合元件开路。

（2）如果要使电视机出现图像正常、伴音失控且音量小的故障，可使功放电路供电不正常；可使微处理器送出的 VOL 控制电压不正常；可使声图分离中周 T102、鉴频中周 T103 等失谐。

（3）如果要使电视机出现图像正常、伴音失真的故障，可使电视机声图分离中周 T102 失谐；可使鉴频中周 T103 失谐；可使 6.0 MHz 选频元件 T106、Z104 不正常。

**2. 故障检修**

按照伴音通道电路故障检修的方法进行检修，检修思路是，先用 6.5 MHz 中频信号源区分出故障是在鉴频前还是在鉴频后，再用音频信号源区分出故障是否在音频功率放大电路，同时还应查清电视机是否处于静音状态。分清故障范围后，再用测电阻或测电压的方法找出故障元件。

## 【想一想】

当电视机有图像、无伴音时，如何区分其是否处于静音状态？

# §1-15 亮度通道电路分析与故障检修

## 学习目标

1. 熟悉亮度通道电路的组成。
2. 熟悉亮度通道电路各组成部分的作用及原理。
3. 熟悉亮度通道电路的常见故障及检修方法。
4. 能进行亮度通道电路电参数测试与故障检修。

亮度通道是彩色解码电路的一个重要组成部分，其作用是，从彩色全电视信号中抑制掉色度信号，分离出亮度信号 Y，并进行放大、延时、勾边、箝位等处理，与色度通道送来的三个色差信号同时到达基色矩阵电路，还原出 R、G、B 三个基色信号。

### 一、亮度通道电路的组成

彩色电视机的亮度通道电路由 4.43（或 3.58）MHz 陷波器、亮度信号延时电路、亮度信号放大电路和一些辅助电路组成。辅助电路又包括箝位电路、黑色电平扩展电路、勾边电路、亮度调节电路、对比度调节电路、自动亮度控制电路（ABL）、白峰值限幅电路、行 / 场消隐电路等。

辅助电路是对亮度信号进行改善与控制的电路，高清晰度、大屏幕的彩色电视机，其亮度通道中还有亮度瞬态改善电路、直方图处理电路。不同厂家生产的电视机，其亮度通道中辅助电路的组成有一定差别，这一点在学习时应加以注意。

亮度通道电路的组成框图如图 1–15–1 所示。

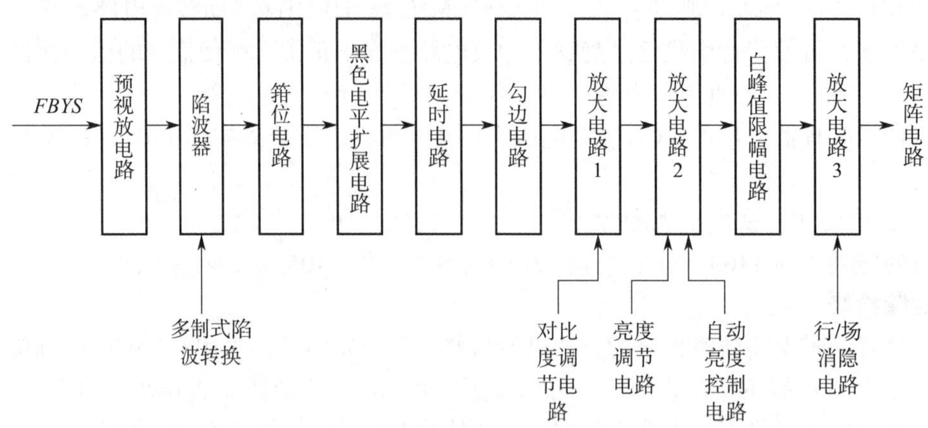


图 1–15–1　亮度通道电路的组成框图

## 二、亮度通道电路各组成部分的作用及原理

### 1. 陷波器

（1）陷波器的作用

陷波器的作用是，从彩色全电视信号中去掉色度信号，分离出亮度信号。如果亮度通道中不把色度信号滤除，则在荧光屏上会产生彩色副载波干扰条纹，故在亮度通道中应把色度信号去掉。

（2）常用的陷波方法

为了让电路简单，不少的电视机常在亮度通道的输入端串接一个 4.43 MHz 的 LC 并联谐振电路，以阻止 4.43 MHz 色度信号通过；也可以在亮度通道的输入端对地接一个 4.43 MHz 的 LC 串联谐振电路，滤除 4.43 MHz 的色度信号。要进行 4.43 MHz 与 3.58 MHz 多制式陷波转换时，只要改变 LC 串联或并联谐振电路中的电容量即可。

（3）陷波电路的频率特性曲线

陷波电路输入、输出波形的变化如图 1–15–2 所示。

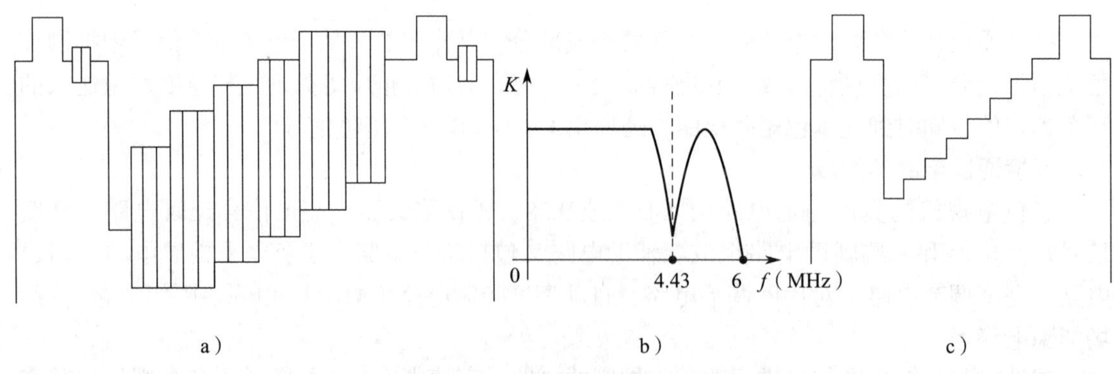


图 1–15–2　陷波电路输入、输出波形的变化

a）彩色全电视信号　b）陷波特性曲线　c）亮度信号

由图 1–15–2 可见，采用这种方法来分离亮度信号时，在去掉色度信号的同时，将 4.43 MHz 附近的亮度信号也去掉了，这会使图像的清晰度下降。为弥补这种损失，在亮度通道中加入勾边、亮度瞬态改善等电路，以提高图像的清晰度。高清晰度、大屏幕的彩色电视机通常采用梳状滤波器来分离亮度信号与色度信号，可大大提高图像的清晰度。

**2. 箝位电路**

箝位电路的作用是，让每一场画面中亮、暗不同的各行信号的黑电平（消隐电平）保持一致，即箝位在给定的直流电位上，使亮、暗不同的各行的直流分量得到恢复。

**3. 黑色电平扩展电路**

（1）黑色电平扩展电路的作用

黑色电平扩展电路是提高图像画质（对比度）的重要技术手段之一。其作用是对每一行亮度信号中的黑色电平部分进行检测，当某一行信号的对比度不够大时，则提高该行浅黑部分（对比度偏小）的增益，使浅黑向深黑（消隐电平处）变化，以提高该行图像信号的对比度；当某一行信号的对比度足够大时，则不进行扩展处理。

（2）黑色电平扩展电路的工作原理

黑色电平扩展电路能将每一行亮度信号中的浅黑电平自动拉长到消隐电平（深黑）。对负极性信号而言，若某一行亮度信号中最黑部分信号的幅度处在 50%～75%，则不必进行扩展，信号只进行正常的线性放大；若某一行亮度信号中最黑部分信号的幅度仍处在 50% 以下，则应对该行亮度信号的浅黑部分进行扩展，其扩展原理如图 1–15–3 所示。

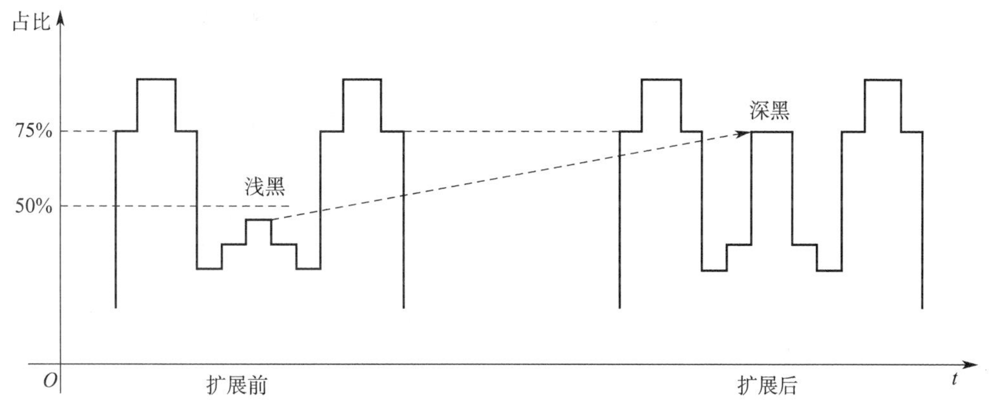


图 1–15–3　黑色电平扩展原理

**4. 延时电路**

（1）亮度信号延时的原因

因为彩色全电视信号的亮度信号与色度信号分离以后，亮度信号与色度信号是经过不同的电路进行处理的。一般来说，电路的带宽越宽，信号通过的时间就越短。色度通道的带宽为 2.6 MHz，亮度通道的带宽为 6 MHz，故色度信号到达基色矩阵电路的时间要比亮度信号晚。若亮度信号不进行延时，让其与三个色差信号相加还原成基色信号，则画面会出现彩色与黑白轮廓不重合，即彩色镶边的现象。

（2）延时电路的作用

延时电路的作用是，保证亮度信号与三个色差信号同时到达基色矩阵电路（无时间差），使电视机的画面不出现彩色镶边现象。

（3）延时的方法

常用的延时方法是，信号经 A/D 转换后，进行存储、延迟后再读取出来，时间的延时量为 0.6 μs。

**5. 勾边电路**

（1）勾边电路的作用

勾边电路也叫图像轮廓校正电路。勾边电路的作用是，对每一行的亮度信号黑白交界突变部分的信号进行微分处理，然后再叠加回原来的亮度信号中，使图像的边缘轮廓得到加强，清晰度得到改善。若一行的亮度信号中无黑白交界的突变，则不进行勾边处理。

（2）勾边原理

在图像中，常常有许多从白色突变为黑色，或从黑色突变为白色的亮度突变现象，图像及波形如图 1–15–4 所示。为了使图像轮廓清楚，就要缩短亮度信号前沿和后沿的过渡时间。可以按如图 1–15–4c 所示的方法，在突变部分的前、后沿各加上一对上冲和下冲脉冲信号，使交界处出现比黑更黑、比白更白的分界线，这样图像的轮廓便清楚了，清晰度也就得到了改善。

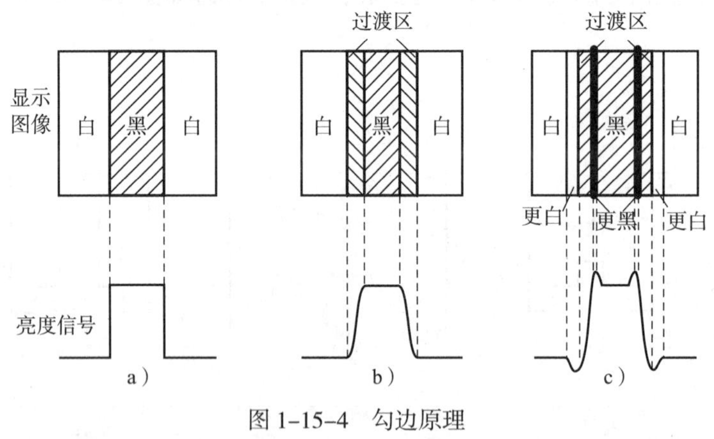


图 1–15–4　勾边原理

**6. 对比度调节电路**

（1）对比度的含义

对比度是图像的最高亮度与最低亮度的比。对比度的大小由亮度信号中的白电平与黑电平之间的幅度差决定。

电视图像必须具有一定的对比度，才能产生明暗层次丰富的视觉效果。对比度过大时，则图像黑白反差会过大；对比度过小时，则图像会有一种过于灰白的感觉。使用者可以根据个人喜好和节目内容选择合适的对比度。

（2）改变对比度的方法

彩色电视机是通过改变亮度信号的幅度，即改变亮度信号放大电路的增益，来改变图像对比度的。

**7. 亮度调节电路**

（1）亮度的含义

亮度是人眼对电视图像明暗程度的感觉。使用者可以根据收视环境和节目内容调整亮度。

（2）改变亮度的方法

改变亮度，其实质是通过改变显像管栅极与阴极之间的电位差来实现的。显像管的栅极电压一般是固定的，因此，阴极电压越低，画面亮度越大；阴极电压越高，画面亮度越小。

改变显像管阴极电压高低的方法是，给亮度信号叠加一个可调的直流电压，从而改变视放矩阵电路阴极电压的高低，实现亮度的调节。

## 三、9614C 型彩色电视机亮度通道电路原理图

9614C 型彩色电视机亮度通道电路原理图如图 1–15–5 所示。

## 四、亮度通道电路的常见故障及检修方法

彩色电视机亮度通道电路出现故障时，主要有画面缺少亮度信号、图像亮度下降（其他功能都正常）、亮度或对比度不可调等。

**1. 画面缺少亮度信号**

画面缺少亮度信号的典型现象是，图像只有很暗而且模糊的彩色画面，当把色饱和度调到最小时，屏幕便无光栅，但字符显示却是正常的。一般通过接收彩条信号，按亮度通道信号流程测试 IC201 45 脚的输入波形、27 脚的输出波形、Q203 的 e 极波形，根据亮度信号的波形变化，很容易找到故障部位。

**2. 图像亮度下降（其他功能都正常）**

这种现象是 ABL 电路过早起控引起的。应检查 ABL 电路 D208、R265、R412、R411、C410 等元件是否正常，多以 D208 击穿、C410 漏电较常见。

**3. 亮度或对比度不可调**

检查亮度控制 42 脚、对比度控制 14 脚的电压变化是否正常。按遥控器的 BRI 键，42 脚的电压应在 2 ~ 4 V；按遥控器的 CON 键，14 脚的电压应在 5 ~ 6 V。根据电压的变化情况，不难找到故障部位。

# 实训 6　亮度通道电路电参数测试与故障检修

### 实训目的

1. 进一步熟悉亮度通道电路的工作原理。
2. 能对亮度通道电路的电参数进行测试。
3. 能完成亮度通道电路常见故障的检修。

### 实训设备与工具

普通 CRT 遥控彩色电视机、电视机常用维修工具、双踪示波器、彩条信号源、实训指导书等。

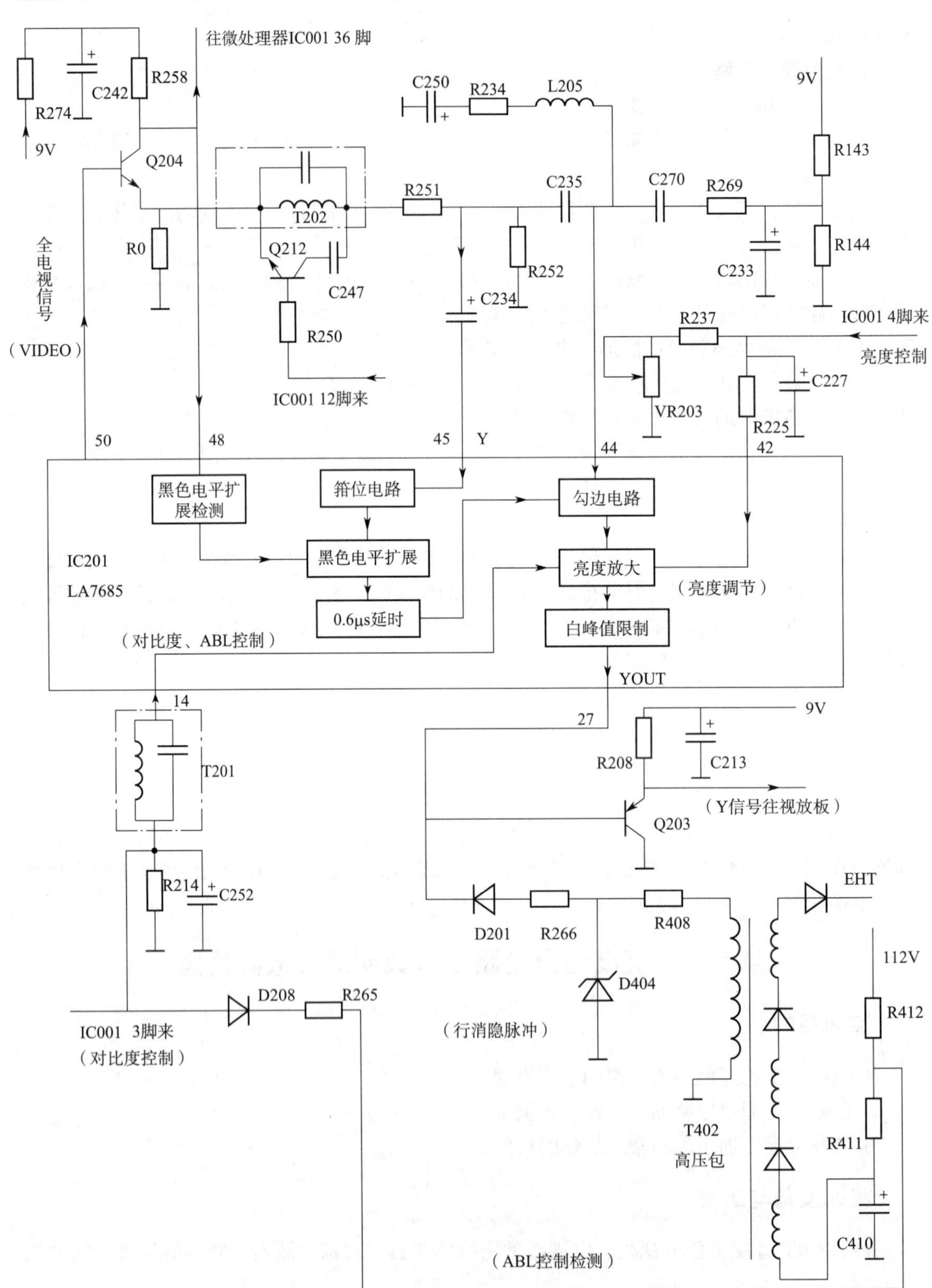


图 1–15–5　9614C 型彩色电视机亮度通道电路原理图

## 实训内容与步骤

### 一、亮度通道电路电参数测试

检修亮度通道电路时，其关键点电参数的测试主要有以下几个（接收彩条信号）：

**1. 亮度通道电路电压的测量**

（1）亮度调节电压范围的测量

在 IC201 42 脚外的 C227 处测量，调节电视机的亮度，使其由小到大变化，测量亮度调节电压范围。

（2）对比度调节电压范围的测量

在 IC201 14 脚外的 C252 处测量，调节电视机的对比度，使其由小到大变化，测量对比度调节电压范围。

**2. 亮度通道电路波形的测量**

电视机接收彩条信号，示波器探头并接于 C234 正极（或 Q203e 极）与地之间，测出信号的波形，填写表 1–15–1。

表 1–15–1 亮度信号波形测量

| 电参数 | | | 波形图 |
|---|---|---|---|
| $V_{P-P}$ | 周期 $T$ | 频率 $f$ | |
| | | | |

### 二、亮度通道电路故障检修

**1. 进行故障设置**

结合亮度通道电路原理图进行故障设置（结合实际选做）。

（1）如果要使电视机的画面出现缺少亮度信号的故障，可拆下电阻 R251，也可让 Q203 工作不正常，使亮度信号无法送入视放输出电路。

（2）如果要使电视机出现画面亮度不可调的故障，可以拆下电阻 R225 等元件，使亮度调节信号无法送入亮度通道。

**2. 故障检修**

按照亮度通道电路故障检修的方法进行检修，检修思路是，对画面缺少亮度信号的故障，首选用波形测试法来进行检修；对亮度与对比度不正常的故障，首选测 CPU 输出的控制信号电压。确定故障范围后，再用测电阻或测电压的方法找出故障元件。

## 【想一想】

亮度信号波形 $V_{P-P}$ 与屏幕上的亮度大小有关吗？

# §1–16　色度通道电路分析与故障检修

## 学习目标

1. 熟悉色度通道电路的作用。
2. 掌握色度通道电路的组成与工作原理。
3. 熟悉色度通道电路的常见故障及检修方法。
4. 能进行色度通道电路电参数测试与故障检修。

色度通道是彩色解码器的重要组成部分。色度通道的作用是，从彩色全电视信号中取出色度信号与色同步信号，进行放大、延时分离、同步检波、基准副载波恢复等处理，输出R–Y、G–Y、B–Y 三路色差信号，送往基色矩阵电路，与亮度信号 Y 一起合成三基色信号。

### 一、PAL 制色度通道电路的组成

#### 1. PAL 制色度通道电路的组成框图

PAL 制色度通道电路包括色度带通放大电路、自动色饱和度控制（ACC）电路、色饱和度调整电路、自动消色（ACK）电路、延时解调电路（梳状滤波器）、U/V 同步检波器等，其组成框图如图 1–16–1 所示。

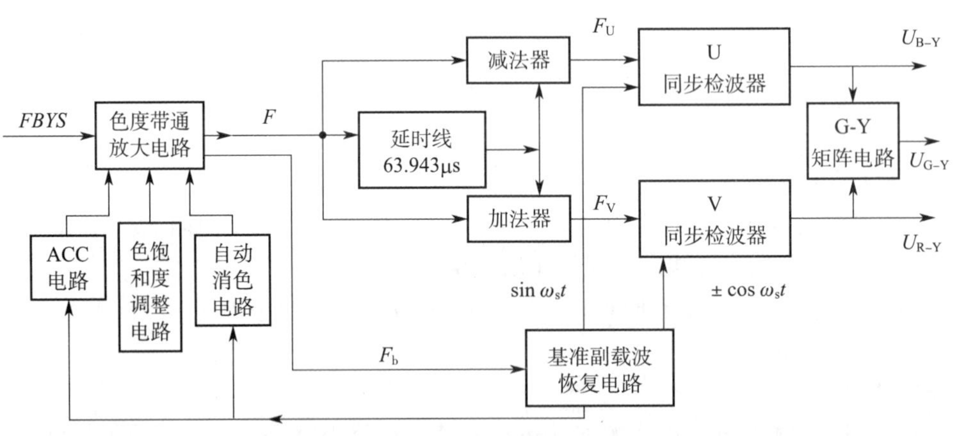


图 1–16–1　PAL 制色度通道电路的组成框图

#### 2. PAL 制色度通道电路的信号流程

彩色全电视信号进入色度带通放大电路之后，从其中取出色度信号与色同步信号。色度带通放大电路的增益受 ACC 电路与色饱和度调整电路控制。当接收的彩色全电视信号不好或接收黑白节目时，色度通道应关闭，故色度带通放大电路还受自动消色电路控制。

色度带通放大电路输出的信号被送入延时解调电路，色度信号 $F$ 经延时解调电路分离后，其中的两个分量 $F_U$、$F_V$ 被分离开来。$F_U$ 与 $F_V$ 被分别送往 U 同步检波器与 V 同步检波器，在基准副载波信号的作用下，解调出 $U_{B-Y}$、$U_{R-Y}$ 两个色差信号。$U_{B-Y}$、$U_{R-Y}$ 送往 G–Y 矩阵电路中，合成 $U_{G-Y}$ 信号。

## 二、PAL 制色度通道电路各组成部分的作用及原理

### 1. 色度带通放大电路及其控制电路

（1）色度带通放大电路

1）色度带通放大电路的作用。色度带通放大电路的作用是，从彩色全电视信号中取出色度信号与色同步信号，并进行放大。

2）色度信号的分离原理。由于在 6 MHz 带宽的彩色全电视信号中，色度信号仅占据了以 4.43 MHz 为中心、以 2.6 MHz 为带宽的频带，故一般用带通滤波器来取出色度信号。很多电视机为了简化电路，用 LC 元件组成的高通滤波器来取出色度信号。色度信号的频率特性曲线、输入与输出波形变化如图 1–16–2 所示。

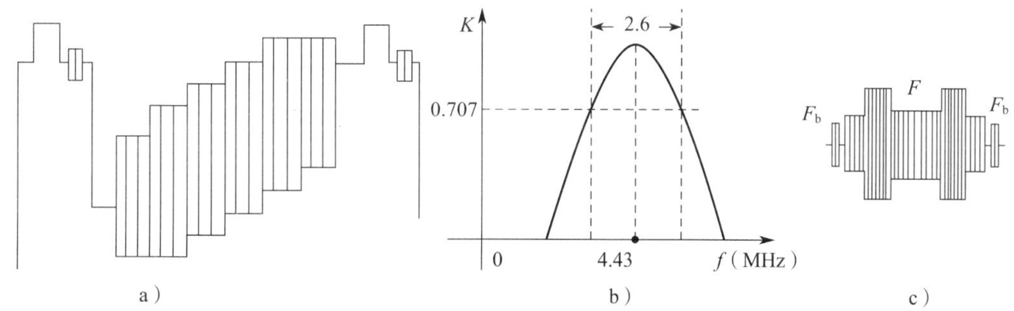


图 1–16–2　色度信号的频率特性曲线、输入与输出波形变化

a）彩色全电视信号　b）带通滤波特性曲线　c）色度信号与色同步信号

由图 1–16–2 可知，带通滤波器在取出色度信号的同时，色同步信号也一起被取出了。

（2）自动色饱和度控制（ACC）电路

ACC 电路的作用是，根据色度信号的强弱，自动控制色度信号放大电路的增益。ACC 电路的工作原理与高、中频放大电路中 AGC 电路的工作原理是一样的。

（3）自动消色（ACK）电路

ACK 电路的作用是，当电视机接收的是彩色节目时，自动将色度通道接通；当接收的是黑白节目时，自动把色度通道关闭，以防止产生干扰；当接收的电视信号不好致使色度信号很弱而不能得到稳定的彩色图像时，也能自动关闭色度通道，只显示黑白图像。

### 2. 延时解调电路

（1）延时解调电路的作用

延时解调电路也叫梳状滤波器，它的作用是把色度信号 $F$ 中的两个分量 $F_U$、$F_V$ 分离开来，并分别送到 U 同步检波器和 V 同步检波器。

（2）延时解调电路的组成及工作原理

1）延时解调电路的组成。延时解调电路由延时时间为 63.943 μs 的延时线、加法器和减法器组成，其组成框图如图 1–16–3 所示。

图 1–16–3 中，延时线的作用是，让输入的信号延时 63.943 μs 后再输出，同时信号经过延时线后，输出信号与输入信号反相。加法器和减法器的作用是，分别对输入的两路信号进行加、减运算。

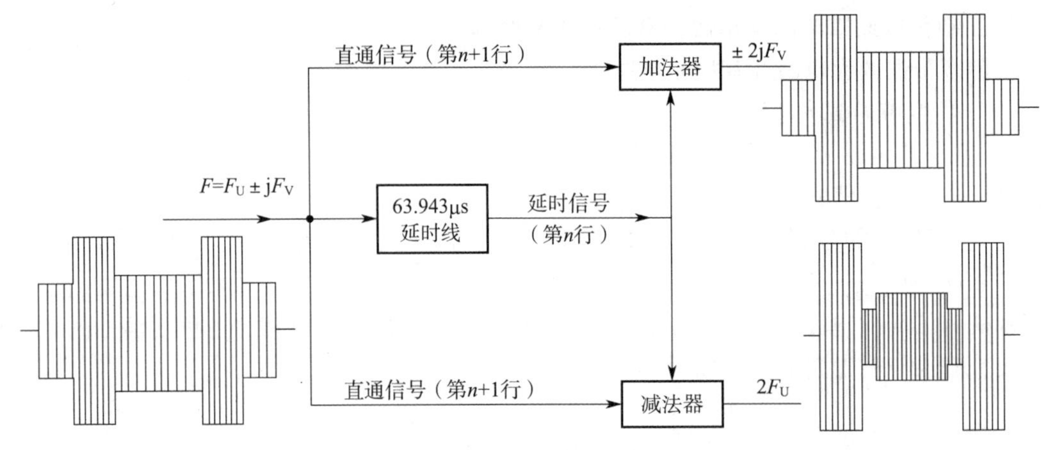


图 1–16–3 延时解调电路的组成框图

2）延时解调电路的工作原理。PAL 制色度信号是隔行倒相的，相邻两行的色度信号用矢量来表示时，分别为：

第 $n$ 行：$F_U+jF_V$

第 $n$+1 行：$F_U-jF_V$

第 $n$+2 行：$F_U+jF_V$

第 $n$+3 行：$F_U-jF_V$

输入的信号被分成两路，一路为直通信号，直接送至加法器和减法器；另一路送延时线，经延时和倒相后也送到加法器和减法器。在加法器和减法器中，若直通信号为第 $n$+1 行信号 $F_U-jF_V$，则延时线输出的应为第 $n$ 行的延时、反相信号 –（$F_U+jF_V$）。

让这两行信号相加，输出为 $F_{n+1}+F_n=（F_U-jF_V）+（-F_U-jF_V）=-2jF_V$。

让这两行信号相减，输出为 $F_{n+1}-F_n=（F_U-jF_V）-（-F_U-jF_V）=2F_U$。

这就是第 $n$+1 行信号与第 $n$ 行信号相加、减所得的结果。

同理，第 $n$+2 行信号与第 $n$+1 行信号相加、减所得的结果分别为 $2jF_V$、$2F_U$。

由上可知，延时解调器可以实现 $F_U$ 与 $F_V$ 的分离。在传送过来的色度信号中，$F_V$ 分量是隔行倒相的，分离之后的信号也是隔行倒相的 $\pm 2jF_V$；$F_U$ 分量是不倒相的，分离后的信号也是不倒相的 $2F_U$。

**3. 同步检波器**

（1）同步检波器的作用

同步检波器又叫同步解调电路，其作用是把色度信号的两个分量 $F_U$、$F_V$ 解调成 U、V 两个色差信号。

（2）同步检波器的组成及工作原理

1）同步检波器的组成。在 PAL 制色度通道电路中，经过梳状滤波器分离出来的 $F_U$ 和 $F_V$ 两个色度分量信号是抑制载波的平衡调幅波，其包络形状并不代表色差信号的变化规律，这种调幅波不能用普通二极管包络检波的方法来还原信号，而应采用同步检波的方法才能完成。$F_U$ 和 $F_V$ 信号同步检波原理如图 1–16–4 所示。

由图 1–16–4 可知，为了实现同步检波，同步检波器需要同时输入两种信号：待检波的

色度信号分量 $F_U$ 或 $F_V$；由基准副载波恢复电路产生的同频、同相的副载波信号。由于 U、V 两个色差信号在发送端采用正交调制方法，且 V 信号调制时是隔行倒相的，故送入 U 同步检波器解调用的副载波应为 $\sin\omega_s t$，送入 V 同步检波器解调用的副载波应为 $\pm\cos\omega_s t$。

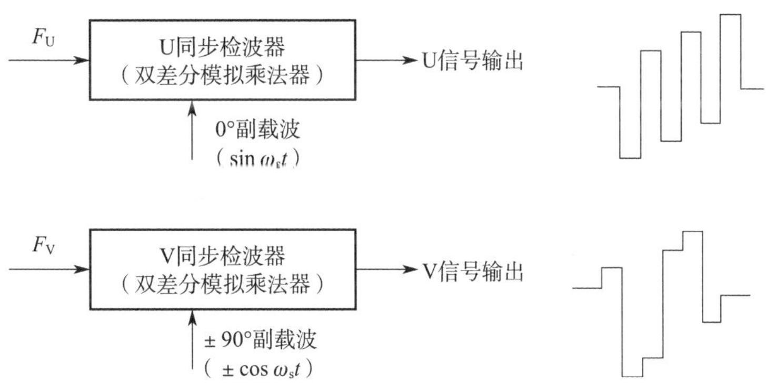


图 1-16-4　$F_U$ 和 $F_V$ 信号同步检波原理

2）同步检波器的工作原理。彩色电视机所用的同步检波器是双差分模拟乘法器电路，让两路输入信号相乘而完成检波任务。以 $F_U$ 信号的检波为例，先从波形变化来说明其检波原理。同步检波器波形变化如图 1-16-5 所示。

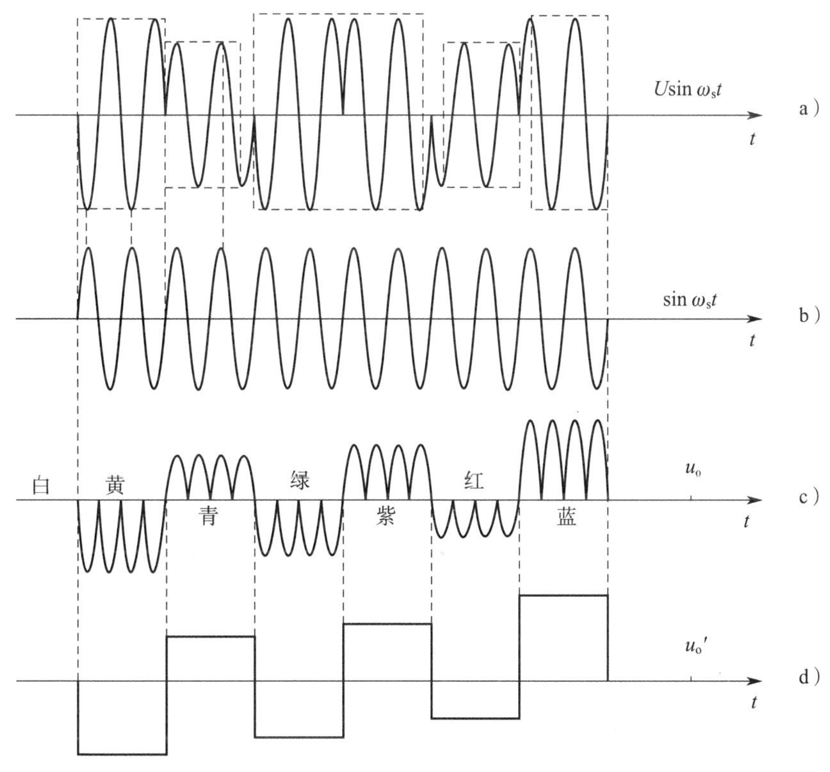


图 1-16-5　同步检波器波形变化

a）待检波　b）副载波　c）检波输出（滤波前）　d）检波输出（滤波后）

由上述波形变化可以看出，对黄色条解调时，由于解调副载波的相位与 $F_U$ 反相，相乘的结果总为负值；对青色条解调时，解调副载波的相位与 $F_U$ 同相，相乘的结果总为正值。同理，红、绿色结果为负值，紫、蓝色结果为正值。相乘的结果相当于全波整流，再经过低通滤波处理，即可取出低频调制信号 U。

如果进行数学分析，也不难理解检波原理。设送入 U 同步检波器的信号为 $U\sin\omega_s t$ 与 $\sin\omega_s t$，令两者相乘，有 $u_o=U\sin^2\omega_s t$，即 $u_o=\frac{1}{2}U(1-\cos 2\omega_s t)$，用低通滤波器滤去 $2\omega_s$ 的高频成分，即有 $u'_o=\frac{1}{2}U$，完成 U 信号的解调。

$F_V$ 信号的同步检波原理与 $F_U$ 完全相同。

**4. 基准副载波恢复电路**

（1）基准副载波恢复电路的作用

基准副载波恢复电路的作用是，产生同步检波电路所需要的基准副载波。该基准副载波受色同步信号控制，与发送端调制时抑制掉的副载波同频、同相，即送入 U 同步检波器的基准副载波为 $\sin\omega_s t$，送入 V 同步检波器的基准副载波为 $\pm\cos\omega_s t$，同时还产生 7.8 kHz 的半行频 $U_{APC}$ 信号，供 ACC、ACK 电路使用。

（2）基准副载波恢复电路的组成框图

基准副载波恢复电路的组成框图如图 1-16-6 所示。

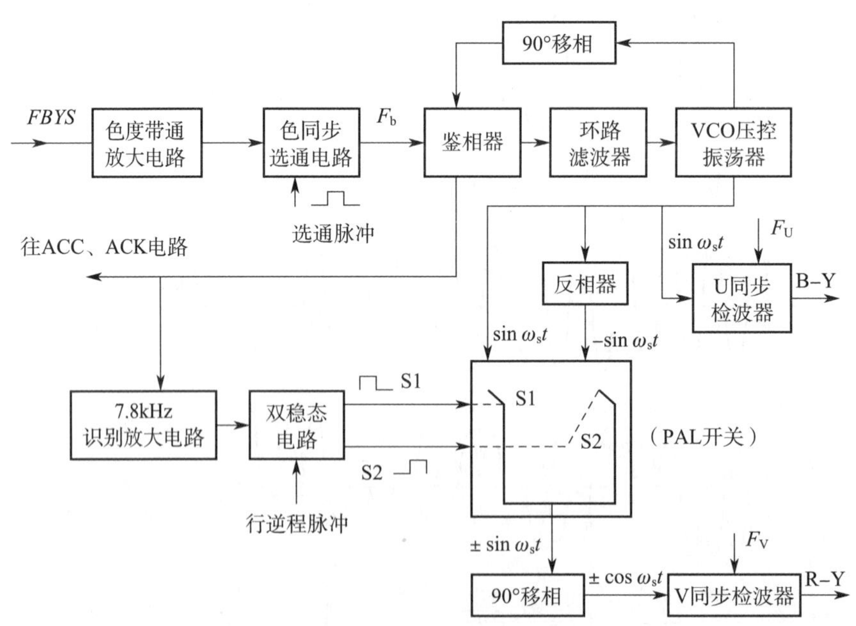


图 1-16-6　基准副载波恢复电路的组成框图

由色度带通放大电路取出的色度信号 $F$ 和色同步信号 $F_b$ 经色同步选通电路选通后，选出色同步信号 $F_b$ 并送入鉴相器中。VCO 压控振荡器产生的、经 90° 移相的信号，与色同步信号一起，在鉴相器中进行相位比较，输出相位误差电压，相位误差电压经环路滤波器滤波后，用于控制 VCO 压控振荡器的振荡，使基准副载波的振荡与色同步信号同频、同相。

VCO 压控振荡器产生的信号为 $\sin\omega_s t$，一路直接送 U 同步检波器，解调出 B–Y 信号；另一路经 PAL 开关电路，产生 $\pm\sin\omega_s t$ 信号，再经 90° 移相变为 $\pm\cos\omega_s t$ 信号，送 V 同步检波器，解调出 R–Y 信号。

## 三、NTSC 制解码器的工作原理

NTSC 制解码器与 PAL 制解码器的组成差别较大，其组成框图如图 1–16–7 所示。

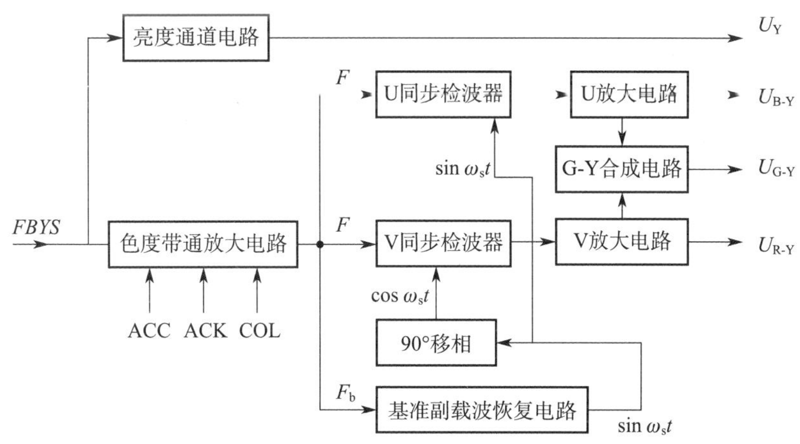


图 1–16–7　NTSC 制解码器的组成框图

由图 1–16–7 可见，NTSC 制解码器的组成与工作原理比 PAL 制解码器简单许多。U 或 V 同步检波器仍采用双差分模拟乘法器，同步检波原理如下：

以 U 同步检波器为例，送入 U 同步检波器的两个信号分别为 $F=U\sin\omega_s t+V\cos\omega_s t$ 与 $\sin\omega_s t$，两个信号相乘的结果为：

$$u_o=\frac{1}{2}U(1-\cos 2\omega_s t)+\frac{1}{2}V\sin 2\omega_s t$$

滤去 $2\omega_s$ 成分，即可得到 $u_o=\frac{1}{2}U$，由此实现 U 信号的检波。V 信号的检波原理与此相同。

## 四、9614C 型彩色电视机色度通道电路工作原理分析

9614C 型彩色电视机色度通道电路原理图如图 1–16–8 所示。

### 1. 色度带通滤波电路

IC201 的 50 脚输出的彩色全电视信号由 Q204 跟随放大后，经 R247、C245、L204、C244、R242 进行高通滤波，取出色度信号，由 49 脚进入 IC201。其中，当 Q211 截止时，为 4.43 MHz 高通滤波；当 Q211 饱和时，C246 与 C245 并联，使谐振频率下降，进行 3.58 MHz 高通滤波。Q211 的基极与 IC001 的 12 脚相连，其工作状态由遥控器的制式按键来转换。另外，IC201 的 49 脚还与 IC001 的 11 脚相连。当 49 脚为高电平时，IC201 进行 PAL 制解码；当 49 脚为低电平时，IC201 进行 NTSC 制解码。

### 2. 梳状滤波器电路

由 IC201 的 49 脚输入的色度信号，进行 ACC 放大，经 51 脚输入的 COL 电压进行色饱和度调节后，分两种情况进行处理：若为 NTSC 制信号，则色度信号直接送 U、V 同步检

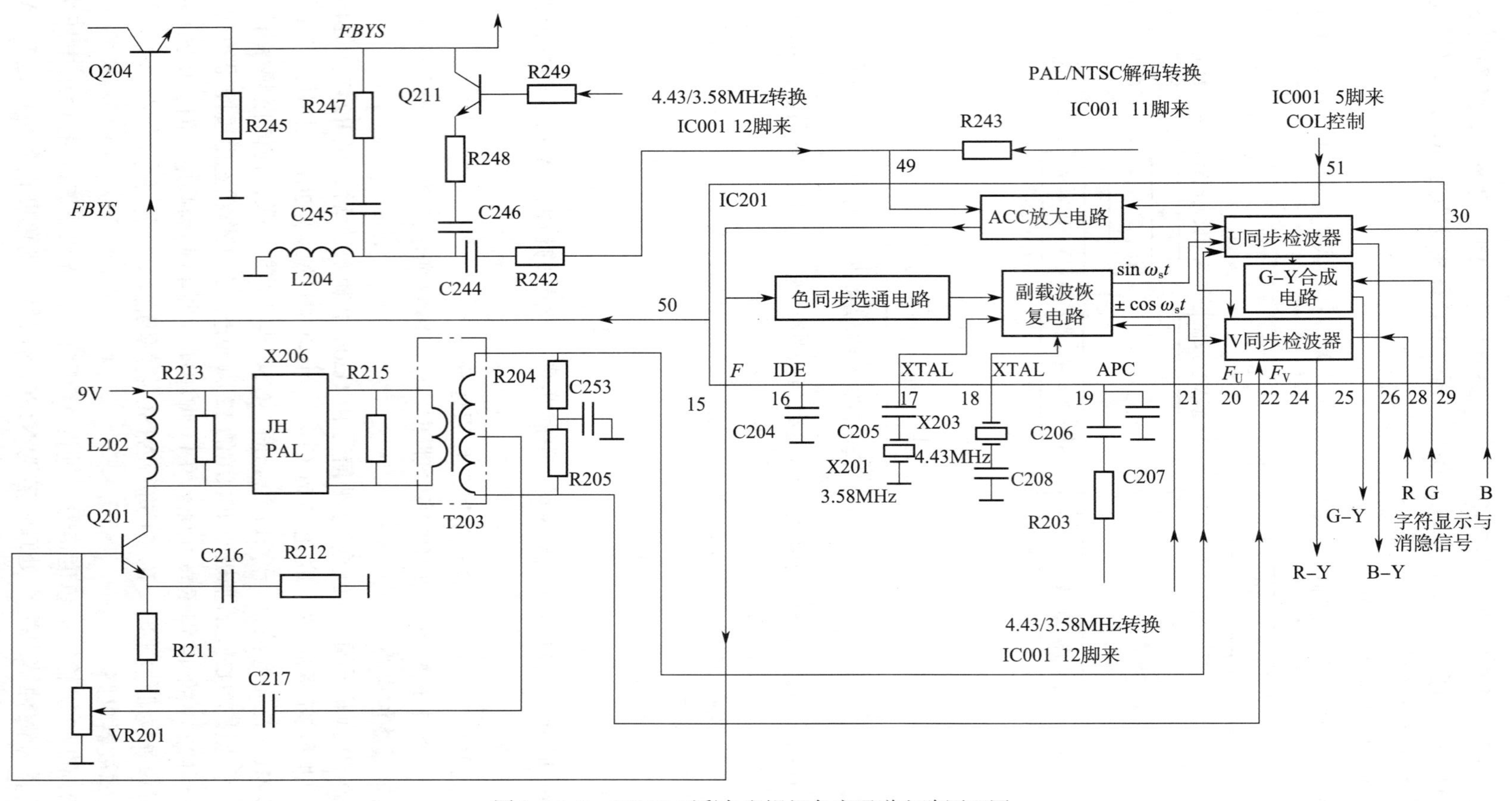


图 1-16-8　9614C 型彩色电视机色度通道电路原理图

波器进行解调；若为 PAL 制信号，则从 IC201 的 15 脚输出，进行梳状滤波处理。VR201、C217 这个支路为直通信号；另一路信号经 Q201 放大和 X206 延时，加到加 / 减法器 T203 上，这一路为延时信号。直通信号与延时信号在 T203 二次侧完成加减运算，从 20 脚输入 $F_U$ 信号，从 22 脚输入 $F_V$ 信号。

从梳状滤波器的工作原理可知，只有保证直通信号与延时信号的幅度、相位完全正确，才能实现 $F_U$ 与 $F_V$ 的完全分离。当分离不完全时，会出现串色与爬行现象。幅度误差是由于直通信号与延时信号的幅度不相等引起的，相位误差则是由于延时的时间误差引起的。解决的方法是，幅度误差通过调整直通信号电路中的 VR201 来解决；相位误差通过调整延时电路中的 T203 磁芯来解决。

**3. 基准副载波恢复电路**

IC201 的 17 脚接 C205、X201，内、外电路构成 NTSC 制 3.58 MHz 的振荡电路；IC201 的 18 脚接 C208、X203，内、外电路构成 NTSC/PAL 4.43 MHz 的振荡电路。这两种振荡频率的转换由 IC201 21 脚的电平来控制，当该脚为高电平（约 4 V）时，为 3.58 MHz 振荡；当该脚为低电平时，为 4.43 MHz 振荡。IC201 的 19 脚所接的元件为 APC 滤波元件。

电视机可接收 PAL 4.43 MHz、NTSC 4.43 MHz、NTSC 3.58 MHz 三种彩色制式的信号，接收不同制式的信号时，送入 U、V 同步检波器的副载波是不相同的，接收制式的转换由遥控器来控制。

检波后的 $U_{R-Y}$、$U_{B-Y}$ 信号送入 $U_{G-Y}$ 矩阵电路中，一起合成 $U_{G-Y}$ 信号。

由遥控系统 IC001 的 23、24、25 脚送来的字符显示与消隐信号，从 IC201 的 28、29、30 脚输入，与色差信号相叠加后，三个色差信号 $U_{R-Y}$、$U_{G-Y}$、$U_{B-Y}$ 分别从 IC201 的 24、25、26 脚输出，送往视放矩阵电路。

**五、色度通道电路的常见故障及检修方法**

彩色解码器出现故障时，多表现为图像无彩色、彩色时有时无、彩色失真等现象，这几种故障的根源相同，检修方法也相同，检修的顺序一般如下：

1. 重新调台，看是否因为调台不准而无彩色。

2. 按遥控器的制式按键，看制式选择是否正确。

3. 对电路的关键点进行检修。

（1）测遥控系统送来的 COL 控制电压（即 IC201 的 51 脚电压）是否正常，按遥控器的 COL 键，该脚电压应为 2 ~ 5 V。

（2）用示波器测晶振 X203 或 X201 的振荡频率，看其是否稳定、正常。正常时应为 300 mV（峰 – 峰值）的正弦波信号。此幅度太小时，会出现色淡现象。

（3）接收彩条信号，用示波器检测全电视信号经 4.43 MHz/3.58 MHz 带通滤波后的波形是否正常，检测梳状滤波器的输入与输出波形是否正常，一般不难发现故障范围。

（4）检测副载波恢复电路中的 APC 滤波元件（即 IC201 的 19 脚元件）是否正常。

（5）检测制式转换控制电平是否正常，即 Q211 的基极电平与 IC201 的 21 脚电平是否可在 4 V 和 0 V 之间转换。

# 实训 7　色度通道电路电参数测试与故障检修

## 实训目的

1. 进一步熟悉色度通道电路的工作原理。
2. 能对色度通道电路的电参数进行测试。
3. 能完成色度通道电路常见故障的检修。

## 实训设备与工具

TCL–9614C 型遥控彩色电视机、电视机常用维修工具、双踪示波器、彩条信号源、实训指导书等。

## 实训内容与步骤

### 一、色度通道电路电参数测试

检修色度通道电路时，其关键点电参数的测试主要有以下几个（接收彩条信号）：

**1. 彩色饱和度控制电压变化范围的测量**

接收彩条信号，将万用表并接于 C227（参见附图 1）正极与地之间，调整电视机的彩色饱和度，测量其电压变化范围。

**2. 色度通道波形的测量**

电视机接收彩条信号，测量色差信号波形，并将表 1–16–1 补充完整。

表 1–16–1　　色差信号波形

| 测量项目 | （R–Y）波形 | （G–Y）波形 | （B–Y）波形 |
|---|---|---|---|
| 测量点 | IC201 的 24 脚 | IC201 的 25 脚 | IC201 的 26 脚 |
| 波形图 | | | |
| $V_{P-P}$ | | | |
| 周期 $T$ | | | |
| 频率 $f$ | | | |

### 二、色度通道电路故障检修

**1. 进行故障设置**

结合色度通道电路原理图进行故障设置（结合实际选做）。

（1）如果要使电视机的画面出现无彩色的故障，可拆下 X203、C244、C245、R242 等元件，使色度信号无法送入色度通道。

（2）如果要使电视机出现图像色弱的故障，可使色度滤波电容 C206 开路，使 APC 电路工作不正常。

**2. 故障检修**

按照色度通道电路故障检修的方法进行检修，检修思路是，对画面无彩色的故障，首选用波形测试法来进行检修，确定故障范围后，再用测电阻或测电压的方法找出故障元件。对于色弱故障，一般采用元件替换法进行检修。

## 【想一想】

接收 PAL 制节目时，按电视机的制式按钮，使电视机工作在 NTSC 制式，为什么彩色会不正常？

# §1-17 遥控系统的发射器和接收器

## 学习目标

1. 掌握红外线遥控的基本知识。
2. 掌握红外线遥控系统的组成及作用。
3. 掌握红外线遥控发射器的工作原理。
4. 掌握红外线遥控接收器的作用、组成及结构。
5. 熟悉红外线遥控发射器与接收器的常见故障及检修方法。
6. 能进行红外线遥控发射器和接收器电参数测试与故障检修。

红外线遥控彩色电视机的遥控系统是由遥控发射器、遥控接收器、微处理器、存储器和各种接口电路组成的。本节重点学习遥控发射器与遥控接收器的组成、工作原理和常见故障的维修方法。

### 一、红外线遥控概述

#### 1. 无线遥控方式的种类

在各种电子产品中，目前采用的无线遥控方式有两种，一种是超声波无线遥控方式，如各种玩具遥控器，汽车、摩托车的遥控器；另一种是红外线遥控方式，如电视机、机顶盒使用的遥控器。

#### 2. 红外线的波长

可见光是由七种颜色的光组成的，不仅不同颜色的光其波长不相同，就是同一种颜色的光，其波长也是有一定范围的，如红色光的波长范围为 630 ~ 780 nm。为了减少各种可见光的干扰，红外线遥控方式的遥控器发出的射线，其波长不在红色光波长范围之内，而是在红色光外侧，波长约为 940 nm，肉眼不可见，故称这种射线为红外线。

#### 3. 红外线遥控方式

红外线遥控方式就是采用红外线发光二极管发出代表某种信号的红外线，再利用光电二极管接收红外线信号，经过电路译码处理，以实现遥控功能的一种控制方式。

电视机采用红外线遥控方式，具有制造容易、价格低、不会干扰其他电器、耗电小、控制功能多等特点。

## 二、红外线遥控系统的组成及作用

### 1. 遥控发射器（简称为遥控器）

遥控器是由专用微处理器芯片、键盘矩阵电路、调制电信号放大驱动电路、红外发光二极管组成。其作用是，对任一按键按下后产生的、代表该按键功能的代码进行两次调制，以红外光断续发光的形式发射出去，以实现无线遥控的操作。

### 2. 遥控接收器

遥控接收器内有光电转换电路和解调电路，能把接收到的红外光信号转变为电信号，电信号解调后，还原成编码（原代码）信号，送入微处理器中进行进一步的处理。

### 3. 存储器

遥控彩色电视机中使用的存储器为电可改写、可编程的只读存储器（EEPROM），主要作用是存储各个台（频道）的频段与调谐电压数据，存储亮度、对比度、音量、色饱和度、图像与伴音的制式数据。所存储的信息，即使关闭电源也不会丢失，下次开机时，电视机还是按上次关机前的工作状态工作。

### 4. 微处理器

微处理器由中央处理器（CPU）、随机存储器（RAM）、只读存储器（ROM）、D/A 转换电路等组成，是一个单片微型计算机。其主要作用是，对各种输入的控制信号（如遥控输入、本机键盘输入）、检测信号（如判断有无台的复合同步信号）进行译码与处理，输出相应的信号，以控制电视机的工作状态。

### 5. 输入与输出接口电路

输入与输出接口电路是处于微处理器与被控制电路之间的电路，其作用是把微处理器输出的各种控制信号进行放大或电平变换，以便对控制对象进行控制。

## 三、红外线遥控发射器

下面以基于 TC9028F-022 芯片的遥控器为例，系统分析遥控发射器的工作原理，其电路原理图如图 1-17-1 所示。其他遥控器的工作原理大同小异。

图 1-17-1 中，TC9028F-022 芯片是单片微处理器，Q1 为脉冲信号输出放大驱动管，D1 为红外线发光二极管，晶振元件 XTAL 与 C1、C2、R2 构成晶体振荡电路。

### 1. TC9028F-022 芯片的内部组成与引脚功能

TC9028F-022 芯片内有键扫描信号发生器、时钟振荡电路、键盘编码电路、译码器、脉冲编码调制电路等。

TC9028F-022 芯片各引脚功能见表 1-17-1。

表 1-17-1　　TC9028F-022 芯片各引脚功能

| 引脚 | 功能 | 引脚 | 功能 |
|---|---|---|---|
| 1 | $V_{SS}$（地） | 9 ~ 14、16 | 键扫描信号输出（行） |
| 2 | 晶振输出 | 15、17 | 用户码选择 |
| 3 | 晶振输入 | 18 | 接指示灯 |
| 4 | 复位 | 19 | 编码信号输出 |
| 5 ~ 8 | 键扫描信号输入（列） | 20 | $V_{DD}$（供电） |

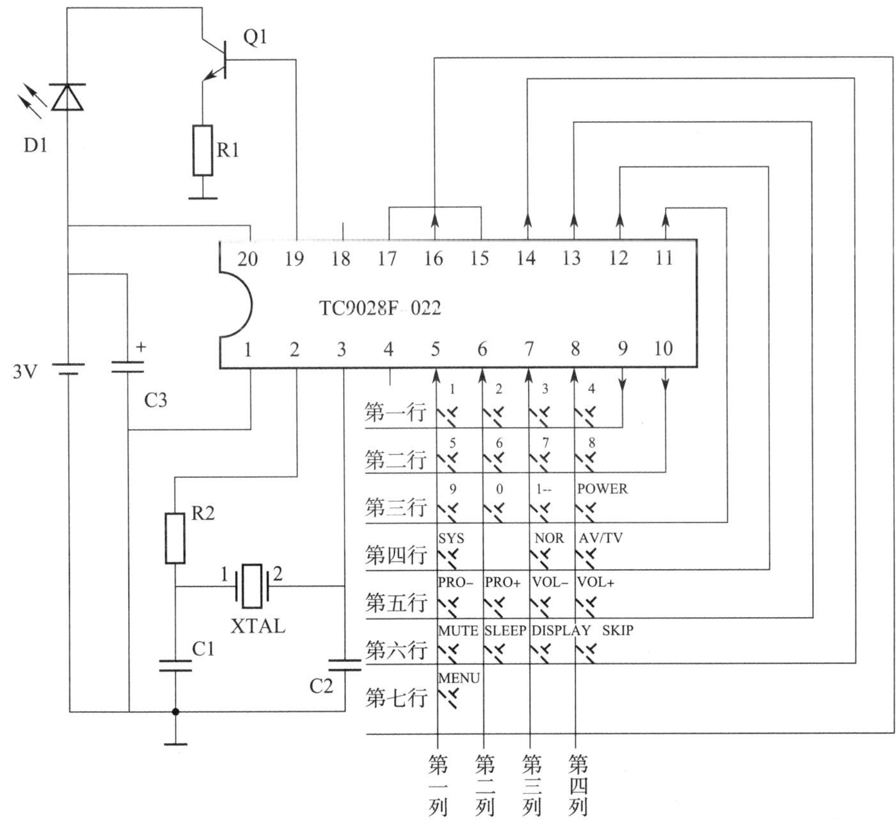


图 1-17-1 红外线遥控发射器的电路原理图（以 TC9028F-022 芯片为控制核心）

## 2. 键扫描信号的特点

由表 1-17-1 可知，芯片 9 ~ 14、16 共七只引脚为键扫描信号输出脚，键扫描信号的特点是，每一个单位时刻只有一只引脚输出为高电平，其余引脚输出均为低电平，高电平不断往后循环移位，使七只引脚依次轮流输出高电平，如此重复循环输出。键扫描输出信号波形如图 1-17-2 所示。

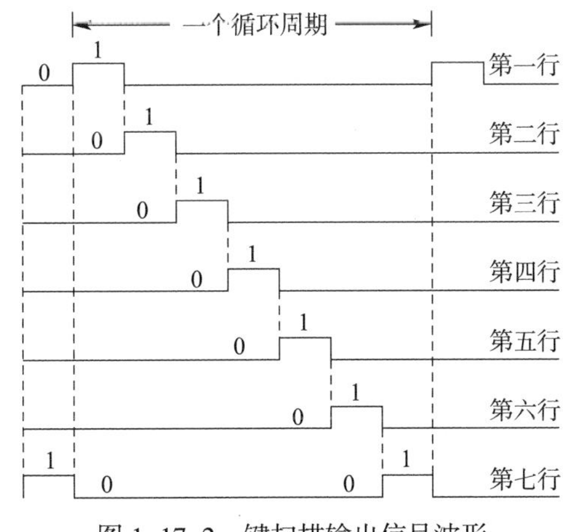


图 1-17-2 键扫描输出信号波形

3. **时钟振荡电路**

芯片 2、3 脚的内、外元件构成时钟振荡电路，电路中石英晶振等效为电感元件，晶振的谐振频率一般为 455 kHz，也有一些遥控器晶振的谐振频率为 450 kHz 或 500 kHz。因上述频率与收音机中波段的中频 465 kHz 很接近，故正常的遥控器靠近收音机按下任何一个按键时，收音机都会发出“嘟、嘟”的响声。使用中的遥控器常因掉在地上而损坏晶振，晶振损坏后，遥控器就无法使用了。判断时钟振荡电路有无正常工作的最好方法是，用示波器检测晶振任一脚的波形，正常情况下，按下遥控器任一按键时，应有正弦波出现（峰－峰值约为 300 mV），反之则无正弦波出现。

4. **键选信号的产生方法**

芯片 9～14、16 脚依次轮流输出高电平的键扫描信号，作为键盘电路的行输出信号，共有七行。芯片 5～8 脚为键盘电路的列信号输入脚，共有四列。用户按下任一按键时，就接通该按键对应的行与列线，对应的列线就为高电平输入，而其他列线则为低电平输入。这样四条列输入端就会得到一个编码信号。因键盘电路中每一个功能按键都有一个确定的行号与列号，如功能键“2”在第一行第二列上，功能键“AV/TV”在第四行第四列上，这样，不论用户按下什么按键，TC9028F–022 都能根据该按键所在的行号与列号，判断出用户将要发出什么控制指令。

5. **将 4 位的键选信号变为 8 位的功能码**

按下遥控器的按键所得到的键选输入信号只有 4 位，要进行编码与码值变换变为 8 位，才能提高抗干扰能力。得到的 8 位码，代表用户要发出的控制指令，通常称为功能码。按下不同的按键，得到的功能码是不同的。

6. **将 8 位的功能码变为 16 位的数据码**

代表不同遥控功能的 8 位功能码，还要再加上另 8 位的用户码（共 16 位），才能送去调制与发射，得到的 16 位码称为数据码。用户码是一种特殊的代码，用来表示不同的公司或同一公司不同型号遥控器之间的区别，相当于打长途电话时的区号，以免不同的电视机在接收信号时发生误动作。用户码由各生产厂商自定，正是因为这个原因，不同型号的遥控器是不能通用的。TC9028F–022 芯片的用户码由 15 脚和 17 脚的外部连接情况来决定，改变 15 脚和 17 脚的外部连接情况，就可以改变用户码，便可制成不同型号的遥控器。

7. **将 16 位的数据码调制成脉冲编码信号**

16 位的数据码是高低电平的数字信号，是不能直接发射出去的。晶振产生的 455 kHz 正弦波信号经过 12 次分频后，变为约 38 kHz 的信号，用 38 kHz 的信号去调制 16 位的数据码，调制后的信号是一种特殊的脉宽调制信号。数据码为 1 时，用时间间隔为 2 ms、占空比为 1∶3 的矩形波表示；数据码为 0 时，用时间间隔为 1 ms、占空比为 1∶1 的矩形波表示，如图 1–17–3 所示。

例如，若某型号的遥控器用户码为 0000 0100，按下某一按键后产生的功能码为 0100 0000，则组成的数据码为 0000 0100 0100 0000，调制后的波形如图 1–17–4 所示。

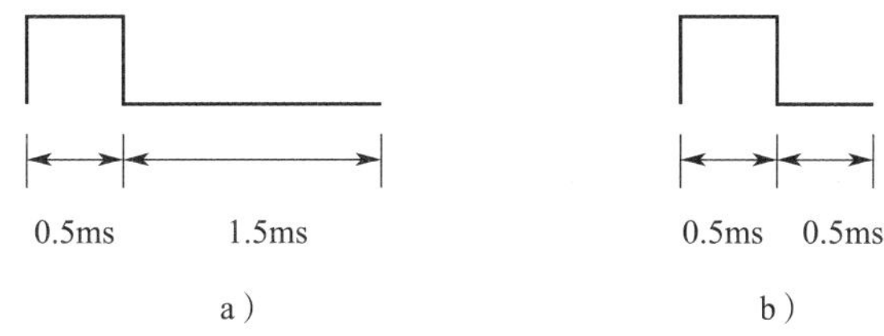


图 1–17–3 数据码为 1 和数据码为 0 时的波形

a）数据码为 1 时，调制后的波形（红外线发光二极管亮灭一次的时间间隔较长）

b）数据码为 0 时，调制后的波形（红外线发光二极管亮灭一次的时间间隔较短）

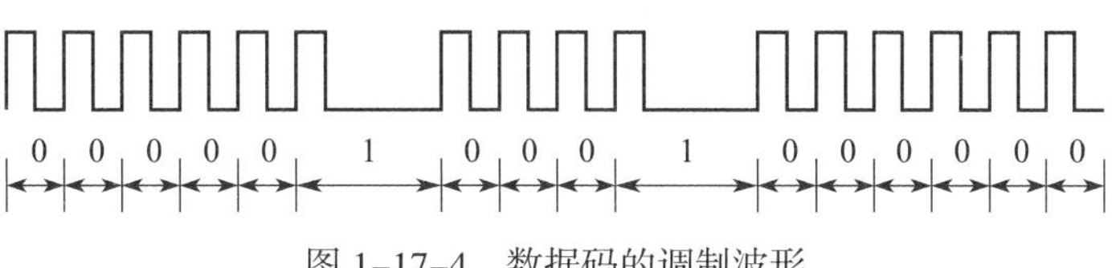


图 1–17–4 数据码的调制波形

### 8. 编码信号的放大与发射

调制后的编码信号从芯片的 19 脚输出。Q1 工作在开关状态，D1 工作在断续亮灭发光状态。当 19 脚为高电平时，Q1 饱和，3 V 电源经 D1、Q1、R1 与地构成回路，D1 发光；当 19 脚为低电平时，Q1 截止，D1 不发光。注意这里的光指红外线。

## 四、红外线遥控接收器

### 1. 红外线遥控接收器的作用

红外线遥控接收器的作用是，接收遥控发射器发射的光信号，把光信号转变为电信号，对电信号进行放大与解调，还原为 38 kHz 的脉冲编码信号（与发射器中驱动放大管 Q1 的集电极波形完全一致）。

### 2. 红外线遥控接收器的组成

红外线遥控接收器的组成框图如图 1–17–5 所示。

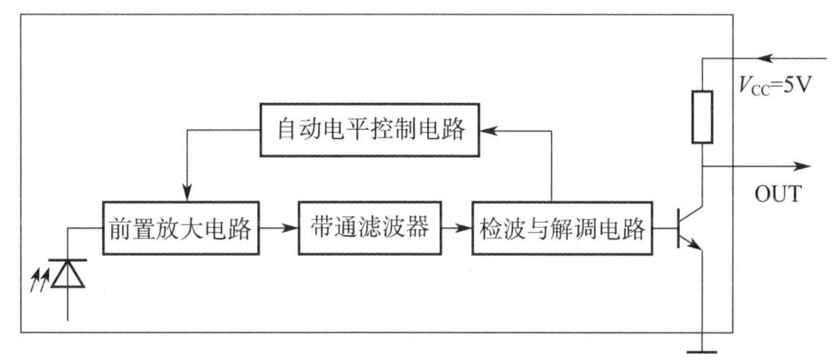


图 1–17–5 红外线遥控接收器的组成框图

红外线遥控发射器发射过来的红外线信号被光电二极管接收后，送至前置放大电路进行放大。为了防止发射过来的信号因强弱变化太大而影响正常的工作，前置放大电路中加有自动电平控制电路（ABLC），放大后的信号经带通滤波器去掉干扰信号，再经检波、解调和放大，即可成为与发射前一致的脉宽调制信号。

### 3. 红外线遥控接收器的结构

目前，红外线遥控接收器各组成电路都封装在一起，做成一个专用的接收器件，通常称为遥控接收头。遥控接收头有两种封装外形，如图 1–17–6 所示。

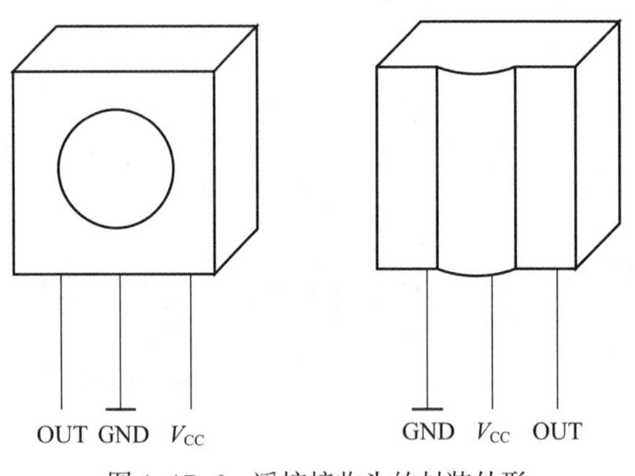


图 1–17–6 遥控接收头的封装外形

遥控接收器无论采用上述哪一种封装结构，其都只有三只引脚，分别为供电（$V_{CC}$=5 V）输入脚、信号输出脚（OUT）、接地端子（GND）。虽然这两种封装的引脚排列顺序不同，但两者完全可以代用，其引脚接法应按相应的功能来连接，方可使用。

## 五、红外线遥控发射器与接收器的常见故障及检修方法

### 1. 红外线遥控发射器的常见故障及检修方法

红外线遥控器在使用过程中，常会出现无法遥控、遥控距离变短等故障现象，各种故障的检修方法如下：

（1）无法遥控

1）查虚焊法。认真检查电路板有无断裂和虚焊现象，尤其是晶振元件与芯片。有损坏的地方应重新焊好，一般即可解决问题。

2）测波形法。用示波器探头接触晶振元件的任一只引脚并按下遥控器按键，晶振电路工作正常时应有正弦波出现（频率约为 500 kHz），不按则无，一按就有。用示波器探头改接三极管的基极或集电极并按下遥控器按键，正常时应有调制后的矩形波出现；若无调制后的矩形波出现，则说明遥控器芯片损坏。此法最准确，但略烦琐。

3）代用元件法。选用相同规格的元件来代用，重点是晶振元件与红外线发光二极管。代换时应注意，晶振元件无正负极之分，正反装都可以，但红外线发光二极管是有正负极的，不可装错极性，焊接时要采取防静电措施。

（2）遥控距离变短

当晶振电路的频率偏离过多、红外线发光二极管老化、电源滤波电容漏电时，遥控器就会出现遥控距离变短（即遥控灵敏度下降）的故障。可以用测波形法加以确认，应重点检查晶振元件、红外线发光二极管、电源滤波电容。

红外线发光二极管与普通发光二极管外形很相似，区分方法是，红外线发光二极管一般为天蓝色或白色，普通发光二极管则有多种颜色；用万用表的 $R\times100$ 挡或 $R\times10$ 挡来测量其正向导通时的电阻值，红外线发光二极管的电阻值比普通发光二极管的电阻值小很多。

**2. 红外线遥控接收器的常见故障及检修方法**

红外线遥控接收器常因雷击而损坏，故障现象是电视机无法遥控。遥控接收器的好坏一般无法用万用表来检测，判断其好坏有两种方法，其一是用代换法，换一个好的遥控接收器试一试，但应注意的是，在拆或装遥控接收头时，应采取防静电措施；其二是用测波形法，用遥控器对准接收器来按按键，在接收器的输出端用示波器观测其输出波形，根据脉宽调制输出的波形是否正常来判断遥控接收器的好坏。

# 实训 8　遥控系统发射器和接收器电参数测试与故障检修

## 实训目的

1. 进一步熟悉红外线遥控发射器与接收器的工作原理。
2. 能对红外线遥控发射器与接收器的电参数进行测试。
3. 能完成红外线遥控发射器与接收器故障的检修。

## 实训设备与工具

普通 CRT 遥控彩色电视机、电视机常用维修工具、双踪示波器、彩条信号源、实训指导书等。

## 实训内容与步骤

### 一、红外线遥控发射器与接收器电参数测试

**1. 红外线遥控发射器与接收器关键点电压的测试**

（1）红外线遥控发射器关键点电压的测试

拆开遥控器后盖，测试信号发射放大管集电极与地之间的直流电压，并观察按下和不按下遥控器的按键时指针的变化情况。

（2）红外线遥控接收器关键点电压的测试

拆开电视机后盖，取出电路板，测试遥控接收器的供电电压；测试遥控接收器输出的信号电压，并观察按下和不按下遥控器的按键时指针的变化情况。

**2. 红外线遥控发射器与接收器关键点波形的测试**

按照表 1–17–2 的要求进行测试，并填写表格。

表 1–17–2　　测试结果记录

| 测量项目 | 晶振波形 | 发射器放大管集电极波形 | 接收器输出波形 |
|---|---|---|---|
| 测量点 | 晶振任一脚对地 | 放大管集电极对地 | 接收器输出脚对地 |
| 波形图 | | | |
| $V_{P-P}$ | | | |
| 周期 $T$ | | | |
| 频率 $f$ | | | |

## 二、红外线遥控发射器与接收器故障检修

### 1. 进行故障设置

结合红外线遥控发射器与接收器电路原理图进行故障设置（结合实际选做）。

（1）如果要使遥控器出现无法遥控的故障，可以分别拆下晶振、振荡电容器和红外线发光二极管。

（2）如果要使遥控器出现遥控距离变短的故障，可进行如下设置：

1）更换晶振，即改变晶振的振荡频率，如原来晶振的频率为455 kHz，把它换为500 kHz。

2）把红外线发光二极管更换成普通发光二极管，因两者发光的主波长不同，故用普通发光二极管发射调制信号时，发射能力将显著下降，遥控灵敏度随即下降。

### 2. 故障检修

按照红外线遥控发射器与接收器故障检修的方法进行检修，检修故障时，首先用观察法看晶振、芯片、红外线发光二极管等元件有无虚焊，再用测波形法测试关键点的波形，找出故障范围。确定故障范围后，用元件代换的方法，即可修复。

## 【想一想】

1. 打开收音机的中波段，将遥控器靠近收音机并按下按键，会听到“嘟、嘟”声，能否判断遥控器一定是好的？
2. 将遥控器对准手机的摄像头并按下按键，手机屏幕上会出现什么现象？
3. 遥控器按键的导电橡胶老化后，使用时会出现什么问题？

# §1–18 遥控系统的微处理器与存储器

## 学习目标

1. 熟悉 LUKS–5140–M2 型遥控系统的组成。
2. 熟悉微处理器正常工作的条件。
3. 掌握微处理器的工作原理。
4. 熟悉存储器正常工作的条件和存储的内容。
5. 熟悉微处理器与存储器的常见故障及检修方法。
6. 能进行微处理器与存储器电参数测试与故障检修。

红外遥控系统中的微处理器与存储器工作原理较复杂，下面以 TCL–9614C 型彩色电视机遥控系统为例，系统分析微处理器与存储器的工作原理与常见故障的检修方法。

TCL–9614C 型彩色电视机以微处理器 LUKS–5140–M2 为核心，完成遥控系统的控制工作。

## 一、LUKS-5140-M2 型遥控系统的组成

LUKS-5140-M2 型遥控系统由遥控发射器、遥控接收器、微处理器 LUKS-5140-M2、$I^2C$ 总线控制存储器 24C02、面板控制输入电路及各种接口电路组成。其组成框图如图 1-18-1 所示。

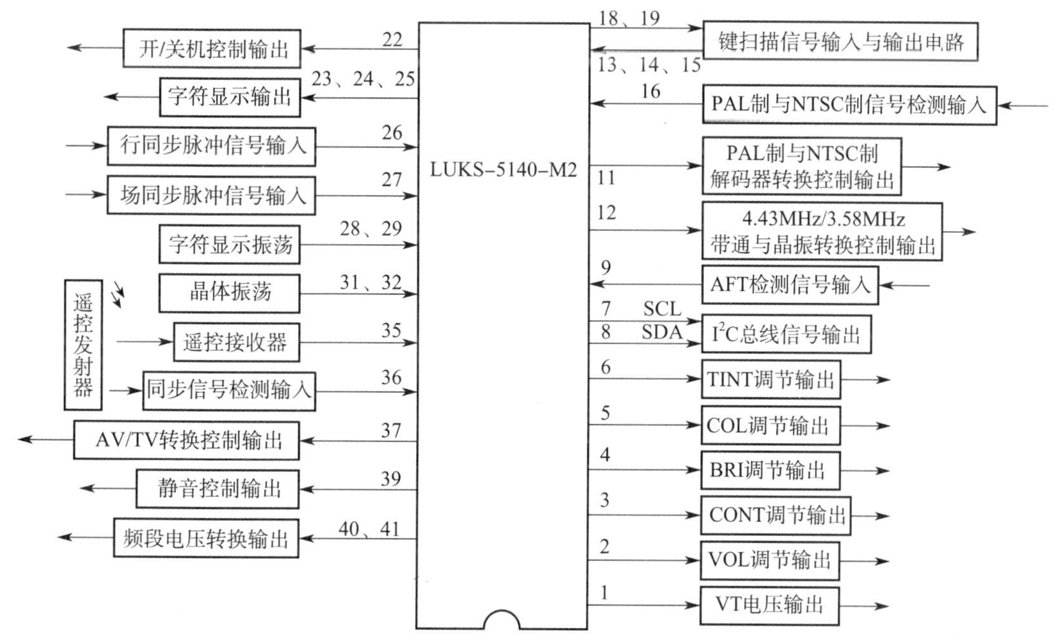


图 1-18-1 LUKS-5140-M2 型遥控系统的组成框图

从 LUKS-5140-M2 的引脚功能与遥控系统的组成框图可以看出，整个微处理器的引脚功能可以分为三大类。

第一类引脚——保证遥控系统能正常工作的引脚：

（1）供电，42 脚。

（2）复位，33 脚。

（3）主时钟振荡电路，31、32 脚。

第二类引脚——各种输入信号的引脚：

（1）遥控接收器，35 脚。遥控发射器发出的遥控信号被遥控接收器接收并解码后，从 35 脚送入微处理器中。

（2）键扫描信号输入，13、14、15 脚。本机面板按键发出的控制指令从这几只引脚送入微处理器中。

（3）同步信号检测输入，36 脚。当有节目信号时，36 脚便有复合同步信号输入；当无节目信号时，36 脚便无复合同步信号输入。微处理器根据该脚复合同步信号的有无来判断有无节目信号。

（4）AFT 检测信号输入，9 脚。调台时，节目是否调到最佳状态的检测信号由该脚输入。该信号从中频通道的 AFT 鉴频电路送来。

（5）PAL 制与 NTSC 制信号检测输入，16 脚。当场频为 50 Hz 时，为 PAL 制信号，16

脚为低电平；当场频为 60 Hz 时，为 NTSC 制信号，16 脚为高电平。

（6）显示字符时，用于定位的行、场同步脉冲信号输入，26、27 脚。这两个信号决定字符在屏幕中的显示位置。

第三类引脚——各种输出信号的引脚：

（1）模拟量控制信号输出脚：包括音量 VOL 调节输出，2 脚；对比度 CONT 调节输出，3 脚；亮度 BRI 调节输出，4 脚；彩色 COL 调节输出，5 脚；色调 TINT 调节输出，6 脚。以上引脚均为 PWM 输出。

（2）工作状态转换控制信号输出脚：包括 PAL 制与 NTSC 制解码器转换控制输出，11 脚；4.43 MHz/3.58 MHz 带通与晶振转换控制输出，12 脚；开 / 关机控制输出，22 脚；AV/TV 转换控制输出，37 脚；静音控制输出，39 脚。这几个控制量为高低电平输出，高电平时为 3.6 V，低电平时为 0 V。

（3）全自动调台信号输出脚：包括 VT 电压输出，1 脚；频段电压转换输出，40、41 脚。前者为 PWM 输出，后者为高低电平输出。

（4）键扫描信号输出，18、19 脚。

（5）$I^2C$ 总线信号输出：包括时钟总线 SCL，7 脚；数据总线 SDA，8 脚。

其实，无论是哪个厂家生产的电视机，其微处理器要完成的任务都是基本相同的，其引脚功能也大同小异。只要按上述三大方面去查找，遥控系统工作原理的掌握就会变成简单的问题。

## 二、微处理器正常工作的条件

红外遥控系统只有微处理器工作正常，才能对各种输入信号做出判断和处理，并输出相应的控制信号，让电视机按使用者的意图正常工作。

要使微处理器能正常工作，必须同时满足下列三个条件：

### 1. 供电端的供电电压必须正常

供电电压必须正常，这是最基本的条件。微处理器的供电电压一般为 5 V，但应注意有的微处理器供电端不止一处，供电电压有时也不一定为 5 V。

供电电压一般由开关稳压电路提供，并且在遥控关机的情况下，供电电压还应是稳定不变的，否则就不可能再通过遥控器来重新开机。正是由于有上述要求，目前生产的彩色电视机一般都是通过切断行振荡电路的供电，或降低开关电源的振荡频率，使稳压输出下降为原来的五分之一以上，让行扫描电路停止工作，而微处理器供电电压仍正常的方法，来解决这个问题。

### 2. 复位端的复位电压必须正常

（1）微处理器中复位电路的作用

微处理器中复位电路的作用是，开机后，在微处理器的供电端获得稳定的工作电压之前，让复位端保持短暂的低电平，在这段时间内微处理器不能工作，约 1 ms 后，复位端自动变为高电平，微处理器才能开始工作。

复位过程是先保持一段时间低电平（正在复位），然后自动变为高电平（复位结束）。

（2）实用的复位电路工作原理分析

复位电路有多种形式，通常情况下，微处理器稳压供电电路与复位电路连接在一起。

9614C 型彩色电视机稳压、复位电路如图 1–18–2 所示。

其工作原理是，开机后，开关稳压电路送来 18 V 电压，通过 R032、R033 使 Q004 导通，微处理器供电端 42 脚电压开始上升，并较快上升到 5 V。

18 V 电压还通过 R033、R034、D003 加到 Q005，由 R033、R034、D003、Q005 构成串联型稳压电路，Q005 导通。但由于 C020 与 C021 的充电作用，复位脚 33 脚为低电平，使微处理器处于复位状态。这段时间很短，约 1 ms 后，C020 电压上升，使 33 脚为高电平，复位完毕。

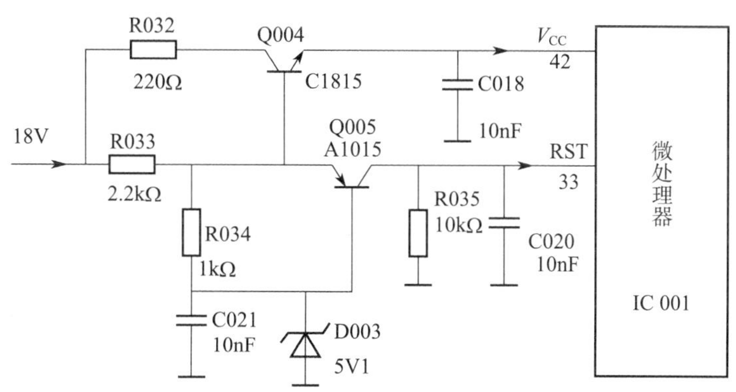


图 1–18–2　9614C 型彩色电视机稳压、复位电路

R033、R034、D003、Q004 构成另一个串联型稳压电路，向 42 脚提供稳定的供电电压，于是微处理器开始工作。电路的工作波形如图 1–18–3 所示。

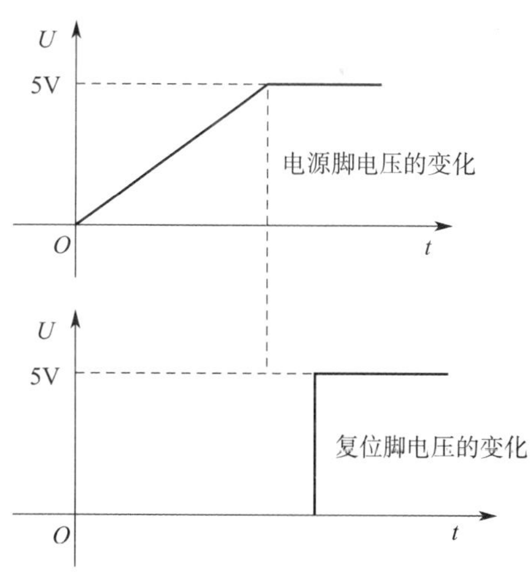


图 1–18–3　电路的工作波形

### 3. 主时钟振荡信号必须正常

遥控系统中的时钟振荡电路一般由微处理器内部电路与外接的石英晶体、电容等元件构成。振荡产生的波形为正弦波，频率多为 4 MHz，也有 8 MHz 的。振荡电路产生的信号一般要经过分频等处理，以满足不同电路的需要。

当彩色电视机的晶振电路损坏后，整个遥控系统都无法工作，若振荡不稳定，会出现跳台等现象。

## 三、微处理器的工作原理

### 1. 面板控制输入电路

面板控制输入电路的作用是，让用户可以通过面板控制按键，对电视机进行各种控制操作，如进行调台、模拟量调整等。

面板控制输入电路的形式一般有两种，一种是键控扫描信号工作方式，另一种是采用电阻进行串联分压。9614C 型彩色电视机采用键控扫描信号工作方式，微处理器 18、19 脚为键扫描信号输出，13、14、15 脚为键扫描信号输入，其中功能键 FUN 相当于菜单键。这种方式的工作原理与遥控器键扫描信号的工作原理完全相同。采用电阻进行串联分压的工作方式时，按下不同的按键，分压结果不同，不同的电压代表不同的按键功能，将电压再经 A/D 转换、比较识别后，实现相应的控制功能。

2. 自动选台电路

（1）自动选台系统正常工作的条件

遥控彩色电视机要实现自动选台，必须满足以下几个条件：

1）微处理器频段转换控制输出端必须有正常的编码信号输出。频段转换编码信号一般要经过译码电路译码后才能送往高频调谐器，使高频调谐器 VL、VH、U 频段转换端子的控制电压能按要求变化。

2）微处理器调谐电压输出端必须有正常的 PWM 信号输出。微处理器输出的调谐电压变化范围较小，有效值一般为 0～5 V，应经倒相放大，变为 0～30 V（有效值）的变化电压，才能送往高频调谐器的 VT 端子。

3）必须向微处理器输入正常的复合同步信号。该信号的作用是，让微处理器判断有无调到台。若微处理器无法接收到复合同步信号，就无法判断有无调到台，即使已调到有台，微处理器也会误认为无电台节目存在，会出现继续往前调台、图像出现后一闪而过、无法保存电台等故障现象。

4）必须向微处理器输入正常的 AFT 信号。该信号的作用是，让微处理器判断有无调准台。

（2）LUKS-5140-M2 型遥控系统自动选台电路的工作原理

LUKS-5140-M2 型遥控系统自动选台电路原理图与高频调谐器及其控制电路原理图相同（图 1-12-2），参考其进行电路分析。

1）VT 电压的产生。IC001 的 1 脚输出 0～5 V 连续可变的电压，经 Q001 倒相放大和 R005、R006、R106、C003、C004、C005、C123 平滑滤波后，变为 0～30 V 连续可变的电压，加到高频调谐器的 VT 脚。注意，在任一个频段里，不同的台其 VT 电压的大小是不相同的。

2）频段转换电压的产生。IC001 的 40、41 脚输出两位二进制的编码信号（高电平为 3.6 V，低电平为 0 V），经 IC101 译码，变为 VL、VH、U 三个频段电压，送入高频调谐器的相应引脚。

3）复合同步检测信号的输入。IC201 的 50 脚输出的彩色全电视信号，经 Q204 放大、Q006 三极管箝位分离后，取出复合同步信号，从 36 脚进入 IC001。

4）AFT 检测信号的输入。调台开始时，IC001 的 39 脚（AFT ON/OFF 控制）输出 5 V 高电平，Q12、Q13 饱和导通，12 V 电压经 R103 与 R101 串联分压后，由 Q12、Q13 给高频调谐器的 AFT 端送入一个固定电压，这个电压约为 4.5 V。高频调谐器 AFT 端子的 AFT 自动跟踪功能失效。

当调出电台时，IC001 的 36 脚有复合同步信号输入后，VT 电压的变化放慢，此时 IC201 的 60 脚输出的 AFT 检测电压被送往 IC001 的 9 脚，IC001 的 9 脚输入的 AFT 电压经 A/D 转换，并与微处理器内部设定的值进行比较后达到最佳值时，微处理器便认为台已调准，便将这个台的频段电压、调谐电压数据存入存储器中，然后又继续改变调谐电压，按上述过程调谐新的节目。

正常收看时，IC001 的 39 脚（AFT ON/OFF 控制）输出 0 V 低电平，Q12、Q13 截止，

高频调谐器的 AFT 端子电压改由 IC201 的 60 脚提供，对高频调谐器本振电路的振荡频率进行跟踪调整。R104、R105 的作用是，对 12 V 电压进行串联分压，给 AFT 信号叠加一个直流电压。

**3. 模拟量控制电路**

9614C 型彩色电视机模拟输出量的控制，包含音量、对比度、亮度、色饱和度的控制，当接收 NTSC 制信号时，还有色调 TINT 控制。

（1）模拟量控制电路的作用

微处理器输出的各模拟控制量信号都是脉宽调制信号（PWM 信号），PWM 信号幅度较小，而且不是连续变化的直流电压，故须经过接口转换，才能满足控制要求。

（2）模拟量控制电路的形式

模拟量控制电路的形式一般有两种，一种是输出量先叠加一个直流电压，再经平滑滤波后送往控制端；另一种是输出量先放大，再经平滑滤波后送往控制端。以第一种形式较多见。

（3）LUKS-5140-M2 型遥控系统模拟量控制电路

LUKS-5140-M2 型遥控系统模拟量控制电路由 IC001 有关引脚与外围接口电路构成，其电路原理图如图 1-18-4 所示。

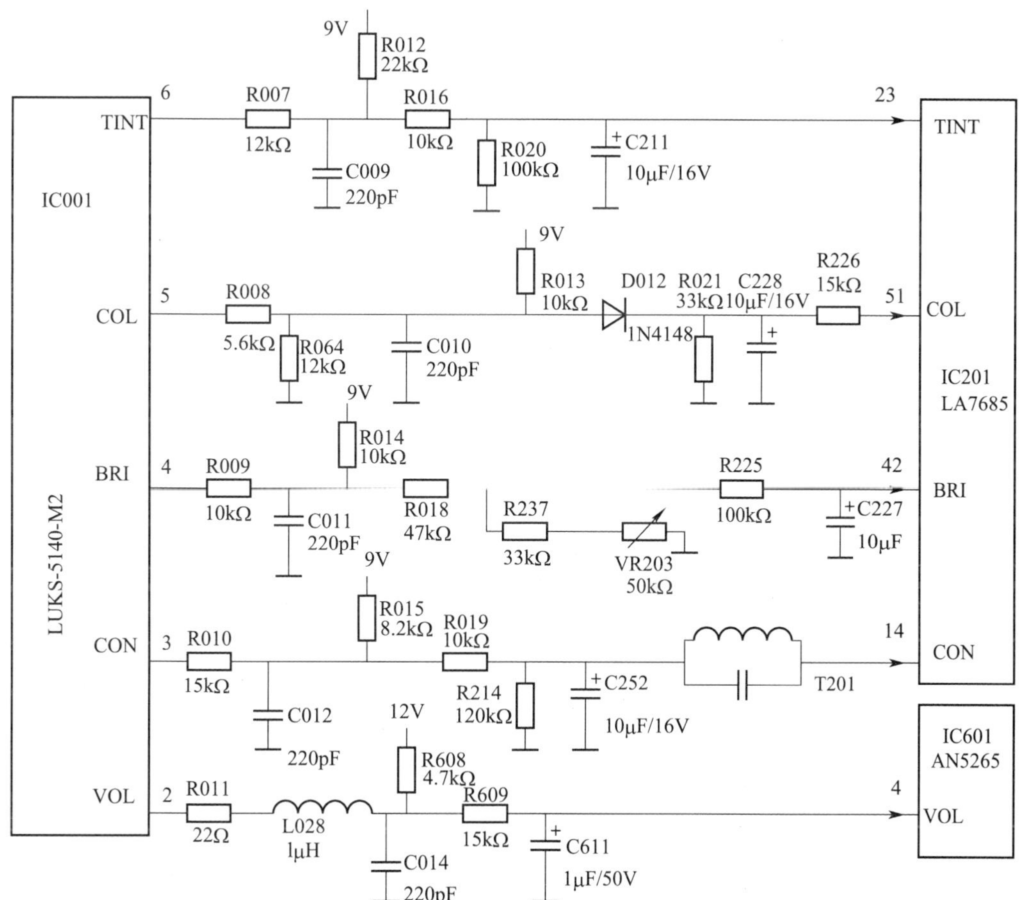

图 1-18-4　LUKS-5140-M2 型遥控系统模拟量控制电路原理图

1）音量控制电路。R608 为 IC001 的 2 脚内部三极管的集电极电阻，2 脚输出的 PWM 信号经 C014、R609、C611 平滑滤波后，变为 0 ~ 12 V 连续变化的电压，送入 IC601 的 4 脚进行音量控制。

2）对比度控制电路。IC001 的 3 脚输出的 PWM 信号，叠加一个由 R015、R019、R214 串联分压的直流电压后，经 C252 滤波，变为 4 ~ 6 V 连续变化的电压，送入 IC201 的 14 脚进行对比度控制。

3）亮度控制电路。IC001 的 4 脚输出的 PWM 信号，叠加一个由 R014、R018、R237、VR203 串联分压的直流电压后，经 C227 等进行滤波，得到 2 ~ 4 V 连续变化的电压，送入 IC201 的 42 脚进行亮度控制，其中 R237、VR203 组成副亮度调节电路。

4）色饱和度控制电路。IC001 的 5 脚输出的 PWM 信号，叠加一个由 R013、D012、R021 串联分压的直流电压后，经 C228 进行滤波，得到一个 2 ~ 5 V 连续变化的电压，送入 IC201 的 51 脚进行色饱和度控制。

5）色调 TINT 控制电路。当电视机接收 PAL 制信号时，是不存在色调失真问题的，但当接收 NTSC 制信号时，就易出现色调失真问题。为了防止接收 NTSC 制信号时出现色调失真，电路中设置了一个色调调节功能。IC001 的 6 脚输出的 PWM 信号，叠加一个由 R012、R016、R020 串联分压的直流电压后，经 C211 进行滤波，得到一个 2 ~ 5 V 连续变化的电压，送入 IC201 的 23 脚进行色调控制。

**4. 工作状态转换电路**

遥控彩色电视机工作状态的转换，主要是指遥控开 / 关机控制、AV/TV 转换、静音控制和制式转换。

LUKS–5140–M2 型遥控系统工作状态转换电路原理图如图 1–18–5 所示。

（1）遥控开 / 关机控制电路

按下电源开关后，IC001 的 22 脚为低电平 0 V，发光二极管 D001 不亮，Q804 截止，稳压电源的 18 V 电压经 R825 串联分压后（约为 7.5 V），送入 IC201 的 32 脚。此时，行扫描振荡电路的供电正常，行扫描电路正常工作，电视机可以正常收看节目。

若按下遥控关机键，则 IC001 的 22 脚为高电平 5 V，发光二极管 D001 点亮，指示电视机处于待机状态，Q804 饱和，使 IC201 的 32 脚为 0 V，行扫描振荡电路供电不正常，行扫描电路不工作，电视机也就不工作。

（2）AV/TV 转换控制电路

按下 AV/TV 转换按键时，电视机的 AV 状态与 TV 状态可轮流转换。当电视机工作在 TV 状态时，IC001 的 37 脚为 0 V，将其送入 IC201 的 7 脚，IC201 内部电子开关电路接通 TV 信号。

当电视机工作在 AV 状态时，IC001 的 37 脚为 3.6 V，将其送入 IC201 的 7 脚，IC201 内部电子开关电路接通 AV 信号。

（3）静音控制电路

正常收看节目时，微处理器 IC001 的 36 脚会检测到有复合同步信号输入，微处理器 IC001 的 39 脚输出低电平，Q103 截止，对 6.0 MHz 的第二伴音中频信号不造成影响。当无节目信号时，36 脚无复合同步信号输入，此时微处理器的 39 脚输出高电平 0.6 V，Q103 饱

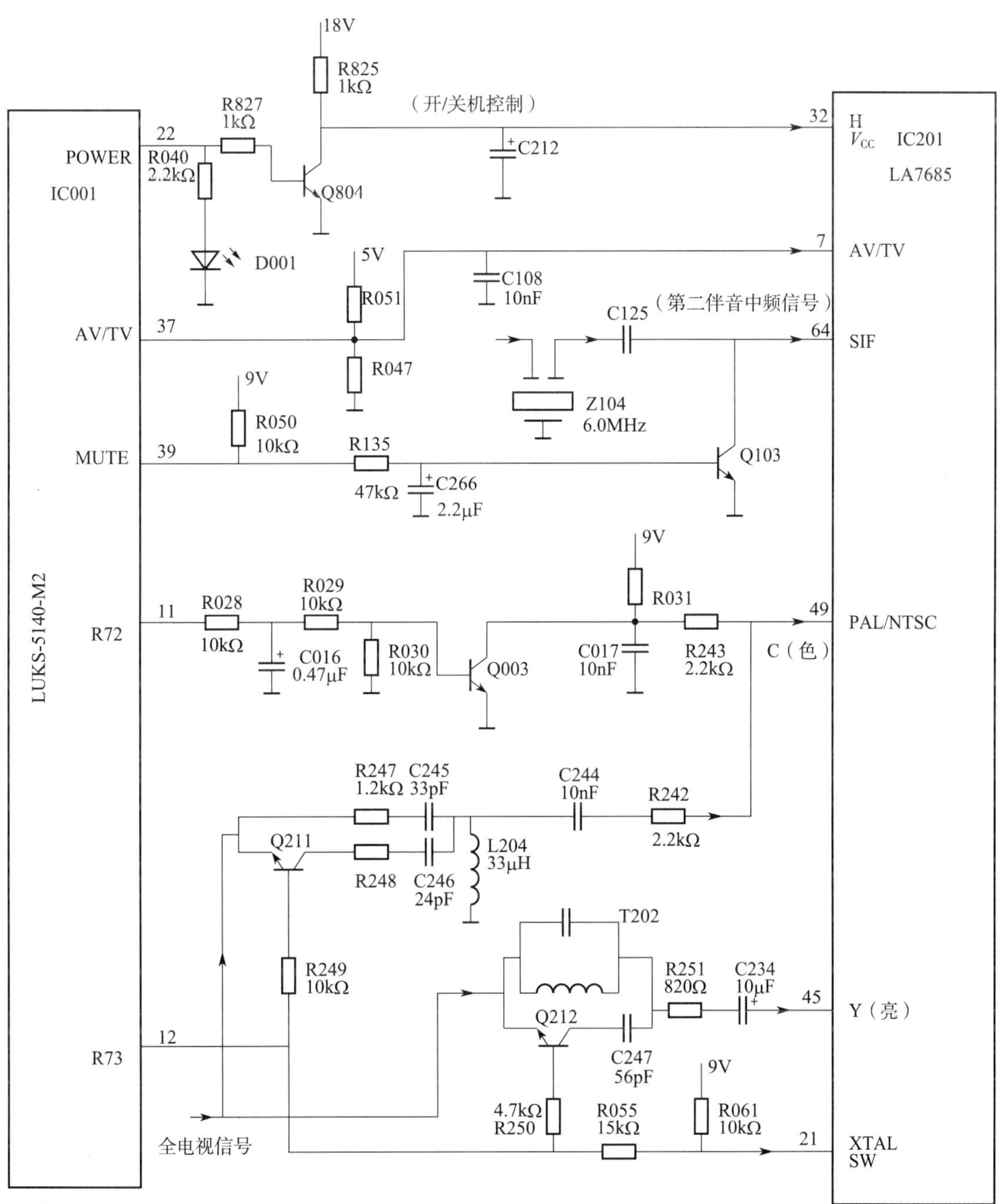


图 1-18-5　LUKS-5140-M2 型遥控系统工作状态转换电路原理图

和，经 Z104 滤波后的 6.0 MHz 第二伴音中频信号通过电容 C125 交流短路，实现伴音中频电路静音，同时微处理器 IC001 的 2 脚输出的 VOL 控制电压为 0 V，实现伴音功放电路静音。

当按下遥控器的静音键时，微处理器 IC001 的 2 脚输出的 VOL 控制电压为 0 V，使功放电路关闭，从而实现静音。

（4）PAL 制与 NTSC 制解码转换控制电路

PAL 制与 NTSC 制彩色解码电路的组成不同，按遥控器的制式（SYSTEM）按键时，电视机会进行制式转换。当微处理器 IC001 的 11 脚为低电平 0 V 时，为 PAL 制工作状态；当微处理器 IC001 的 11 脚为高电平 4.2 V 时，为 NTSC 制工作状态。IC001 的 11 脚送出的电平经 Q003 倒相后，送入 IC201 的 49 脚，以实现转换控制。

（5）4.43 MHz/3.58 MHz 亮色分离滤波、副载波晶振转换控制电路

按遥控器的制式按键，当电视机接收 PAL 制信号或 4.43 MHz 的 NTSC 制信号时，彩色副载波都为 4.43 MHz，微处理器 IC001 的 12 脚为低电平 0 V，使 Q211 截止，色度通道进行 4.43 MHz 带通滤波；使 Q212 截止，亮度通道进行 4.43 MHz 陷波；使 IC201 的 21 脚为低电平，晶振电路进行 4.43 MHz 振荡。

按遥控器的制式按键，当电视机接收 3.58 MHz 的 NTSC 制信号时，因彩色副载波为 3.58 MHz，微处理器 IC001 的 12 脚为高电平 4.2 V，使 Q211 饱和，色度通道进行 3.58 MHz 带通滤波；使 Q212 饱和，亮度通道进行 3.58 MHz 陷波；使 IC201 的 21 脚为高电平，晶振电路进行 3.58 MHz 振荡。

**5. 屏幕字符显示电路**

（1）屏幕字符显示电路的作用

屏幕字符显示电路的作用是，将电视机的操作及工作状态，用文字或符号在屏幕上显示出来。

（2）屏幕字符显示电路正常工作的条件

对字符显示的要求是，所显示的字符应稳定、清晰、色彩柔和、显示的位置合适。字符显示在符合上述要求的同时，应满足以下三个条件：

1）显示字符用的时钟振荡电路必须正常。显示字符用的时钟振荡信号的作用是，决定字符在屏幕上显示的相对长度和相对位置。

2）必须同时引入正常的行、场定位脉冲信号。行、场定位脉冲信号是由行、场扫描电路引入的行、场逆程脉冲信号。其中，行逆程脉冲信号的作用是，用于确定字符在屏幕上的水平位置；场逆程脉冲信号的作用是，用于确定字符在屏幕上的垂直位置。行、场逆程脉冲信号丢失其中一种或幅度不正常，都不能使字符在屏幕上显示出来。

3）字符信号输出电路必须正常。微处理器产生的字符显示输出信号通常有 R、G 两种，两种的组合共可显示三种颜色（即红、绿、黄）。因无信号时电视机为蓝背景，故一般无 B 色字符信号输出。同时为了使显示的字符清晰，微处理器还应输出字符底色消隐信号，其作用是消除字符显示位置上的视频图像信号，让字符不叠加图像信号，使字符清晰、稳定。

（3）LUKS–5140–M2 型遥控系统屏幕字符显示电路

LUKS–5140–M2 型遥控系统屏幕字符显示电路原理图如图 1–18–6 所示。

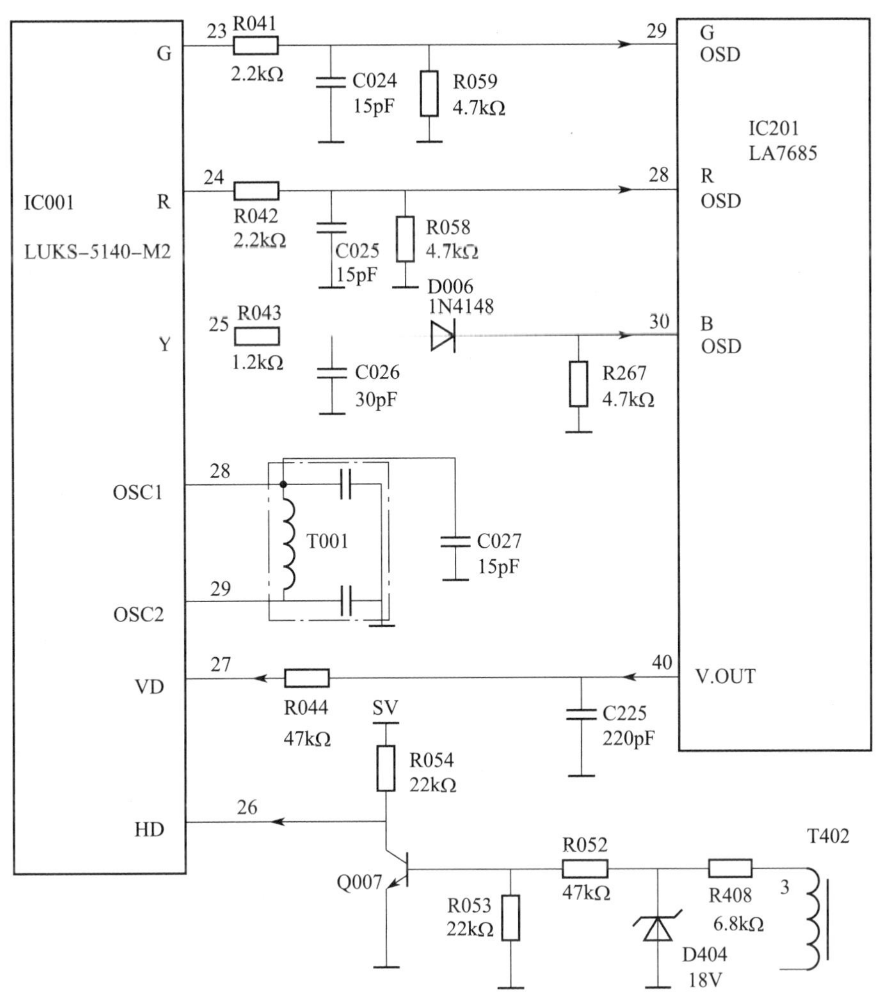


图 1-18-6 LUKS-5140-M2 型遥控系统屏幕字符显示电路原理图

1）行逆程脉冲信号的输入。高压包 T402 的 3 脚产生的脉冲，经 R408、D404 稳压，R052、R053 分压，Q007 整形放大后，从 IC001 的 26 脚输入。

2）场同步脉冲信号的输入。IC201 的 40 脚输出的场同步脉冲经 R044 后，从 IC001 的 27 脚输入。

3）字符振荡电路。该电路由 IC001 的 28、29 脚内、外电路组成。调整中周 T001 的磁芯，可改变振荡频率，使显示字符的位置发生改变。

4）字符显示消隐信号的输出。字符显示消隐信号从 IC001 的 25 脚输出，经 R043、D006 隔离后，从 IC201 的 30 脚输入。

5）字符显示信号的输出。红、绿字符脉冲信号从 IC001 的 24、23 脚输出，从 IC201 的 28、29 脚输入，叠加在 R-Y、G-Y 信号上，再送往显像管，可显示红、绿、黄三种颜色的字符。

字符显示信号为近似矩形波的脉冲信号，只有在显示字符期内有输出，其频率为行频，可用示波器直接在 IC001 的 23、24、25 脚观测到。

## 四、存储器正常工作的条件和存储的内容

LUKS-5140-M2 型遥控系统使用外挂式存储器，型号为 24C02，属于 $I^2C$ 总线控制的电可改写、可编程只读存储器。

### 1. $I^2C$ 总线技术控制的存储器正常工作的条件

采用 $I^2C$ 总线技术的存储器与微处理器之间通过时钟总线 SCL 与数据总线 SDA 相连，完成所有数据的交换与存储任务。采用 $I^2C$ 总线技术的存储器，正常工作必须同时满足以下三个条件：

（1）存储器中必须预先存入正常的初始化数据。因为这类彩色电视机开机后，微处理器要从存储器中调出原始数据，如亮度、对比度、音量等数据，送入各控制电路中，才能使电视机进入正常的工作状态。若没有预先存入正常的初始化数据，即使更换了新的存储器，电视机还是不能正常工作。

（2）工作电压必须正常。采用 $I^2C$ 总线技术的存储器，正常供电电压一般为 5 V。

（3）时钟总线 SCL 与数据总线 SDA 的连接必须正常。时钟总线传输的是时钟信号，其作用是让存储器的工作节拍与微处理器相同。数据总线的作用是让各种数据在微处理器与存储器之间进行读写交换。若有一条总线不正常，则整个系统都无法正常工作。

### 2. $I^2C$ 总线技术控制的存储器所存储的内容

24C02 型存储器所存储的数据主要有以下几项：

（1）50 个预选频道的频段数据、调谐电压数据及自动调台时 AFT 电压的比较数据。

（2）图像与伴音的工作状态数据，包括对比度、亮度、色饱和度、色调、音量等数据。

（3）每次关机前电视机的工作状态数据，包括频道号、频段、调谐电压、图像与伴音的工作状态等数据。

（4）其他工作状态数据，如定时关机时间等数据。

## 五、微处理器与存储器的常见故障及检修方法

1. 电视机开机后有光栅，但无字符显示，也不能进行任何操作。这是遥控系统不工作的典型现象，这种故障要从微处理器正常工作条件入手去检修，多为晶振元件损坏、供电不正常或微处理器损坏所致。

2. 开机后有光栅，有字符显示，但无法调出台，有部分遥控功能失效。这种现象多为存储器电路有故障。若存储器的供电及 SDA 线、SCL 线电压都正常，可更换存有数据的新存储器试一试，也可拆下原来的存储器，在专用的读写机上重新格式化后装回去试机。

3. 电视机开机后，可进行各种操作，字符显示也正常，可以调出电台节目，并可正常收看，但关机后重新开机，原来的台没有了，又要重新调台才能收看。这种现象是存储器电路有故障，处理方法同故障 2。

4. 出现跳台现象。正在看的节目，会突然自动换成另一个节目，有时连换几个台又可正常收看。这是微处理器的晶振频率不稳定所致，应更换晶振元件。

5. 用手动方式调台，声图都正常，但用自动方式进行调台时，无法收图，或虽可收图，但图质差或为黑白图像。这是遥控系统的 AFT 检测信号不正常所致，多为中频通道的 AFT 鉴频中周失谐所引起。

6. 可正常收台，但无字符显示或字符沿上、下方向移动且不稳定。这通常是字符显示电

路中的行、场定位脉冲丢失或字符振荡电路损坏所致。

7. 手动方式与自动方式都无法调出电台，送 AV 信号也无法出现正常的图像。这种情况如果与遥控系统有关，一般是送往微处理器的复合同步信号不正常所致，要在输入 AV 信号的方式下，用示波器检测 IC001 的 36 脚有无复合同步信号输入，即可找出故障根源。

8. 能用本机面板按键进行操作，但无法用正常的遥控器来操作。问题一般出在遥控接收器，受雷击的电视这种现象很常见，可用示波器测 IC001 35 脚的遥控信号输入波形。按遥控器，若无脉冲波形出现，应更换遥控接收器；若有脉冲波形出现，应更换微处理器（脉冲波形的频率约为 40 kHz）。

9. 开机后，电源指示灯亮，但无光、无图（处于待机状态）。这种故障若与遥控系统有关，则应检查开 / 关机控制端子电平的变化情况。

10. 手动方式与自动方式都无法调出电台，送 AV 信号电视机可正常工作。若电视机中频公共通道正常，应系统检查自动选台电路正常工作的各个条件，一般不难找到故障部位。

遥控系统出现的故障，其实远不止上述几种，有时同一种故障现象还与通道电路有关，但只要熟悉遥控系统的工作原理，检修并不是很困难的事情。

## 实训 9　遥控系统微处理器与存储器电参数测试与故障检修

### 实训目的

1. 进一步熟悉遥控系统微处理器与存储器的工作原理。
2. 能对遥控系统微处理器与存储器的电参数进行测试。
3. 能完成遥控系统微处理器与存储器故障的检修。

### 实训设备与工具

普通 CRT 遥控彩色电视机、电视机常用维修工具、双踪示波器、彩条信号源、实训指导书等。

### 实训内容与步骤

#### 一、遥控系统微处理器与存储器电参数测试

**1. 用万用表测量控制电压的变化范围**

（1）用遥控器调台，测量 IC001 1 脚 VT 电压的变化范围。

（2）用遥控器调 VOL，测量 IC001 2 脚电压的变化范围。

（3）用遥控器调 CON，测量 IC001 3 脚电压的变化范围。

（4）用遥控器调 BRI，测量 IC001 4 脚电压的变化范围。

（5）用遥控器调 COL，测量 IC001 5 脚电压的变化范围。

**2. CPU 正常工作三要素电压的测量**

（1）测量工作电压，在 IC001 的 42 脚处测量。

（2）测量复位电压，在 IC001 的 33 脚处测量。

（3）测量时钟电压，在 IC001 的 31 脚处测量。

**3. 观察模拟控制量波形的变化**

用遥控器进行操作，用示波器分别观察 VT、VOL、CON、BRI、COL 脉宽调制波形的变化。

## 二、遥控系统微处理器与存储器故障检修

**1. 进行故障设置**

结合遥控系统微处理器与存储器电路原理图进行故障设置（结合实际选做）①。

（1）如果要使电视机的遥控系统出现完全失控的故障，可以分别拆下微处理器的晶振元件 X001、R032 等。

（2）如果要使电视机的遥控系统出现无法保存节目的故障，可以同时拆下 R022、R023 这两个元件，使上拉电阻供电不正常。

（3）如果要使电视机的遥控系统出现无字符显示的故障，可以拆下 R052 等元件，使行定位信号丢失。

（4）如果要使电视机的遥控系统出现无法调出节目的故障，可以拆下 C031 等元件，使送往微处理器的复合同步信号丢失。

**2. 故障维修**

按照遥控系统微处理器与存储器故障检修的方法进行检修，检修时首先开机进行收台操作，用观察法看出现什么问题，初步判断故障范围，再用测电压法与测波形法，找到故障元件。

## 【想一想】

1. 电视机无法调出电台节目，与哪方面的电路有关？应如何分割故障范围？
2. 能用示波器观察到键扫描输入与输出信号、屏幕字符显示信号与存储器的 SDA 信号吗？

# 思考与练习

1. 如何传送一幅静止的图像？
2. 什么叫隔行扫描？传送模拟电视信号时，为什么要采用隔行扫描技术？
3. 黑白全电视信号由哪些信号组成？各个信号有什么作用？
4. 画出一行六级的灰度竖条图像波形，标出信号的幅度与宽度。
5. 什么叫彩色三要素？各个要素分别是由什么决定的？
6. 简述三基色的原理。
7. 彩色电视信号为什么要与黑白电视信号进行兼容？如何实现兼容？
8. 画出 NTSC 制色差信号、色度信号、亮度信号、全电视信号的波形，并标出相关参数。

①部分元器件在原理图中的位置参阅附图。

9. 写出 PAL 制全电视信号的表达式，画出全电视信号的波形。

10. PAL 制解码器中，亮度信号与色度信号是如何进行分离的?

11. 高频调谐器是如何改变本振频率的? 为什么不论工作在哪一个频段，电压 $U_T$ 都应在 0 ~ 30 V 可变?

12. 图像中频通道有什么作用? 它是由哪些电路组成的? 各部分的作用是什么?

13. 简述图像同步检波电路的工作原理。

14. AGC 电路有何作用? 由哪几部分组成?

15. 伴音通道电路由哪几部分组成? 各组成部分的作用是什么?

16. 亮度通道电路有何作用? 由哪几部分组成?

17. 色度通道电路有何作用? 由哪几部分组成?

18. 遥控系统的输入信号有哪些? 输出的控制信号有哪些?

19. 遥控系统常见的故障现象有哪些?

# 第二章　液晶电视机原理与检修

液晶电视机是由传统的 CRT 电视机发展而来的，其结构精密，图像信号处理原理、液晶屏显像原理都比较复杂。液晶电视机结合数字电视机顶盒和网络电视机顶盒，正向智能化、多功能化的方向发展，已进入千家万户，越来越受人们的欢迎。

本章将结合 TCL–L19P21 型液晶电视机，系统学习液晶电视机高频调谐器电路、主芯片控制电路、LVDS 信号传输电路、VGA 接口电路、HDMI 接口电路和背光控制电路等内容。

## §2–1　彩色液晶屏的结构与工作原理

### 学习目标

1. 熟悉彩色液晶屏的结构。
2. 掌握彩色液晶屏的显像原理。
3. 掌握彩色液晶屏的使用注意事项。

彩色液晶屏是液晶电视机的一个重要组成部件，其组成结构与 CRT 电视机显像管的组成结构完全不同。

**一、彩色液晶屏的结构**

彩色液晶屏又叫液晶模组屏，一般由时序驱动电路板、液晶板、光学系统三部分构成。液晶板和光学系统的组成结构如图 2–1–1 所示。

**1. 光学系统**

彩色液晶屏的光学系统主要由 LED 灯条、反射罩、反射板、导光板、扩散片、增光片、反射偏光片等部分组成，其作用是产生强度足够、均匀的白光，射向液晶板，作为液晶板的背光源。

（1）LED 灯条

早期的液晶电视机采用不需要预热的冷阴极荧光灯，这种灯的光色较好，但驱动电路复杂，且灯管容易损坏。随着 LED 照明技术逐渐成熟，现在的液晶电视机普遍采用 LED 灯条作为光源。平板电脑、屏幕较小的液晶电视机只在屏幕的下侧边上安装一条 LED 灯条；屏幕较大的液晶电视机在屏幕的上、下两边或屏幕四周的边上安装 LED 灯条，以满足亮度要求。LED 灯条及其安装位置如图 2–1–2 所示。灯条损坏后，可以将其拆卸下来，更换新的灯条。

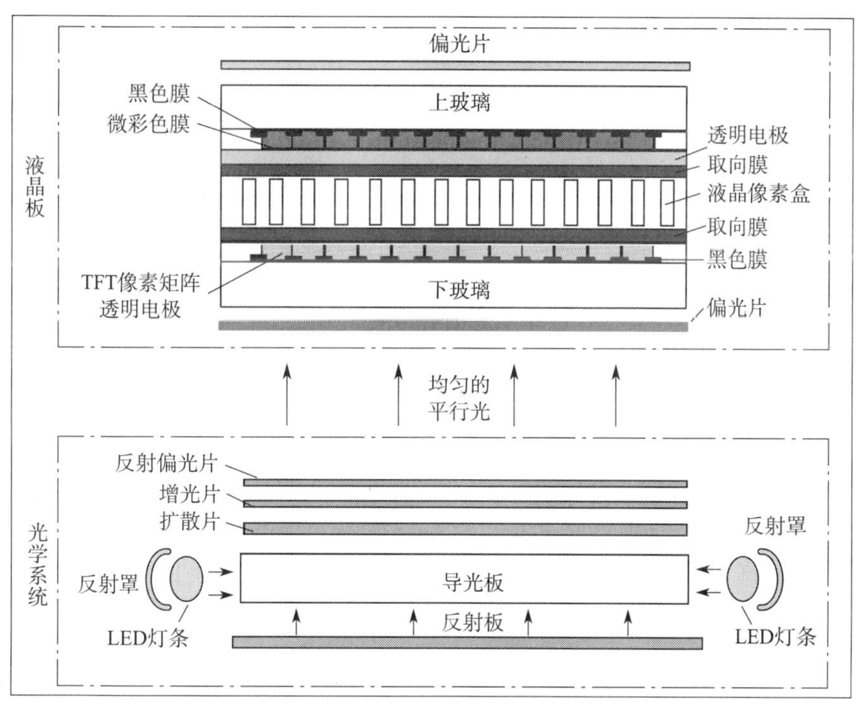


图 2–1–1　液晶板和光学系统的组成结构

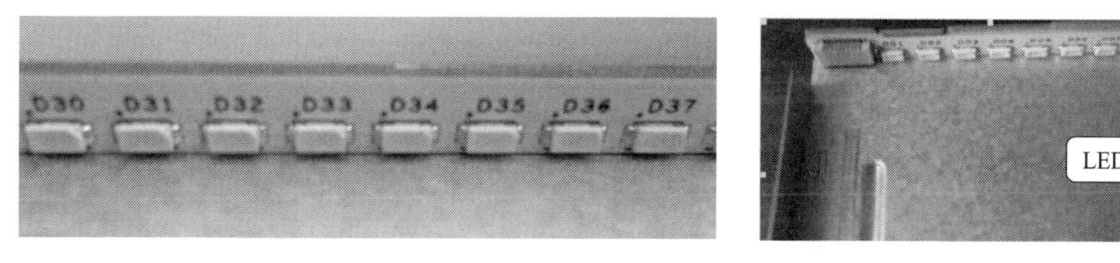


a）　　b）

图 2–1–2　LED 灯条及其安装位置

a）LED 灯条　b）安装位置

（2）反射板

反射板（图 2–1–3）安装在液晶屏光学系统的最底部，是一个由有机材料制成的平面反射镜，其作用是把 LED 灯条所发出的光往导光板方向反射，以提高光的利用率。

图 2–1–3　反射板

（3）导光板

导光板是用特殊的有机材料制成的一种透明薄板，厚度约 2 mm，呈长方形，结构如图 2–1–4 所示。导光板一面光滑，一面较粗糙，是一个粗糙度较大的漫反射镜。导光板的作用是使光线发生漫反射，让光线均匀化，并引导光线进入散射板（扩散片），以提高光的利用率和屏幕亮度。

图 2–1–4　导光板

（4）散射板

散射板又叫扩散片，是用特殊的有机材料制成的一种透明薄板，厚度约 0.2 mm。散射板一面光滑，一面较粗糙，是一个粗糙度较小的漫反射镜。散射板的作用是让进入的光线再次产生漫反射，使光的分布更加均匀化。

（5）增光片

增光片也是用特殊的有机材料制成的一种透明薄板，厚度约 0.2 mm。增光片实际上是一个很薄的凸透镜，其作用是使漫反射之后的入射光成为平行光，再射向反射偏光片与液晶板。

（6）反射偏光片

反射偏光片也是用特殊的有机材料制成的一种透明薄板，厚度约 0.2 mm。反射偏光片的作用是把液晶板逆反射回来的光通过偏光作用再反射回液晶板中，以提高光的利用率。

**2. 液晶板**

液晶板一般与驱动电路板连在一起，成为一个整体，不可再分解、拆卸。液晶板如果损坏，只能与驱动电路板一起整体更换。液晶板与驱动电路板如图 2–1–5 所示。

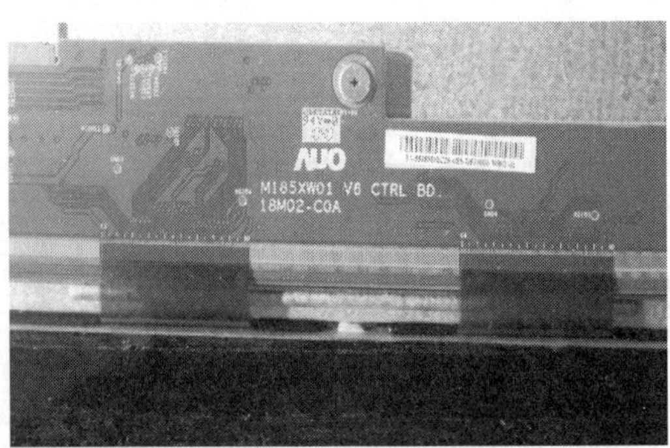


图 2–1–5　液晶板与驱动电路板

液晶板由一对偏光片，上、下玻璃，一对透明电极，一对取向膜及液晶材料组成。

（1）偏光片

偏光片又称为偏振片，上、下各一块，紧贴在上、下玻璃板的表面。下偏光片的作用是将光学系统入射的自然光过滤变成偏振光。上偏光片的作用是根据液晶分子的扭转情况，配合下偏光片，控制偏振光的通过（上、下偏光片的偏光方向在空间呈正交关系，与各像素点的液晶体构成光阀，从而控制各像素光的通过），使各个像素点出现图像。

（2）上、下玻璃

上玻璃的作用之一是作为封装液晶材料的盒，另一个作用是在其下表面蒸镀微彩色膜、黑色膜与透明电极。

下玻璃的厚度约 1 mm，作用之一是作为封装液晶材料的盒，另一个作用是在其上表面蒸镀一层透明的导电层，这一导电层又被分割成互相绝缘的许多小块，每一小块对应一个子像素点，在每一小块上用光刻加工的方法制成透明的像素图形（场效应管的电极）及外引线图形，外引线通过导电薄膜带与外部的驱动电路进行连接。

（3）透明电极

透明电极由透明的导电材料蒸镀而成。

下透明电极为 TFT 电极，每个子像素点都有一个各自独立的 TFT 电极，每个 TFT 电极构成一个场效应管，其栅极加行驱动脉冲信号，源极加该像素点的图像电压（模拟电压值）。场效应管导通后，该像素点的图像电压即从漏极输出，与公共电极之间形成一个像素点电场，控制该像素点液晶分子的扭转，形成明暗像素点。

上透明电极以整体形式作为公共电极，各个子像素点的 TFT 电极虽然是分开的，但公共电极则可被各个像素点共用。

（4）取向膜

取向膜又叫作定向层，上、下各一块，其槽齿呈正交排列，使液晶分子沿液晶像素盒内的上、下两块玻璃表面平行排列，但在上、下两块玻璃之间，液晶分子又呈 90° 扭转排列。

（5）微彩色膜

微彩色膜紧贴在各小块公共电极表面，通过蒸镀工艺加工而成，对穿过各子像素液晶体的白色偏振光进行过滤，使之成为基色光。当微彩色膜为红色时，取出的是 R 色光（该像素点所加的电压为该像素点的 R 信号电压），该像素点即呈红色。G、B 基色像素点的产生方法与此相同。每三个基色子像素单元构成一个彩色像素。

（6）黑色膜

黑色膜是在各个分割的透明公共电极之间和各个 TFT 透明电极之间蒸镀上的一层黑色吸光材料，其作用是吸收散射光，提高对比度，类似 CRT 显像管的黑底技术。

## 二、彩色液晶屏的显像原理

从液晶板的结构可知，液晶屏显示彩色像素点的原理是，用每一个彩色像素点的 R、G、B 三基色电信号，分别去控制三个小液晶像素点（子像素）液晶分子的通光（白光）情况，再分别经过 R、G、B 彩色滤色膜进行滤光，让三基色光在空间相加，通过空间混色法显现彩色像素点。

### 1. 一个子像素点的显像原理

液晶板各个子像素点的显示，是由薄膜场效应晶体管来完成的。

（1）薄膜场效应晶体管的作用

薄膜场效应晶体管有 S、G、D 三个电极（图 2–1–6a），栅极 G 加入一高电平脉冲（被扫描选通脉冲）时，场效应管导通；源极 S 的信号电压（即图像信号电压）通过场效应管的漏极 D 输出，加到透明电极上。公共电极是各个子像素点共用的电极，一般是接地的，这样在透明电极与公共电极之间就出现了一个电场。由于两个电极之间夹有液晶材料，液晶分子在电场的作用下重新排列，成为一个光阀，从而控制偏振光的通光量。薄膜场效应晶体管的等效电路如图 2–1–6b 所示，C 是透明电极与公共电极之间总的等效电容，总容量约为 0.5 pF，R 为等效负载电阻。

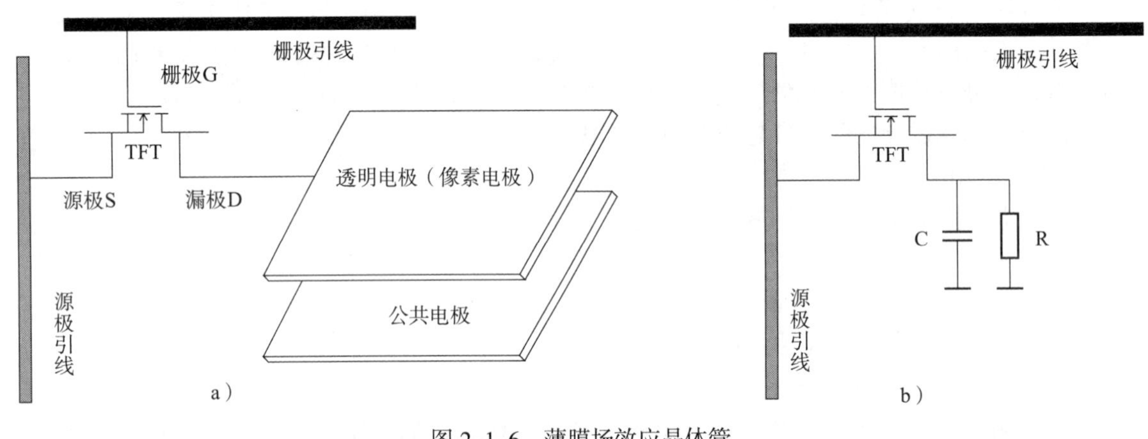


图 2–1–6　薄膜场效应晶体管

a）结构　b）等效电路

（2）显示一个黑白子像素点的组成结构

在液晶板中，显示一个黑白子像素点的组成结构，如图 2–1–7 所示。从图中可知，显示一个黑白子像素点的组成结构，主要包含左、右偏振片，一对电极，左、右取向膜以及液晶材料。

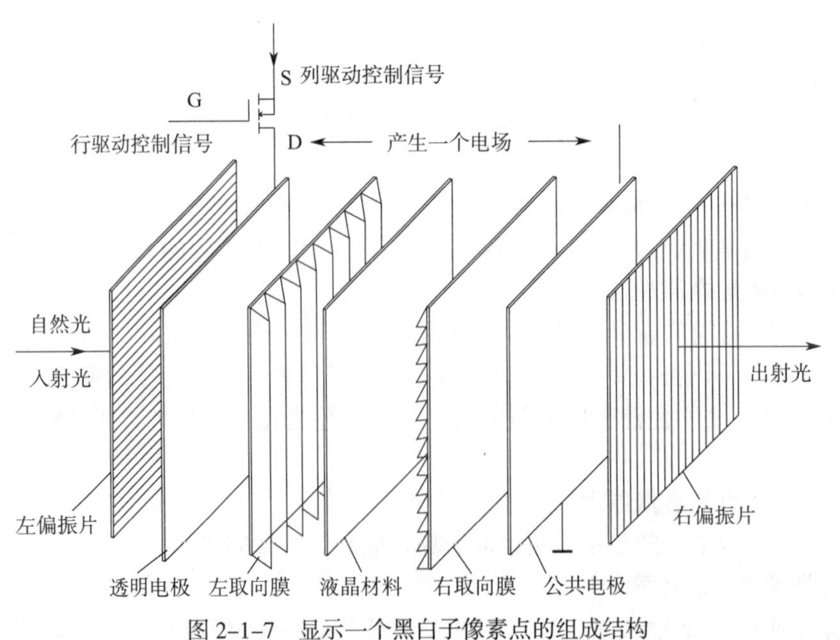


图 2–1–7　显示一个黑白子像素点的组成结构

左偏振片的作用是将背光系统照射过来的自然光变为偏振光；左、右取向膜上的槽是相互垂直的，其作用是强迫液晶分子长轴产生 90° 的连续扭转状态；右偏振片的作用是只让入射光中产生 90° 扭转的偏振光出来；透明电极与公共电极的作用是，在行驱动信号电压和列驱动信号电压的作用下，在液晶分子间产生一个电场，控制液晶分子的通光情况，从而出现明暗和灰度均不同的像素。

**2. 一个彩色像素的显像原理**

（1）一个基色像素的显像原理

一个像素要出现彩色效果，根据三基色原理，就应该让红、绿、蓝三基色光按一定比例相加。

如何产生一个像素的三基色光呢？可以用一个彩色像素的三个电信号之一，如 R 基色电信号，控制一个薄膜场效应管，即控制其液晶分子是否通光及通光多少。通过的光虽然是白光，但当这束白光经红色滤光片滤光后，就会出现该彩色像素的红基色光。图 2–1–8 所示为红基色像素的产生方法，其表示用一个像素的红基色信号控制场效应管的通光情况，再用红色滤光片进行滤光，产生红基色像素点的情况。

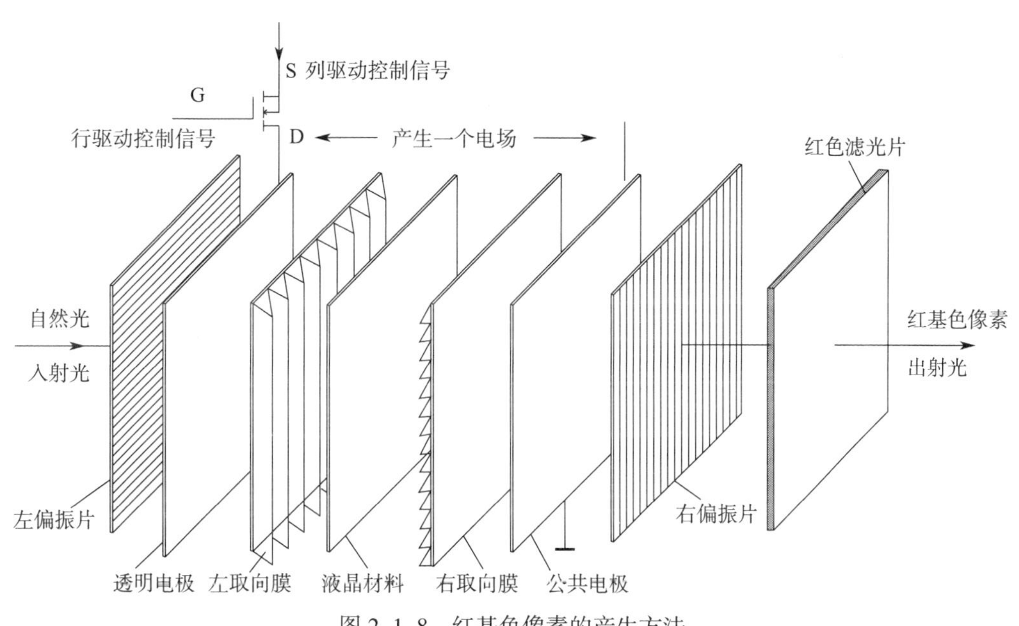


图 2–1–8　红基色像素的产生方法

（2）一个彩色像素的显像原理

如果用一个彩色像素三个基色的电信号分别控制三个场效应管的导通情况，所通过的光再分别经过 R、G、B 滤光片滤光，再令其在空间相加并混合，就会出现一个彩色像素，不同比例的三基色光相加并混合的结果就可以产生成千上万种彩色。即每一个彩色像素点都是由 R、G、B 三个子像素构成的，一个分辨率为 768 行、1 024 列的显示屏，共可显示 768 × 1 024=786 432 个彩色像素，而每个彩色像素点又由 R、G、B 三个子像素构成，这样共有 786 432 × 3=2 359 296 个子像素，共要 2 359 296 个场效应管来驱动。

（3）一个彩色像素电极的连接方法

在彩色液晶屏中，一个彩色像素电极的连接方法如图 2–1–9 所示。每一个彩色像素的

R、G、B 三个子像素在空间上呈水平排列，三个子像素的栅极是连在一起的，同时导通或同时截止，而一个彩色像素的 R、G、B 三个基色信号是分别加在三个场效应管的源极上的，构成一个彩色像素电极的空间排列。

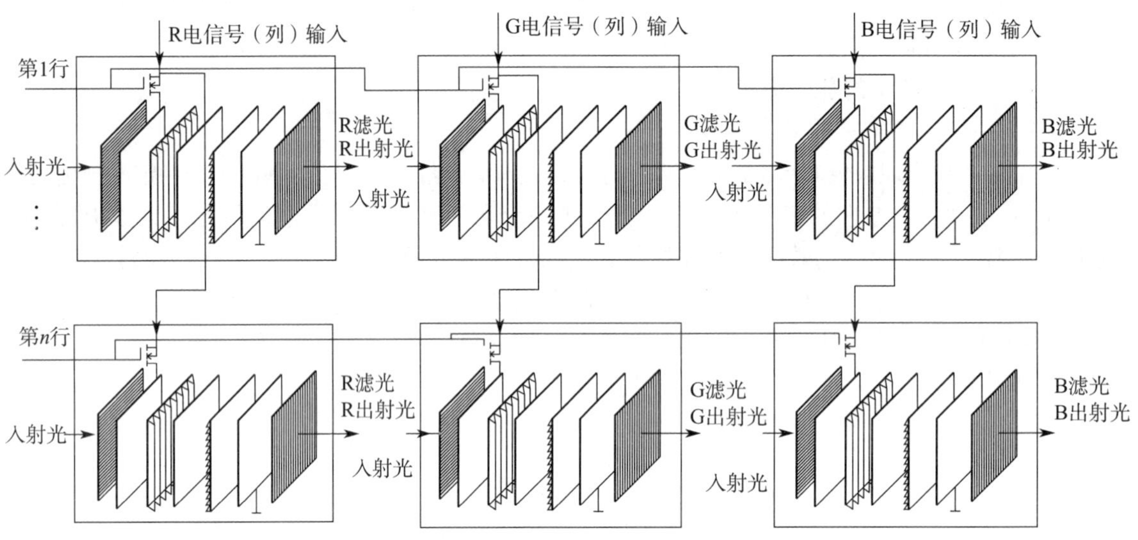


图 2-1-9　一个彩色像素电极的连接方法

（4）彩色液晶屏中各个彩色子像素电极的连接方法

在彩色液晶屏中，各个彩色子像素电极的连接方法为，同一行上各个子像素的栅极是连在一起的，一般用“行电极母线”来表示；同一列上各个子像素的源极是连在一起的，一般用“列电极母线”来表示；各像素的漏极则是互相独立的，用“透明像素电极”来表示。图 2-1-10 所示为两行、三列子像素的连接情况。

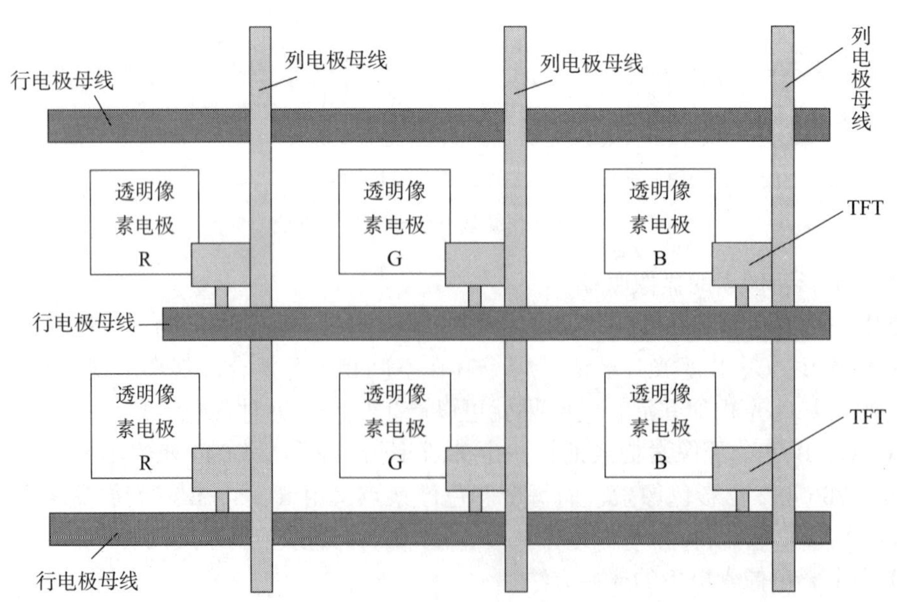


图 2-1-10　两行、三列子像素的连接情况

（5）彩色液晶屏中 R、G、B 三基色像素在空间的排布规律

一台液晶彩色电视机的液晶屏，其有源矩阵 R、G、B 三基色像素在空间的排布情况如图 2-1-11 所示（大多数液晶屏都遵循此排布规律）。

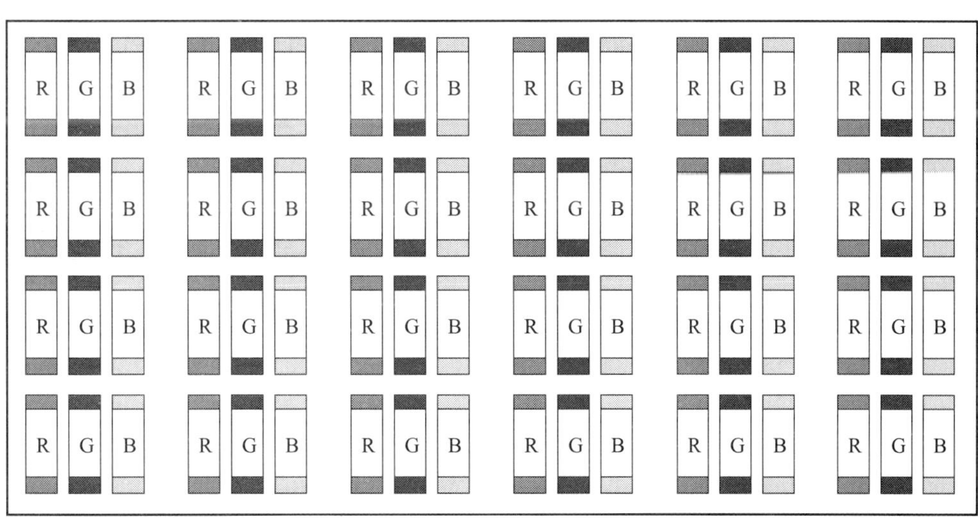

图 2-1-11　液晶屏有源矩阵 R、G、B 三基色像素在空间的排布情况

**3. 彩色液晶屏图像像素的驱动方法**

在液晶分子的两透明电极之间施加电场，以改变液晶分子对光的透射率，称为对液晶像素的驱动。

（1）液晶屏像素的驱动原理

液晶屏像素的驱动原理如图 2-1-12 所示。在各行（$X_1$，$X_2$，$X_3$，…，$X_n$）的栅极母线上按时序依次加入一正向的高电平脉冲（相当于行扫描），由于一行内各像素的栅极是连在一起的，当某一行高电平到来时，该行各像素全部都被选通。此时，若 $Y_1$，$Y_2$，$Y_3$，…，$Y_m$ 某列的源极母线上有信号电压输入，该列也全部被选通。这样，在被选通的行、列电极交叉点上的子像素就被选通。被选通的子像素电极的场效应管，其漏极与公共电极之间就产生了电场，该子像素的通光情况就被控制，从而产生图像效果。

应当注意的是，就一行的像素而言，每一行像素在每帧图像中只被选通一次，每一行像素被选通之后，该行各列的电信号是同时加上去的，这样一行的图像就出现了。就一列的像素而言，每一列像素则每行都要被选通一次，只有这样，才能出现一帧图像。

（2）行 / 列驱动脉冲信号的极性问题

由图 2-1-12 可知，行 / 列驱动脉冲信号的极性是不同的。行驱动脉冲信号的极性是单极性的高电平脉冲，逐行按时序依次加入，对一行的像素起选通作用。

列驱动脉冲信号不是单极性的。同一帧的图像，相邻各列的同一行的像素，其驱动脉冲的极性是相反的，如 $Y_1$、$Y_2$ 列驱动脉冲的极性就是相反的。如果第 1 帧图像第 1 列（$Y_1$）的各像素（$X_1$，$X_2$，$X_3$，…，$X_n$ 各行的第 1 个像素）都用负脉冲来驱动，则在驱动第 2 帧图像时，第 1 列的各像素都要用正脉冲来驱动，即列驱动信号采用正、负脉冲交替来进行驱动。

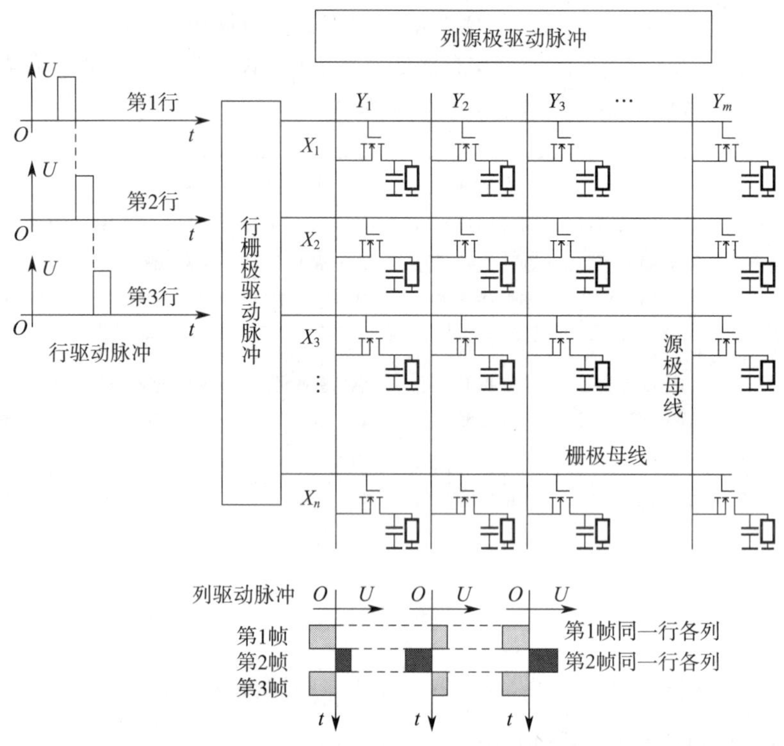


图 2-1-12　液晶屏像素的驱动原理

为什么要采用这种方法来进行液晶像素的列驱动呢？这是因为液晶分子是极性分子，如果一直处在单一极性电场的作用下，会发生电解反应，从而失去旋光作用，液晶屏就无法再使用。为了防止出现这种情况，就应该采用交替驱动法，让同一个像素在第 1 帧与第 2 帧（即相邻两帧）的驱动电压极性相反，这样不断地倒相变化，就能让液晶分子正常工作。

（3）改变液晶电视机图像（像素）对比度的方法

由主电路板送往彩色液晶屏驱动电路中的信号是数字信号，数字信号经 D/A 转换变为模拟电压，将同一个像素的 R、G、B 模拟电压分别加到同一个像素的 R、G、B 三个驱动电极上，作为外加电场的电压。

当调整电视机的对比度时，R、G、B 三基色信号的幅度就会不同，加在 R、G、B 驱动电极上的脉冲幅度也就不同，液晶分子的外加电场大小与通光情况随之被改变，从而实现图像对比度的调节。

## 三、彩色液晶屏的使用注意事项

彩色液晶屏是液晶电视机的关键部件，价格较高，使用不当时极易损坏，使用时应注意以下五个方面的问题：

1. 保持表面清洁。接触彩色液晶屏表面时，最好戴橡胶手套；表面有灰尘时，要用柔软且不带静电的布轻抹。

2. 不要用力按压液晶面板的表面，否则会损坏偏光片等器件，使彩色液晶屏永久损坏。

3. 彩色液晶屏只可在室温下使用，在温度过高或过低的情况下（尤其是 0 ℃以下）使用会大大缩短其使用寿命。此外，不可让阳光直接照射彩色液晶屏。

4. 注意防水。水会导致短路，从而烧坏彩色液晶屏的驱动电路。
5. 远离腐蚀性气体。腐蚀性气体会导致光学系统损坏。

## 实训 1　认识彩色液晶屏

### 实训目的

1. 进一步熟悉彩色液晶屏的结构。
2. 进一步熟悉彩色液晶屏驱动电路的结构与工作原理。
3. 能正确拆装彩色液晶屏。

### 实训设备与工具

废旧的彩色液晶屏，如废旧的计算机显示屏、液晶电视显示屏等，电视机常用维修工具。

### 实训内容与步骤

**一、识别彩色液晶屏光学系统和液晶板**

**1. 认识彩色液晶屏光学系统**

小心拆卸废旧彩色液晶屏的光学系统，认识光学系统的组成结构，重点认识反射板、导光板、扩散片、增光片、反射偏光片等部分的结构，包括如何区分不同的片、如何区分片的正反面、如何防止液晶屏漏光等。

**2. 认识液晶板**

小心敲开液晶板，认识液晶板的组成结构，观察液晶材料的颜色、流动性、对光的反应情况。

**二、认识彩色液晶屏驱动电路**

小心拆卸彩色液晶屏，观察液晶板与驱动电路的连接情况，包括行驱动信号和列驱动信号的连接方式、行驱动电路与列驱动电路的数量（即像素）等。

最后对已拆卸的彩色液晶屏进行安装。

## §2-2　液晶电视机整机电路的组成及信号流程分析

### 学习目标

1. 熟悉液晶电视机的特点。
2. 熟悉液晶电视机整机电路的组成。
3. 掌握液晶电视机主要电路的作用。
4. 能进行液晶电视机整机信号流程分析。

液晶电视机是由 CRT 电视机发展而来的，但液晶电视机的组成、结构及工作原理与 CRT 电视机相比，差别较大。

## 一、液晶电视机的特点

### 1. 液晶电视机与 CRT 电视机的对比

液晶电视机与传统的 CRT 电视机相比，既有相同点，又有很多独特之处，具体如下：

（1）整机电路组成不同

液晶电视机整机电路的组成，除高频头、公共通道、伴音通道、彩色解码器、开关电源、CPU 这几个部分的电路与 CRT 电视机相同外，其他电路的组成与原理是不相同的。除上述电路外，液晶电视机还有 A/D 转换电路、隔行 / 逐行转换电路、图像缩放处理电路等。

（2）液晶屏的结构与工作原理不同

CRT 显像管部分主要由电子枪、偏转线圈组件、荫罩板、荧光粉等组成，显像管是主动发光器件。液晶电视机的液晶屏则由背光源、偏振片、透明像素电极、公共电极、液晶体、彩色滤光片等部分组成。

液晶电视机产生图像的工作原理是，将各个像素的图像信号电压通过行电极母线和列电极母线，送入两电极母线相交叉处场效应管的栅极和源极，用场效应管漏极产生的电场控制各个液晶像素对光的通断，以产生图像。液晶屏本身不发光，它要依靠背光源发光才能显示图像。

（3）电、光性能参数不同

电、光性能参数主要是指分辨率、刷新率、亮度、对比度、时间响应、可视角度等参数，液晶电视机与传统的 CRT 电视机相比，这些参数的差别较大。

### 2. 液晶电视机的优、缺点

液晶电视机不存在 R、G、B 三基色像素的会聚问题，无枕形、梯形、平行四边形、弓形、线性等几何失真问题；不受地磁场影响，无 X 射线辐射；耗电小，可平板化，分辨率高。但液晶电视机也存在时间响应长、可视角度小等问题。

## 二、液晶电视机整机电路的组成

液晶电视机由模拟信号处理电路、数字信号处理电路、背光板电路、彩色液晶显示屏驱动电路、开关稳压电路这几大部分组成。

其中，模拟信号处理电路包括高频头电路、多路切换与视频解码电路、伴音信号处理电路、微处理器等；数字信号处理电路包括 A/D 转换电路、逐行转换与运动检测电路、画面缩放处理电路、LVDS 编码器等。

为了减少电路之间的干扰，模拟信号处理电路与数字信号处理电路组合在一起，构成一个主电路板，而背光板电路、开关稳压电路则分别设计在不同的电路板上。

液晶电视机整机电路的组成框图如图 2-2-1 所示。

上述组成框图中的多路切换与视频解码电路、A/D 转换电路、逐行转换与运动检测电路、画面缩放处理电路及微处理器等，都由一个超大规模的集成电路来完成，电路很简洁。

## 三、液晶电视机主要电路的作用

### 1. 高频头电路

液晶电视机的高频头接收天线的高频电视信号，对高频电视信号进行高频放大、混频、

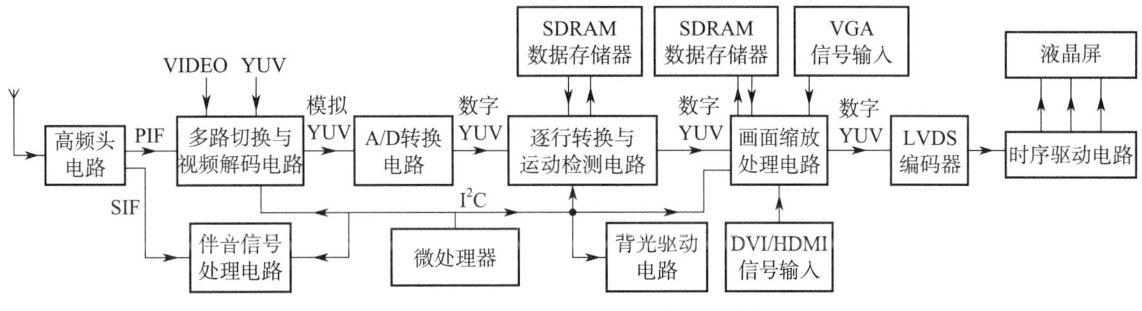

图 2–2–1 液晶电视机整机电路的组成框图

滤波、中放、自动增益控制和自动频率控制等处理后，再经过 A/D 转换数字化处理，输出一对差分数字中频信号，送往主芯片电路进行处理。

**2. 多路切换与视频解码电路**

液晶电视机输入的模拟图像信号主要有高频头电路送来的图像中频（PIF）信号，机外孔送来的 YUV 信号和 VIDEO 信号。液晶电视机输入的数字图像信号主要是 HDMI 信号和 USB 信号。多路切换与视频解码电路的作用是，在 $I^2C$ 总线的控制下，对输入的各种图像信号和伴音信号进行选择与处理。如果选出的是 VIDEO 信号，则要在数字梳状滤波器的配合下，解码成模拟 YUV 信号后，才能送往后级的 A/D 转换电路。

**3. A/D 转换电路**

A/D 转换电路的作用是，在微处理器 $I^2C$ 总线的控制下，对模拟 YUV 信号进行模数转换，输出 8 位 Y、8 位 U 和 8 位 V 数字信号（3×8 共 24 位），以及行、场同步信号与时钟控制信号。

**4. 逐行转换与运动检测电路**

逐行转换与运动检测电路的作用是，把 3×8 位隔行格式的 YUV 数字信号转换为 3×8 位逐行格式的 YUV 数字信号。一般在转换过程中采用具有运动补偿功能的方法，该方法既能把隔行信号转换为逐行信号，又能达到运动补偿的目的，从而改善图像的画质。

**5. 画面缩放处理电路（分辨率调整电路）**

信号的格式（分辨率）是多样的，如天线信号进行 A/D 转换后的格式：PAL 制亮度信号 Y 为 720（列）×576（行），两个色差信号 U、V 都为 360（列）×576（行）；计算机主机、数字电视机顶盒等输出信号的格式：VGA 信号的格式为 640（列）×480（行），HDTV 信号的格式为 1 920（列）×1 080（行）等。信号的格式不同，分辨率也是不相同的。

对某一成品液晶电视机而言，显示屏的尺寸是固定的，其行、列像素的数也是固定的，即其分辨率是固定的。画面缩放处理电路的作用是，在 $I^2C$ 总线的控制下，把接收到的不同格式的信号转换为液晶屏固有的分辨率（格式）并输出各种同步信号。

**6. LVDS 编码器**

LVDS 编码器的作用是，把画面缩放处理电路输出的 RGB 图像信号、时钟控制信号等多路并行信号转换为低电压串行差分信号，然后通过柔性排线送到液晶屏驱动电路中，液晶屏驱动电路先把 LVDS 信号还原成并行的信号，再送往后级的定时控制器与行列驱动电路，以完成行、列像素的驱动。

7. 背光驱动电路

液晶材料本身是不发光的，需要有背光源照射并控制液晶分子的旋光才能出现图像。背光驱动电路的作用是，把输入的 12 V 直流低压逆变为电压较高、可调的直流电压，以点亮 LED 背光灯并进行亮度调节。

## 四、液晶电视机整机信号流程分析

下面以 TCL–L19P21 型液晶电视机为例，对液晶电视机整机信号流程进行简要分析。

1. 液晶电视机的输入信号

目前生产的液晶电视机都往多功能、智能化的方向发展，既可以作为电视机，又可以作为监视器来使用，可以输入多种信号。

（1）天线信号 ATV（RF IN）。输入信号支持 PAL–B/G、D/K、I 格式。

（2）数字高清信号。图像信号从 HDMI 插孔输入，支持 480i/p、576i/p、1 080i/p 格式输入（i 为隔行格式信号，p 为逐行格式信号）。伴音信号则从 YUV 与 RL 输入孔中的 R、L 孔输入。

（3）VGA 信号。图像信号从 VGA 孔输入，伴音信号从 AV2 的 R、L 孔输入。

（4）模拟高清 YUV 亮色信号（支持 480i 到 1 080p）。图像信号从 Y、U、V 孔输入，伴音信号从 R、L 孔输入。

（5）两路 AV 信号。一路从后盖的 AV2 孔输入，一路从边上的 AV1 孔输入。

（6）USB 信号。输入信号用于播放图片和音乐。

液晶电视机各输入信号端口的位置如图 2–2–2 所示。

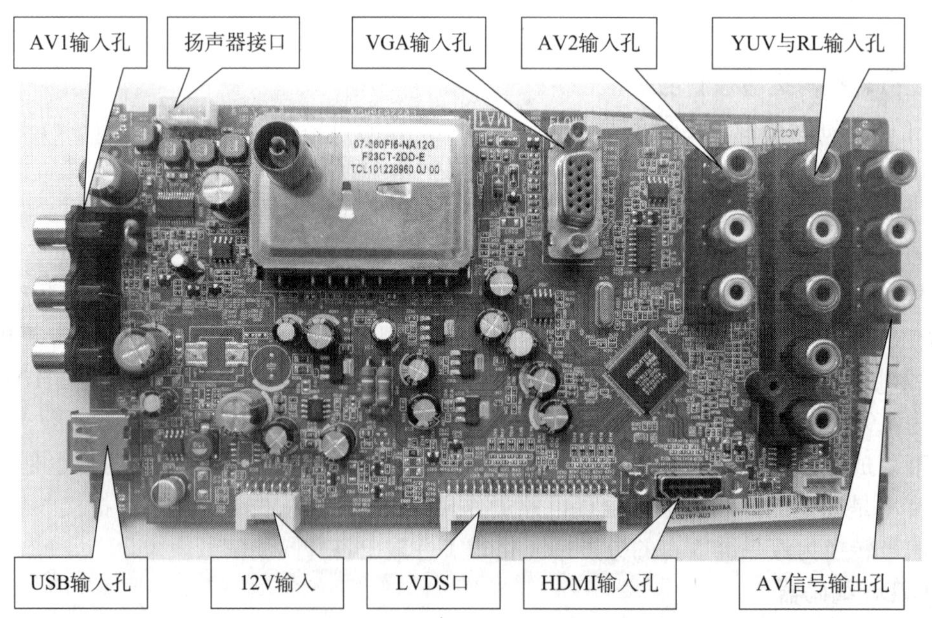


图 2–2–2　液晶电视机各输入信号端口的位置

2. 主要元器件的作用

机芯电路板上主要元器件有各个 IC、高频头等，其作用及位置如图 2–2–3 所示。

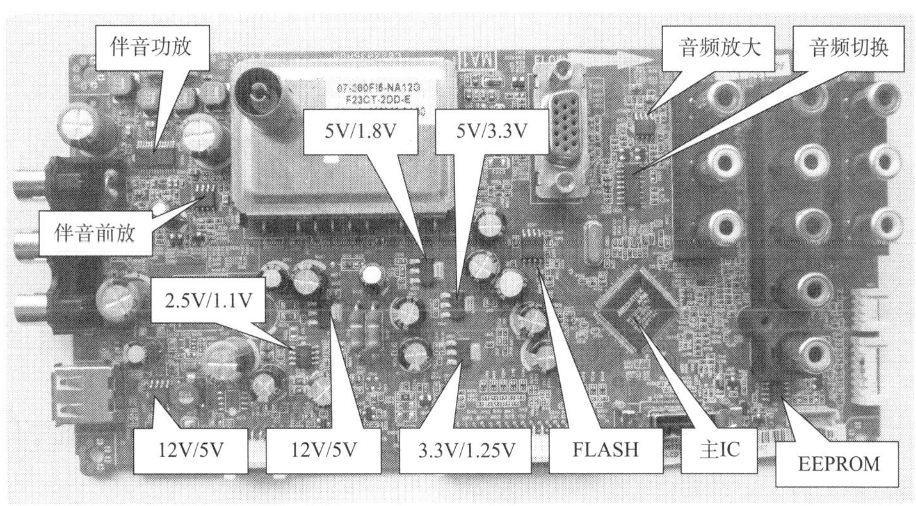


a）

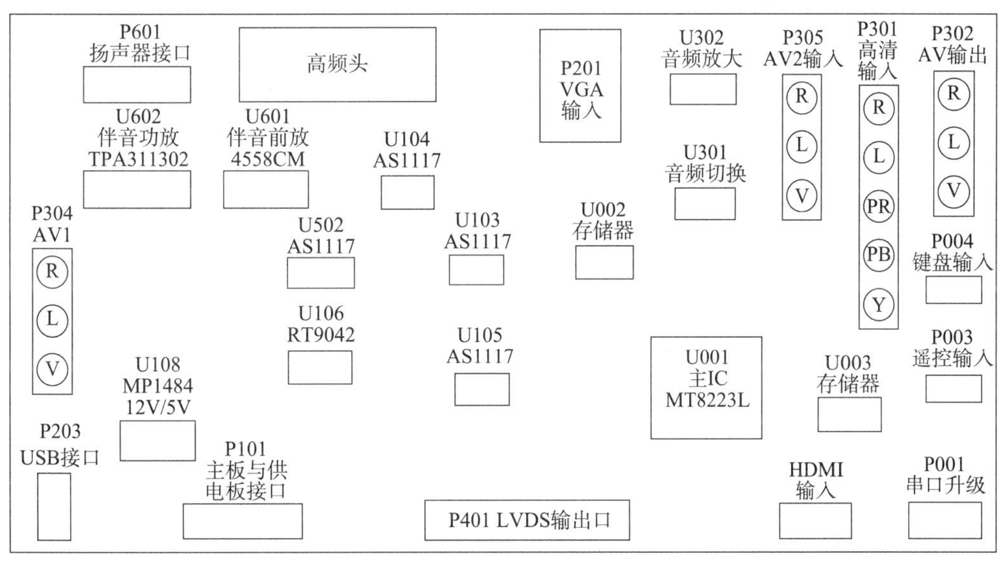


b）

图 2-2-3　液晶电视机主要元器件的作用及位置

a）液晶电视机主要元器件的作用　b）液晶电视机主要元器件的位置

### 3. 整机的信号流程

液晶电视机整机的信号流程主要是指主电路板的信号流程。目前生产的液晶电视机都采用嵌入式、超大规模的 IC 来完成信号的处理。TCL-L19P21 型液晶电视机采用 MT8223L 集成电路来完成整机信号的处理。

（1）由 MT8223L 组成的液晶电视机信号流程

采用 MT8223L 组成的液晶电视机整机机芯，芯片外部各种输入信号与输出信号的信号流程如图 2-2-4 所示。

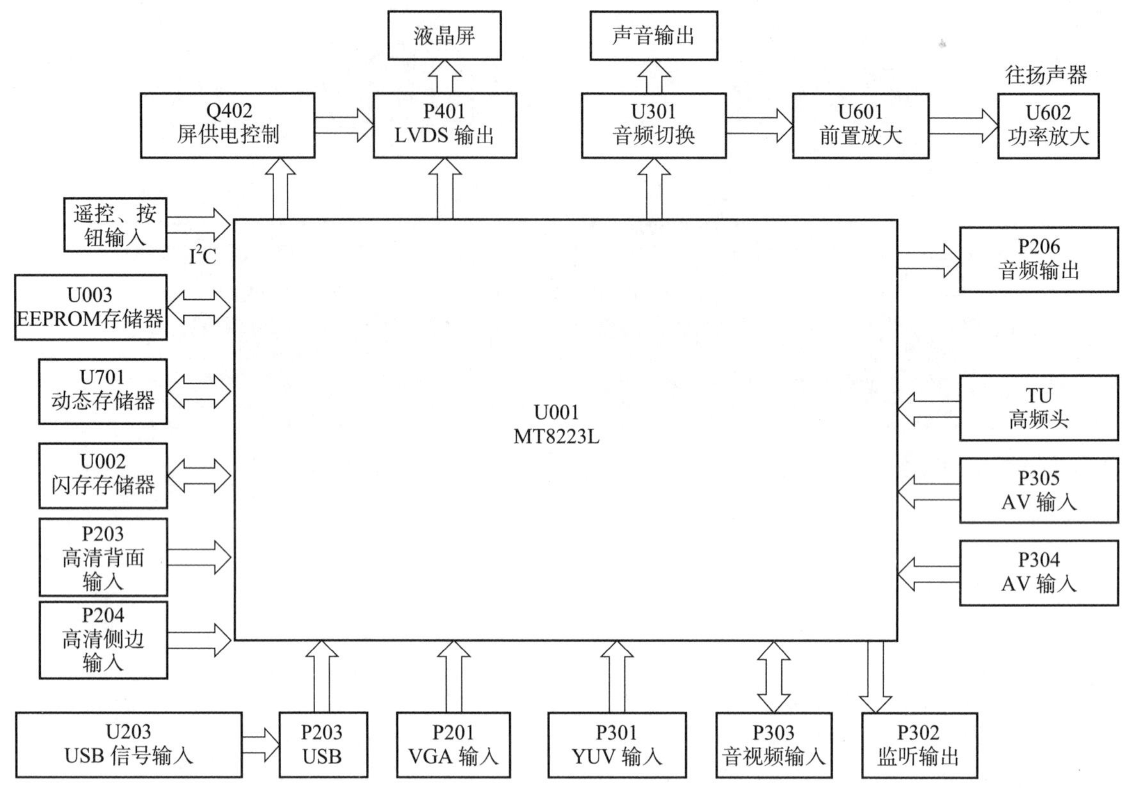

图 2–2–4　芯片外部各种输入信号与输出信号的信号流程

（2）液晶电视机整机 $I^2C$ 总线控制流程

由 MT8223L 组成的液晶电视机，其整机 $I^2C$ 总线控制流程如图 2–2–5 所示。由图可知，一共挂了 6 对总线，分别对 HDMI、VGA、EEPROM、TUNER、FLASH 等电路进行控制。

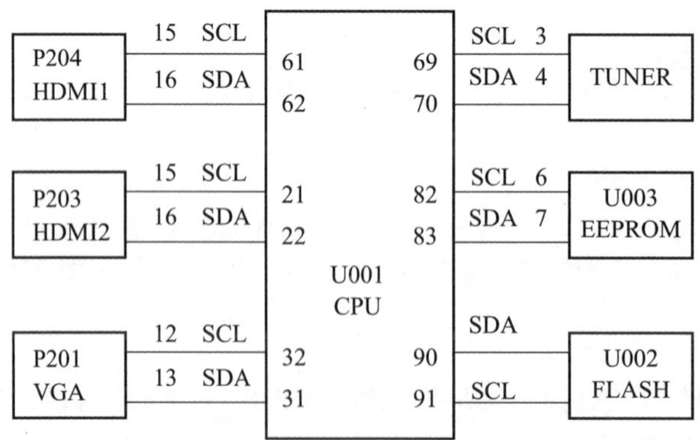

图 2–2–5　液晶电视机整机 $I^2C$ 总线控制流程

（3）液晶电视机整机供电流程

液晶电视机整机供电的变化情况如图 2–2–6 所示。电网 AC 220 V 经过稳压变换后，输出 DC 12 V 的电压，供整机使用。DC 12 V 电压又经过多个电路，变换为 5 V、3.3 V、1.8 V、

1.25 V、1.1 V 的电压，给各处电路使用。

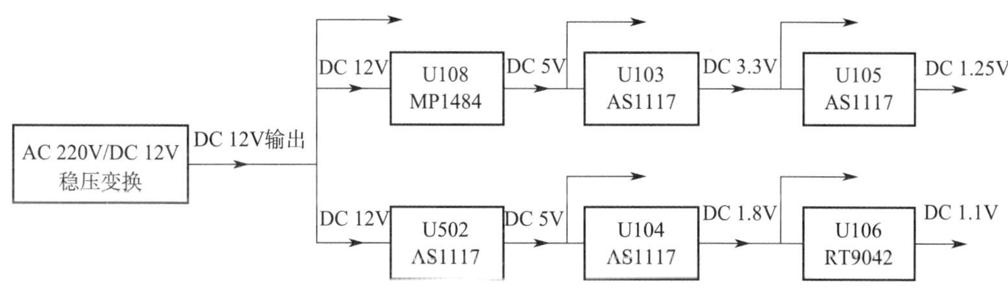


图 2-2-6　液晶电视机整机供电的变化情况

## 实训 2　认识液晶电视机整机电路的组成

### 实训目的

1. 进一步熟悉液晶电视机整机电路的组成。
2. 熟悉液晶电视机主要元器件的作用和信号流程的识读方法。

### 实训设备与工具

液晶电视机、防静电工具、电视机常用维修工具、双踪示波器、实训指导书等。

### 实训内容与步骤

在给定的液晶电视机机芯电路板上，找出下列各组成电路及部件：

1. 开关稳压电路。
2. 高频头电路。
3. 各种信号的输入电路（包括天线输入、AV1 声图输入、AV2 声图输入、VGA 声图输入、HDMI 声图输入、USB 输入、面板按钮信号输入、遥控信号输入等电路）。
4. 伴音通道电路（包括信号流程、扬声器的连接等）。
5. 各种 IC（包括 CPU、存储器、各种接口电路、稳压电路的识读）。
6. 背光驱动电路（认清其输入、输出连接线和工作的 IC 等）。
7. LVDS 连接线（认清连接方式及连接线的编号）。
8. 液晶屏（包括型号、参数等的识读）。

## §2-3　开关稳压电路分析与故障检修

### 学习目标

1. 熟悉 FAN6754 的引脚功能及应用电路。
2. 掌握开关稳压电路的工作原理。

3. 熟悉开关稳压电路的常见故障及检修方法。

4. 能进行开关稳压电路电参数测试与故障检修。

开关稳压电源以其转换效率高、易于模块化设计、质量轻、体积小等优点，被广泛应用于各类电子设备中。一般的 LCD TV 的稳压电路都是把电网提供的 220 V/50 Hz 交流电压转换为 5 V 或 12 V 的直流电压输出，向 LCD TV 各电路供电。

开关稳压电路由热地侧电路与冷地侧电路组成。热地侧电路主要由 AC 220 V 整流与滤波电路、主芯片振荡电路、开关管、稳压取样反馈电路等组成；冷地侧电路主要由整流与滤波电路、稳压取样电路等组成。

TCL-L19P21 型液晶电视机采用 FAN6754 作为核心元件来实现直流稳压输出。FAN6754 是高度集成的绿色模式 PWM 控制器，待机状态下的工作电流为 1.7 mA，PWM 信号的固定频率为 65 kHz，可线性地降低到 22 kHz。

## 一、FAN6754 的引脚功能及应用电路

### 1. FAN6754 的引脚功能

FAN6754 各引脚的名称及功能见表 2-3-1。

表 2-3-1　　FAN6754 各引脚的名称及功能

| 引脚 | 1 | 2 | 3 | 4 | 5 | 6 | 7 | 8 |
|---|---|---|---|---|---|---|---|---|
| 名称 | GND | FB | NC | HV | RT | SENSE | VDD | GATE |
| 功能 | 接地 | 输出反馈 | 空脚 | 启动电源 | 定时振荡 | 过流检测 | 供电 | 驱动信号输出 |

### 2. FAN6754 的应用电路

FAN6754 在 TCL-L19P21 型液晶电视机中的实际应用电路如图 2-3-1 所示。

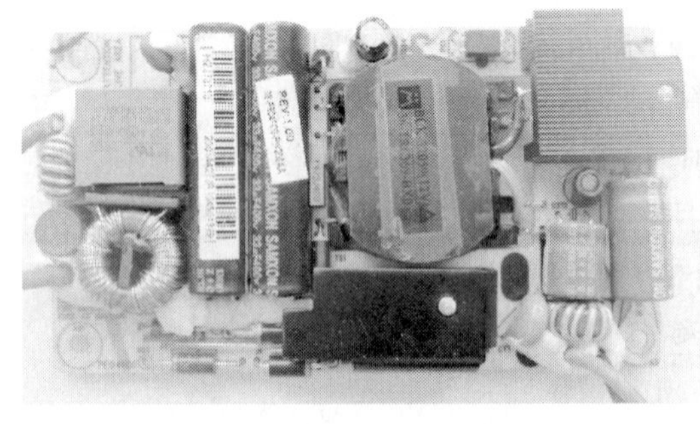

a）

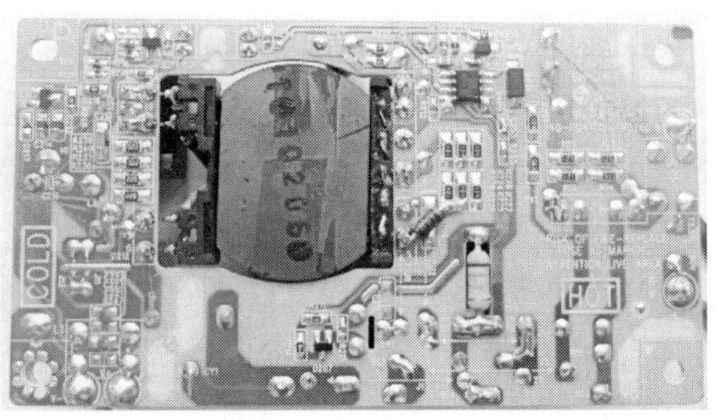


b）

图 2-3-1　FAN6754 在 TCL-L19P21 型液晶电视机中的实际应用电路

a）由 FAN6754 构成的开关稳压电路实物　b）由 FAN6754 构成的开关稳压电路印制板图

## 二、开关稳压电路的工作原理

### 1. 电源输入滤波电路的工作原理

公共的电源电网中往往存在不少的干扰信号，这些干扰信号应该滤掉，不让其进入开关稳压电路；另外，开关稳压电路本身也会产生干扰信号，这些干扰信号也应滤掉，不让其进

入公共的电源电网。故开关稳压电路都设置有电源输入滤波电路，用于滤掉各种干扰信号。

电源输入滤波电路是一个典型的低通滤波器，能使开关电源产生的高频脉冲干扰经过它后得到极大的衰减，能较好地滤除来自电网的干扰，使其符合 FCC、CE 等标准。TCL-L19P21 型液晶电视机电源输入滤波电路如图 2-3-2 所示。

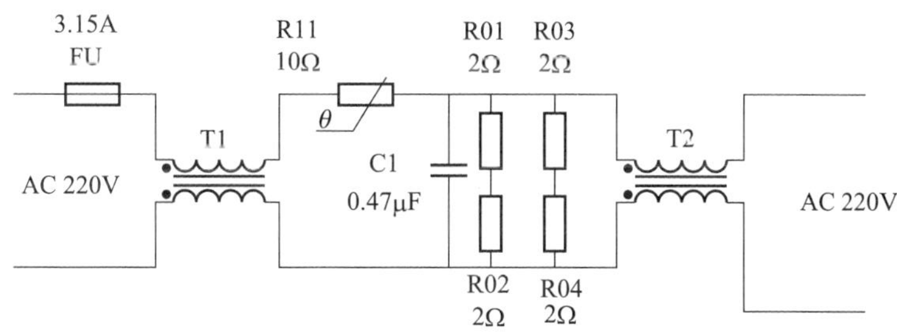


图 2-3-2 TCL-L19P21 型液晶电视机电源输入滤波电路

T1、T2 为共模扼流圈，它们是绕在同一个磁环上的两只独立的线圈，圈数相同，绕向相反，在磁环中产生的磁通相互抵消，磁芯不会饱和，主要用于抑制共模干扰，即火线和零线分别与地之间的干扰，电感值越大，对低频干扰抑制效果越好。C1 为差模滤波电容，主要用于抑制差模干扰，即抑制火线和零线之间的干扰，电容值越大，对低频干扰抑制效果越好。为了提高滤波效果，有时稳压电路有多个滤波电容。

FU 为熔断器。R11 为负温度系数热敏电阻。R01、R02、R03、R04 对抗干扰电容的电荷起泄放作用，可在关机后迅速消耗掉 C1 存储的电能，快速恢复差模电容的功能。

**2. 开关稳压电路的启动原理**

参考图 2-3-3，分析开关稳压电路的启动原理。

（1）FAN6754（U400A）启动的供电

接通 AC 电源后，电网的一条线经 R251、R252 串联分压和 D251 半波整流后加到 FAN6754 的 4 脚，再通过地线、二极管 D3，与电网的另一条线构成回路，完成启动端的供电。

（2）场效应管 Q1 漏极 D 的供电

AC 电源经 D1、D2、D3、D4 整流和电容 CE1、CE2 滤波后，通过开关变压器 TS1 的一次侧绕组后，加到场效应管 Q1 的漏极，完成供电过程。

上述两处供电正常后，开关稳压电路开始启动工作。

（3）FAN6754 正常工作时的供电

开关稳压电路启动后，TS1 另一个绕组感应的电压经 D252 整流、R245 与 R246 限流、电容 C254 与 C256 滤波后，加到 FAN6754 的 7 脚，作为 FAN6754 正常工作的供电。

**3. 各种保护电路的工作原理**

TCL-L19P21 型液晶电视机开关稳压电路有电网过压、电网欠压、开关管过流、开关管防击穿、12 V 稳压输出过流（负载短路）五个方面的保护功能，其电路如图 2-3-3 所示。

（1）电网过压与欠压保护的工作原理

稳压电路 FAN6754 的 4 脚 HV 端子输入的电压有两个作用，一是作为启动电压，二是作为判断电网电压是否正常的取样电压。当电网电压高于 260 V 或低于 180 V 时，过压保护

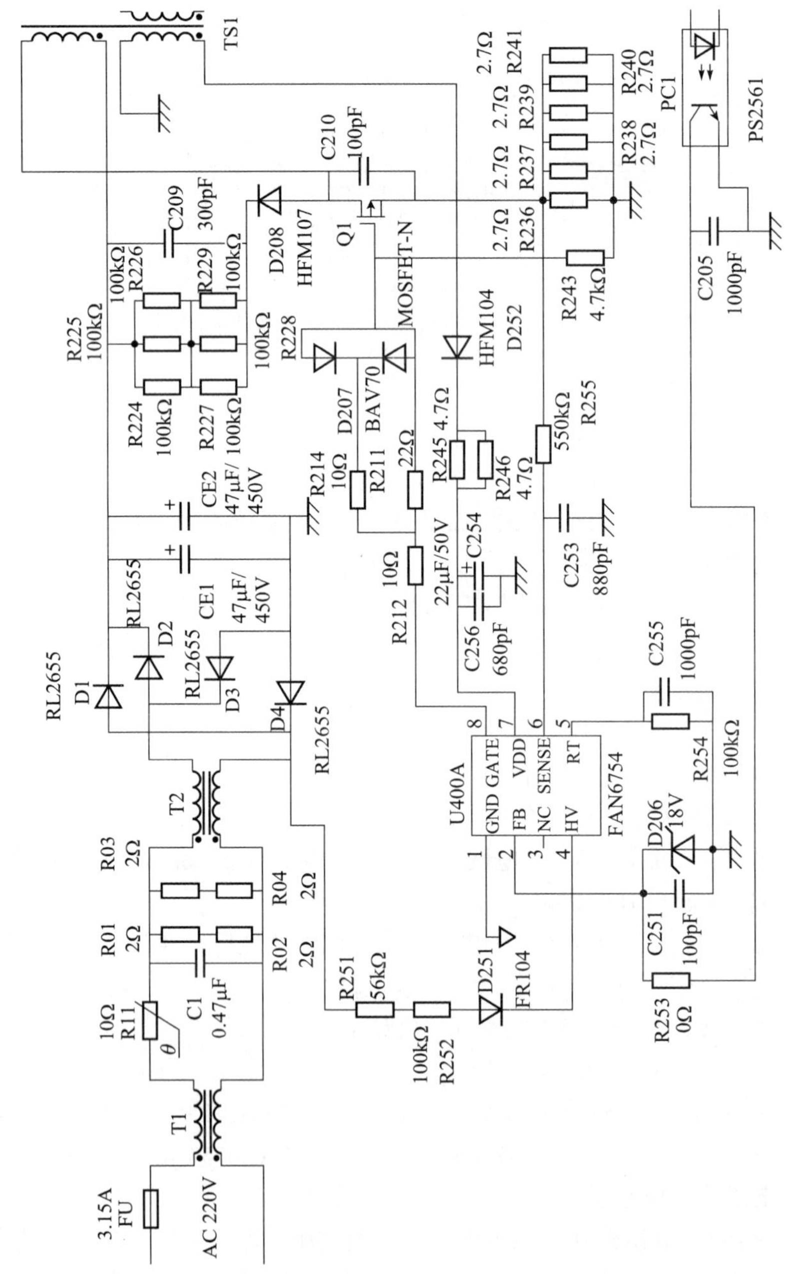


图 2-3-3　TCL-L19P21 型液晶电视机开关管过流、过压保护电路

或欠压保护比较器电路输出电平会翻转，使驱动信号停止输出，稳压电路不工作。

（2）开关管过流保护的工作原理

稳压电路 FAN6754 的 6 脚为开关管过流保护检测输入脚。电网整流后的电压，经过开关变压器一次侧绕组加到场效应管 Q1 的漏极，通过源极串接电阻后与地构成回路，源极电流在 R236、R237、R238、R239、R240、R241 上产生的压降就代表了开关管的工作状态，这个检测电压经过 R255 和 C253 积分后，加到 FAN6754 的 6 脚。稳压电路 FAN6754 的 6 脚内部有比较器电路，当检测到该脚电压过高时，比较器输出结果，使驱动信号停止输出，稳压电路不工作。

（3）开关管防击穿保护的工作原理

场效应管 Q1 是工作在开关状态的，因漏极串接有一次侧绕组，电流的通断会在绕组两端产生很高的感应电压，在开关管截止期间，该感应电压与电网电压相叠加后远超过 300 V，加在开关管的漏极上，极易使其击穿而损坏。为了防止出现这种情况，在开关管的漏极加上 R224、R225、R226、R227、R228、R229、D208、C209、C210 等元件，滤掉感应电压，从而起保护作用。开关管栅极所接的元件 R211、R212、R214、D207 为栅极偏置元件，其中，二极管 D207 起温度补偿的作用。

（4）稳压输出 12 V 过流（负载短路）保护电路的工作原理

FAN6754 的 2 脚 FB 端子输入的信号有两个作用，一是作为稳压输出 12 V 的取样信号，二是作为负载是否正常的取样信号。当该脚检测到的光电流下降过多时，内部比较器输出结果，使驱动信号停止输出，稳压电路不工作。

**4. 高精密度三端稳压集成电路 TL431**

很多开关稳压电路都采用高精密度三端稳压集成电路 TL431 作为稳压取样的基准元件，其相关知识如下：

（1）TL431 的等效电路、电路符号及封装引脚

TL431 是 TL 公司研制并开发的并联型三端稳压集成电路。由于其封装简单（外形与小功率三极管类似）、参数优越（高精度、低温漂）、性价比高，近年来在国际上已经得到了广泛应用。其等效电路图如图 2-3-4a 所示，内部比较放大器的基准电压为 2.5 V，电路符号如图 2-3-4b 所示，封装引脚如图 2-3-4c 所示。

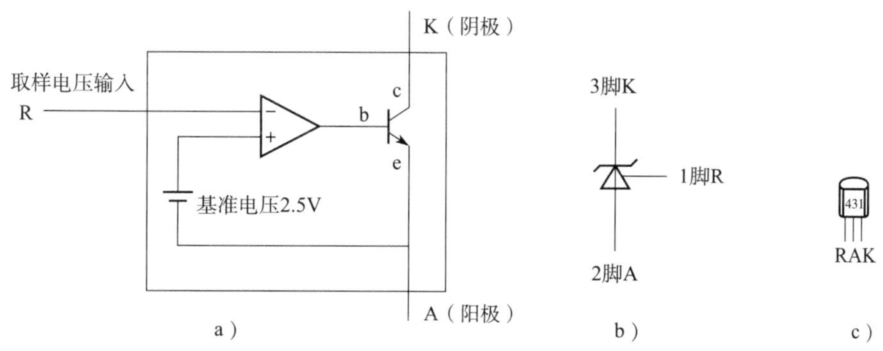


图 2-3-4 TL431 的等效电路图、电路符号及封装引脚

a）等效电路图 b）电路符号 c）封装引脚

（2）TL431 的特性

TL431 的作用与普通稳压二极管的作用非常类似，但普通稳压二极管的稳定性较差，负载能力小，输出的端电压是不能调节的（为固定电压），而 TL431 稳压元件基准温漂小，稳定性好，有一定的负载能力，且输出电压可以调节（通过改变 $R_1/R_2$ 的值，就能改变其输出的电压值）。稳压二极管电路与 TL431 电路如图 2–3–5 所示。

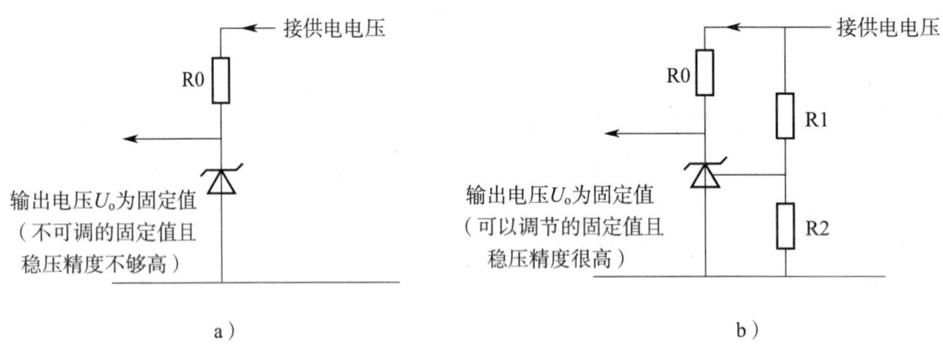


图 2–3–5　稳压二极管电路与 TL431 电路

a）稳压二极管电路　b）TL431 电路

TL431 的典型接线图如图 2–3–6 所示，输出电压由下式确定：

$$U_o=(1+R_1/R_2)\ U_R$$

其电压调节范围为 2.5 ~ 36 V。当 R1 短路或 R2 断路时，$U_o=U_R=2.5$ V（$U_R$ 为内部基准电压，2.5 V）。电流动态范围为 0 ~ ［（$U_i-U_o$）$/R_0-1$］mA。

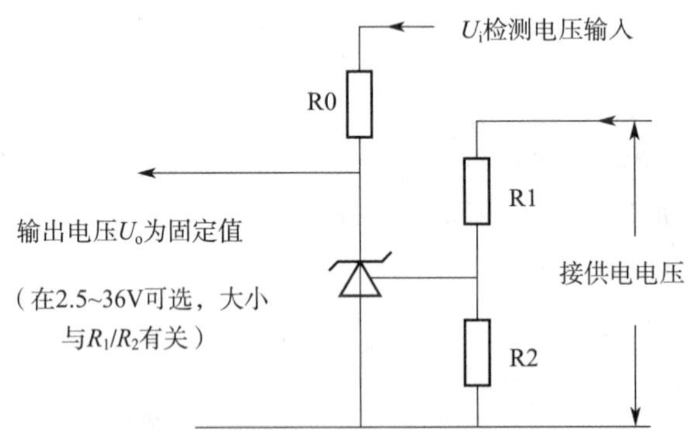


图 2–3–6　TL431 的典型接线图

（3）实际应用电路比较

利用光电耦合器与普通稳压二极管构成的稳压取样电路如图 2–3–7a 所示。该电路中，稳压二极管两端的电压不能改变，且稳压精度较差，故常用在要求不太高的场合。

高性能的开关稳压电路都采用 TL431 作为基准稳压元件，如图 2–3–7b 所示。图中用 TL431 输出的稳定电压作为光电耦合器内部发光二极管负极的电压，即作为基准电压固定不变，光电耦合器内部发光二极管的正极接检测电压。当开关稳压电路输出的电压发生变化时，光电耦合器内部发光二极管正极的电压就会发生变化，光电耦合器两端的压差随之发生变化，其发光强度就会改变，输出端的电流也就不同，从而完成稳压信号的检测。

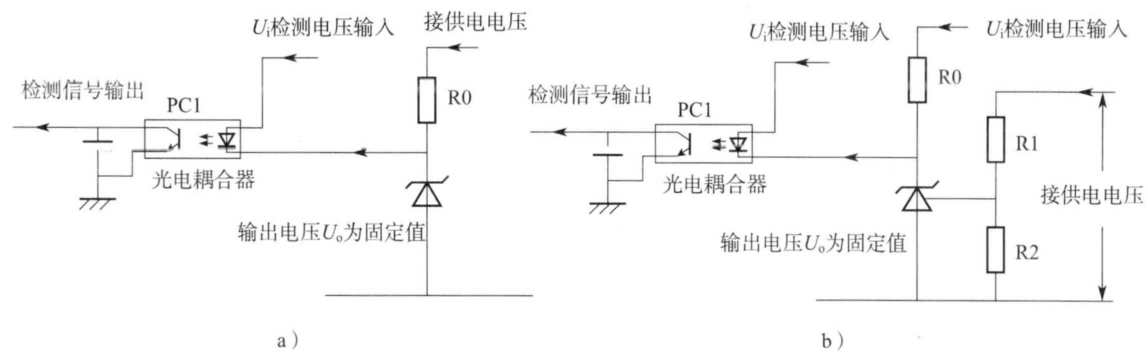


图 2–3–7 利用光电耦合器与普通稳压二极管构成的稳压取样电路

a）利用稳压二极管作为基准稳压元件的稳压取样电路 b）利用 TL431 作为基准稳压元件的稳压取样电路

### 5. 实际应用电路的稳压原理

TL431 在 TCL–L19P21 型液晶电视机中的实际应用电路如图 2–3–8 所示。图中开关稳压电路 L2 之后输出的 12 V 电压，经 R221 与 R218 串联分压后，分到的电压约为 2.5 V，加到 TL431 的 R 端子；开关稳压电路 L2 之前的 12 V 电压，经 R216 加到光电耦合器内部发光二极管的正极，经 R217 加到 TL431 的阴极 K 与光电耦合器内部发光二极管的负极，完成开关稳压电路 12 V 输出电压的取样任务。

当负载由满载转向空载时，引起输出 12 V 电压上升，TL431 R 端的电压将上升，R 端的输入电压与内部的基准电压进行比较放大，使 TL431 A、K 间的电压稳定不变。由于光电耦合器内部发光二极管正极的电压也是上升的，这将引起 A、K 间流过的电流增大，发光二极管上通过的电流增大，光敏管上流过的电流也增大。光敏管相当于一个可变电阻，与 R253 串联后接到 FAN6754 的 2 脚，此时光电耦合器内部的光敏管电阻变小，引起 FAN6754 振荡频率降低，使输出电压下降。

反之，当负载由空载转向满载时，输出电压降低，反馈到 2 脚，引起 FAN6754 振荡频率升高，使输出电压升高，从而实现稳压。

图中 C213、C214、C217、C216、C2、R248、D208 等元件为 TL431 的保护元件；R217 并联于发光二极管两端，对电流起分流作用，防止流过发光二极管的电流过大而烧毁。

## 三、开关稳压电路的常见故障及检修方法

### 1. 开关稳压电路关键测试点的电压

开关稳压电路损坏是液晶电视机常见的故障，检修开关稳压电路的要领是会正确测试关键点的电压。以 TCL–L19P21 型液晶电视机的开关稳压电路为例，测试电压的关键点见表 2–3–2。

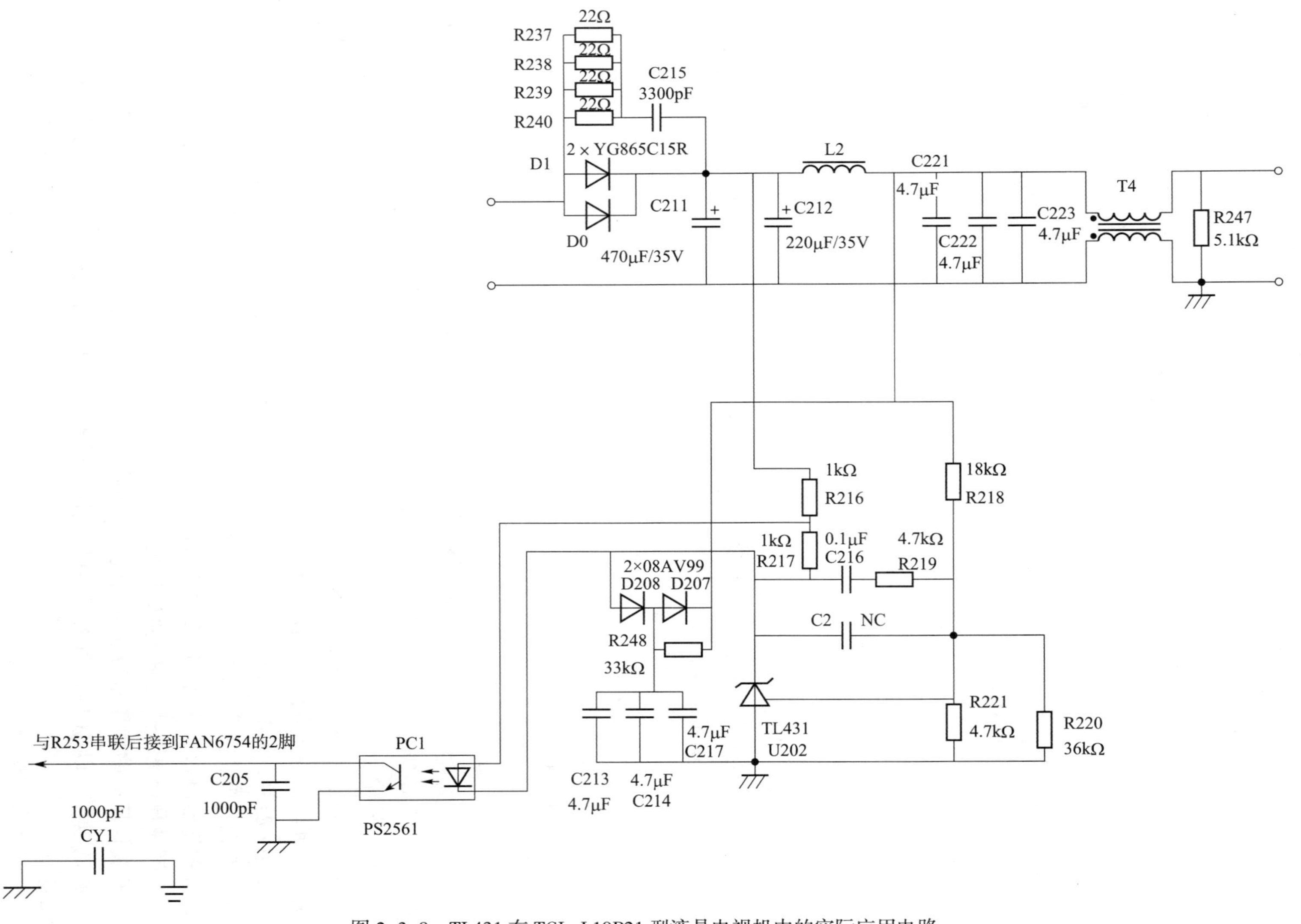


图 2-3-8　TL431 在 TCL-L19P21 型液晶电视机中的实际应用电路

表 2–3–2　　测试电压的关键点

| 序号 | 测试关键点 | 测试位置 | 参考值 | 测试目的 |
|---|---|---|---|---|
| 1 | 交流输入电压测试 | C1 两端 | AC 220 V | 判断电网输入电压是否正常 |
| 2 | 整流输出电压测试 | CE1 两端 | DC 280 V | 判断电网电压经整流后，输出电压是否正常 |
| 3 | 芯片启动电压测试 | 芯片 4 脚 | DC 10 V | 判断芯片有无正常的启动电压 |
| 4 | 开关管供电测试 | Q1 漏极 | DC 280 V | 判断开关管供电电压是否正常 |
| 5 | 芯片工作电压测试 | 芯片 7 脚 | DC 10 V | 判断芯片工作电压是否正常 |
| 6 | 二次侧输出电压测试 | TS1 二次侧 | AC 11 V | 判断开关变压器二次侧输出电压是否正常 |
| 7 | 稳压电路输出测试 | C221 两端 | DC 12 V | 判断稳压电路输出电压是否正常 |

**2. 开关稳压电路常见的故障**

液晶电视机开关稳压电路出现的故障，按照输出电压来分，主要有以下两类：

（1）稳压输出电压为零：稳压电路完全不工作，输出端为 0 V。

（2）稳压输出电压偏低或偏高：输出电压大于 12 V 或小于 12 V。

**3. 开关稳压电路的检修思路**

为了方便维修，液晶电视机开关稳压电路的输出端一般接有负载电阻，可以把稳压电源取下来单独进行维修。不同的故障现象，其检修思路有所区别。

（1）稳压输出电压为零的检修思路

这种故障应重点检查电网交流输入电路、整流电路、滤波电路、芯片启动脚、开关管供电电路以及芯片供电电路等的电压是否正常，此外还要检查二次侧输出端有无元件短路，检查光耦取样电路元件有无损坏。实际维修表明，启动元件 R251、R252 和场效应管 Q1、光电耦合器、芯片等是易损坏元件。

（2）稳压电路输出不正常的检修思路

这种故障应重点检查稳压取样电路的元件，如光电耦合器 PC1 和取样电路 R253、U202 及相关的元件，尤其是被雷击的电视机，这些元件损坏较常见。

**4. 检修注意事项**

（1）应带上假负载进行检修

稳压电路的输出端一般接有负载电阻，如图 2–3–8 中的 R247，但其电阻值较大，流过的电流为毫安级，不是真负载电流，正确的方法是在 R247 两端并联一只 10 Ω/30 W 的负载电阻，并且检修时最好使用 1：1 的隔离变压器。

（2）分清冷地与热地

开关稳压电路中的冷地与热地是完全不同的，在热地侧测量电参数时，应接热地点来测；在冷地侧测量电参数时，应接冷地点来测。

（3）注意测量仪器的功能与量程

检修开关稳压电路，既有交流、直流电压的测量，又有电阻、电流的测量，在用万用表进行检测时，务必要注意测量仪器挡位和量程的选择。

# 实训 3　开关稳压电路电参数测试与故障检修

## 实训目的

1. 进一步熟悉开关稳压电路的工作原理。
2. 掌握开关稳压电路元器件参数的识读方法。
3. 能对开关稳压电路关键点的电参数进行测试。
4. 能完成开关稳压电路常见故障的检修。

## 实训设备与工具

液晶电视机、防静电工具、电视机常用维修工具、双踪示波器、实训指导书等。

## 实训内容与步骤

### 一、识读开关稳压电路元器件的参数

对液晶电视机开关稳压电路板上的各个元器件进行识读，分电阻类元件、电容类元件、电感类元件、IC 类元件、晶体管类元件进行识读，并填写元器件清单表（表 2–3–3）。

表 2–3–3　　元器件清单表

| 元器件名称 | 规格型号 | 数量 | 备注 |
|---|---|---|---|
| | | | |
| | | | |
| | | | |
| | | | |
| | | | |
| | | | |
| | | | |

### 二、绘制开关稳压电路原理图

根据印制板图绘制电路原理图。绘图时要注意符号的规范性，并标上元器件代号与电参数。

### 三、FAN6754 电阻与电压的测试

**1. 电阻的测试**

将万用表置于 $R\times1$ k 挡，注意分清冷地与热地，测试稳压 IC（FAN6754）的电阻值，填入表 2–3–4 中，并对测试结果进行分析。

**2. 电压的测试**

将电视机通电，注意分清冷地与热地，测试 IC（FAN6754）各引脚电压，填入表 2–3–4 中，并对测试结果进行分析。

表 2-3-4　　IC（FAN6754）电参数测试表

| 引脚 | 1 | 2 | 3 | 4 | 5 | 6 | 7 | 8 |
|---|---|---|---|---|---|---|---|---|
| 名称 | GND | FB | NC | HV | RT | SENSE | VDD | GATE |
| 功能 | 接地 | 输出反馈 | 空脚 | 启动电源 | 定时振荡 | 过流检测 | 供电 | 驱动信号输出 |
| 正向电阻值 | | | | | | | | |
| 反向电阻值 | | | | | | | | |
| 工作电压 | | | | | | | | |

## 四、故障检修

### 1. 连接假负载

取下稳压电路与主机芯板的连接线，在 R247 两端并联一只 10 Ω/30 W 的负载电阻，以防稳压电路输出不正常，烧毁机芯电路板。

### 2. 进行故障设置

如果要使稳压电路无输出，可分别取下启动元件 R251、R252，脉冲输出元件 R212，二次供电元件 R245、R246。如果要使稳压电路输出不正常，可分别取下光耦取样电路 R253 以及 TL431 相关的元件。

### 3. 故障检修

按照开关稳压电路检修的方法进行检修，重点检测 C2 两端、CE1 两端、Q1 漏极、FAN6754 各引脚以及 TL431 各引脚的电压，并做好维修记录，与正常工作时的值进行比较，找出故障元件。

# §2-4　DC/DC 直流稳压电路分析与故障检修

## 学习目标

1. 掌握 DC/DC 变换的类型和工作原理。
2. 熟悉实用型 DC/DC 降压稳压电路。
3. 能进行 DC/DC 直流稳压电路电参数测试与故障检修。

液晶电视机的 AC/DC 稳压电路，其输出电压一般只有单路，且多数为 DC 12 V。因主机芯板不同，电路的工作电压有差异，单一的 DC 12 V 电压是无法满足供电要求的，因此，液晶电视机中还设置有 DC/DC 稳压供电电路。

## 一、DC/DC 变换的类型和工作原理

### 1. DC/DC 变换的类型

DC/DC 直流稳压电路是指把电压较高的直流电压变换为电压较低的直流电压，这种变换称为 DC/DC 降压变换；也可以把电压较低的直流电压变换为电压较高的直流电压，这种变换称为 DC/DC 升压变换。在液晶电视机或 LED 照明电路中，经常要用到 DC/DC 降压或升压变换，以适应不同供电的要求。

DC/DC 变换的方法有多种，按照电路的工作原理来分，还可以分为开关型与非开关型两大类。

开关型 DC/DC 变换电路一定要有开关振荡电路，可以是降压型的变换，也可以是升压型的变换。这种电路的特点是体积小、效率高（可达 90%）、精度高、可提供 3 ~ 5 A 的大电流，特别适合液晶电视机、LED 灯条使用。

非开关型 DC/DC 变换电路主要有分立元件型（稳压二极管并联型、串联调整型）、78 × × 与 79 × × 系列三端稳压型、AS1117 系列三端稳压型等稳压电路。非开关型 DC/DC 变换电路有稳压精度不够高、输出电流不够大、转换效率不够高等缺点，且都是降压型的变换。

**2. DC/DC 变换的工作原理**

（1）开关型 DC/DC 降压稳压电路的工作原理

开关型 DC/DC 降压稳压电路要通过振荡变换才能实现稳压，其电路示意图如图 2–4–1a 所示。由振荡电路产生的开关脉冲信号（PWM 信号），控制场效应管 Q 工作在开关状态。当输入脉冲信号为高电平时，场效应管 Q 栅极为高电平，其饱和导通，二极管 D 截止，输入的直流电压经电感 L 向电容 C 充电和负载 $R_L$ 供电，电流通过电感时会存储能量。当输入脉冲信号为低电平时，场效应管 Q 截止，电感 L 感应出左负右正的感应电压，电容 C 上的电压直接向负载 $R_L$ 供电，电感感应的电压通过续流二极管 D 构成回路，同时也向负载 $R_L$ 供电，维持 $R_L$ 上的电压不变。

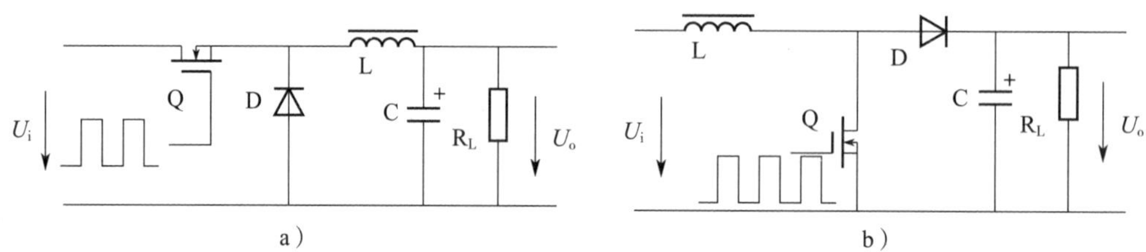


图 2–4–1　开关型 DC/DC 稳压电路示意图

a）开关型 DC/DC 降压稳压电路示意图　b）开关型 DC/DC 升压稳压电路示意图

开关型 DC/DC 降压稳压电路输出电压的高低，由加在场效应管 Q 上脉冲的宽度和频率决定，一般通过改变脉冲的宽度（即占空比）来实现稳压，如图 2–4–2 所示。

（2）开关型 DC/DC 升压稳压电路的工作原理

与开关型 DC/DC 降压稳压电路一样，开关型 DC/DC 升压稳压电路也要通过振荡变换才能实现稳压。当输入脉冲信号为高电平时，场效应管 Q 饱和导通，电感 L 与场效应管 Q 构成回路，电感 L 上有电流流过而存储电能，电压极性为左正右负，整流二极管 D 截止，电容 C 上存储的电能向负载 $R_L$ 放电。

当场效应管 Q 截止时，电感 L 上产生的反向电动势的极性为左负右正，整流二极管 D 导通，电感 L、整流二极管 D 与负载 $R_L$ 构成回路，输入电压 $U_i$ 与电感 L 上产生的反向电动势 $U_L$ 相叠加后一起向负载 $R_L$ 供电，同时向电容 C 充电。当忽略二极管 D 的压降时，即有 $U_o=U_i+U_L$，显然 $U_o>U_i$，达到了升压的目的。

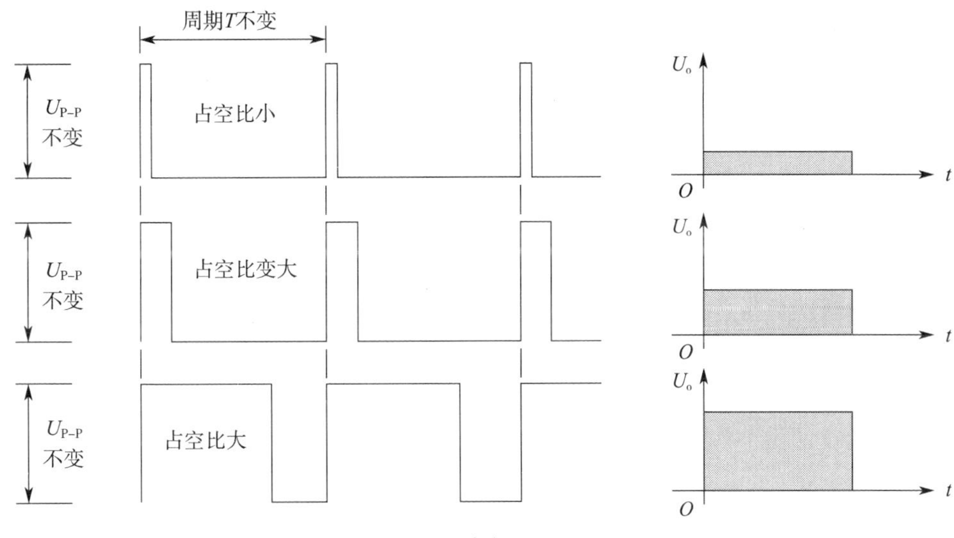


图 2-4-2 脉宽、调压原理

开关型 DC/DC 升压稳压电路输出电压的高低，由加在场效应管 Q 上脉冲的宽度和频率决定，也与电感 L 的电感量大小有关。与降压稳压电路一样，本电路一般也是通过改变脉冲的宽度（即占空比）来实现稳压。

## 二、实用型 DC/DC 降压稳压电路

在液晶电视机电路中，DC/DC 变换主要有 24 V/12 V、12 V/5 V、5 V/3.3 V、3.3 V/1.25 V 等变换，各种变换电路的工作原理如下：

### 1. 24 V/12 V 变换电路

24 V/12 V 变换电路主要适合于屏幕较大的液晶电视机，小屏幕电视机一般没有这个电路。其电路原理图如图 2-4-3 所示。

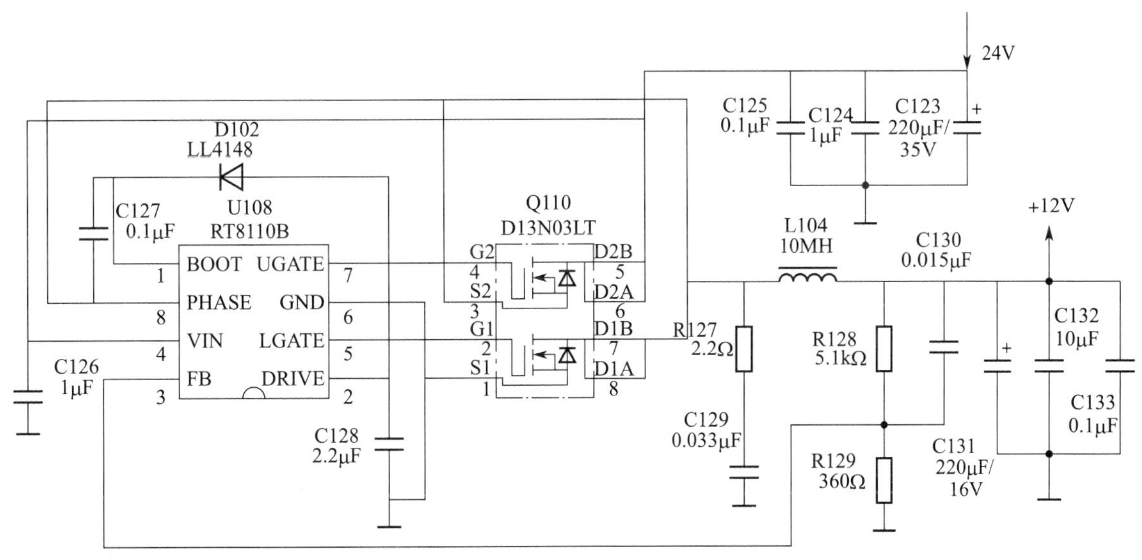


图 2-4-3 24 V/12 V 变换电路原理图

（1）RT8110B（U108）内部结构图与引脚功能

RT8110B 的内部结构图如图 2–4–4 所示，引脚功能见表 2–4–1。

表 2–4–1　　RT8110B 的引脚功能

| 引脚 | 1 | 2 | 3 | 4 | 5 | 6 | 7 | 8 |
|---|---|---|---|---|---|---|---|---|
| 名称 | BOOT | DRIVE | FB | VIN | LGATE | GND | UGATE | PHASE |
| 功能 | 自举 | 驱动使能 | 输出反馈 | 供电 | 下管栅极驱动 | 地 | 上管栅极驱动 | 过流保护监测输入 |

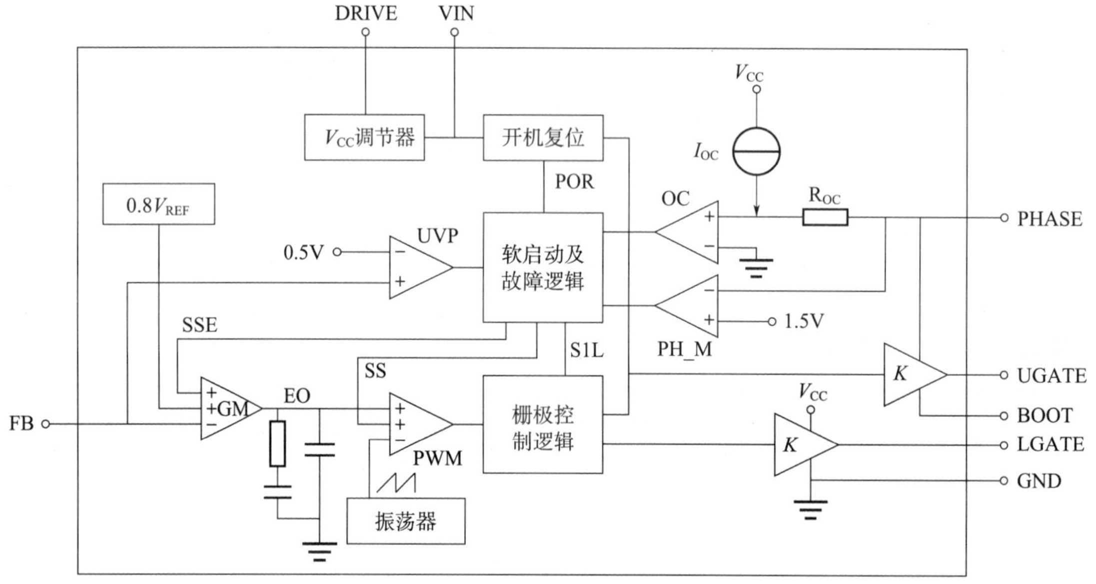


图 2–4–4　RT8110B 的内部结构图

（2）电路分析

RT8110B 是一个 DC/DC 变换稳压 IC，由图 2–4–3 可知，该电路有两个开关管，其等效电路如图 2–4–5 所示。因该电路提供的功率较大，为提高电路的开关性能，常用场效应管 Q2 来代替二极管 D。当 Q1 截止时，Q2 导通，起续流作用。

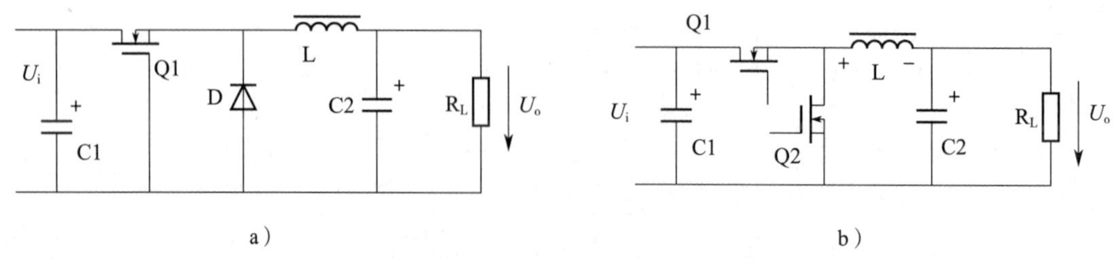


图 2–4–5　开关管等效电路

a）等效电路　b）改进型等效电路

稳压电路输出的电压值可以通过改变 R128、R129 的分压比来设定。输出的电压经分压后返回 FB 端子，FB 端子接收到反馈信号后，调节振荡电路输出方波的占空比，控制 Q110

的两个场效应管的导通时间，从而达到调整稳压值的目的。输出的 DC 12 V 电压很重要，主机芯板的大部分电源都是由它提供的。在液晶电视机出现不开机的故障时，首先应检测这个电压，如果没有 DC 12 V 输出电压，而有 DC 24 V 输入电压，则可能是 RT8110B 烧毁或 Q110 损坏。

2. 12 V/5 V **变换电路**

液晶电视机开关稳压电路输出的电压为 DC 12 V 时，要把它转变为 DC 5 V 才能供给大部分的 IC 使用。由于功率（电流）需求大，一般采用开关型 DC/DC 降压稳压电路。在实际电路中，经常采用 MP1484 芯片来构成降压稳压电路。

（1）MP1484 芯片的特点

MP1484 芯片采用 SOP 封装，内置场效应管，输入电压范围为 4.75 ~ 18 V，输出电压范围为 0.923 ~ 15 V，输出电流为 2 A，固定工作频率为 340 kHz，电源的转换效率为 93%，有过电流保护、输入欠压锁定等保护功能。MP1484 的引脚功能见表 2–4–2。

表 2–4–2　　MP1484 的引脚功能

| 引脚 | 名称 | 功能 |
|---|---|---|
| 1 | BS | PWM 振荡脉冲输出反馈 |
| 2 | IN | 工作电源输入，电压适应范围很宽（4.75 ~ 18 V），要加退耦电容 |
| 3 | SW | PWM 振荡脉冲输出，与外接的 LC 滤波电路构成降压稳压输出 |
| 4 | GND | 接地 |
| 5 | FB | 稳压输出误差取样信号反馈输入，用于检测稳压输出电压的变化 |
| 6 | COMP | 补偿调节，改变外接的 R、C 元件的值，可以改变 PWM 振荡脉冲的频率 |
| 7 | EN | 使能控制输入。当该脚为高电平（接 100 kΩ 上拉电阻）时，稳压电路工作，有正常电压输出；当该脚为低电平时，稳压电路不工作，无输出 |
| 8 | SS | 软启动控制输入，对地接一个电容器即可以实现软启动（延迟启动输出），不接任何元件则无软启动功能 |

（2）电路分析

TCL–L19P21 型液晶电视机中，由 MP1484 构成的 12 V/5 V 变换电路原理图如图 2–4–6 所示。

MP1484 的 EN 端子通过 R150 接 12 V 电源，为高电平，故通电后电路即可启动。电路的振荡频率由 IC 6 脚外的元件 C158、C159 和 R144 决定。D101 为续流二极管，L105 为储能电感，L106 与 C163、C170 构成滤波电路。

稳压输出电压的大小由 R145、R146 的比值决定，输出电压的计算公式为 $U_o$=0.92（$1+R_{146}/R_{145}$）。

TCL–L19P21 型液晶电视机中，实际电路板 5 V 电压的测试位置如图 2–4–7 所示。

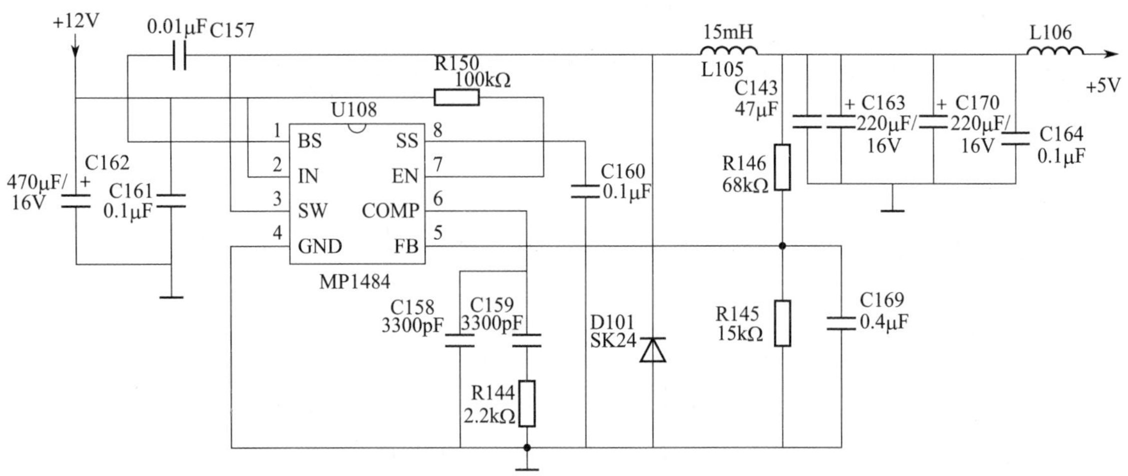


图 2-4-6　12 V/5 V 变换电路原理图

图 2-4-7　5 V 电压的测试位置

### 3. 采用 AS1117 的 5 V/3.3 V 变换电路

AS1117 是一种性能良好的线性稳压器件（不是工作在开关状态），从广义上来讲也属于三端稳压器件，但与常见的 78×× 、79×× 系列三端稳压器件是完全不同的，此类稳压器件主要用来产生稳压值在 5 V 以下的输出电压，同时改变电路的参数，还能使输出电压可调。

（1）AS1117 的特性

1）输出电压既可以是固定的，又能是可调的。当输出电压为固定值时，可以输出 1.8 V、2.5 V、2.85 V、3.3 V、5 V 共五种不同的固定电压。当输出电压可调时，可以在 1.25 ~ 13.8 V 范围内连续可调。

2）输入与输出之间的压差在 1.25 ~ 10 V 时，IC 都可以正常工作。但当压差过大时，IC 的功率消耗增大，会过热烧毁，因此，必须加大其散热面积。

3）输出电流最大可达 1A，输出电压的精度高，可达 ±1%。

4）具有过热、过流保护功能。

（2）AS1117 的封装形式与型号说明

AS1117 的封装形式与型号说明如图 2-4-8 所示。AS1117 一般有 SOT-223 和 TO-252 两种封装形式。

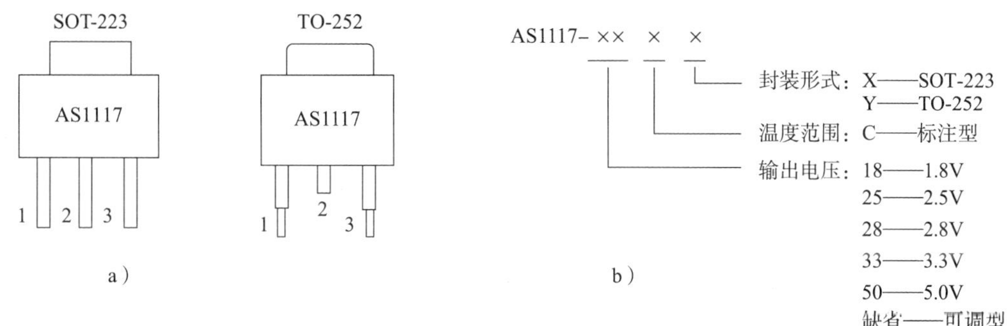


图 2-4-8 AS1117 的封装形式与型号说明

a）封装形式 b）型号说明

例如，型号为 AS1117-33CX 的元件，表示其输出电压为 3.3 V，为 SOT-223 封装形式；型号为 AS1117-CX 的元件，表示其输出电压可调，为 SOT-223 封装形式。

（3）AS1117 的引脚功能

AS1117 的引脚功能分为固定电压型与可调电压型两种，如图 2-4-9 所示。注意引脚的功能与 78×× 、79×× 系列的元器件是完全不同的。

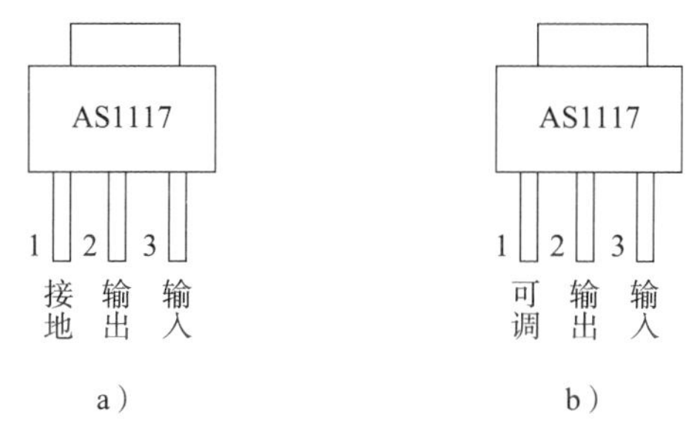


图 2-4-9 引脚功能

a）固定电压型 b）可调电压型

（4）AS1117 的内部结构

AS1117 的内部结构图如图 2-4-10 所示。

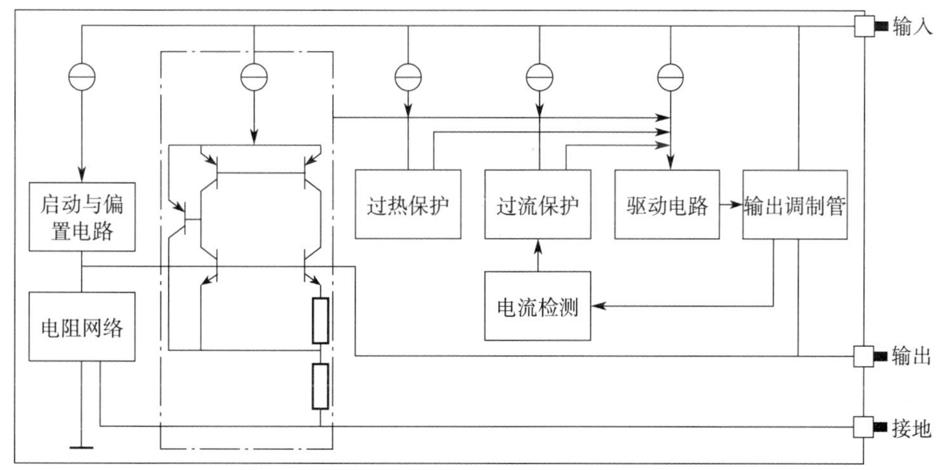


图 2-4-10 AS1117 的内部结构图

（5）基于 AS1117 的应用电路

1）固定输出电压与可调输出电压应用电路（图 2–4–11）。注意引脚的顺序与输入、输出的关系。改变 $R_1/R_2$，即可改变输出电压的大小。滤波电容一般采用钽电解电容，这样稳定性才好。

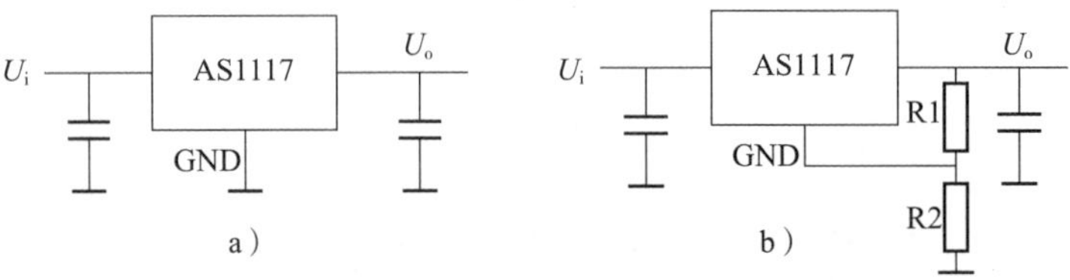


图 2–4–11　固定输出电压与可调输出电压应用电路

a）固定输出电压应用电路　b）可调输出电压应用电路

2）5 V/3.3 V 变换电路。TCL–L19P21 型液晶电视机中，采用 AS1117 作为 3.3 V 稳压电路的元件为 U103，具体应用电路如图 2–4–12 所示。图中 AVDD 为模拟电路供电，DVDD 为数字电路供电，R126 为负载短路保护电阻，其电阻值为 0，相当于电源熔丝。变换电路在电路板上的位置如图 2–4–13 所示。

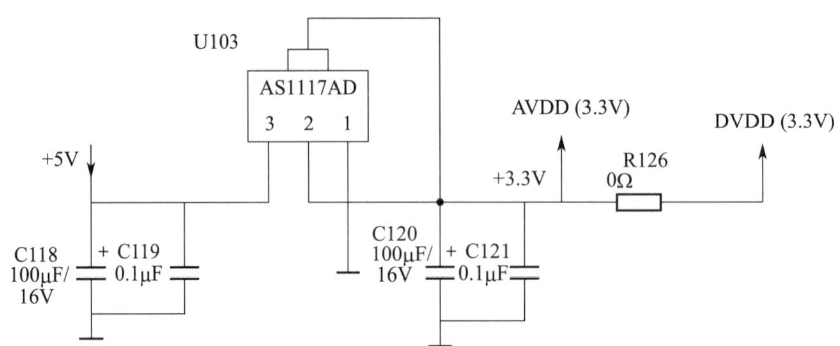


图 2–4–12　基于 AS1117 的 5 V/3.3 V 变换电路

图 2–4–13　变换电路在电路板上的位置

3）采用 AS1117 的其他电路。TCL–L19P21 型液晶电视机中，通常采用 AS1117 把 5 V 转变为 1.8 V，把 3.3 V 转变为 1.25 V，其电路分别如图 2–4–14 和图 2–4–15 所示。这两个电路中分压电阻的电阻值和比值都是不同的。这两个电路在电路板上的位置如图 2-4-13 所示。

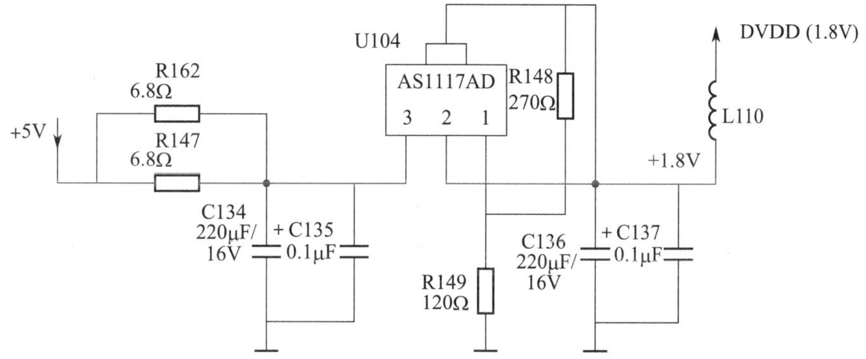


图 2-4-14　基于 AS1117 的 5 V/1.8 V 变换电路

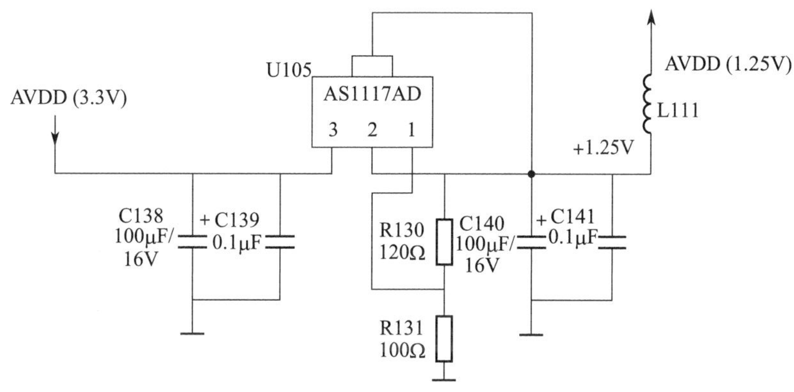


图 2-4-15　基于 AS1117 的 3.3 V/1.25 V 变换电路

实用型 DC/DC 升压稳压电路的工作原理，将在液晶电视机背光灯驱动电路中进行介绍。

# 实训 4　DC/DC 直流稳压电路电参数测试与故障检修

## 实训目的

1. 进一步熟悉 DC/DC 直流稳压电路的工作原理。
2. 能对 DC/DC 直流稳压电路电参数进行测试。
3. 能完成 DC/DC 直流稳压电路常见故障的检修。

## 实训设备与工具

液晶电视机、防静电工具、电视机常用维修工具、双踪示波器、实训指导书等。

## 实训内容与步骤

### 一、识读 DC/DC 变换 IC

识读 DC/DC 变换电路中 12 V/5 V、5 V/3.3 V、5 V/1.8 V、3.3 V/1.25 V 等稳压 IC 的型号，

并做好记录。

## 二、测试 MP1484（U108）DC/DC 12 V/5 V 变换电路的电参数

**1. 电阻的测试**

用万用表 $R\times1$ k 挡测试 MP1484 各引脚的电阻值，并填写表 2-4-3。

表 2-4-3 MP1484 电参数测试表

| 引脚 | 1 | 2 | 3 | 4 | 5 | 6 | 7 | 8 |
|---|---|---|---|---|---|---|---|---|
| 名称 | | | | | | | | |
| 功能 | | | | | | | | |
| 正向电阻值 | | | | | | | | |
| 反向电阻值 | | | | | | | | |
| 工作电压 | | | | | | | | |

**2. 电压的测试**

给液晶电视机通电，测试 MP1484 的工作电压，填入表 2-4-3 中。

**3. 其他 DC/DC 变换电路电参数的测试**

参照 MP1484（U108）DC/DC 变换电路电参数的测试要求，测试下列电路的电参数。

（1）AS1117（U502）DC/DC 12 V/5 V 变换电路。

（2）AS1117（U103）DC/DC 5 V/3.3 V 变换电路。

（3）AS1117（U104）DC/DC 5 V/1.8 V 变换电路。

（4）AS1117（U105）DC/DC 3.3 V/1.25 V 变换电路。

**4. DC/DC 直流稳压电路故障检修**

（1）进行故障设置。参考图 2-4-6，把电感 L106 去掉，开机看电视机出现什么故障。

（2）故障维修。测试各个稳压电路的输出电压，看其如何变化，并做好记录。

其他稳压电路故障的模拟，可参照上述进行。

## 【想一想】

AS1117 型集成稳压电路的输入引脚与输出引脚有何特点？

# §2-5 高频调谐器电路分析与故障检修

## 学习目标

1. 掌握液晶电视机高频调谐器的作用和组成。
2. 掌握液晶电视机高频调谐器的工作原理。
3. 能进行液晶电视机高频调谐器电参数测试与故障检修。

## 一、高频调谐器的作用

液晶电视机中高频调谐器的主要作用是接收天线的高频电视信号，对高频电视信号进行高频放大、变频、中放、自动增益控制和自动频率控制等处理，再经 A/D 转换和数字化处理后，输出一对差分中频数字信号，送往主芯片电路进行处理。

## 二、高频调谐器的组成

液晶电视机的高频调谐器采用频率合成式、$I^2C$ 总线控制等技术，其电路组成和工作原理与 CRT 电视机的高频调谐器类似。

TCL-L19P21 型液晶电视机中的高频调谐器及其引脚电路分别如图 2-5-1 和图 2-5-2 所示。图 2-5-2 中标注“Ⓣ”的地方为该引脚信号的测试点。

图 2-5-1　TCL-L19P21 型液晶电视机高频调谐器

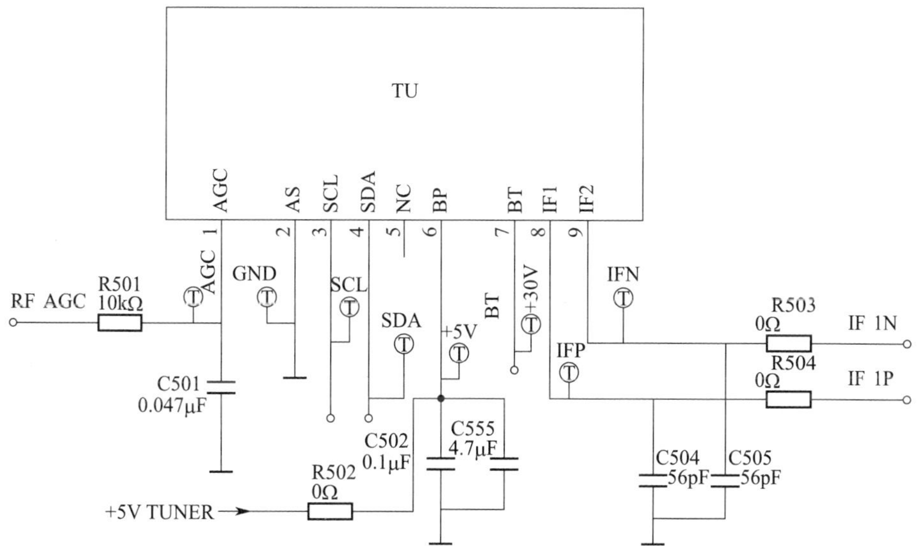


图 2-5-2　TCL-L19P21 型液晶电视机高频调谐器引脚电路

高频调谐器各引脚的名称、功能及电压见表 2-5-1。

表 2-5-1　　高频调谐器各引脚的名称、功能及电压

| 引脚 | 1 | 2 | 3 | 4 | 5 | 6 | 7 | 8 | 9 |
|---|---|---|---|---|---|---|---|---|---|
| 符号 | AGC | AS | SCL | SDA | NC | BP | BT | IF1 | IF2 |
| 功能 | 自动增益控制 | $I^2C$ 总线地址选择 | 时钟总线 | 数据总线 | 空脚 | 工作电压 | 调谐电压 | 中频输出 | 中频输出 |
| 电压 | 3.6 V | 0 V | 3.6 V | 3.6 V | 5 V | 5 V | 30 V | mV 级 | mV 级 |

## 三、高频调谐器的工作原理

### 1. DC 30 V 调谐电压产生电路的工作原理

TCL–L19P21 型液晶电视机高频调谐器的 DC 30 V 调谐电压产生电路属于 DC/DC 升压电路，其电路原理图和等效电路图如图 2-5-3 所示，实物位置如图 2-5-4 所示。

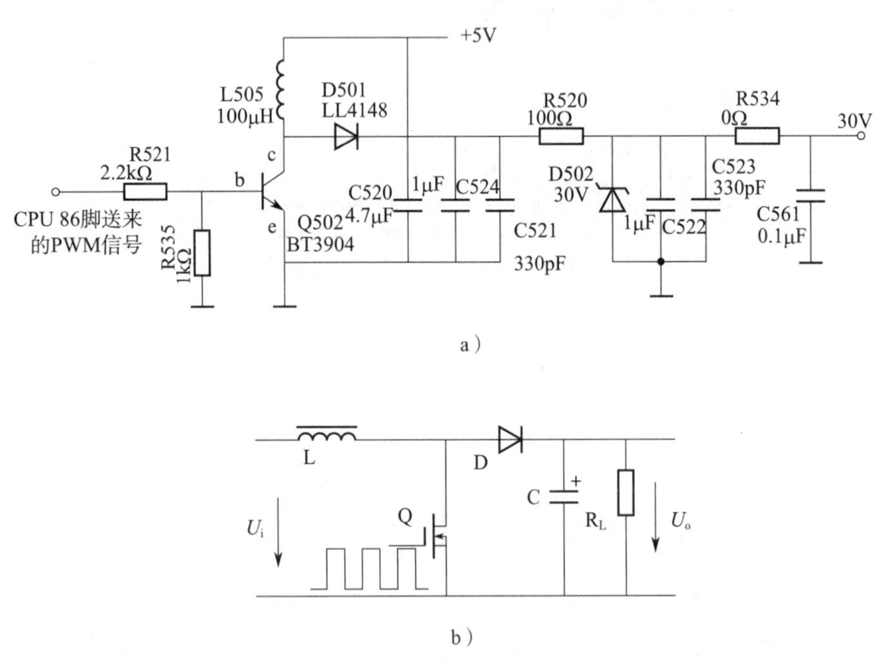


图 2-5-3　高频调谐器 DC 30 V 调谐电压产生电路原理图和等效电路图
a）电路原理图　b）等效电路图

图 2-5-3a 中，Q502 为开关管，L505 为升压电感线圈，主芯片的 86 脚送来固定占空比的 PWM 信号，信号的频率为 800 kHz，峰 – 峰值为 1.6 V，占空比为 80%。图中 R521、R535 为串联分压电阻，用于防止输入信号为高电平时，三极管 Q502 过饱和。R520 与 D502 组成并联型稳压电路，用于确保输出电压为 30 V。R534 为过流保护电阻。结合图 2-5-3b 分析可知，当 Q502 工作在开关状态时（即 Q 饱和时），二极管 D 截止，电感 L 存储能量；Q 截止时，二极管 D 导通，电感 L 产生的自感电压与输入电压相叠加，从而实现升压。

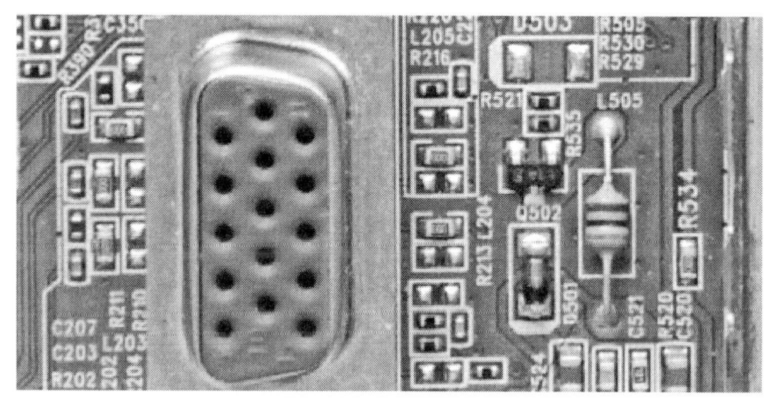

图 2-5-4 高频调谐器 DC 30 V 调谐电压产生电路实物位置

2. 高频调谐器内部电路的工作原理

TCL-L19P21 型液晶电视机的高频调谐器采用 $I^2C$ 总线控制技术，其控制精度高，输出信号稳定，内部电路图如图 2-5-5 所示。天线将接收到的高频电视信号从插孔输入到高频调谐器，经高频调谐器内部 U502 电路进行高频放大、混频、滤波、中放、自动增益控制、自动频率控制和锁相环滤波等处理，再经 A/D 转换与数字化处理后，从高频调谐器的 IF1、IF2 引脚输出一对差分中频信号（38 MHz），差分中频信号经滤波后，送至主 IC 的 67 脚和 68 脚进行处理。

图中，V530 为防雷击保护元件；C529、L503、C556 组成高通滤波器，用于取出 40 MHz 以上的电视信号；L504、L508 与 C557 等元件组成低通滤波器，用于取出 980 MHz 以下的电视信号。

高频调谐器电路工作时，频段转换数据、频道调谐分频数据（含 AFT）均通过 $I^2C$ 总线，由主芯片的 OSCL0、OSDA0 端子进行控制。

## 实训 5 高频调谐器电参数测试与故障检修

### 实训目的

1. 进一步熟悉高频调谐器的组成与工作原理。
2. 能对高频调谐器电路的电参数进行测试。
3. 能完成高频调谐器电路常见故障的检修。

### 实训设备与工具

液晶电视机、防静电工具、电视机常用维修工具、双踪示波器、实训指导书等。

### 实训内容与步骤

#### 一、识读高频调谐器各引脚的功能

对照表 2-5-1，识读高频调谐器各引脚的功能。

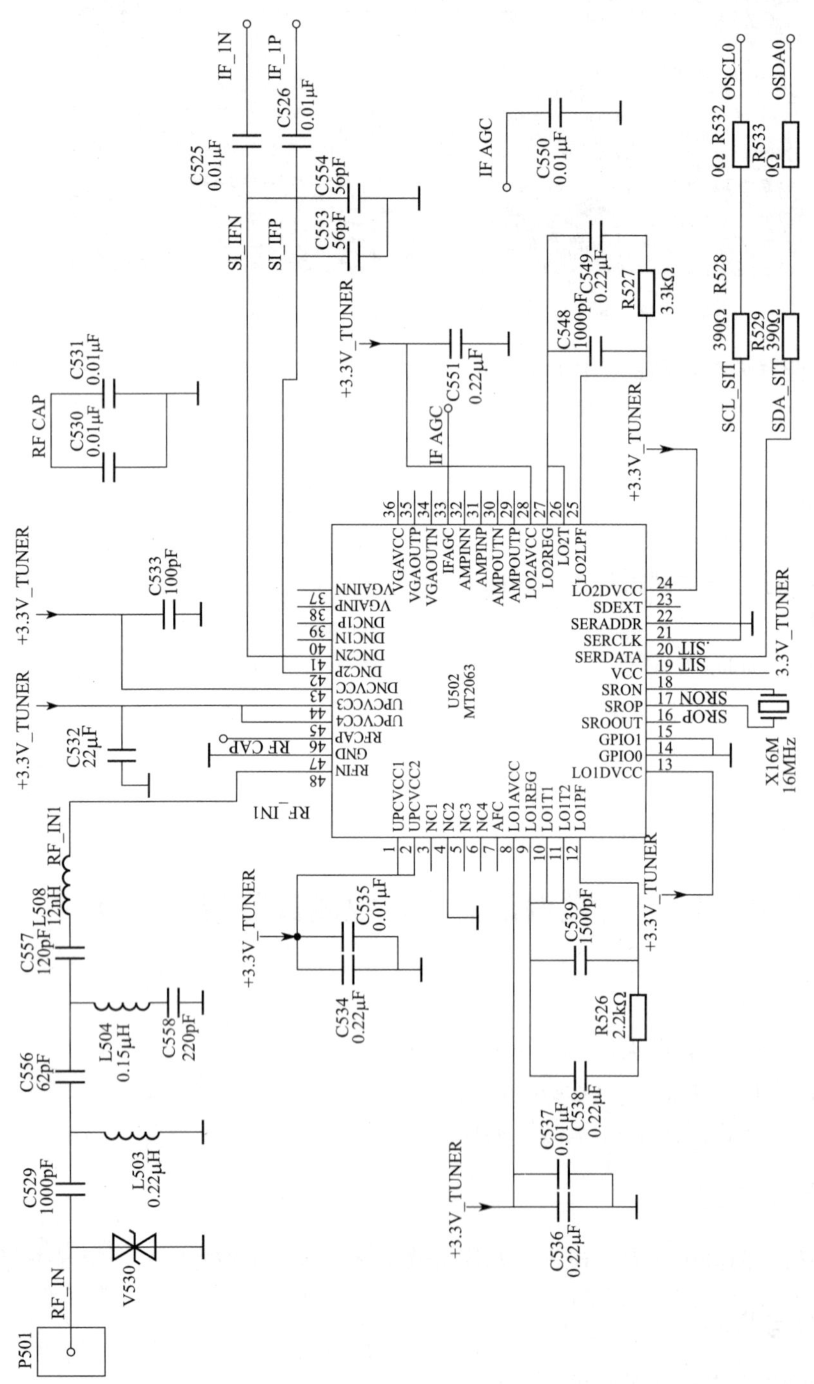

图 2-5-5 TCL-L19P21 型液晶电视机高频调谐器内部电路图

## 二、高频调谐器电参数测试

### 1. 高频调谐器电阻的测量

用万用表 $R\times1$ k 挡测量高频调谐器各引脚对地的正、反向电阻值，并填入表 2–5–2 中。

### 2. 高频调谐器电压的测量

将电视机通电，测量高频调谐器各引脚的电压，并填入表 2–5–2 中。

表 2–5–2　　高频调谐器电阻、电压测量记录

| 引脚 | 1 | 2 | 3 | 4 | 5 | 6 | 7 | 8 | 9 |
| --- | --- | --- | --- | --- | --- | --- | --- | --- | --- |
| 符号 | AGC | AS | SCL | SDA | NC | BP | BT | IF1 | IF2 |
| 正向电阻值 | | | | | | | | | |
| 反向电阻值 | | | | | | | | | |
| 工作电压 | | | | | | | | | |

### 3. 高频调谐器 VT（BT）升压电路电参数的测量

测量 DC/DC 升压电路（5 V/30 V）中 Q502 和 D502 的电参数，并填入表 2–5–3 中。

表 2–5–3　　高频调谐器 VT（BT）升压电路电参数测量记录

| 测量点 | Q502 的 b 极 | Q502 的 c 极 | Q502 的 e 极 | D502 两端电压 |
| --- | --- | --- | --- | --- |
| 工作电压 | | | | |

## 三、高频调谐器电路故障检修

液晶电视机高频调谐器采用 $I^2C$ 总线控制技术，常见的故障是无法接收天线节目，这种故障主要与 RF AGC、BT 等电压不正常有关。

参考图 2–5–2，去掉 R501，模拟 RF AGC 电压不正常引起的故障，然后进行故障维修。

# §2–6　主芯片控制电路分析与故障检修

## 学习目标

1. 熟悉芯片图像信号处理框图及各引脚功能。
2. 掌握主芯片控制电路的工作原理。
3. 能进行主芯片控制电路电参数测试与故障检修。

芯片 MT8223H 是一款低成本、高度集成 IC，其功能强大，广泛适用于平板电视机中。芯片内有 3D 梳状滤波解码器，可把复合视频信号解码为三基色信号，能直接处理高频调谐器送来的差分中频信号，有 HDTV/VGA/HDMI 信号处理模块，有运动补偿功能的隔行转逐行模块，有画面缩放处理模块，能完成微处理器各种控制功能。

## 一、芯片图像信号处理框图及各引脚功能

### 1. 芯片图像信号处理框图

MT8223H 的内部结构图如图 2-6-1 所示。由图可知，各种输入的信号都要经过复合视频解码、A/D 转换、隔行转逐行变换、显示格式变换（画面缩放处理）、LVDS 驱动变换和伽马校正之后，才能送往液晶显示屏。

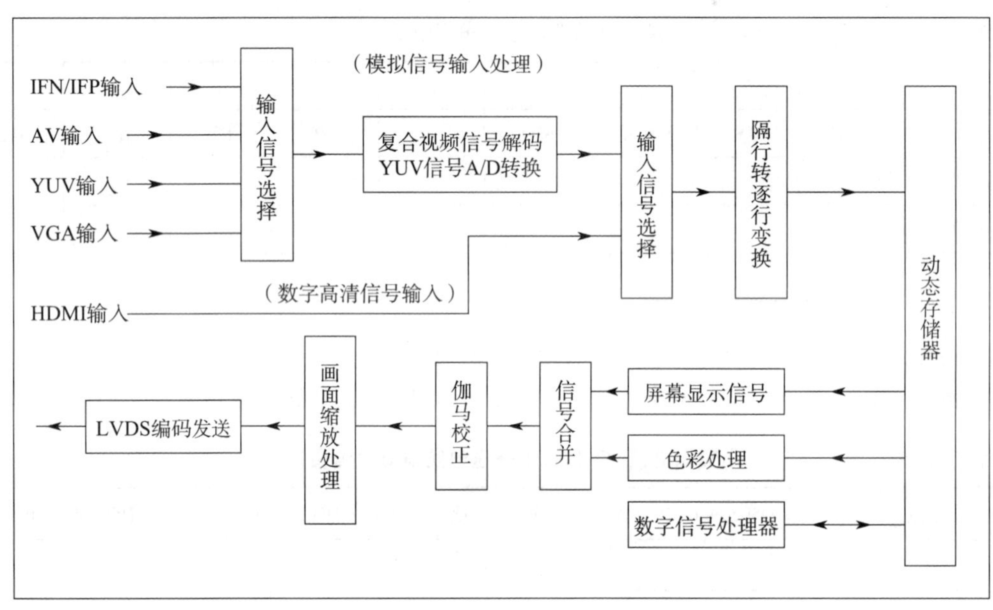


图 2-6-1　MT8223H 的内部结构图

芯片 MT8223H 共有 128 只引脚，其外形图与各引脚功能图如图 2-6-2 所示。

### 2. 芯片主要引脚功能

（1）芯片主要输入信号引脚

1）天线信号输入引脚。天线信号从芯片的 67、68 脚输入。

2）HDMI 信号输入引脚。HDMI 信号从芯片的 10 ~ 24 脚输入。

3）VGA 信号输入引脚。42、43 脚为行场同步信号输入引脚，44 ~ 48 脚为三基色信号输入引脚，28、30 脚为数据信号与时钟信号输入引脚。

4）YUV 信号输入引脚。YUV 信号从芯片的 50 ~ 53 脚输入。

5）AV1 信号输入引脚。AV1 信号从芯片的 64 脚输入。

6）AV2 信号输入引脚。AV2 信号从芯片的 62 脚输入。

7）USB 信号输入引脚。USB 信号从芯片的 6、7 脚输入。

8）遥控信号输入引脚。遥控信号从芯片的 33 脚输入。

（2）芯片主要输出信号引脚

1）LVDS 信号输出引脚。LVDS 信号从芯片的 105 ~ 126 脚输出。

2）伴音选择控制信号输出引脚。伴音选择控制信号从芯片的 102、103 脚输出。

3）高频调谐器控制信号输出引脚。高频调谐器的 RF AGC 信号从芯片的 85 脚输出，SCL 与 SDA 信号从芯片的 31、32 脚输出，PWM-DC30V 升压控制信号从芯片 86 的脚输出。

a）

b）

图 2-6-2 MT8223H 外形图与引脚功能图①

a）MT8223H 外形图 b）MT8223H 引脚功能图

① "■" 端子为该引脚在电路中的连接点。

4）背光灯控制信号输出引脚。背光灯开 / 关灯信号从芯片的 95 脚输出，背光灯调光信号从芯片的 94 脚输出。

5）液晶屏供电控制信号输出引脚。液晶屏供电控制信号从芯片的 96 脚输出。

（3）CPU 正常工作三要素引脚

1）芯片工作电压供电引脚。工作电压为 3.3 V 与 1.25 V，有多只供电引脚，其中，DVDD 为数字信号电路供电，AVDD 为模拟信号电路供电。

2）芯片时钟控制信号引脚。时钟晶体振荡器的引脚为芯片的 75、76 脚，工作频率为 27 MHz。

3）复位信号输入引脚。复位信号从芯片的 37 脚输入。

## 二、主芯片控制电路的工作原理

### 1. 隔行转逐行变换电路

液晶电视机一般都采用插值算法，把隔行信号转变为逐行信号，同时又达到运动补偿的目的。隔行转逐行变换原理如图 2–6–3 所示，转换的过程如下：

（1）存储隔行格式的图像信号。采用两个动态存储器，在每一帧图像的奇、偶数场数字信号到来时，将其存储起来，存入速度为行频。

（2）把隔行格式的奇数场信号变为逐行格式的奇数场信号。原奇数场中 1、3、5……奇数行信号不变，所缺少的偶数行信号则采用插值算法来产生。取奇数场中垂直方向上、下相邻的像素 a 和像素 b，以及同 1 帧图像的偶数场信号中，在时间上对应的像素 c，对 a、b、c 这三个像素的亮度进行比较。若 a<b<c，则取 b 像素作为该位置的新像素；若 a<c<b，则取 c 像素作为该位置的新像素；若 c<a<b，则取 a 像素作为该位置的新像素。一行中其他新像素依同样的方法产生，以形成一行新的偶数行信号。奇数场中的其他偶数行也按同样的方法产生。

（3）把隔行格式的偶数场信号变为逐行格式的偶数场信号。变换方法与奇数场变换方法相同。

（4）重新读出信号。变换后的奇、偶数场（其实已成为 2 帧信号）都按 2 倍行频速度读出，则奇、偶数场都由隔行方式变为逐行方式，帧频为 50 Hz。

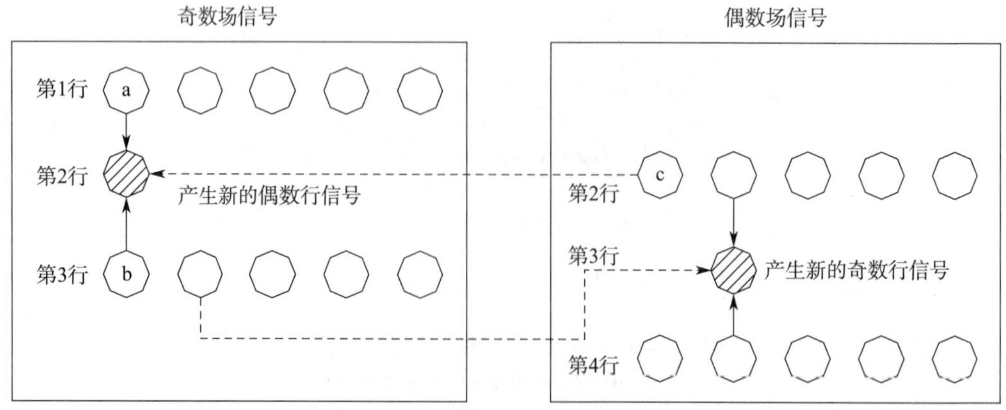


图 2–6–3　隔行转逐行变换原理

这种方法的优点是新的像素与垂直相邻行像素、对应位置的像素有关，可以最大限度减少激烈运动图像画面的失真，实现场内信号的运动预测，即运动检测。同时，由于帧频为原来的 2 倍，减少了图像的闪烁现象，增加了稳定性。

**2. 画面缩放处理电路**

画面缩放处理电路的作用是，在 $I^2C$ 总线控制下，把接收到的不同格式的信号转换为液晶屏固有的分辨率（格式），并输出各种同步信号。

（1）画面缩放处理电路改变输入信号行数的方法

1）确定输出行数与输入行数的整数比。取输出行数与输入行数的比值，取整数，用 $L$、$M$ 来表示，求得 $L$ 与 $M$ 的值，其中 $L$ 称为内插系数，$M$ 称为抽选系数。

2）对输入信号的每行信号进行 $L$ 倍倍频。将待转换的输入信号逐行进行存储后，对原信号按 $L$ 倍行频读出后再存储起来，实际上是对原信号进行 $L$ 倍倍频，将 1 行信号变为 $L$ 行信号，又称为行内插。

3）对行倍频信号进行抽选。倍频后的信号经低通滤波后，按 $M$ 倍行频抽选并重新读出，其实质是对倍频以后的信号每隔 $M$ 行信号读取 1 行信号出来，即可得到要求的行数。

若要把 720 × 576 格式的信号变为 720 × 480 格式的信号，只改变信号的行数，不改变信号列的像素，其输出与输入行数之比为 480/576=5/6，即取 $L$=5、$M$=6，其变换过程如图 2–6–4 所示。

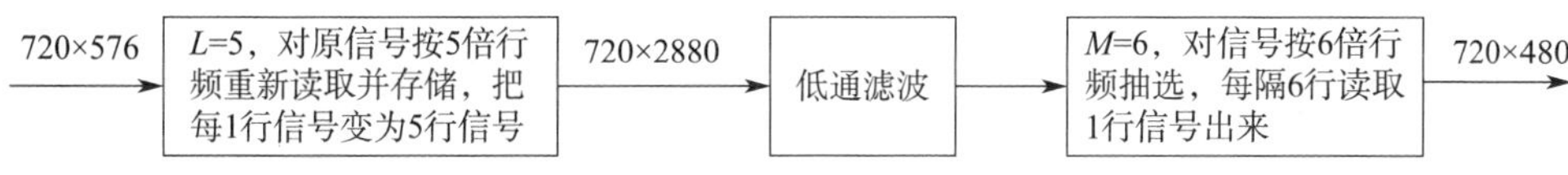


图 2–6–4　变换过程（改变输入信号行数）

（2）画面缩放处理电路改变输入信号列数的方法

1）确定输出信号列数与输入信号列数的整数比。取输出信号列数与输入信号列数的比值，取整数，用 $L$、$M$ 来表示，求得 $L$ 与 $M$ 的值。

2）对输入信号的每列信号进行 $L$ 倍倍频。将待转换的输入信号进行存储后，对原信号按 $L$ 倍列频读出后再存储起来，实际上是把 1 个像素扩变为 $L$ 个像素，又称为水平内插。

3）对列倍频信号进行抽选。倍频后的信号经低通滤波后，按 $M$ 倍列频抽选并重新读出，其实质是每隔 $M$ 个像素读取 1 个像素出来，即可得到要求的列数。

若要把 720 × 480 格式的信号变为 640 × 480 格式的信号，只改变信号列的像素，不改变信号行的像素，其输出与输入列数之比为 640/720=8/9，取 $L$=8、$M$=9，其变换过程如图 2–6–5 所示。

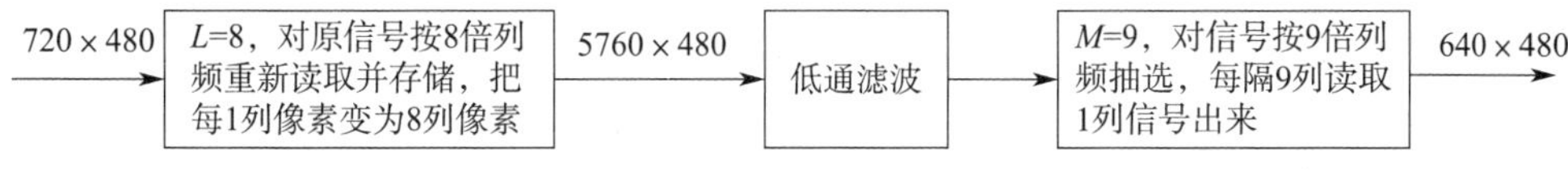


图 2–6–5　变换过程（改变输入信号列数）

### 3. 复位与存储电路

（1）主芯片复位电路

TCL-L19P21 型液晶电视机主芯片复位电路原理图如图 2-6-6 所示。复位电路在电路板上的位置如图 2-6-7 所示。复位电路的输出端子与主芯片的复位输入端子 37 脚相连。

复位电路的工作原理是，在开机的瞬间，电容器 C060 两端电压不突变，相当于短路，+5 V 电压通过 R079、R043 等元件加到 Q001 的 b 极，使 Q001 瞬时饱和导通，其 c 极为低电平，复位输出电压为低电平，使微处理器处于复位状态。随着电容器 C060 充电电压的上升，+5 V 电压全部加在电容器上，Q001 截止，其 c 极为高电平，复位输出电压变为高电平，使微处理器完成复位过程。

电视机关机后，C060 上的电压通过 D201 与地构成回路，进行放电，为下次开机做准备。

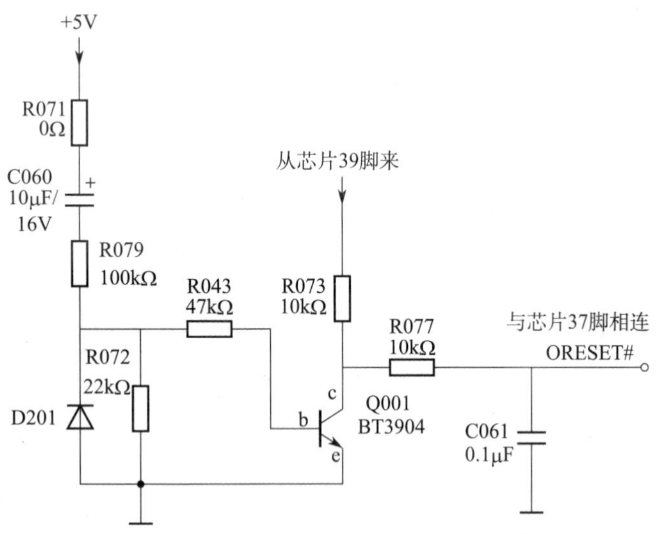


图 2-6-6　TCL-L19P21 型液晶电视机主芯片复位电路原理图

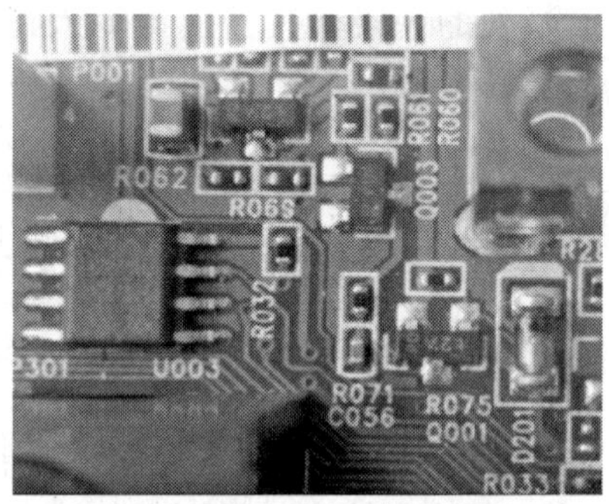

图 2-6-7　TCL-L19P21 型液晶电视机主芯片复位电路在电路板上的位置

（2）EEPROM 存储器电路

液晶电视机 EEPROM 存储器（M24C32MN）的作用与传统的 CRT 电视机存储器的作用相同，主要用于存储各频道节目数据、音量数据等内容。TCL-L19P21 型液晶电视机 EEPROM 存储器电路原理图如图 2-6-8 所示。该存储器的容量为 32 kbit，通过 7 脚读、写端子高低电平的变化，控制信号的读和写。存储器的 5、6 脚通过数据总线 SDA 与时钟总线 SCL 与主芯片 MT8223H 的 31 脚、32 脚相连。时钟信号是单向传输的，由主芯片送往存储器；数据信号是双向传输的。R022、R023、R024 为上拉电阻。TCL-L19P21 型液晶电视机 EEPROM 存储器电路在电路板上的位置如图 2-6-9 所示。

（3）Flash 存储器

液晶电视机中的 Flash 存储器主要用于存储开机画面信号和不能更改的程序、数据等内容。TCL-L19P21 型液晶电视机 Flash 存储器电路原理图如图 2-6-10 所示。

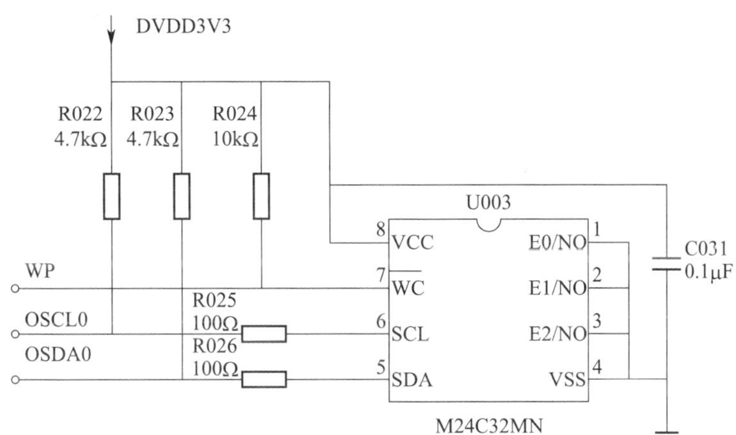


图 2-6-8 TCL-L19P21 型液晶电视机 EEPROM 存储器电路原理图

图 2-6-9 TCL-L19P21 型液晶电视机 EEPROM 存储器在电路板上的位置

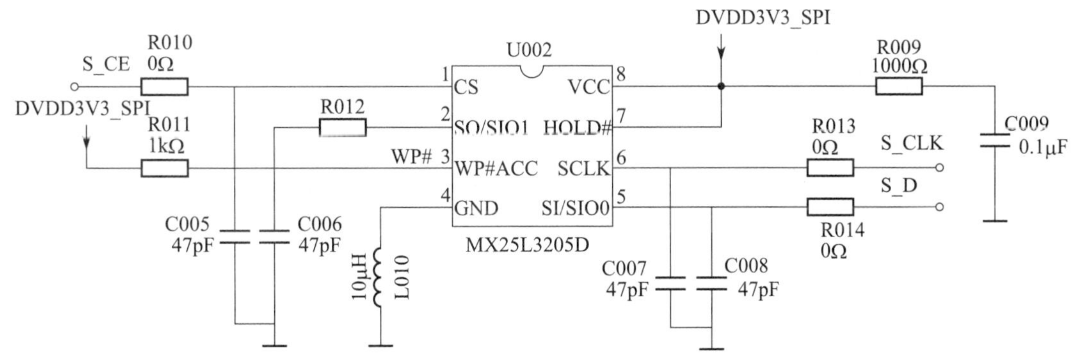


图 2-6-10 TCL-L19P21 型液晶电视机 Flash 存储器电路原理图

图中，SCLK 为串行时钟信号输入脚，串行时钟信号由主芯片送来。SO/SIO1 为串行数据信号输入 / 输出脚，存储器与主芯片之间进行双向传输。WP#ACC 为硬件写保护与擦除加速脚。HOLD# 为暂停控制脚。

### 4. 控制电路

（1）背光灯控制电路

液晶电视机背光灯控制电路的作用是，按遥控器的开、关机键时，主芯片的 95 脚会输出 1/0 变化电平，用这一控制信号控制 LED 背光灯升压电路的开与关，以点亮或熄灭 LED 灯。当 BL_ON/OFF 端子为低电平时，Q103 截止，其 c 极输出高电平，LED 背光灯升压电路工作，LED 灯正常点亮。当主芯片的 95 脚输出高电平时，Q103 饱和，其 c 极输出低电平，LED 背光灯升压电路停止工作，LED 灯熄灭。TCL–L19P21 型液晶电视机背光灯控制电路原理图如图 2–6–11 所示，其在电路板上的位置如图 2–6–12 所示。

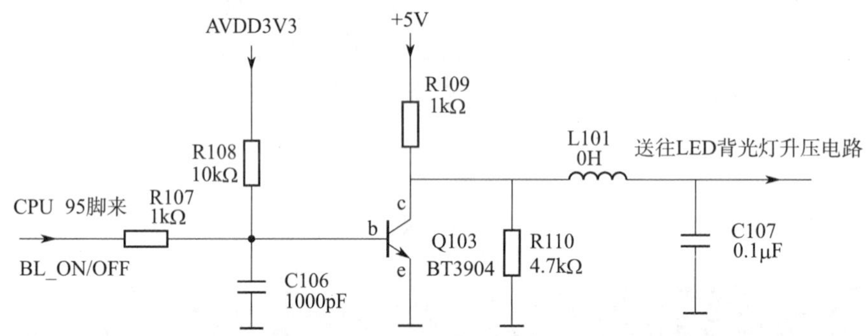


图 2–6–11　TCL–L19P21 型液晶电视机背光灯控制电路原理图

图 2–6–12　TCL–L19P21 型液晶电视机背光灯控制电路在电路板上的位置

（2）调光控制电路

液晶电视机调整亮度的方法一般有两种，一种是通过改变 R、G、B 三基色信号的直流电平，即通过改变液晶像素的电场大小，从而改变通光量来实现亮度调节；另一种是通过改变背光灯的亮度，来实现亮度调节。

液晶电视机调节背光灯亮度的工作原理是，按遥控器的调光键时，主芯片的 94 脚会输出一个 PWM 信号，电视机的亮度不同时，PWM 信号的占空比是不同的，这个控制信号被 Q104 倒相放大，送至 LED 背光灯升压电路，通过控制 LED 灯的亮暗，实现亮度调节。TCL–L19P21 型液晶电视机调光控制电路原理图如图 2–6–13 所示，其在电路板上的位置如图 2–6–12 所示。

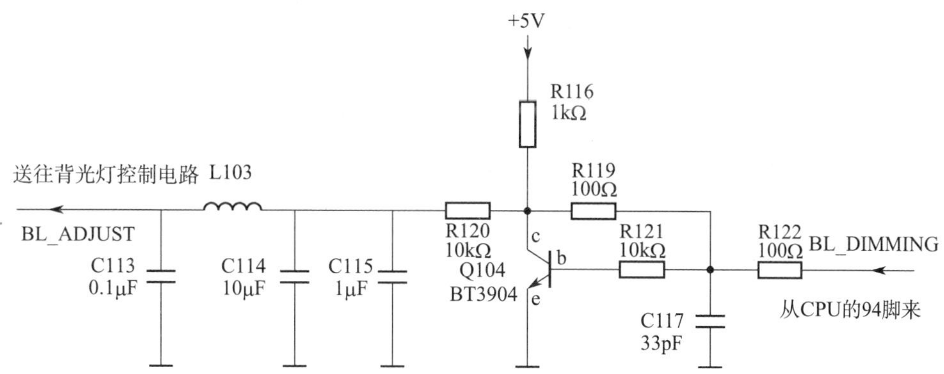


图 2–6–13　TCL–L19P21 型液晶电视机调光控制电路原理图

（3）液晶屏供电控制电路

液晶屏供电控制电路的作用是，按遥控器的开、关机键时，CPU 的 96 脚会输出一个 1/0 变化电平，用这一控制信号控制液晶屏驱动电路的供电。当液晶屏有 5 V 供电时，电视机正常工作；当液晶屏无 5 V 供电时，电视机不工作，从而实现遥控开 / 关机控制。当 Q401 的 b 极为高电平时，Q401 和 Q402 均饱和，5 V 电压送往液晶屏的驱动电路，电视机工作；反之，当 Q401 的 b 极为低电平时，电视机不工作。

TCL–L19P21 型液晶电视机液晶屏供电控制电路原理图如图 2–6–14 所示。图中，R405、R407 构成串联分压电路，用于防止输入信号为高电平时损坏 Q401；R409 为负载电阻；R402 为短路保护电阻。TCL–L19P21 型液晶电视机液晶屏供电控制电路在电路板上的位置如图 2–6–15 所示。

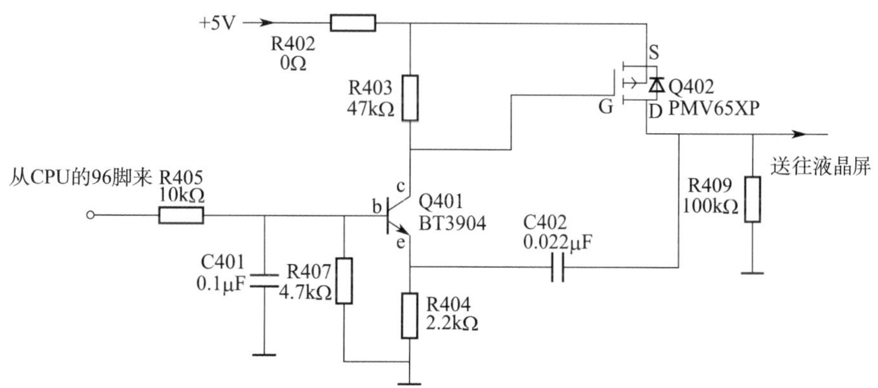


图 2–6–14　TCL–L19P21 型液晶电视机液晶屏供电控制电路原理图

图 2–6–15　TCL–L19P21 型液晶电视机液晶屏供电控制电路在电路板上的位置

# 实训 6　主芯片控制电路电参数测试与故障检修

## 实训目的

1. 进一步熟悉主芯片控制电路的工作原理。
2. 能对主芯片控制电路的电参数进行测试。
3. 能完成主芯片控制电路常见故障的检修。

## 实训设备与工具

液晶电视机、防静电工具、电视机常用维修工具、双踪示波器、实训指导书等。

## 实训内容与步骤

### 一、分析主芯片控制电路的信号流程

重点分析主芯片控制电路各种输入信号引脚、输出信号引脚、晶振与复位引脚的信号流程。

### 二、识读主芯片控制电路

#### 1. 识读 EEPROM 存储器电路

将电视机通电，测试 EEPROM 存储器各引脚的电压，并填入表 2–6–1 中。

表 2–6–1　EEPROM 存储器电压测试记录

| 引脚 | 1 | 2 | 3 | 4 | 5 | 6 | 7 | 8 |
|---|---|---|---|---|---|---|---|---|
| 符号 | E0/NO | E1/NO | E2/NO | VSS | SDA | SCL | $\overline{WC}$ | VCC |
| 电压 | | | | | | | | |

### 2. 识读背光灯控制电路

将电视机通电，测量 Q103 各极的电压，并填入表 2–6–2 中。

表 2–6–2　　背光灯控制电路电压测试记录

| 测量点 | Q103 | | |
|---|---|---|---|
| | b 极 | c 极 | e 极 |
| 正常开机后的电压 | | | |
| 遥控关机后的电压 | | | |

### 3. 识读调光控制电路

将电视机通电，测量 Q104 各极的电压，并填入表 2–6–3 中。

表 2–6–3　　调光控制电路电压测试记录

| 测量点 | Q104 | | |
|---|---|---|---|
| | b 极 | c 极 | e 极 |
| 正常开机后的电压 | | | |
| 遥控关机后的电压 | | | |

### 4. 识读液晶屏供电控制电路

将电视机通电，测量 Q401、Q402 各极的电压，并填入表 2–6–4 中。

表 2–6–4　　液晶屏供电控制电路电压测试记录

| 测量点 | Q401 | | | Q402 | | |
|---|---|---|---|---|---|---|
| | b 极 | c 极 | e 极 | G 极 | D 极 | S 极 |
| 正常开机后的电压 | | | | | | |
| 遥控关机后的电压 | | | | | | |

## 三、主芯片控制电路故障检修

实际维修表明，主芯片控制电路损坏后，常出现无光栅的故障，检修时应重点检查供电电压、各控制输出电压是否正常，即易发现问题。

参考图 2–6–11，去掉 L101，电视机会无光栅。模拟故障进行维修。

# §2–7　伴音通道电路分析与故障检修

## 学习目标

1. 熟悉伴音通道电路的输入信号。
2. 熟悉伴音通道电路的信号流程。
3. 掌握伴音通道电路的工作原理。
4. 能进行伴音通道电路电参数测试与故障检修。

液晶电视机伴音通道电路的特点是，天线插孔信号与USB插孔信号，声音信号与图像信号是一起输入的，YUV信号、AV信号、VGA信号与HDMI信号，声音信号与图像信号是分开输入的，声音信号与图像信号要连接正确，才能出现声图同步。

## 一、伴音通道电路的输入信号

液晶电视机可以有多种伴音信号输入，TCL-L19P21型液晶电视机各种伴音信号的输入孔位置如图2-7-1所示。

（1）天线信号。天线信号与图像信号一起，从高频调谐器的天线连接孔输入。

（2）数字高清HDMI信号。数字高清HDMI信号从YUV与RL输入孔中的R、L孔输入。

（3）VGA信号。VGA信号从AV2的R、L孔输入。

（4）模拟高清YUV信号。模拟高清YUV信号从YUV与RL输入孔中的R、L孔输入。

（5）两路AV信号。两路AV信号分别从后盖AV2的R、L孔输入，从边上AV1的R、L孔输入。

（6）USB信号。USB信号与图像信号一起，从USB输入孔输入。

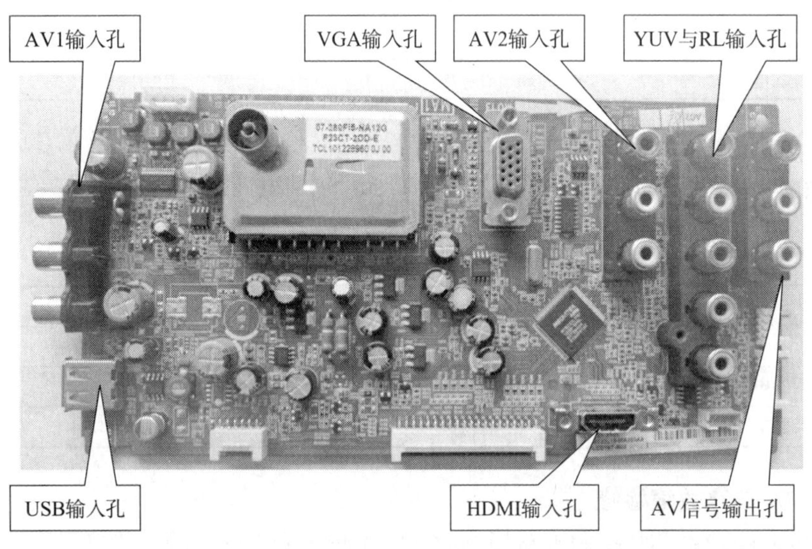


图2-7-1　TCL-L19P21型液晶电视机各种伴音信号的输入孔位置

## 二、伴音通道电路的信号流程

液晶电视机中伴音通道电路的信号流程如图2-7-2所示。由图可知，从孔AV1、YUV（HDMI）、AV2（VGA）输入的伴音信号是音频信号，经U301三选一后，进入主芯片的78、80脚。所选出的信号在主芯片内与天线伴音信号、USB伴音信号再次三选一。所选出的信号分为两路输出，一路从102、103脚输出，送入U601运放前置放大电路中进行前置放大，再送入U602中进行功率放大；另一路伴音信号从99、100脚输出，经U302进行前置放大后，送往机外孔。

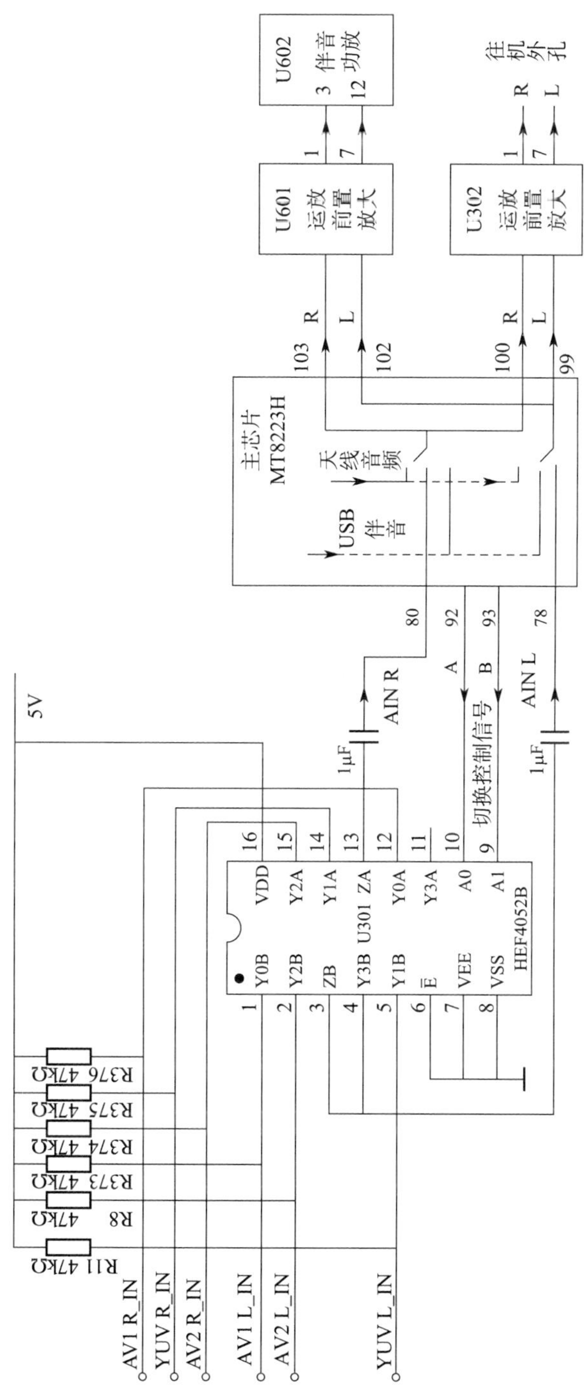


图 2-7-2 液晶电视机中伴音通道电路的信号流程

## 三、伴音通道电路的工作原理

### 1. 伴音信号输入电路

（1）AV1 信号输入电路

TCL-L19P21 型液晶电视机 AV1 信号输入电路如图 2-7-3 所示。信号从 P304 插孔输入，图像信号输入之后，直接送入主芯片电路 64 脚；伴音信号输入之后，则送往伴音信号选择电路 U301（HEF4052B）中。

图 2-7-3 中，R227 为图像信号输入负载电阻，R357、R358 为左、右路伴音信号输入负载电阻，F310、F318、F319 为放电间隙，VD366 为双向限幅保护二极管。视频信号与伴音信号输入孔的颜色是不相同的，视频信号输入孔为黄色（YELLOW），音频信号输入孔为红色（RED）和白色（WHITE）。视频信号耦合电容的容量一般为 nF 数量级，音频信号耦合电容的容量一般为 μF 数量级。

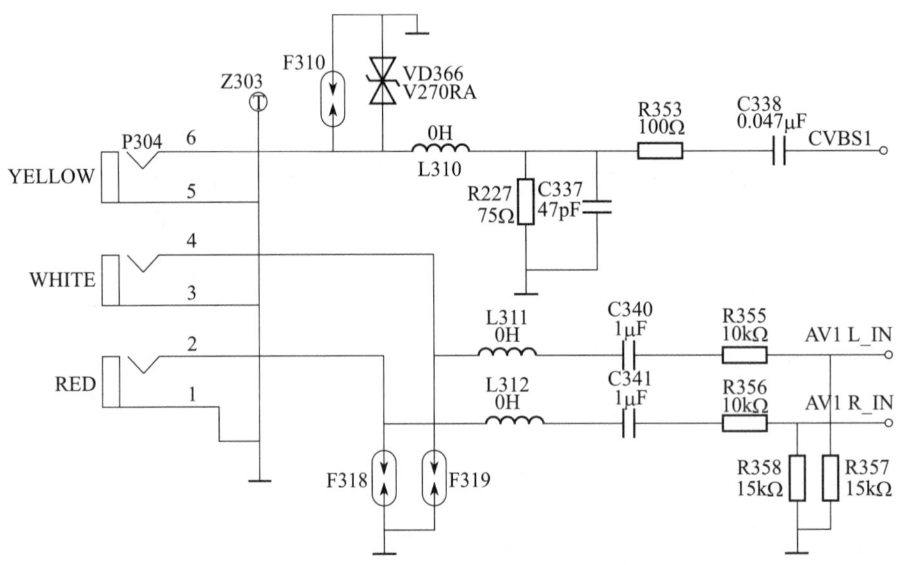


图 2-7-3　TCL-L19P21 型液晶电视机 AV1 信号输入电路

（2）AV2 信号输入电路

TCL-L19P21 型液晶电视机 AV2 信号输入电路如图 2-7-4 所示。信号从 P305 插孔输入，图像信号输入之后，直接送入主芯片电路 62 脚；伴音信号输入之后，则送往伴音信号选择电路 U301 中。

（3）模拟高清 YUV 信号输入电路

TCL-L19P21 型液晶电视机中，模拟高清 YUV 信号从 P301 的 5 孔（GREEN）、4 孔（BLUE）、3 孔（RED）输入，其电路如图 2-7-5 所示。图像信号输入之后，直接送入主芯片的 50～53 脚；伴音信号 R、L 从 P301 的 1 孔（RED）、2 孔（WHITE）输入之后，则送往伴音信号选择电路 U301 中。

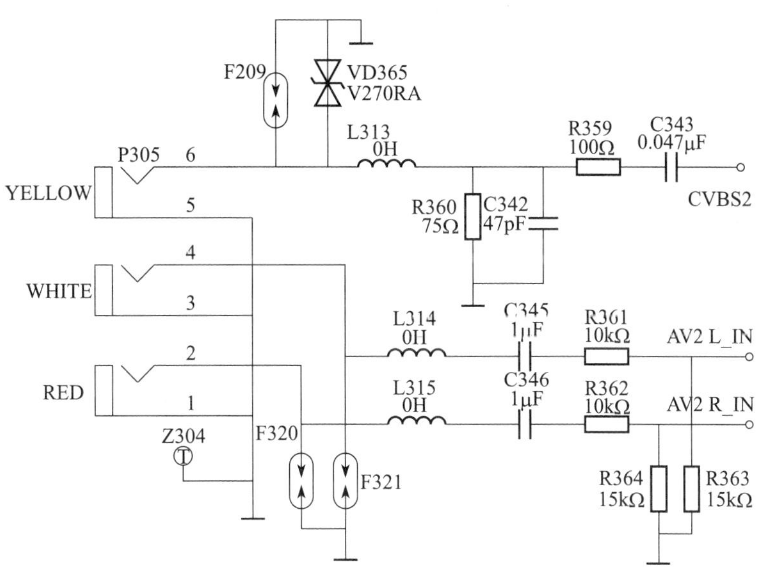


图 2-7-4 TCL-L19P21 型液晶电视机 AV2 信号输入电路

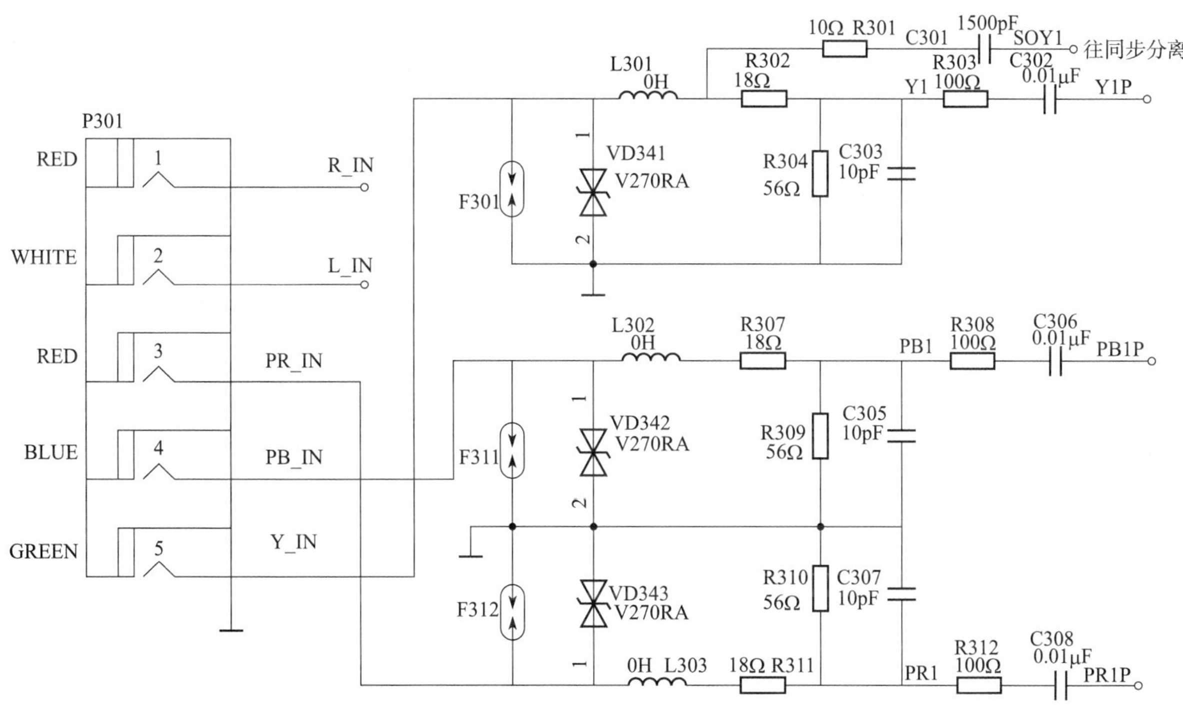


图 2-7-5 TCL-L19P21 型液晶电视机模拟高清 YUV 信号、数字高清 HDMI 信号输入电路

（4）数字高清 HDMI 信号输入电路

TCL-L19P21 型液晶电视机中，数字高清 HDMI 信号的伴音信号从 P301 的 1 孔（RED）、2 孔（WHITE）输入，其电路如图 2-7-5 所示。图像信号从 HDMI 孔输入，图像信号输入之后，直接送入主芯片的 10 ~ 24 脚；伴音信号输入之后，则送往伴音信号选择电路 U301 中。

（5）VGA 信号输入电路

VGA 的图像信号从 VGA 孔输入，VGA 的伴音信号从 AV2 的 R、L 孔输入（P305），如图 2–7–4 所示。图像信号输入之后，直接送入主芯片的 42 ~ 48 脚；伴音信号输入之后，则送往伴音信号选择电路 U301 中。

**2. 伴音信号选择电路**

上述 AV1、AV2、YUV、VGA、HDMI 输入的伴音信号，由伴音信号选择电路 U301 来完成选择，TCL–L19P21 型液晶电视机伴音信号选择电路如图 2–7–6 所示。图中，三路的伴音输入信号从不同的孔输入，在主芯片 92、93 脚送来的两位二进制 A、B 信号的控制下，完成信号的选择。

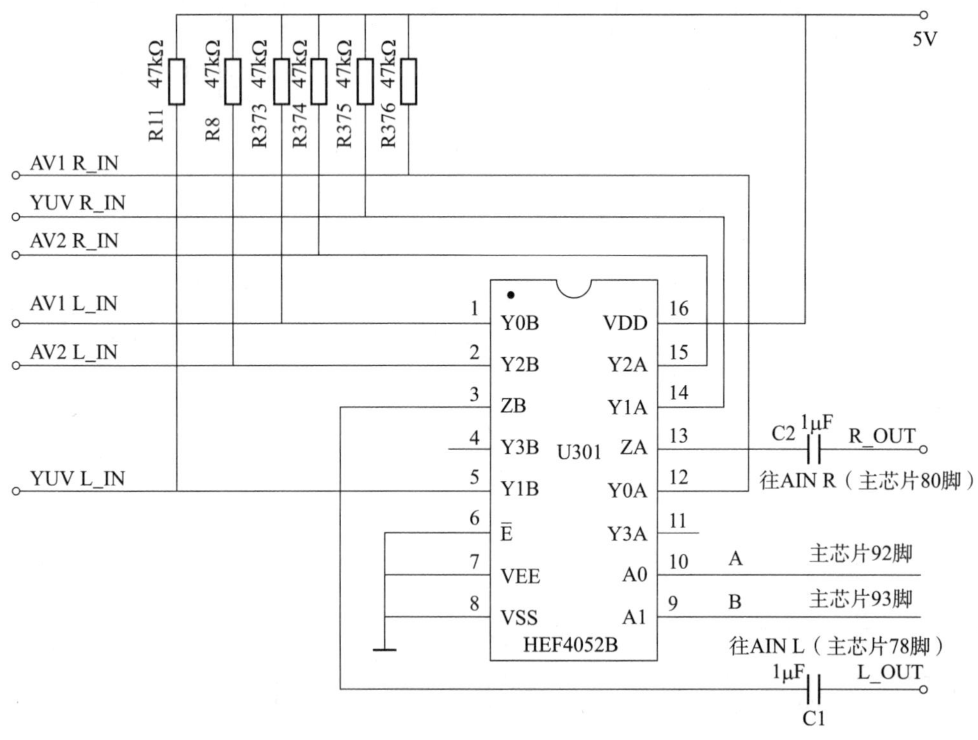


图 2–7–6　TCL–L19P21 型液晶电视机伴音信号选择电路

伴音信号切换的逻辑关系见表 2–7–1。

**表 2–7–1　　伴音信号切换的逻辑关系**

| 遥控系统输出的二进制码（HEF4052B 的 9 脚电平） | 遥控系统输出的二进制码（HEF4052B 的 10 脚电平） | 信号选择输出 |
|---|---|---|
| H | H | AV1 |
| L | H | YUV（HDMI） |
| H | L | AV2（VGA） |
| L | L | 空 |

TCL-L19P21 型液晶电视机伴音信号选择电路在电路板中的位置如图 2-7-7 所示。

图 2-7-7 TCL-L19P21 型液晶电视机伴音信号选择电路在电路板中的位置

**3. 伴音静音电路**

液晶电视机在无台、换台的瞬间和强制按下静音键时，应关闭伴音通道进行静音，其静音原理是由 CPU 的静音控制端子送出的高低电平来实现的。此外，液晶电视机在开 / 关机的瞬间也应进行静音，其静音的控制原理也是由专用的控制电路来实现的。TCL-L19P21 型液晶电视机开 / 关机静音控制电路和总静音控制电路如图 2-7-8 和图 2-7-9 所示。

（1）开机时的静音原理

参考图 2-7-8 与图 2-7-9，开机瞬间，因 C601 尚未充上电，故 Q601 截止，Q603 导通，Q602 的 b 极为高电平、c 极为低电平，其饱和导通，伴音功放 U602 的 1、2 脚为低电平，把伴音功放通道关闭，实现开机静音。开机完成后，C601 上充有 12 V 电压，因 Q601 的 b 极、Q603 的 b 极都为高电平，Q601、Q603 皆截止，Q602 因此而截止，其 c 极为高电平，伴音功放 U602 的 1、2 脚为高电平，伴音功放通道正常工作。

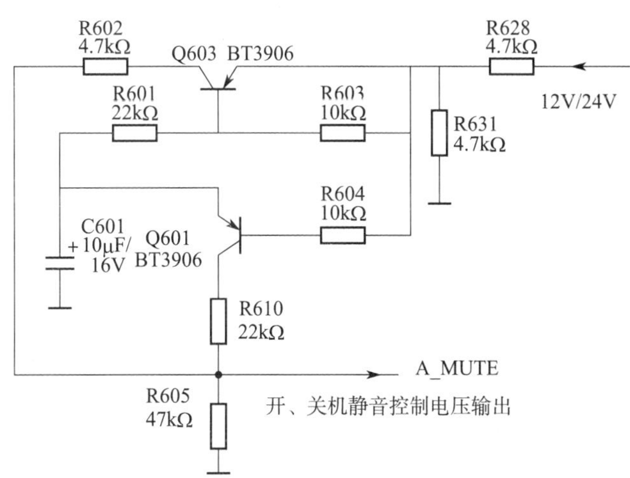


图 2-7-8 TCL-L19P21 型液晶电视机开 / 关机静音控制电路

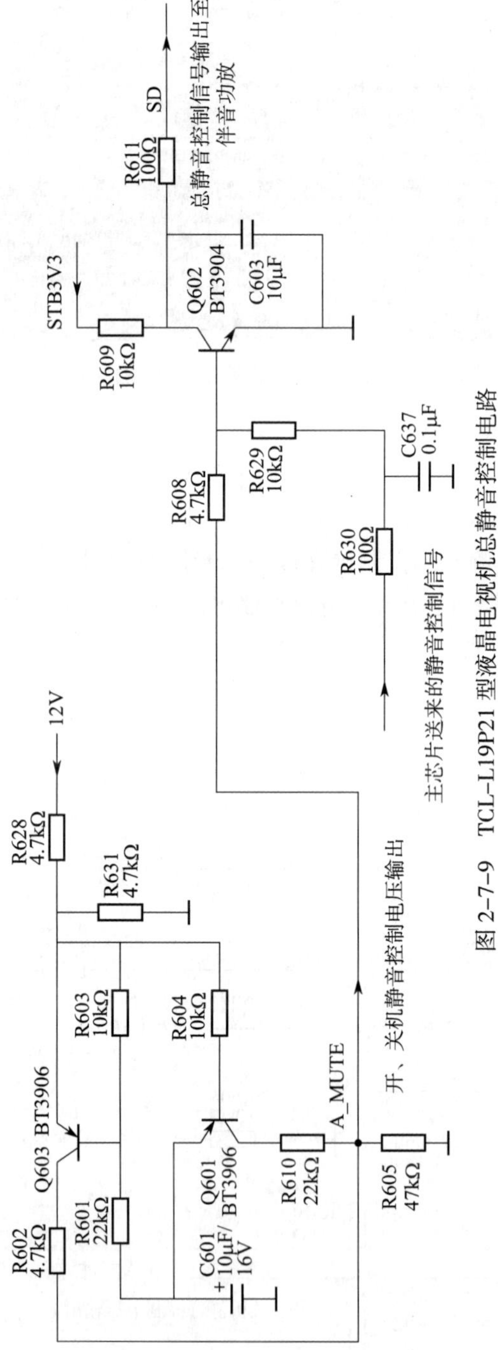


图 2-7-9 TCL-L19P21 型液晶电视机总静音控制电路

（2）关机时的静音原理

关机瞬间，12 V 电源消失，但 C601 上充有 12V 电压，故 Q601 瞬间饱和，Q601 的 c 极产生一个脉冲高电平，使 Q602 瞬间饱和，Q602 的 c 极为低电平，伴音功放 U602 的 1、2 脚为低电平，把伴音功放通道关闭，实现开机静音。

（3）无台、换台的瞬间和强制按下静音键时的静音原理

电视机检测到无台、换台的瞬间和强制按下静音键时，主芯片控制端子输出一个高电平电压，通过 R630、R629 加到 Q602 的 b 极，使 Q602 饱和，其 c 极为低电平，伴音功放 U602 的 1、2 脚为低电平，把伴音功放通道关闭，实现强制静音。

TCL–L19P21 型液晶电视机在电路板上的静音测试点如图 2–7–10 所示。

图 2–7–10　TCL–L19P21 型液晶电视机在电路板上的静音测试点

## 4. 伴音放大电路

（1）机外孔伴音输出信号前置放大电路

机外孔伴音输出信号前置放大电路由集成运算放大电路 RC4558 来完成，如图 2–7–11 所示。RC4558 的引脚功能见表 2–7–2。

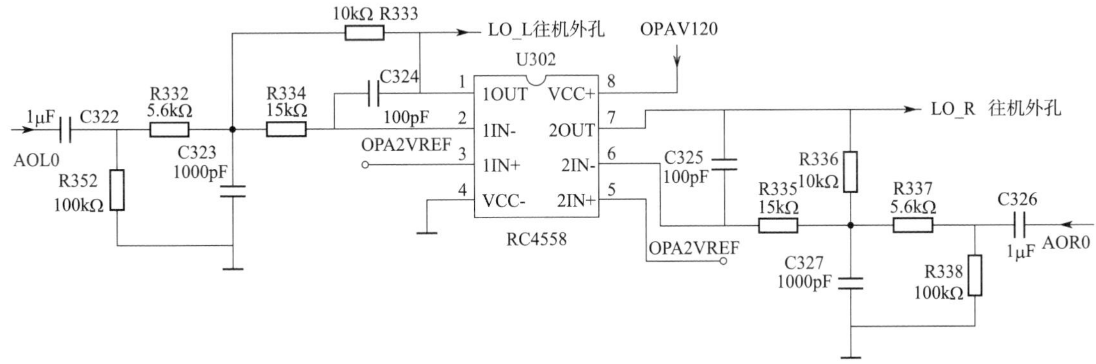


图 2–7–11　TCL–L19P21 型液晶电视机机外孔伴音输出信号前置放大电路

表 2-7-2　　RC4558 的引脚功能

| 引脚 | 1 | 2 | 3 | 4 | 5 | 6 | 7 | 8 |
|---|---|---|---|---|---|---|---|---|
| 功能 | 通道 1<br>输出 | 通道 1<br>反相输入 | 通道 1<br>同相输入 | 接地 | 通道 2<br>同相输入 | 通道 2<br>反相输入 | 通道 2<br>输出 | 供电 |

（2）伴音功率放大电路

伴音功率放大电路由运放前置放大电路和伴音功放电路两部分组成。

运放前置放大电路（U601）由集成运算放大电路 RC4558 来完成，如图 2-7-12 所示，其工作原理与机外孔伴音输出信号前置放大电路相同。

伴音功放电路（U602）由 TPA3113D2 来完成，如图 2-7-13 所示。TPA3113D2 主要引脚的功能为：1、2 脚为静音脚，3、12 脚为伴音信号输入，23、25、20、18 脚为伴音功放桥路输出，连接两个扬声器。R632、C638 为输出阻尼元件。

各种静音原理前面已经介绍过。伴音功放电路音量大小的调节在主芯片内完成，通过控制 R、L 声道信号的大小实现音量调节。

TCL-L19P21 型液晶电视机运放前置放大电路、伴音功放电路在电路板上的位置如图 2-7-14 所示。

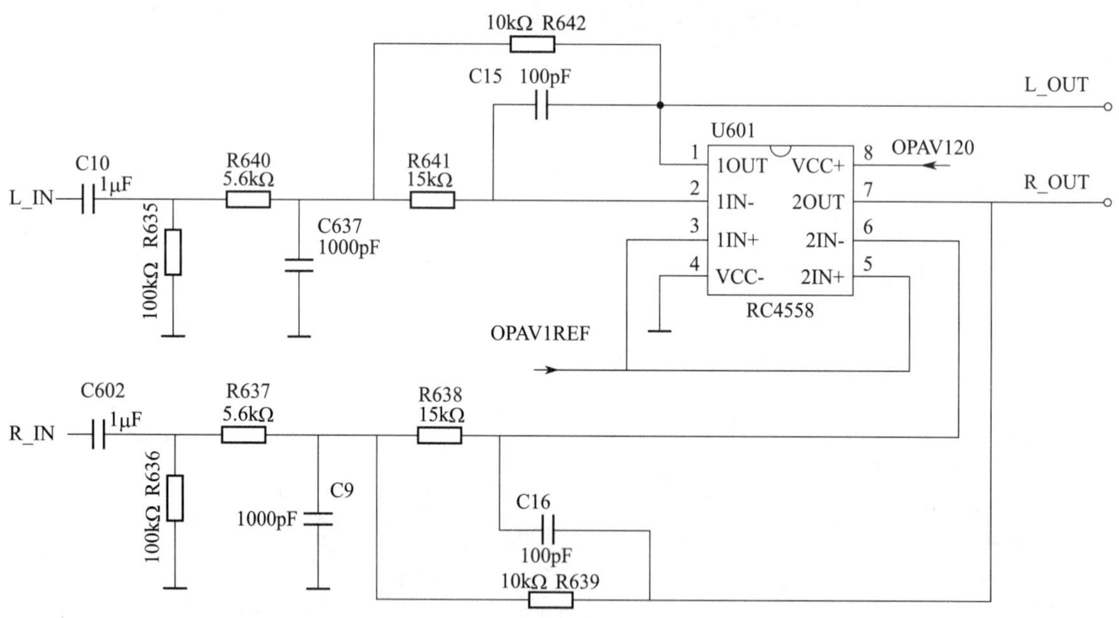


图 2-7-12　TCL-L19P21 型液晶电视机运放前置放大电路原理图

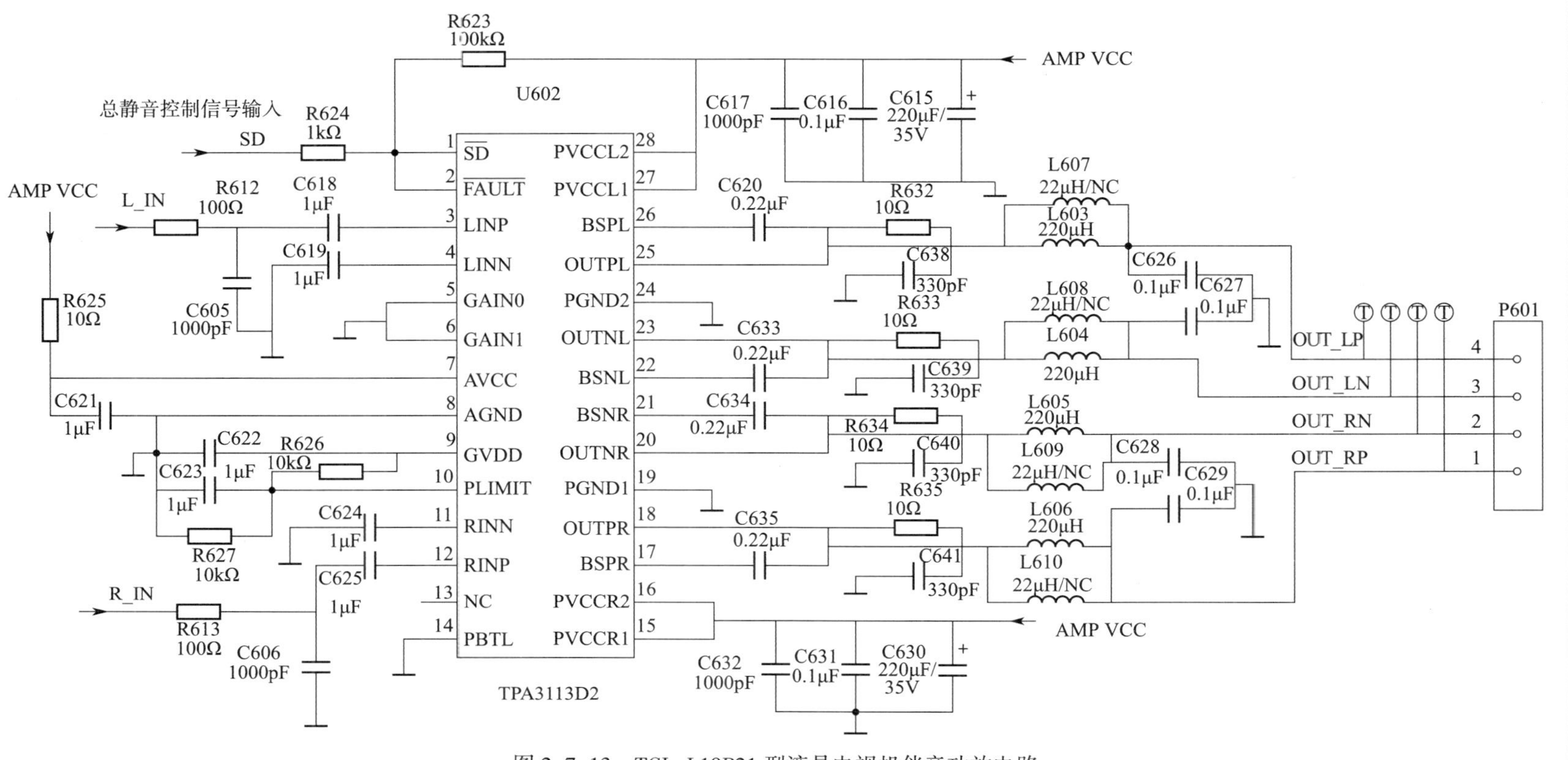


图 2-7-13 TCL-L19P21 型液晶电视机伴音功放电路

图 2–7–14　TCL–L19P21 型液晶电视机运放前置放大电路、
伴音功放电路在电路板上的位置

# 实训 7　伴音通道电路电参数测试与故障检修

## 实训目的

1. 进一步熟悉伴音通道电路的工作原理。
2. 能对伴音通道电路的电参数进行测试。
3. 能完成伴音通道电路常见故障的检修。

## 实训设备与工具

液晶电视机、防静电工具、电视机常用维修工具、双踪示波器、实训指导书等。

## 实训内容与步骤

### 一、伴音信号输入电路信号流程分析

按照电路图和机芯电路，识读 AV1、AV2、YUV、HDMI、VGA 等信号的流程。

### 二、伴音信号输入电路电参数测试

将电视机开机，从 AV1、AV2、YUV、HDMI、VGA 孔输入信号，按遥控器的信号源键，测量 HEF4052B 9 脚、10 脚的电压，并填入表 2–7–3 中。

表 2–7–3　伴音信号输入电路电压测试记录

| 信号 | 信号选择输出 | HEF4052B 9 脚电压 | HEF4052B 10 脚电压 |
|---|---|---|---|
| 1 | AV1 | | |
| 2 | YUV（HDMI） | | |
| 3 | AV2（VGA） | | |

### 三、伴音静音控制电路电参数测试

对照电路图，在电路板上识读伴音静音控制电路。将电视机通电，任意接收一个节目，测量 Q602 b 极和 c 极的电压，并填入表 2–7–4 中。

表 2–7–4　　伴音静音控制电路信号测试记录

| 操作要求 | 开机瞬间 | 关机瞬间 | 无台时（去掉天线） | 按下遥控器静音键时 |
| --- | --- | --- | --- | --- |
| Q602 b 极的电压 | | | | |
| Q602 c 极的电压 | | | | |

### 四、故障检修

液晶电视机伴音通道电路常见的故障是无伴音，检修时先观察在输入多种伴音信号时有无伴音。若无伴音，应重点检查运放前置放大电路与伴音功放电路，检修的关键点是测量供电电压、静音控制电压是否正常。从不同的插孔送入音频信号，也能很容易发现故障范围。

# §2–8　LVDS 信号传输原理与故障检修

## 学习目标

1. 掌握 LVDS 信号的传输原理。
2. 熟悉 LVDS 电路的信号传输流程和发送器输出的信号。
3. 掌握液晶屏连接引线的识别方法。
4. 能进行 LVDS 信号连接线的识读与拆装。

液晶电视中，三基色图像信号经缩放电路格式变换之后，输出的信号为 TTL 高低电平型的并行信号，这种信号的电压较高、数量多（多路）、频率高，一般不能直接送往液晶屏，否则会产生各种干扰，影响图像的质量。

为了能高速、低噪声、远距离、稳定地传送信号，目前，液晶电视机都采用 LVDS（Low–Voltage Differential Signaling，低电压差分信号）技术来传送信号。

### 一、LVDS 信号的传输原理

LVDS 电路由主板侧的 LVDS 信号发送器和液晶屏面板侧的 LVDS 接收器组成，发送器和接收器成对共存，发送器负责编码发送信号，接收器负责接收译码信号。

LVDS 信号发送器将前级电路送来的一行行、各个像素的 RGB 信号和各种控制信号（并行）转换成低电压的串行信号，信号电压在 1.2 V ± 350 mV 变化，同一个数据信号（每 1 位）变成一对正向和负向的差分信号（1 变为 1/0，0 变为 0/1），在两条线路中同时传送出去。

图 2–8–1 所示为差分信号的传输方法。图中表示，任意一个彩色像素点都由 $U_R$、$U_G$、$U_B$ 三基色模拟电信号组成，在 A/D 转换电路中，每个基色模拟电信号转变为 8 位的数字电

信号，假设红基色电信号某一个像素点的量化码为 1000 1100，这是电平为 3 V/0 V 的 TTL 并行信号（高电平表示 3 V，低电平表示 0 V），该信号在 LVDS 信号发送器中转换为电压在 1.2 V ± 350 mV 变化的一对差分串行信号，送往液晶屏。

绿、蓝基色的电信号依此方法传送。传送完一个像素点的电信号，再传送另外一个像素点的电信号。一行信号的像素传送完后，再传送另一行信号的像素。

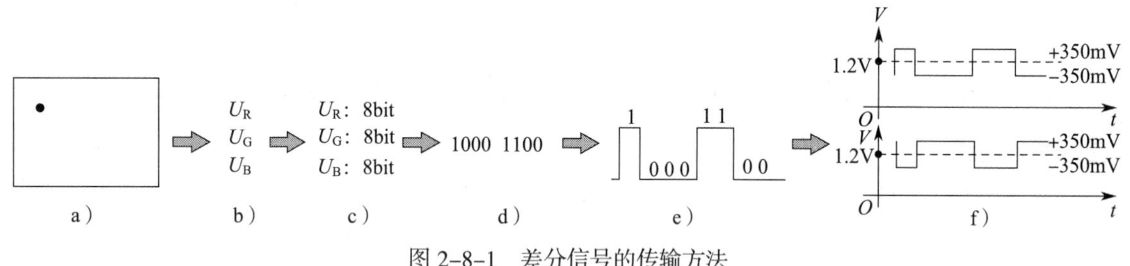


图 2-8-1 差分信号的传输方法

a）某一个像点 b）模拟三基色电信号 c）A/D 转换 d）其中的 $U_R$ 8 位码

e）8 位 $U_R$ 码波形（TTL 电平） f）一对反相的差分信号波形

信号传送到液晶屏侧，经 LVDS 接收器译码，将串行的信号转变为并行的信号。在转变过程中，将两个差分信号相减，抵消信号在传输中迭加的干扰信号后，送入后级驱动电路。

## 二、LVDS 电路的信号传输流程

LVDS 电路的信号传输流程如图 2-8-2 所示。

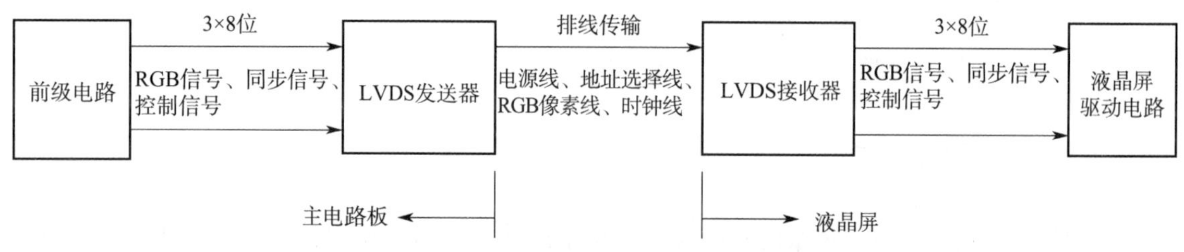


图 2-8-2 LVDS 电路的信号传输流程

## 三、LVDS 发送器输出的信号

不同的数字电路板和不同的液晶屏，其连接线的符号、功能及排线数量有所差异。

1. 一般以 Tx 表示发送信号，Rx 表示接收信号。

2. LVDS 发送器是以差分信号的形式传送信号的，因此，每组输出为两条线，一条线输出正信号，另一条线输出负信号，如 Rx00+、Rx00−。

3. 送往彩色液晶屏的时钟信号，常表示为 TxCLKOUT0+、TxCLKOUT0− 或 TxOC−、TxOC+。

4. 送往彩色液晶屏的数据输出线一般有 4 对、5 对和 8 对。一般每一对线不具体表示传送何种数据，即不能从具体的某一对线中知道其传送的是什么内容。虽然不知道各对数据输出线的传输内容，但各条数据线还是有符号标注的，更换电路板或液晶屏时，不能随意连接，要根据其功能正确地连接，彩色液晶屏才能正常工作。

5. 与彩色液晶屏相连接的线还有液晶屏电路的工作电源线，一般加有“VCC”字样。不同液晶屏的工作电压是不同的，大部分液晶屏的工作电压为 5 V 或 12 V。送入液晶屏的电压、连接线的位置不能弄错，否则会烧坏液晶屏电路。

## 四、液晶屏连接引线的识别

### 1. 识别方法

主电路板与液晶屏之间的连接线主要有 12 V 电源正负线、RGB 信号线、时钟信号线和控制信号线等。这些线的识别方法如下：

（1）分清排线脚的顺序。在排线接口的一侧（一般是左侧）通常有一个圆点标志，最靠近该脚的线为 1 号线。有时在电路板上标有号码或符号，也可根据其分清顺序。

（2）电源线正极线一般为红色、多条、多芯线；地线一般为黑色、多条、多芯线。控制信号线为多芯线。

（3）绞合在一起的两根线是同一组的 RGB 数据线或时钟线，且插在相邻的两只引脚中，排在前面的一根为差分信号的“-”线，排在后面的一根为差分信号的“+”线，如图 2-8-3 所示。

（4）RGB 数据线一般排在前面，时钟线排在后面，即前 3 组为数据线，后 1 组为时钟线。

图 2-8-3　引线的识别方法

### 2. 典型的液晶屏连接电路

典型的液晶屏连接电路如图 2-8-4 所示。

图中，LVDS 接插头共有 40 条引线，其中电源供电正极为 1 ~ 4、21、22、24 脚，电源供电负极为 5 ~ 8、39、40 脚。

标“O”开头的引脚，如 O4P_1、O4N_1，表示奇像素的 4 号线对；标“E”开头的引脚，如 E4P_1、E4N_1，表示偶像素的 4 号线对。即该 LVDS 连接头是逐行，分奇、偶像素来传输的，如果没有标“O”或“E”开头，则表示传输时不分奇、偶像素。一般小屏幕电视机不分奇、偶像素传输，大屏幕电视机才分奇、偶像素传输，以提高传输速度。

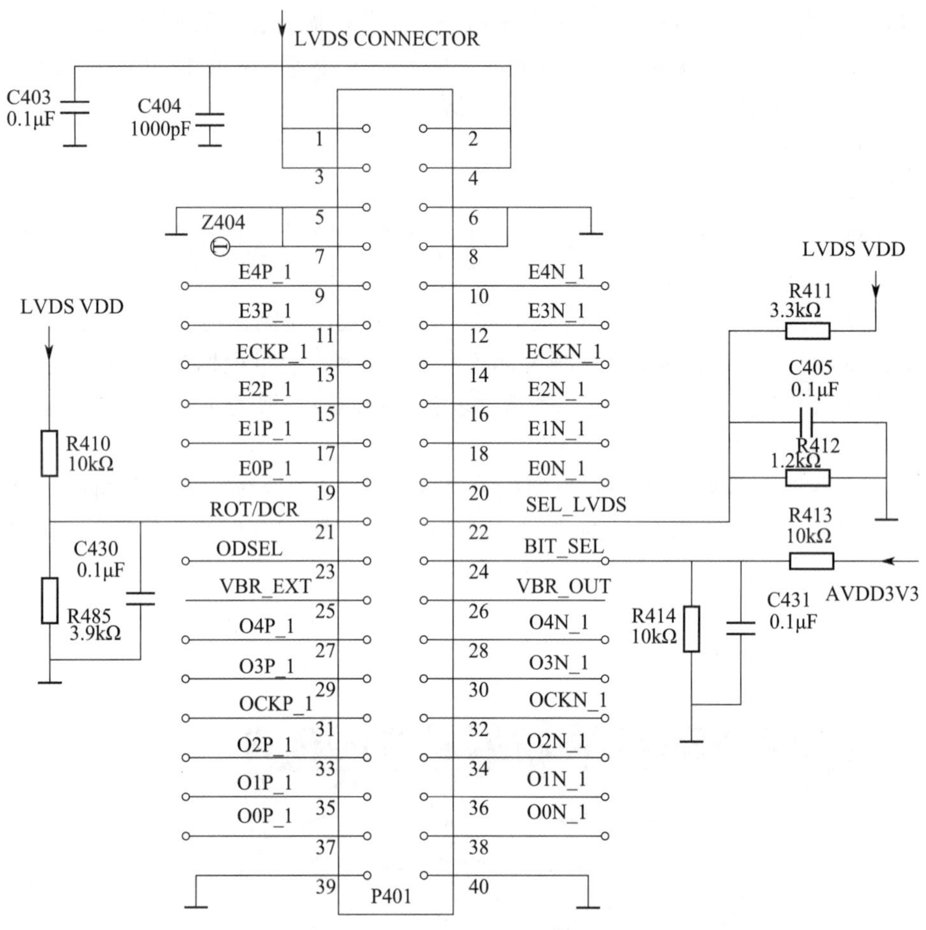


图 2-8-4　典型的液晶屏连接电路

# 实训 8　LVDS 信号连接线识读与拆装

## 实训目的

1. 进一步熟悉 LVDS 信号的传输原理。
2. 能进行 LVDS 信号连接线的识读与拆装。

## 实训设备与工具

液晶电视机、防静电工具、电视机常用维修工具、双踪示波器、实训指导书等。

## 实训内容与步骤

### 一、LVDS 信号连接线的识读

识读 LVDS 信号连接线的顺序，认清液晶屏供电线、地线和信号线，并按要求填写表 2-8-1。

表 2-8-1　　LVDS 信号连接线引脚功能识读表

| 引脚 | 功能 | 引脚 | 功能 | 引脚 | 功能 |
|---|---|---|---|---|---|
| 1 | | 16 | | 31 | |
| 2 | | 17 | | 32 | |
| 3 | | 18 | | 33 | |
| 4 | | 19 | | 34 | |
| 5 | | 20 | | 35 | |
| 6 | | 21 | | 36 | |
| 7 | | 22 | | 37 | |
| 8 | | 23 | | 38 | |
| 9 | | 24 | | 39 | |
| 10 | | 25 | | 40 | |
| 11 | | 26 | | 41 | |
| 12 | | 27 | | 42 | |
| 13 | | 28 | | 43 | |
| 14 | | 29 | | 44 | |
| 15 | | 30 | | 45 | |

### 二、LVDS 信号连接线的拆装

戴好防静电手环，将电视机关机，从两外端往里压扣子，再往外拔插头，拆下连接插头。观察其结构，再将其装复。

## §2-9　HDMI/VGA 接口电路分析与故障检修

## 学习目标

1. 熟悉 HDMI/VGA 接口的外形结构、引脚功能及典型应用电路。
2. 掌握 HDMI/VGA 接口常见故障的检修方法。
3. 能进行 HDMI/VGA 接口信号连接线的识读与故障检修。

现在生产的液晶电视机都可以与计算机主机的 VGA 接口进行连接，作为显示器使用。随着数字电视技术的不断发展，有线电视机顶盒、卫星电视机顶盒、网络电视机顶盒都有数字高清输出口（HDMI），故液晶电视机都有 VGA、HDMI 信号输入口。

### 一、HDMI 接口电路

#### 1. HDMI 接口的外形结构

HDMI 接口的外形结构如图 2-9-1 所示。

图 2-9-1　HDMI 接口的外形结构

**2. HDMI 接口的引脚功能**

HDMI 接口各引脚的功能如下：

（1）HDMI 插座的 1 脚和 3 脚、4 脚和 6 脚、7 脚和 9 脚为 3 个通道（2 通道、1 通道和 0 通道）的 TMDS 数字信号，输入的信号直接送到主机芯电路中进行处理。

（2）HDMI 接口的 10、12 脚为 TMDS 时钟信号，输入的信号直接送到主机芯电路中进行处理。

（3）HDMI 接口的 18 脚为 5 V 供电输入口，机顶盒、计算机主机等设备的 5 V 电压通过 HDMI 接口的 18 脚输入到液晶电视机，与液晶电视机稳压电源产生的 5 V 电压共同对 CPU 进行供电，因此，即使液晶电视机不开机，液晶电视机中的存储器也可以工作，方便 HDMI 设备（机顶盒）随时读取液晶电视机中存储器的信息。

（4）HDMI 接口的 19 脚为热插拔检测（HPD）输出口，HPD 是指从液晶电视机输出一个送往 HDMI 设备（如机顶盒）的检测信号，HDMI 设备可以通过 HPD 引脚检测出 HDMI 接口的连接情况，以便做出相应的响应。

（5）HDMI 接口的 15、16 脚为 $I^2C$ 总线信号传输脚，用于使信号在传输过程中协调一致。

**3. HDMI 接口的典型应用电路**

TCL-L19P21 型液晶电视机中 HDMI 接口的典型应用电路如图 2-9-2 所示。机顶盒等的 HDMI 信号经连接电缆传送到电视机主机芯板的 HDMI（P204）插座上。

热插拔检测输出电路的工作原理是，将机顶盒等设备与液晶电视机连接好 HDMI 线后，机顶盒通过连接口的第 18 脚向液晶电视机提供 DC 5 V 电压，若电视机没有开机或虽开机，但没有选择收看 HDMI 信号，则主芯片的 24 脚为低电平，Q202 截止，输入的 DC 5 V 电压经过 R265 从 HDMI 接口的 19 脚输出。由于该信号是一个高电平信号，机顶盒将不向电视机传输信号，以免产生干扰。当电视机选择收看 HDMI 信号时，主芯片的 24 脚为高电平，Q202 饱和，HDMI 接口的 19 脚被箝位为低电平，机顶盒将向电视机传输信号，用户可以正常收看。

## 二、VGA 接口电路

计算机主机与显示器的连接方法、计算机主机与投影器的连接方法都采用模拟形式的 VGA 接口，很多电子产品也都在使用 VGA 接口。

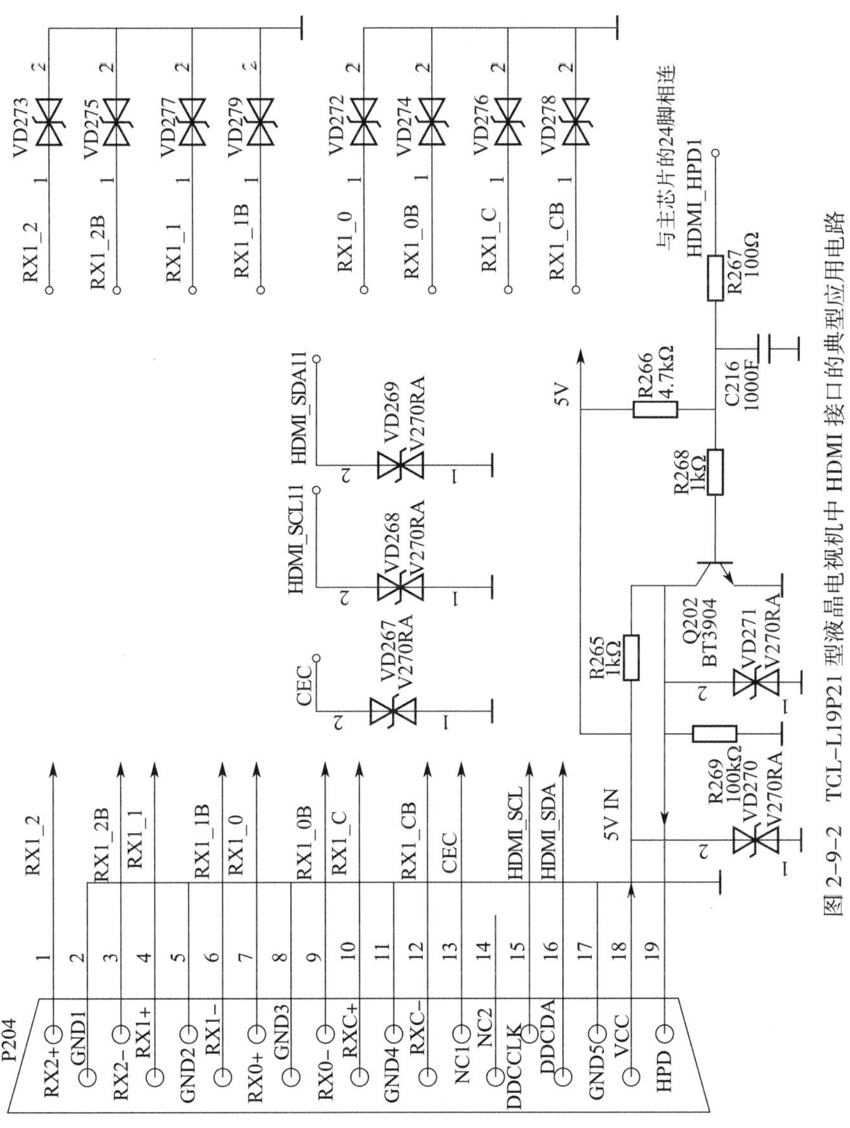


图 2-9-2 TCL-L19P21 型液晶电视机中 HDMI 接口的典型应用电路

1. VGA 接口的外形结构

VGA 接口的外形结构如图 2–9–3a 所示。

2. VGA 接口的引脚功能

VGA 接口共有 15 只引脚，其引脚排列顺序如图 2–9–3b 所示，各引脚的功能见表 2–9–1。

a）

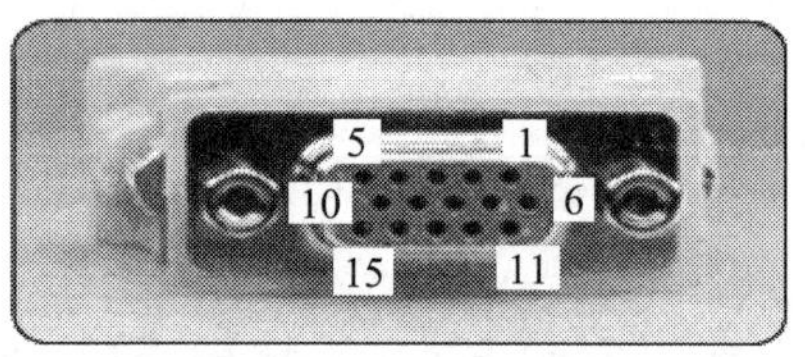


b）

图 2–9–3　VGA 接口的外形结构与引脚排列顺序

a）外形结构　b）引脚排列顺序

表 2–9–1　VGA 接口的引脚功能

| 引脚 | 功能 | 引脚 | 功能 |
|---|---|---|---|
| 1 | 红信号 | 9 | 地 |
| 2 | 绿信号 | 10 | 地 |
| 3 | 蓝信号 | 11 | 地址码 |
| 4 | 地址码 | 12 | 地址码（SDA） |
| 5 | 地 | 13 | 行同步 |
| 6 | 红地 | 14 | 场同步 |
| 7 | 绿地 | 15 | 地址码（SCL） |
| 8 | 蓝地 | | |

3. VGA 接口传输的信号

VGA 接口只能传输模拟图像信号，不能传输数字图像信号，也不能传输伴音信号。

VGA 传输的信号如下：

（1）R、G、B 三基色模拟图像信号。

（2）行、场同步信号。

（3）$I^2C$ 总线控制信号，主要用于读取地址等参数，以及统一工作节拍。

（4）VCC 供电 5 V 工作电压，用于向电视机的存储器供电，使电视机不开机的情况下，计算机主机等设备也可以读取电视机存储器上的信息。

TCL–L19P21 型液晶电视机 VGA 接口的典型应用电路如图 2–9–4 所示。

## 三、HDMI/VGA 接口常见的故障

HDMI/VGA 接口使用过程中，常见的故障有电视机出现画面缺色、画面显示混乱等。当电视机画面缺少某种颜色时，应重点检查对应连接线的连通情况，一般是开路所致。当电视机画面显示混乱时，应重点检查时钟信号线和行、场同步信号线的连通情况，一般也是开路所致。在实际使用中，通过专用的转接线，可以把 HDMI 信号转变为 VGA 信号。

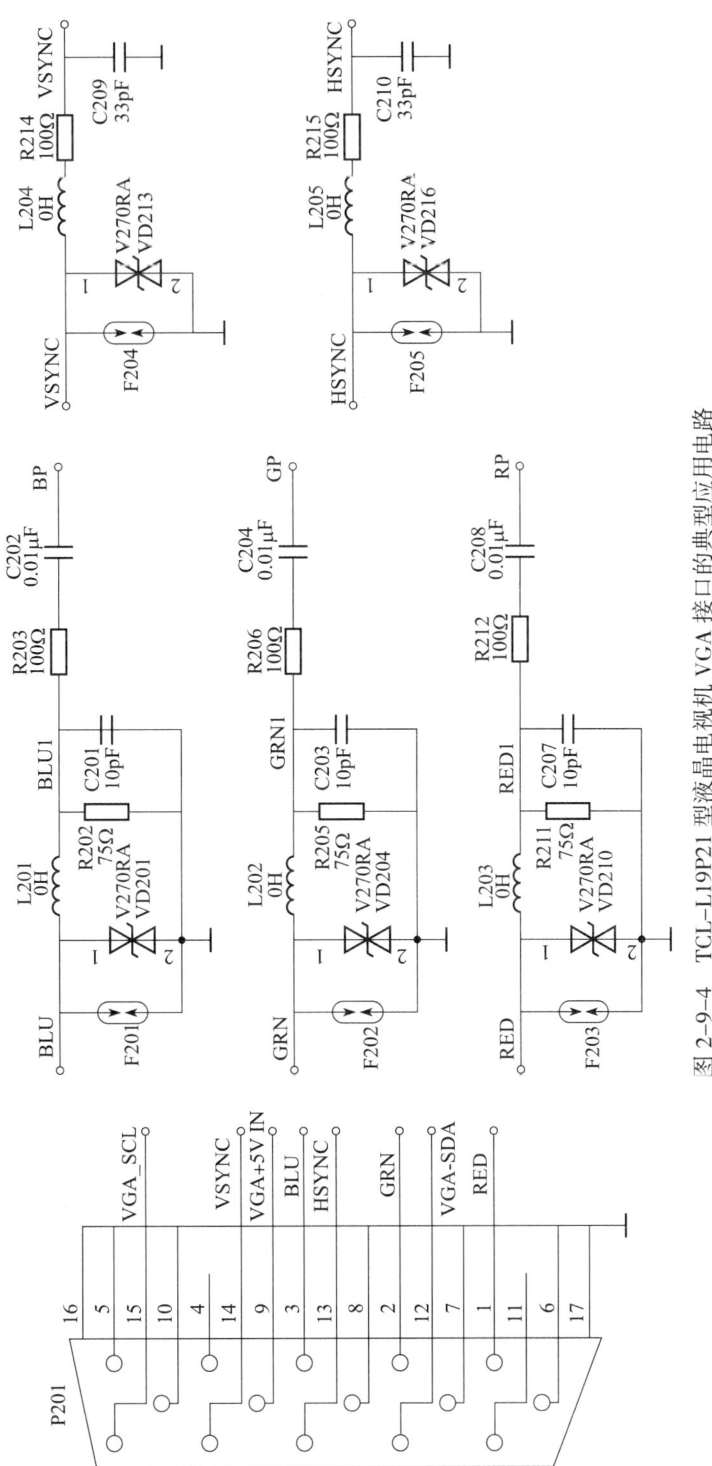

图 2-9-4 TCL-L19P21 型液晶电视机 VGA 接口的典型应用电路

# 实训 9　HDMI/VGA 信号连接线识读与故障检修

## 实训目的

1. 进一步熟悉 HDMI/VGA 接口的引脚功能。
2. 能进行 HDMI/VGA 信号连接线的识读。
3. 能进行 HDMI/VGA 接口常见故障的检修。

## 实训设备与工具

液晶电视机、防静电工具、电视机常用维修工具、双踪示波器、实训指导书等。

## 实训内容与步骤

### 一、HDMI 信号连接线的识读

识读 HDMI 信号连接线的顺序，认清 HDMI 供电线、地线和信号线，并按照要求填写表 2-9-2。

表 2-9-2　　HDMI 信号连接线引脚功能

| 引脚 | 功能 | 引脚 | 功能 |
|---|---|---|---|
| 1 | | 11 | |
| 2 | | 12 | |
| 3 | | 13 | |
| 4 | | 14 | |
| 5 | | 15 | |
| 6 | | 16 | |
| 7 | | 17 | |
| 8 | | 18 | |
| 9 | | 19 | |
| 10 | | 20 | |

### 二、VGA 信号连接线的识读

识读 VGA 信号连接线的顺序，认清 VGA 供电线、地线和信号线，并按照要求填写表 2-9-3。

表 2-9-3　　VGA 信号连接线引脚功能

| 引脚 | 功能 | 引脚 | 功能 |
|---|---|---|---|
| 1 | | 5 | |
| 2 | | 6 | |
| 3 | | 7 | |
| 4 | | 8 | |

续表

| 引脚 | 功能 | 引脚 | 功能 |
|---|---|---|---|
| 9 | | 15 | |
| 10 | | 16 | |
| 11 | | 17 | |
| 12 | | 18 | |
| 13 | | 19 | |
| 14 | | 20 | |

### 三、故障检修

HDMI/VGA 接口出现画面缺色、显示混乱的故障时，应重点检查对应连接线，看有无开路等情况存在，一般不难找到故障。

参考图 2–9–4，把 L204 或 L205 去掉，进行故障模拟与检修。

# §2–10　USB、RS232 及面板接口电路分析与故障检修

## 学习目标

1. 熟悉 USB、RS232 及面板接口电路的结构、引脚功能与转换方法。
2. 掌握 USB、RS232 及面板接口电路的工作原理。
3. 能进行 USB、RS232 及面板接口线识读与故障检修。

液晶电视机信号输入接口除了 AV、VGA、HDMI 接口外，还有 USB、RS232 和面板输入接口。

### 一、USB 接口电路

USB 接口是液晶电视机常用的信号输入接口，共有 4 根线（两根电源线和两根信号线）。因为信号是串行传输的，所以 USB 接口也称为串行口。USB2.0 的速度可以达到 480 Mbit/s，可以满足各种工业和民用需要。

#### 1. USB 接口的结构和使用注意事项

（1）USB 接口的结构

USB 接口的结构如图 2–10–1 所示。中间两根线为信号线，两旁的线为供电线。当存储设备（如 U 盘）与液晶电视机（计算机）连接后，液晶电视机首先供给其一个 5 V 的电压，使其正常工作，通电后再通过中间的信号线传送所有信息。

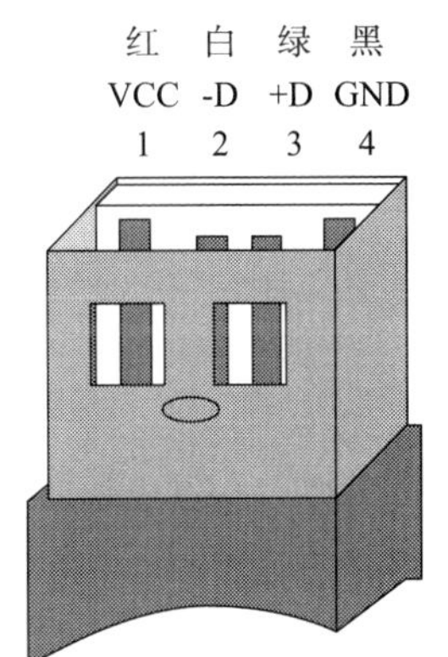

图 2–10–1　USB 接口的结构

（2）USB 接口的使用注意事项

在使用过程中，需要分清其正负极，否则会烧坏 USB 设备或液晶电视机（计算机）的芯片。

### 2. USB 接口的应用电路

USB 接口的特点是电路简单、传输效果好，故应用很广泛，如鼠标连接头、U 盘连接头、打印机连接头等都采用 USB 接口。

USB 接口只有 4 根引线，而且排列很有规律，接口电路较简单，电源输出端的内部有一个专用的稳压控制电路。USB 接口电路如图 2-10-2 所示。图中 RT9711 是一个专用稳压 IC，具有 +5 V 输出电流过流（短路）保护、输入电压欠压保护功能。RT9711 的内部结构如图 2-10-3 所示。

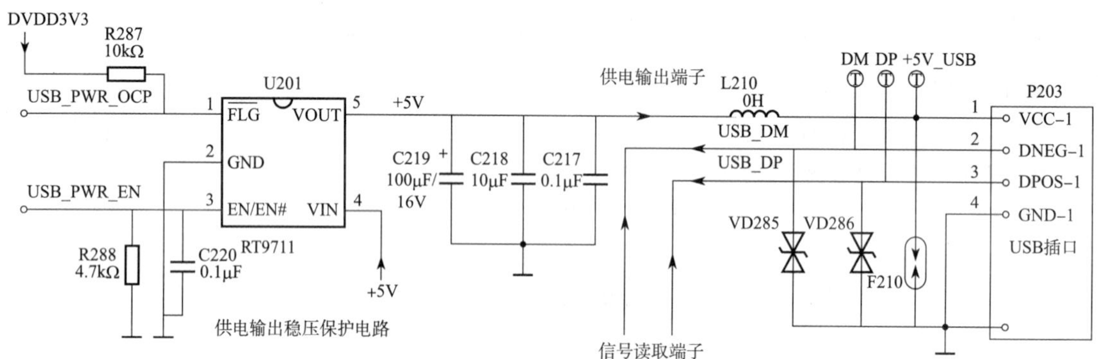


图 2-10-2　USB 接口电路

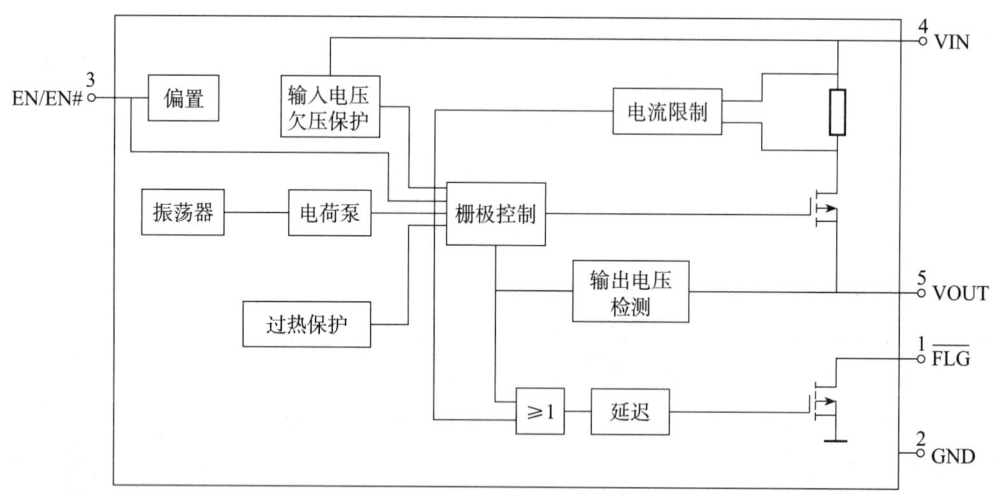


图 2-10-3　RT9711 的内部结构

RT9711 的 4 脚为 DC 5 V 电压输入端，通过内部场效应管控制后，从 5 脚输出。如果内部场效应管导通，则 5 脚有电压输出，可将本电压送往 U 盘等设备；如果内部场效应管截止，则 5 脚无电压输出。场效应管导通与否，受过流检测电路、欠压检测电路、过热保护电路、软启动电路（防止接通 U 盘的瞬间电流产生的冲击）和使能端子的控制。RT9711 的 1 脚输出的信号可以作为 U 盘插入与拔出识别信号，该检测信号直接输入主芯片电路的 9 脚。主芯片电路的 8 脚与 USB 接口电路的 3 脚相连，作为使能端 EN 的控制信号。

USB 接口输入的数字信号（2、3 脚连接线）通过 VD285、VD286 限压保护直接输入液晶电视机主芯片电路的 6、7 脚。

**3. USB 接口与 HDMI 接口之间的转换**

有的设备有 HDMI 接口，但没有 USB 接口，可以通过一个 USB/HDMI 转换器把 USB 格式信号转换为 HDMI 格式信号，如图 2–10–4 所示。

图 2–10–4　USB/HDMI 转换器

## 二、RS232 接口电路

RS232 接口标准是由美国电子工业联盟（EIA）制定的用于串行数据通信的接口标准。它的全称是“数据终端设备（DTE）和数据通信设备（DCE）之间串行二进制数据交换接口技术标准”。RS232 接口又称为 RS–232 口、串口、异步口、COM（通信）口。

**1. RS232 接口的结构**

RS232 接口的结构与 VGA 接口相似，但引脚数却较少（只有 9 只），其外形结构与引脚的排列顺序如图 2–10–5 所示。

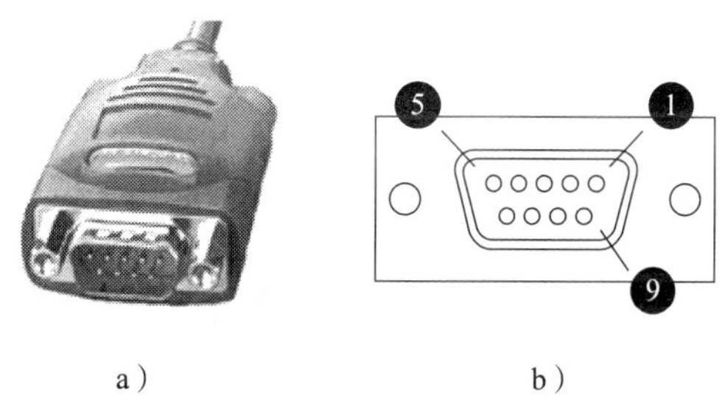


a）　　b）

图 2–10–5　RS232 接口的外形结构与引脚排列顺序

a）外形结构　b）引脚排列顺序

**2. RS232 各引脚的功能**

RS232 各引脚的功能见表 2–10–1。

表 2–10–1　RS232 各引脚的功能

| 引脚 | 1 | 2 | 3 | 4 | 5 | 6 | 7 | 8 | 9 |
|---|---|---|---|---|---|---|---|---|---|
| 符号 | DCD | RXD | TXD | DTR | SG | DSR | RTS | CTS | RI |
| 功能 | 载波检测 | 接收数据 | 发送数据 | 数据终端准备好 | 信号地 | 数据准备好 | 请求发送 | 允许发送 | 振铃提示 |

**3. RS232 接口与 USB 接口之间的转换**

由上表可知，RS232 与 USB 接口的功能很相似，有时两者可以借助转接线进行转换，如图 2–10–6 所示。

图 2–10–6　USB 与 RS232 转接线

## 三、面板接口电路

面板接口电路主要是指面板按钮信号输入电路和遥控信号输入电路等。

### 1. 面板按钮信号输入电路

（1）面板按钮信号输入连接头

TCL–L19P21 型液晶电视机面板按钮信号输入连接头为 P004，各引脚的功能见表 2–10–2。

表 2–10–2　　面板按钮信号输入连接头各引脚的功能

| 引脚 | 1 | 2 | 3 | 4 |
|---|---|---|---|---|
| 符号 | 3.3STB | KEY | GND | +5 V |
| 功能 | 3.3 V 待机供电 | 键盘信号输入 | 接地 | +5 V 供电 |

（2）电路的工作原理

TCL–L19P21 型液晶电视机面板按钮信号输入电路如图 2–10–7 所示。

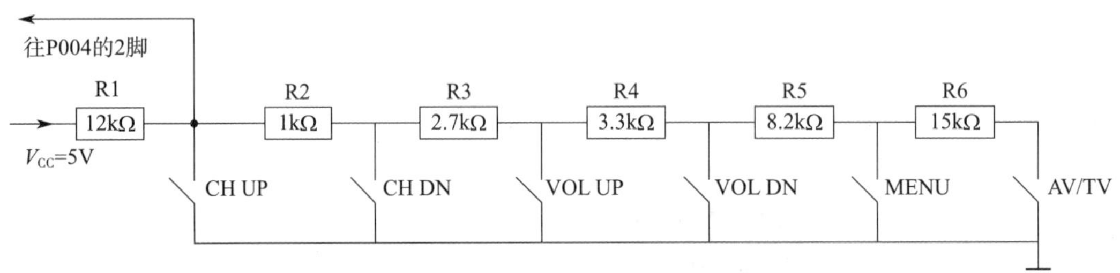


图 2–10–7　TCL–L19P21 型液晶电视机面板按钮信号输入电路

图中的各个开关是轻触开关，不需要单独的 IC 进行处理，按键信号直接送到主芯片电路进行处理。面板共有六个按键，按下不同的按键，5 V 电压经电阻串联分压后，输出电压的大小是不同的。将其从 P004 的 2 脚输入主芯片电路进行 A/D 转换，经过与预先设定的数据进行比较运算，微处理器就可以判断是哪一个键被按下、该键代表什么功能，然后完成相应的操作。面板按钮实物图如图 2–10–8 所示。

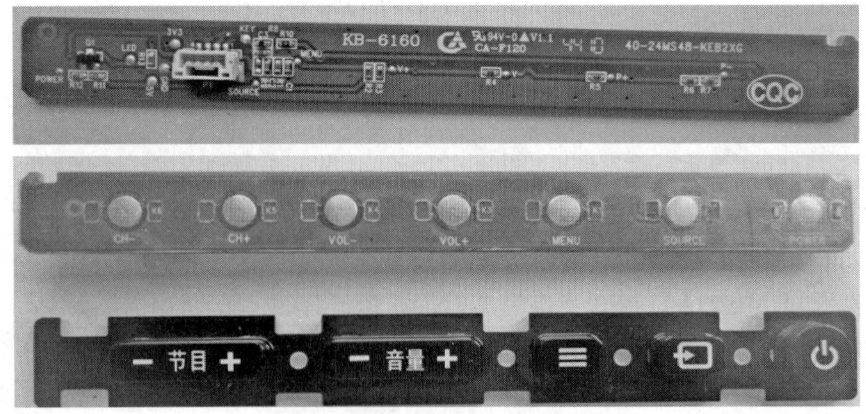


图 2–10–8　面板按钮实物图

### 2. 遥控信号输入电路

（1）遥控信号输入连接头

TCL-L19P21 型液晶电视机遥控信号输入连接头为 P003，各引脚的功能见表 2-10-3。

表 2-10-3　　遥控信号输入连接头各引脚的功能

| 引脚 | 1 | 2 | 3 | 4 | 5 | 6 | 7 |
|---|---|---|---|---|---|---|---|
| 符号 | 3.3STB | IR | GND | LED | 5 V | OPWRSB | L-SENSOR |
| 功能 | 3.3 V 供电 | 遥控信号输入 | 接地 | LED 灯指示 | 5 V 供电 | 待机指示灯 | 环境亮暗感应输入 |

（2）电路的工作原理

遥控信号输入电路的外形结构和内部结构如图 2-10-9 所示。

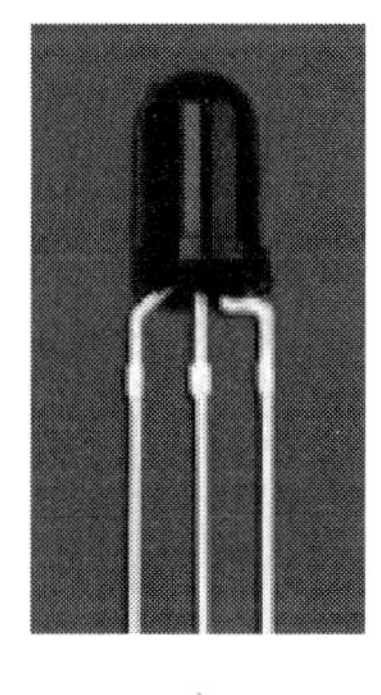

a）

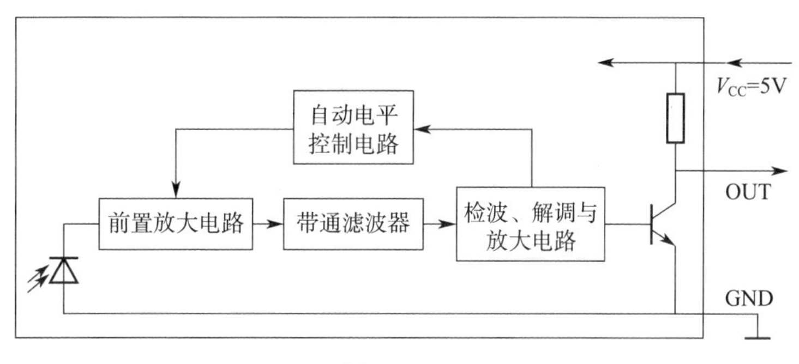


b）

图 2-10-9　遥控信号输入电路的外形结构和内部结构
a）外形结构　b）内部结构

遥控接收头使用 38 kΩ（02-IRR007-XX1）的接收头，在 5V 正常供电的情况下，接收头能够接收到遥控器发出的遥控指令信号。

红外线遥控发射器发射过来的红外线信号被光电二极管接收后，送往前置放大电路中进行放大。为了防止发射过来的信号因强弱变化太大而影响正常的工作，前置放大电路中加有自动电平控制电路，放大后的信号经带通滤波器去掉干扰信号，再经检波、解调与放大电路处理，即可成为与发射前一致的脉宽调制信号。

在 TCL-L19P21 型液晶电视机中，遥控信号通过主板 P003 的 2 脚送到主芯片电路的 33 脚，从而实现遥控功能。

遥控与面板连接插座如图 2-10-10 所示。

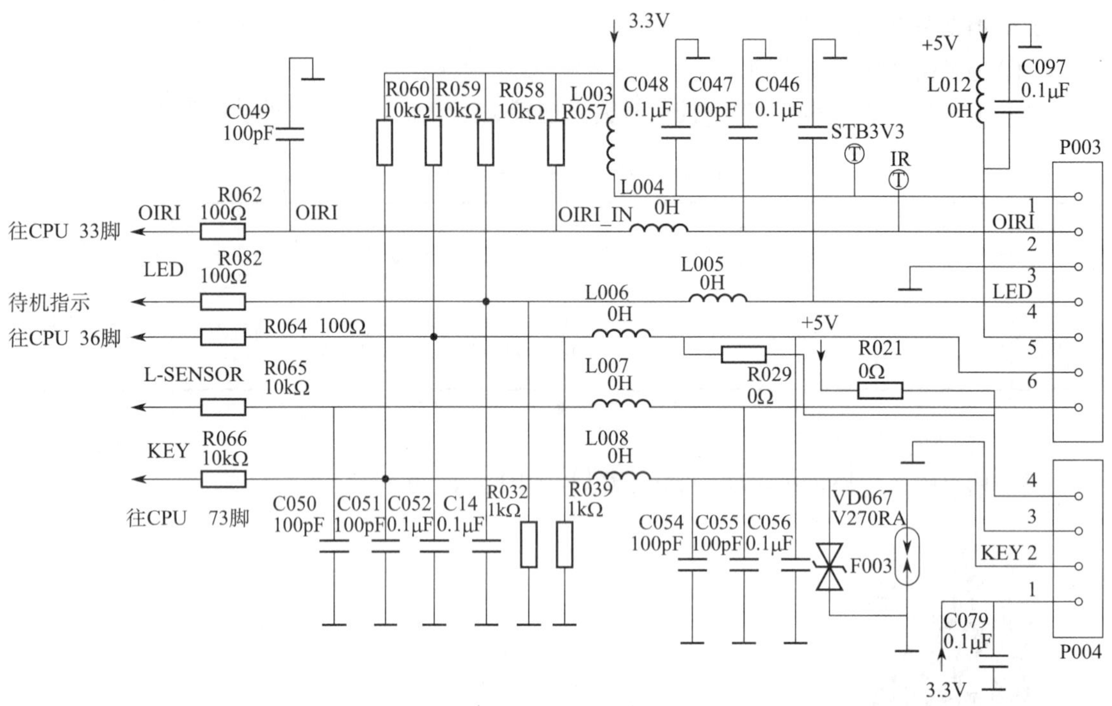


图 2-10-10　遥控与面板连接插座

（3）关键点电压的测量

TCL-L19P21 型液晶电视机遥控信号输入电路关键点电压的测量位置如图 2-10-11 所示。

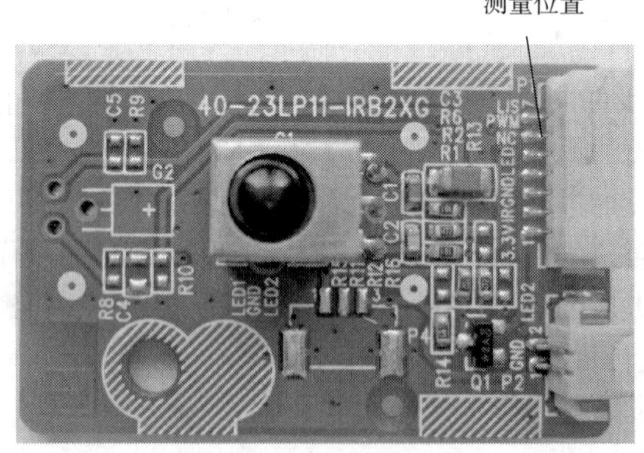


图 2-10-11　TCL-L19P21 型液晶电视机遥控信号输入电路关键点电压的测量位置

# 实训 10　USB、RS232 及面板接口线识读与故障检修

## 实训目的

1. 进一步熟悉 USB、RS232 及面板接口电路的结构与工作原理。

2. 能进行 USB、RS232 及面板接口电路的识读。
3. 能进行 USB、RS232 及面板接口电路常见故障的检修。

## 实训设备与工具

液晶电视机、防静电工具、电视机常用维修工具、双踪示波器、实训指导书等。

## 实训内容与步骤

### 一、USB 接口电路的识读

1. 识读 USB 接口的结构，认清供电线、地线和信号线，并按照要求填写表 2-10-4。

表 2-10-4　USB 引脚名称及功能

| 引脚 | 1 | 2 | 3 | 4 |
|---|---|---|---|---|
| 符号 | | | | |
| 功能 | | | | |

2. 在电路板上识别 RT9711 稳压集成电路，测量其输出电压。

### 二、RS232 接口电路的识读

识读 R232 接口的结构，认清供电线、地线和信号线。

### 三、面板接口电路的识读

识读面板接口的结构，认清供电线、地线和键盘信号线，并按照要求填写表 2-10-5。

表 2-10-5　面板按钮信号输入连接头各引脚的功能及电压测量记录

| 引脚 | 1 | 2 | 3 | 4 |
|---|---|---|---|---|
| 符号 | 3.3STB | KEY | GND | +5 V |
| 功能 | | | | |
| 电压 | | （测量变化范围） | | |

### 四、遥控信号输入电路连接线的识读

1. 识读遥控信号输入接口的结构，认清供电线、地线和遥控输入信号线，并按照要求填写表 2-10-6。

表 2-10-6　遥控信号输入连接头各引脚的功能及电压测量记录

| 引脚 | 1 | 2 | 3 | 4 | 5 | 6 | 7 |
|---|---|---|---|---|---|---|---|
| 符号 | 3.3STB | IR | GND | LED | 5V | OPWRSB | L-SENSOR |
| 功能 | | | | | | | |
| 电压 | | | | | | | |

2. 开机收台，用示波器在接线端子的 2 脚处测量，按下“遥控”按钮，观察波形的变化

情况，并画出波形。

**五、故障检修**

USB、RS232 接口电路常见的故障是无法传送信号，如参考图 2–10–2，若 L210 开路或 RT9711 损坏，会导致 DC 5V 输出电压不正常，会出现无法读取信号的故障，可模拟故障进行检修。

# §2–11 LED 背光灯驱动电路分析与故障检修

## 学习目标

1. 熟悉 LED 背光灯驱动电路的组成。
2. 掌握 LED 背光灯驱动电路的工作原理。
3. 能进行典型 LED 背光灯驱动电路分析。
4. 能进行 LED 背光灯驱动电路电参数测试与故障检修。

液晶显示屏里的液晶材料是不会发光的，液晶显示屏需要借助外界光源所发出的光，并通过各个像素点的液晶分子控制各个像素点的通光情况，才能显示出图像。液晶电视机使用的外光源系统，由于其安装在液晶显示屏的背后，故称之为背光源。整个背光源系统由发光源、均光器件和驱动电路等部分组成。

**一、LED 背光灯驱动电路的组成**

**1. LED 灯条**

液晶电视机背光源所用的 LED 灯属于中、大功率的发光二极管，单个管的工作电压为 2.5 ~ 3.0 V，电流为 100 ~ 120 mA，功率为 0.3 ~ 0.5 W。为了简化驱动电路，通常由多个发光二极管串联起来组成一个灯串，由一路电源驱动。多个灯串在空间上再组成一个灯条，灯条的长度与液晶屏的长度相同。各个灯串的阳极并联在一起形成共阳极方式来供电，各个灯串的阴极则分开，与驱动电路形成回路，这种结构既可简化电路，又方便电视机进行调光控制。

以 TCL–L19P21 型液晶电视机为例，其背光源所用的 LED 灯条安装在底板下边框处，如图 2–11–1a 所示。因该机是小屏幕电视机，故只有一个灯条（大屏幕电视机则有两个或四个灯条，分别安装在上下和左右边框的边上）。该灯条共有 84 个 LED 灯，每个灯的功率为 0.3 W，由 6 个灯串组成，每个灯串由 14 个 LED 灯组成，各个灯串之间为共阳极连接，其电路结构如图 2–11–1b 所示。

**2. LED 灯驱动电路**

液晶电视机背光灯驱动电路属于 DC/DC 升压变换电路，把开关稳压电源电路送来的 12 V 或 24 V 的直流电压变换成电压为 40 ~ 60 V、每路电流为 100 mA 以上、多路输出、能进行 PWM 调光、能进行开 / 关机控制、保护功能完善的直流电源，以使 LED 灯条按要求发光。但液晶电视机背光灯驱动电路不同于一般的 DC/DC 升压变换电路，其变换电路中一般没有振荡电路，而是利用电视机遥控系统送来的 PWM 调光信号来完成相应的任务，具体表

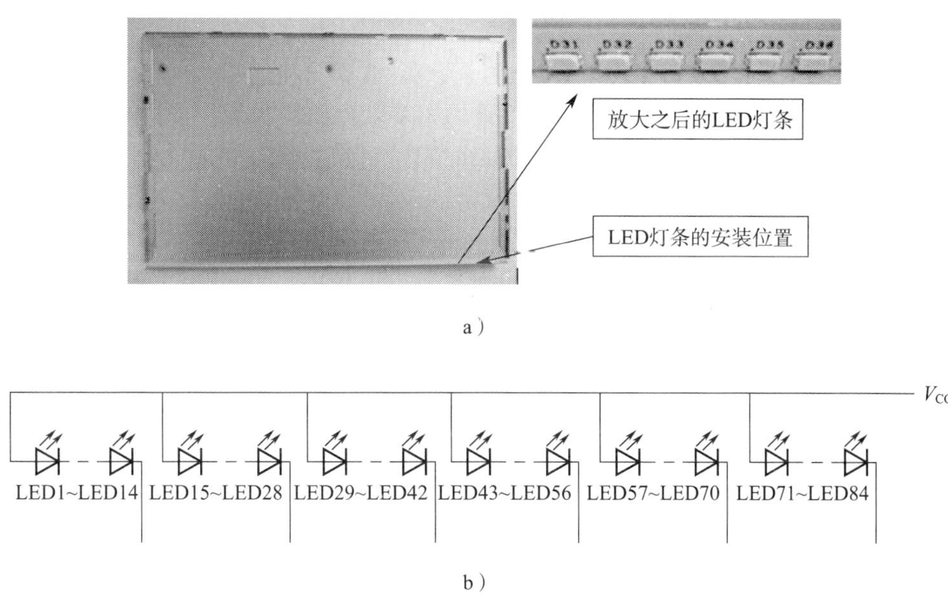


图 2-11-1 LED 灯条的安装位置和电路结构
a）LED 灯条的安装位置 b）LED 灯条的电路结构

现在以下两方面：一是根据 PWM 调光信号的周期或频率不变的特点，将 PWM 调光信号作为升压变换电路功率开关管的驱动信号来完成升压任务；二是根据 PWM 调光信号占空比可变的特点，将 PWM 调光信号作为调光控制信号来完成调光任务。故液晶电视机 LED 灯驱动电路主要由开关驱动信号形成电路、升压变换电路、恒流控制电路、PWM 调光与 ON/OFF 控制电路及过压、过流、过热保护电路等组成。

## 二、LED 背光灯驱动电路的工作原理

LED 背光灯驱动电路的工作原理如图 2-11-2 所示。

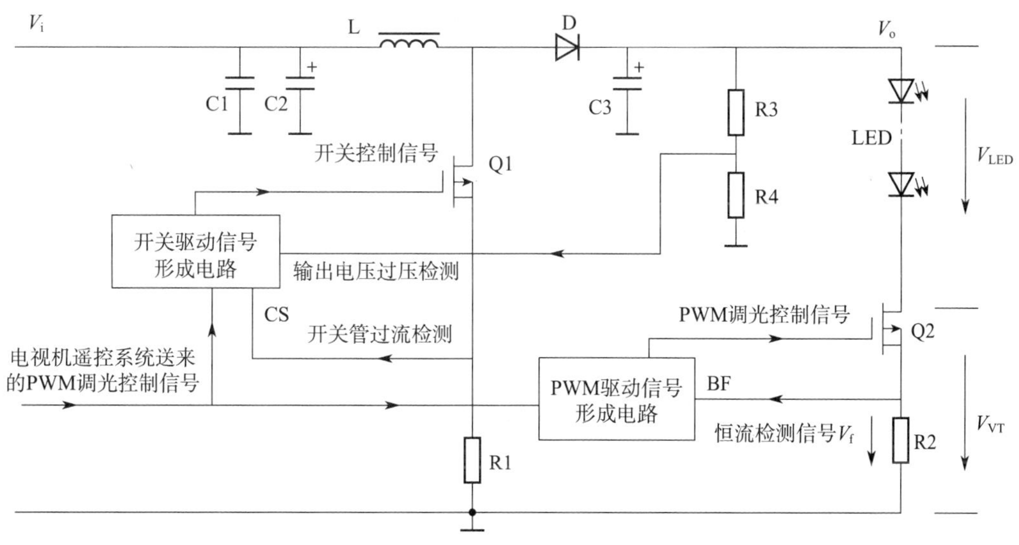


图 2-11-2 LED 背光灯驱动电路的工作原理

**1. 升压变换电路**

图 2–11–2 中，C1、C2、C3、D 为整流滤波元件，L 为储能电感，Q1 为场效应管，用作功率开关管（Q1 在开关驱动信号形成电路送来的开关脉冲的控制下，工作在开关状态）。屏幕尺寸较小的液晶电视机，功率开关管一般与过流、过压检测电路和 PWM 调光电路等集成在一块芯片上；屏幕尺寸较大的液晶电视机，功率开关管则采用分立元件，以利于提高工作的稳定性。

当场效应管 Q1 饱和时，电感 L 与 Q1 构成回路，电感 L 上有电流流过而存储电能，整流二极管 D 截止，电容 C3 上存储的电能向负载供电；当场效应管 Q1 截止时，电感 L 上产生的反向电动势的极性为左负右正，整流二极管 D 导通，电感 L、整流二极管 D 与负载构成回路，输入电压 $V_i$ 与电感上产生的反向电动势 $V_L$ 相叠加后向负载供电，同时向电容 C3 充电。输出电压为 $V_o=V_i+V_L$。

电路中 C2、C3 不可使用一般的铝电解电容，而应采用耐温 200 ℃以上、等效漏电阻小的固态陶瓷电解电容，否则当散热不良时，会大大影响电容与 LED 灯的使用寿命。

**2. 恒流控制电路**

液晶电视机 LED 背光灯电路驱动 LED 灯时，是以恒流方式（而不是以恒压方式）进行的，即 DC/DC 升压变换电路是一个恒流型升压电路。因为采用恒压方式来驱动，当 LED 灯散热不良时，LED 灯的等效内阻会不断下降，流过 LED 灯的电流会不断上升，最终会大大缩短 LED 灯的使用寿命；另外，当流过 LED 灯的电流变化过大时，所发出光的颜色会发生改变，会影响电视机的色温，所以液晶电视机背光源的 LED 灯都采用恒流源来进行驱动。

为了保证 LED 灯为恒流驱动，一般的方法是，在 LED 灯串回路中串接一个检测电阻，如图 2–11–2 中的 R2，当流过 LED 灯的电流发生变化时，其上的压降 $V_f$ 随之发生变化，这一电压被送回控制电路（芯片）的 BF 端子，改变比较放大电路输出的 PWM 调光控制信号的占空比，使 LED 灯的工作电流恢复到正常值。另外，R2 还有一个重要的作用，就是其电阻值的大小会直接影响 LED 灯正常工作的电流，故通常又称之为电流设定电阻 $R_{SET}$。实际上，同一块电源芯片，可以设计成不同输出电流（即输出功率）的驱动电路，主要是通过改变 R2 的电阻值来实现的。

**3. 背光源调光电路**

液晶电视机改变画面亮度的方法有两种，一种是通过改变叠加在图像信号中的直流成分，即改变驱动液晶分子进行旋光的电场强度的大小，以改变像素点的光通量，从而实现亮度调节（这种改变亮度的方法一般通过进入 $I^2C$ 状态来进行调节）；另一种方法是通过改变背光源的亮度来进行调光（这种调节通常称为背光亮度调节，这种改变亮度的方法由用户通过遥控器进行调节）。

液晶电视机背光亮度调节的方法是，当调节电视机的背光亮度时，电视机的遥控系统会向背光驱动电路送出一个 PWM 调光控制信号，PWM 调光控制信号的峰 – 峰值不变、频率不变（约为 1 kHz，不同的电视机，PWM 信号的频率有较大的差异）。亮度由最小调到最大时，脉冲信号的峰 – 峰值、周期、频率均不发生变化，只有占空比发生变化，占空比一般由 10% 变化到 80%。在调光过程中，用万用表测量其电压有效值的变化范围，一般在 0.2 ~ 4 V

可变。

参考图 2–11–2，遥控系统送来的 PWM 调光控制信号被 PWM 驱动信号形成电路处理后，送去控制 LED 灯串回路中的调光控制管 Q2，Q2 在 PWM 调光控制信号每一个周期内的导通情况由信号占空比决定，这样 Q2 可等效成一个可变电阻，即其源极对地电压降 $V_{VT}$ 是可变的。LED 灯两端的电压 $V_{LED}=V_o-V_{VT}$，因阳极电压 $V_o$ 是由开关驱动信号形成电路产生的开关控制信号通过对 Q1 的控制决定的，开关驱动信号形成电路产生的开关控制信号由电视机遥控系统送来的 PWM 调光控制信号的频率决定，与其占空比无关，且 PWM 调光控制信号的频率是一个不变的量，$V_o$ 也就是一个不变的量，故 LED 灯两端的电压 $V_{LED}$ 就由 PWM 调光控制信号的占空比来控制，LED 灯的亮度随 PWM 调光控制信号的占空比的变化而变化，从而实现调光。

实际的故障维修表明，当液晶电视机的遥控系统送往背光电路的 PWM 调光控制信号中断之后，电视机会无光栅。这是因为 PWM 调光控制信号中断之后，一方面，开关驱动信号形成电路不工作，使场效应管 Q1 截止（该开关信号由 PWM 调光控制信号的频率控制）；另一方面，调光控制管 Q2 也会截止（Q2 由 PWM 调光控制信号的占空比控制），LED 灯就无法点亮。

**4. 各种保护电路**

液晶电视机背光灯驱动电路保护功能很完善，具有输出电压过压保护、开关管过流保护、LED 灯短路保护、驱动芯片过热保护等功能，有的电路还具有 LED 灯过热保护、输入电压欠压保护功能。

（1）输出电压过压保护电路

用电阻串联分压电路对输出电压进行取样，参见图 2–11–2 中的 R3、R4，取样电压反馈到过压保护控制电路中（芯片输入脚常用 OVP 来表示），当检测到电压升高过多（超过 8%）时，说明输出电压过压，芯片内部的比较电路输出的控制信号让升压变换电路中的功率开关管停止工作。有的驱动电路还利用输出电压过压保护电路的取样电压作为负载（LED 灯）开路的检测信号，当负载开路时，取样电压也会上升，当取样电压上升时，驱动芯片即认定为负载开路或输出电压过高，都会让功率开关管停止工作。

（2）开关管过流保护电路

在升压变换电路中场效应管 Q1 的源极对地回路上串接一个小电阻值的电阻，参见图 2–11–2 中的 R1，利用其上产生的电压降作为反馈信号，当 Q1 过流时，电阻上的电压降上升，该电压降被送往控制电路中（芯片输入脚常用 OCP 或 CS 来表示），让开关驱动信号形成电路停止工作，Q1 截止，从而起到保护作用。

（3）LED 灯短路保护电路

用电阻串联分压电路对输出电压进行取样，取样电压反馈到过流保护控制电路中，当检测到电压下降过多时，芯片内部的比较电路输出的控制信号让升压变换电路中的功率开关管（场效应管 Q1）停止工作。

（4）驱动芯片过热保护电路

驱动芯片过热保护电路设在芯片内，当芯片过热时，控制信号让升压变换电路中的功率开关管停止工作，以防烧毁芯片。当环境温度过高、散热不好及恒流驱动电路性能不好时，

LED 灯的结温会不断升高。结温升高之后，LED 灯的发光强度会显著下降（即出现光衰），发光的颜色会发生改变（由白光向红光变化），LED 灯会过早老化甚至烧毁。

（5）LED 灯过热保护电路

LED 灯过热保护电路的热敏电阻紧贴在 LED 灯的底部，利用热敏电阻的电阻值变化来检测 LED 灯的温度。当温度上升过多时，芯片内的温度控制电路会改变 PWM 调光控制信号的占空比，让 LED 灯的工作电流适当下降，亮度适当降低，从而达到保护的目的。由于液晶电视机的工作环境和散热条件较好，故很多液晶电视机的 LED 背光灯驱动电路不设置 LED 灯过热保护电路。

（6）输入电压欠压保护电路

输入电压欠压保护电路的工作原理与输出电压过压保护电路的工作原理相同，不同的是，输入电压欠压保护电路把检测电阻设置在背光灯驱动电路工作电源的输入端处。

## 三、典型 LED 背光灯驱动电路分析

TCL–L19P21 型液晶电视机 LED 背光灯驱动电路如图 2–11–3 所示，该驱动电路所用的驱动芯片为 1033A，主要电路的工作原理和关键点的电参数如下：

### 1. 升压变换电路

升压变换电路由芯片 19、20 脚内部电路（内接功率开关管），C1、C2、L、D、C3 等元件组成。供电电压为 12 V，升压后 C3 两端的电压为 46 V，送往各个灯串的阳极，每个灯串有 14 个 LED 灯，每个 LED 灯的工作电压为 3.3 V，工作电流为 90 mA，功率为 0.3 W。

### 2. 恒流控制电路

六个灯串共阳极连接在一起，各个灯串的阴极通过排阻之后，分别与芯片的 8、9、10、12、13、14 脚（恒流检测脚）相连。在芯片内部，这些恒流检测脚均连接到调光控制管 Q2 的源极（图中只画出 8 脚与 Q2 的源极相连），Q2 的漏极通过电阻 R12 与地构成回路，R12 上的压降就是恒流检测信号，根据该信号，芯片能自动调节比较放大电路输出的 PWM 调光控制信号的占空比，以实现恒流控制。

### 3. 背光源调光电路

液晶电视机遥控系统送来的 PWM 调光控制信号经 R4、R7 串联分压后，从芯片的 6 脚输入。PWM 调光控制信号的波形及电参数（在 R7 两端实测）如图 2–11–4 所示。在调光过程中，各主要参数的变化情况是，$V_{P\text{-}P}$（3.5 V）、$T$（1.1 ms）稳定不变，只是占空比在变化；调光时，波形的占空比从 10% 变化到 80%；用万用表来测量时，电压值在 0.3 ~ 3.3 V 变化，且电视机每次开机时，PWM 调光控制信号的初始电压有效值设定为 2 V；各个灯串共阳极电压的有效值为 46 V 稳定不变，说明升压变换电路输出的电压不受 PWM 调光控制信号的占空比控制；调光时各个灯串的阴极电压有效值（如芯片 8 脚的电压）从 0.8 ~ 9 V 可变，说明加在每个灯串两端电压的有效值（在 37 ~ 46 V 可变）是随 PWM 调光控制信号的占空比而改变的；去掉 PWM 调光控制信号后，电视机无光栅，各个灯串共阳极电压等于供电电压 12 V，说明液晶电视机 LED 背光灯驱动电路的升压变换电路和背光源调光电路都是由 PWM 调光控制信号控制的。

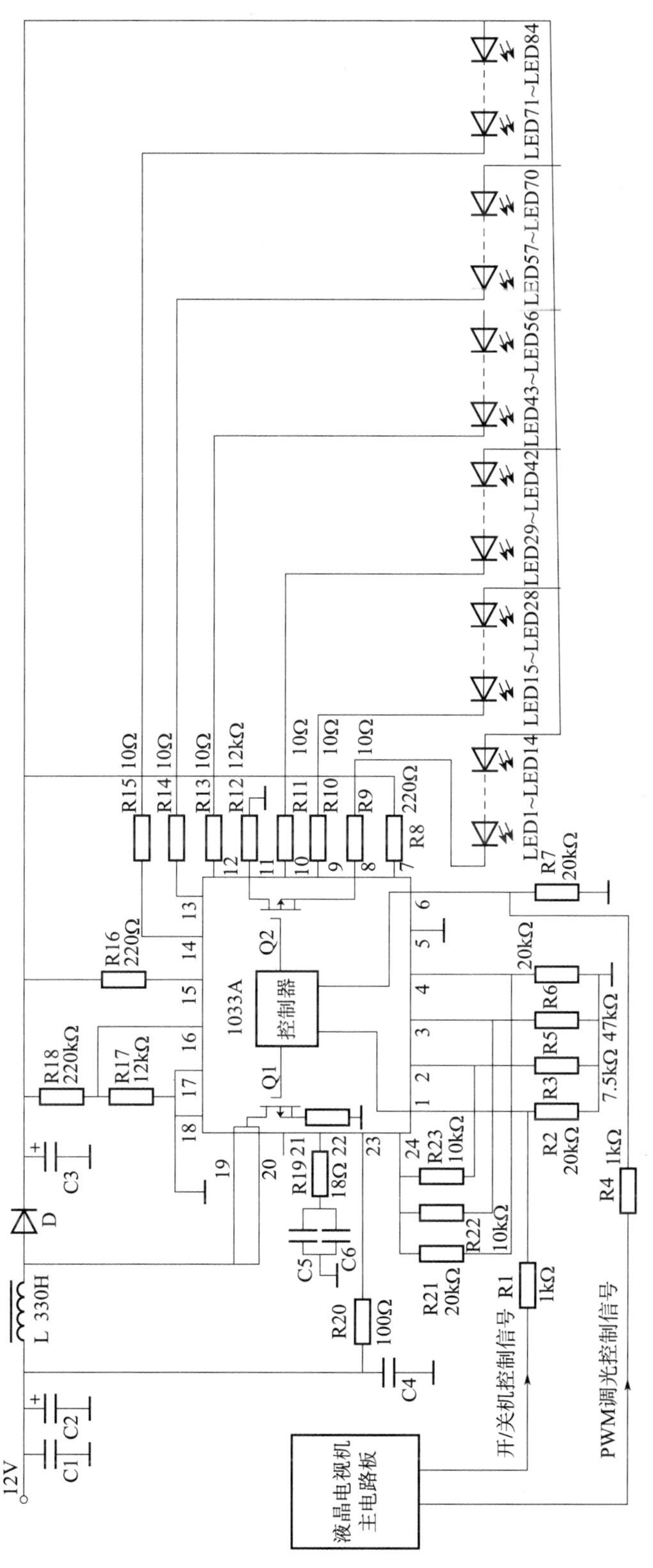


图 2-11-3 TCL-L19P21 型液晶电视机 LED 背光灯驱动电路

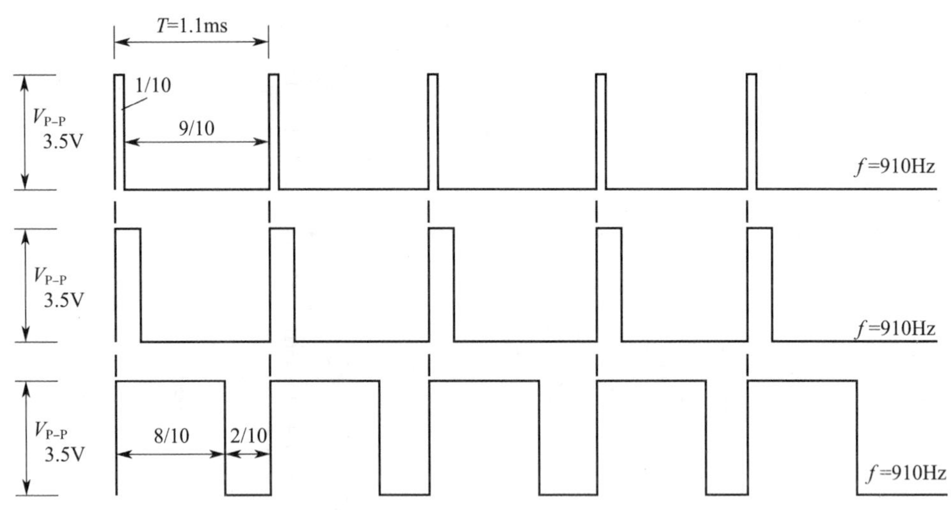


图 2–11–4　PWM 调光控制信号的波形及电参数（在 R7 两端实测）

**4. 遥控开 / 关机控制电路**

液晶电视机遥控系统送来的 ON/OFF 信号，经 R1、R2 串联分压后，从芯片的 1 脚输入。当 1 脚为高电平（5 V）时，电视机处于正常工作状态；为低电平（0 V）时，则为待机状态。待机状态时，各个灯串共阳极电压等于供电电压 12 V，说明待机状态时升压变换电路是停止工作的。当 ON/OFF 端开路时，电视机会无光栅。

在待机状态时，除了 ON/OFF 控制电压为低电平之外，电视机的遥控系统送往背光灯驱动电路的 PWM 调光控制信号也同时为 0，调光控制回路截止，LED 灯停止工作。

可见，液晶电视机 LED 背光灯驱动电路遥控开 / 关机控制，是通过 ON/OFF 端子与 PWM 调光控制信号端子同时进行控制来完成的。

**5. 保护电路**

R17、R18 串联后接在 C3 两端，构成升压变换电路输出电压过压保护、负载 LED 灯开路检测电路，检测信号从芯片的 16 脚输入，当输出电压过压或负载 LED 各个灯串都开路时，升压变换电路停止工作，送往各个灯串的共阳极电压等于供电电压 12 V。但如果只有 1 ~ 2 个灯串开路，则开路的灯串不亮，其他灯串还会正常点亮。

R8、R16 接在灯串阳极与芯片的 7 脚和 15 脚之间，起负载 LED 灯短路检测的作用。正常工作时，此两脚的电压为阳极电压 46 V，当负载短路时，此两脚的电压会急剧下降，芯片检测到此信号后，让升压变换电路和背光源调光电路停止工作。

TCL–L19P21 型液晶电视机 LED 背光灯驱动电路实物图如图 2–11–5 所示。

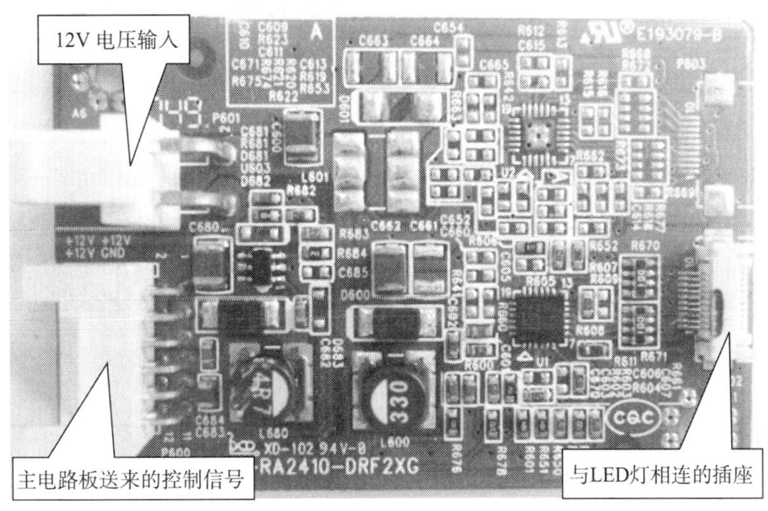


图 2-11-5　TCL-L19P21 型液晶电视机 LED 背光灯驱动电路实物图

# 实训 11　LED 背光灯驱动电路电参数测试与故障检修

## 实训目的

1. 进一步熟悉 LED 背光灯驱动电路的组成与工作原理。
2. 能对 LED 背光灯驱动电路的电参数进行测试。
3. 能完成 LED 背光灯驱动电路故障的检修。

## 实训设备与工具

液晶电视机、防静电工具、电视机常用维修工具、双踪示波器、实训指导书等。

## 实训内容与步骤

### 一、LED 背光灯驱动电路电参数测试

#### 1. 开 / 关灯控制电压的测量

按要求在图 2-11-5 中"主电路板送来的控制信号"（即接插头 P201）处的 12 脚测量，并按照要求填写表 2-11-1。

表 2-11-1　开 / 关灯控制电压测量记录

| 工作状态 | 在 P201 的 12 脚测量 |
|---|---|
| 遥控开机时的电压 | |
| 遥控关机时的电压 | |

#### 2. 调光控制电压与波形的测量

电视机开机收台，在接插头 P201 的 11 脚测量，并按照要求填写表 2-11-2。

表 2-11-2　　调光控制电压与波形测量记录

| 工作状态 | 在 P201 的 11 脚测量 |
| --- | --- |
| 光最暗时的电压 | |
| 光最暗时的波形（标出电参数） | |
| 光最亮时的电压 | |
| 光最亮时的波形（标出电参数） | |

### 3. 背光灯供电电压的测量

电视机开机收台，在电路图 C2（电路板上为 C600）两端测量，并按照要求填写表 2-11-3。

表 2-11-3　　背光灯供电电压测量记录

| 工作状态 | 在电路图 C2（电路板上为 C600）两端测量 |
| --- | --- |
| 遥控开机时的电压 | |
| 遥控关机时的电压 | |

### 4. 背光灯升压输出电压的测量

电视机开机收台，在电路图 C3（电路板上为 C662）两端测量，并按照要求填写表 2-11-4。

表 2-11-4　　背光灯升压输出电压测量记录

| 工作状态 | 在电路图 C3（电路板上为 C662）两端测量 |
| --- | --- |
| 遥控开机时的电压 | |
| 遥控关机时的电压 | |

### 5. LED 灯串（发光二极管）两端电压的测量

电视机开机收台，在电路图 C3 正极与 R15 之间测量，并按照要求填写表 2-11-5。

表 2-11-5　　LED 灯串（发光二极管）两端电压测量记录

| 工作状态 | 在电路图 C3 正极与 R15 之间测量 |
| --- | --- |
| 亮度最大时的电压 | |
| 亮度最小时的电压 | |

## 二、LED 背光灯驱动电路故障检修

LED 背光灯驱动电路常见的故障有灯不亮（液晶电视机无光栅）和电视机画面偏暗。

由电路工作原理可知，当遥控系统送来的开机电压不正常、调光电压不正常和供电电压不正常时，都会引起升压变换电路不工作，从而导致无光栅。可根据实际设置故障进行模拟维修。

电视机画面偏暗故障是由于灯条有部分开路造成的，重点应检查灯条的点亮情况。

# §2-12 液晶电视机的调试方法

## 学习目标

1. 熟悉 $I^2C$ 总线系统的组成和传输数据的工作方式。
2. 掌握液晶电视机 $I^2C$ 总线调试状态的进入方法。
3. 熟悉 $I^2C$ 总线调试状态的总菜单及各菜单的调试功能。
4. 能进行液晶电视机的调试。

目前，液晶电视机都采用 $I^2C$ 总线技术来进行调试，无须打开电视机后盖，用遥控器即可进行调试。

### 一、$I^2C$ 总线系统的组成

$I^2C$ 总线是“集成电路间总线”或“内部集成电路总线”的英文缩写，又可写成 IIC。

$I^2C$ 总线系统由微处理器、存储器（有的芯片把存储器集成在微处理器内，外部也就无专门的存储器）、受控电路三大部分组成。微处理器与各受控电路之间通过 SCL 线、SDA 线相连，如图 2-12-1 所示。

微处理器是 $I^2C$ 总线系统的控制核心，一个遥控系统的微处理器可引出一组 $I^2C$ 总线或多组 $I^2C$ 总线，每组 $I^2C$ 总线上又可挂接（控制）多个集成电路。

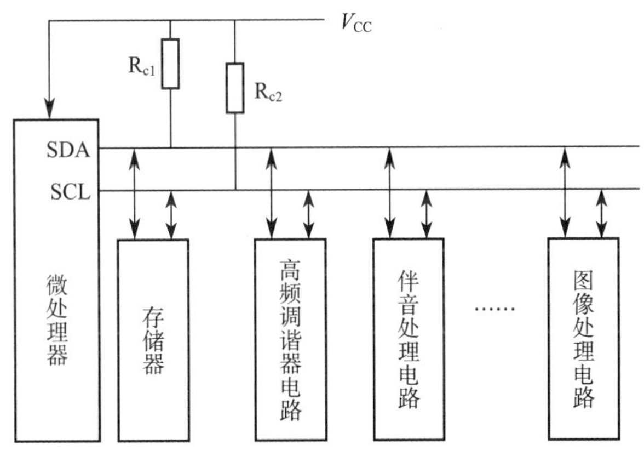


图 2-12-1 $I^2C$ 总线系统的组成框图

$I^2C$ 总线控制的电路可以有多个，以并联方式挂接在一起，每一个受控电路与微处理器之间可单独进行信息传送，但各受控电路之间互不相干，可以无信息来往。挂在 $I^2C$ 总线上的任何一个受控 IC 都分配有一个地址数据，只有这样，微处理器才能正确地找到控制对象，

进行数据传输。

$I^2C$ 总线系统中，SCL 线的作用是传送时钟信号，使整个系统统一工作节拍，步调一致。SDA 线的作用是，为微处理器与受控集成电路之间的数据交换提供通路。

SDA 线与 SCL 线分别通过上拉电阻 $R_{c1}$ 和 $R_{c2}$ 与正电源 $V_{CC}$ 相连接（上拉电阻其实就是共发射极放大电路中的 $R_c$），用万用表直流电压挡测量 SCL 线或 SDA 线正常工作时的电压约为 4.5 V。当该电压不正常时，一般为电路硬件有故障，如上拉电阻损坏或集成电路损坏等，此时 $I^2C$ 总线系统也就不能正常工作了。

## 二、$I^2C$ 总线系统传输数据的工作方式

$I^2C$ 总线系统传输信号时是双向传输的，微处理器可以向受控 IC 发送数据（写），受控 IC 也可以向微处理器发送数据（读），是进行读操作，还是进行写操作，由微处理器决定。不论是读还是写，都是按 8 位数为一个字节的节拍来传送的，即每次传 8 位二进制数，每传完一个字节（8 位数），对方要应答一下，表示传输成功，然后才能传下一个字节，对于一共传多少字节，没有限制，视传输数据量来定。

$I^2C$ 总线系统传输数据的过程如图 2–12–2 所示。

微处理器向各受控 IC 发出一个起始信号，表示开始启动 $I^2C$ 总线操作功能；微处理器发出一个寻址（地址）信号、是读还是写的信号，表明寻找哪一个受控 IC，是进行读操作还是进行写操作；各受控 IC 核对地址数据，被选中的受控 IC 向微处理器发回应答信号；进行数据传输；传完数据，微处理器发出一个停止信号，表示本次传输过程结束。

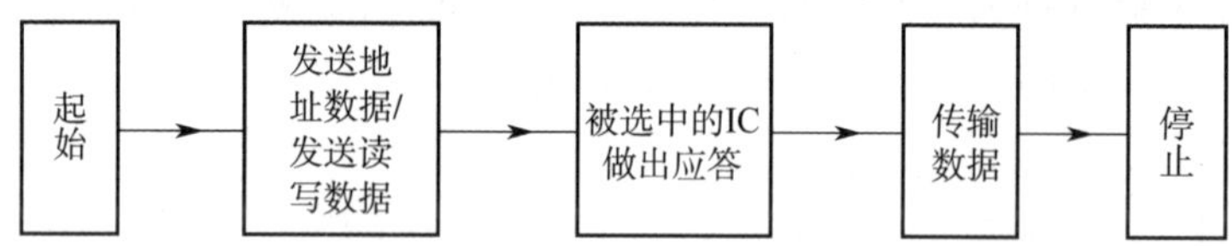


图 2–12–2　$I^2C$ 总线系统传输数据的过程

由图可知，$I^2C$ 总线系统传输数据的过程与人们打电话的过程类似。

## 三、液晶电视机 $I^2C$ 总线调试状态的进入方法

目前，液晶电视机都采用密码输入法来进入调试状态，但不同的电视机进入 $I^2C$ 总线调试状态的密码是不同的，对于 TCL–L19P21 型液晶电视机，其进入调试状态的方法是：按电视机遥控器的“菜单”键，选择“对比度”调试状态，在 5 s 内连按遥控器的 9、7、3、5 数字按钮，即可进入 $I^2C$ 总线调试状态。

## 四、$I^2C$ 总线调试状态的总菜单及各菜单调试功能说明

### 1. $I^2C$ 总线调试状态的总菜单

TCL–L19P21 型液晶电视机进入 $I^2C$ 总线调试状态后，屏幕显示的总菜单如下：

Hot Key（热键盘）

Warm Up（变暖）

W B（白平衡）

Shop Set（商用设置）

Shop Init（商用初始化）

NVM Reset（非易失性存储器复位）
Pre Channel（预置频道）
Power Mode（电源开机模式）
Design Menu 1（设计菜单 1）
Design Menu 2（设计菜单 2）
Sound Curve（声音曲线）
Ver（版本）

**2. 各菜单调试功能说明**

（1）Hot Key

该菜单共有 ON/OFF 两个功能可以转换，正常为 ON 状态，此时遥控器可以作为简单的键盘来使用，如接收网络电视节目时，可以进行节目搜索等。转换为 OFF 功能时，电视机将取消遥控器的键盘编辑功能。

（2）Warm Up

Warm Up 共有 ON/OFF 两个功能可以转换，正常为 ON 状态，转换时电视机背景的颜色会发生变化。

（3）W B

W B 有下列功能可调：

1）Blance Source（均匀源，即信号源选择），有 AV1/YUV/PC/HDMI 可以选择，因为接收不同的信号时，电视机背景颜色是有差异的，可以根据需要选择接收不同的信号源，进行白平衡调整。

2）Color Temp（色温），正常为 Normal 状态，共有 Normal/Warm/Cool 三个状态可以转换，转换时屏幕的背景色会发生变化。

3）R–Gain，红信号增益调整，正常为 0，在“–128 ~ +127”可调。

4）G–Gain，绿信号增益调整，正常为 0，在“–128 ~ +127”可调。

5）B–Gain，蓝信号增益调整，正常为 0，在“–128 ~ +127”可调。

6）R–Off Set，红信号截止点调整，正常为 0，在“–128 ~ +127”可调。

7）G–Off Set，绿信号截止点调整，正常为 0，在“–128 ~ +127”可调。

8）B–Off Set，蓝信号截止点调整，正常为 0，在“–128 ~ +127”可调。

9）W B Init，白平衡初始化数据还原，有 Do/OK 可调。

说明：增益调整与截止点调整等同于 CRT 电视机的亮、暗平衡调整。

（4）Shop Set

Shop Set 有下列功能可调：

1）Init Vol（初始化量），正常为 20，在“0 ~ +100”可调。

2）Picture Mode（图像模式），共有 Standard/Bright/User/Soft 四个功能可选，转换时屏幕没有多大变化。该项调整等同于 CRT 电视机锐度（清晰度）调整。

3）Sound Effect（声音效果），共有 Standard/News/Movie/User 四个功能可选，转换时屏幕没有变化，只对声音混响效果有影响。

4）Power Logo（开机图标），共有 ON/OFF 两个功能可以转换，转换时图像与声音无变化，会改变开机时图标的形式。

（5）Shop Init

该菜单正常状态为 Do，共有 Do/Wait 两个功能可以转换。在 Wait 状态时，屏幕上的图像会消失，原来调到的台的所有数据会被清除，应关机后重新调台才会出现图像，该功能可以一次性清除所存储的节目数据。

（6）NVM Reset

该菜单正常状态为 Do，共有 Do/OK/Wait 三个功能可以转换。在 OK 或 Wait 状态时，屏幕上的图像会消失，屏幕左下角会出现存储器的型号，原来的所有数据将被清除，恢复到出厂状态。

（7）Pre Channel

该菜单可以改变电视机接收信号频率的范围。

（8）Power Mode

该菜单正常状态为 Do，共有 ON/Last/Stand By 三个功能可以转换。ON 状态时，电视机开机后即可正常收看；Last 状态时，开机模式保持与上一次相同；Stand By 状态时，电视机开机后为待机状态，需要按遥控器的“开机”键才会出现正常的图像。

（9）Design Menu 1

Design Menu 1 有下列功能可调：

1）Tuner AGC（调谐器 AGC 调整），正常为 0，在“-10 ~ +5”可调，调整时会改变 AGC 的起控点，影响图像的清晰度。

2）Project ID（项目调整），正常为 083/L19P21E/CN，有 000/MTK ~ DEMO/CN 可选，当不是选择 083/L19P21E/CN 时，开机后会出现如下两种情况：无信号时，电视机一直蓝屏；有信号时，电视机几秒钟后转变为黑屏，但还有正常的声音。

3）Print Message（打印信息），共有 ON/OFF 两个功能可以转换，正常状态为 ON。

4）DBC，正常状态为 0，在“0 ~ 2”可调。

5）DB-CP，正常状态为 100，在“20 ~ 100”可调。

6）DBC-BP，正常状态为 40，在“20 ~ 50”可调。

7）Spread Step（扩展步骤），正常状态为 50，在“0 ~ 255”可调。

（10）Design Menu 2

Design Menu 2 有下列功能可调：

1）Blue Mute（蓝静音），共有 ON/OFF 两个功能可以转换，正常状态为 ON。电视机开机后，若无信号，则屏幕会出现蓝背景并且静音。

2）Other CT1（其他 CT1），共有 ON/OFF 两个功能可以转换，正常状态为 ON。转换时，彩条图像绿紫色之间的边界会发生变化。

3）Flesh Tone（鲜艳调整），共有 ON/OFF 两个功能可以转换，正常状态为 ON。转换时，彩条图像红色会发生变化。

4）Luma Control（Luma 控制），共有 ON/OFF 两个功能可以转换，正常状态为 ON。转换时，彩条图像边界会发生变化。

5）Hotel Menu（酒店菜单），共有 ON/OFF 两个功能可以转换，正常状态为 ON。转换时，彩条图像无变化。

6）USB UPG，空白。

7）Back（返回），共有 ON/OFF 两个功能可以转换，正常状态为 ON。转换为 OFF 时，图像会消失，黑屏，需关机重启才能使电视机正常工作。

8）Descramble Box（解扰盒），共有 ON/OFF 两个功能可以转换，正常状态为 OFF。转换时无变化。

9）Video Lock（图像锁定），共有 ON/OFF 两个功能可以转换，正常状态为 ON，转换时无变化。

（11）Sound Curve

Sound Curve 有下列功能可调：

1）Vol-1，正常状态为 0，在 0～2 范围可调。

2）Vol-10，正常状态为 3，在 0～27 范围可调。

3）Vol-20，正常状态为 27，在 3～65 范围可调。

4）Vol-40，正常状态为 65，在 27～104 范围可调。

5）Vol-50，正常状态为 104，在 65～153 范围可调。

6）Vol-70，正常状态为 153，在 104～220 范围可调。

7）Vol-100，正常状态为 220，在 153～255 范围可调。

8）TV Pre（接收 TV 信号时，对伴音曲线的调整），正常状态为 60，在 0～255 范围可调。

9）AV Pre（接收 AV 信号时，对伴音曲线的调整），正常状态为 98，在 0～255 范围可调。

10）IS Pre（接收数字信号时，对伴音曲线的调整），正常状态为 110，在 0～255 范围可调。

说明：调整伴音曲线的数据可以改变用户调整音量时音量变化的灵敏度，即可以改变音量变化曲线的斜率。

（12）Ver

Ver 有下列项目可选：

1）Prj（机型），083/L19P21E/CN。

2）Ver（软件版本号），V8-MT23L01-LFIV048。

3）Panel Model（面板型号），M185xwl-V6-Auo。

4）PSU（电源型号），MLT1160-DRA1910。

5）SIACP-VER（设计说明版本号），0.01。

6）Date（软件日期），Oct 18 2010。

# 实训 12　液晶电视机的调试

## 实训目的

1. 进一步熟悉液晶电视机调试的相关知识。

2. 能完成液晶电视机的调试。

### 实训设备与工具

液晶电视机、防静电工具、电视机常用维修工具、实训指导书等。

### 实训内容与步骤

1. 将液晶电视机开机并收台。
2. 用遥控器输入密码，让电视机进入调试状态。
3. 进行调试。
（1）每一个项目在调试前，都应记下其初始参数，才能进行调试。
（2）对各个参数进行调试，看图像与伴音的变换，并做好记录。

## §2-13 液晶电视机的常见故障与检修方法

### 学习目标

1. 掌握液晶电视机综合检修的知识。
2. 掌握液晶电视机综合检修的方法。

液晶电视机在使用过程中会出现无光栅、图像不正常、伴音不正常等故障现象，主要故障的检修方法如下。

**一、不能开机（无光栅）故障的检修**

液晶电视机出现无光栅故障，其检修思路与 CRT 电视机是不同的。要使液晶电视机出现光栅，除了开关稳压电路工作应正常之外，其背光灯驱动电路工作应正常（背光灯应正常点亮）；液晶屏的 12 V 供电电压应正常；送往液晶屏的各个信号应正常，三者缺一不可。而这三者既与升压变换电路有关，又与 CPU 电路有关，检修起来远比 CRT 电视机复杂。

对于 TCL–L19P21 型液晶电视机不能开机故障，其检修思路重点是检查开关稳压电源输出的 12 V 电压是否正常。若测得开关稳压电路输出的 12 V 电压不正常，应先检修开关稳压电路。

若开关稳压电路输出的电压正常，一方面应检查背光灯驱动电路中的待机 / 开机控制电路电平是否正常。正常工作时，微处理器背光灯开 / 关机控制脚为低电平，Q103 截止，P101 连接线的第 12 脚（ON/OFF 端子）为高电平 3.3 ~ 5 V，背光灯驱动板正常工作，液晶电视机有正常的图像。遥控关机时，微处理器开 / 关机控制脚为高电平，Q103 饱和，P101 连接线的第 12 脚（ON/OFF 端子）为低电平 0 V，背光灯驱动板停止工作，液晶电视机无光栅。另一方面应检查调光控制电压是否正常。调光时，波形的占空比从 10% 变化到 80%；用万用表测量时，电压值应在 0.3 ~ 3.3 V 变化，并且电视机每次开机时，PWM 信号的初始电压有效值设定为 2 V。此外，应检查送往液晶屏的工作电压（12 V）是否正常。以上三处电路任意一处工作不正常，都会引起无光栅。

若上述的三处电压都不正常，应检查 12 V/5 V 稳压电路输出的 5 V 电压是否正常。若不正常，应进一步检查 5 V/3.3 V 稳压电路输出的 3.3 V 电压是否正常。这两个电压中的任意一个不正常，微处理器的工作电压就会不正常。若上述两个电压都正常，应检查微处理器的时钟电路和复位电路是否正常。无光栅故障的检修流程如图 2–13–1 所示。

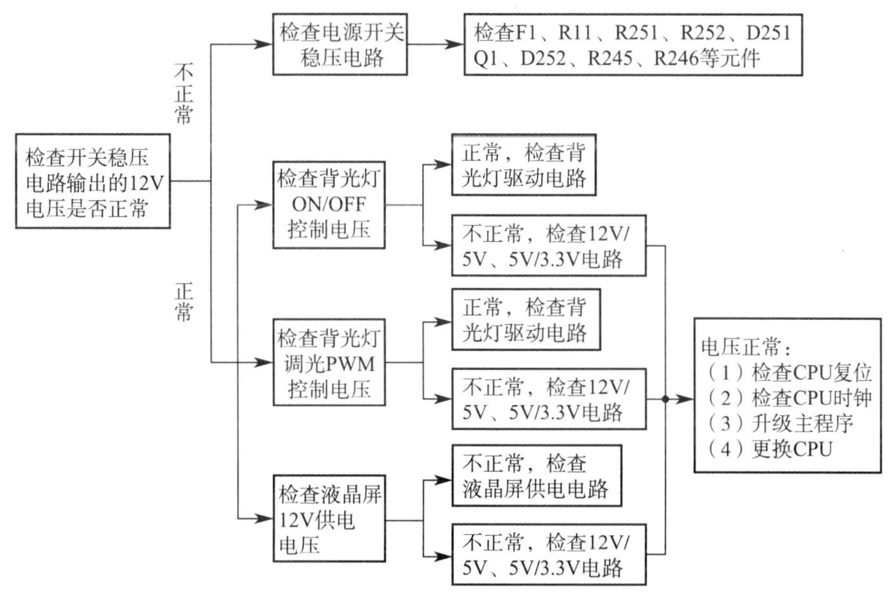


图 2–13–1　无光栅故障的检修流程

## 二、图像不良故障的检修

因液晶电视机能接收多路输入信号，当出现图像不良故障现象时，应先区分故障的范围，逐一检查才能解决问题。

**1. 看 TV、AV1、AV2 等各个信号源的图像是否不良**

图像不良的维修方法是，若仅是某个信号源图像不良，首先目测该信号源通道电路的元件有没有明显的短路、虚焊现象，重点排除相关电路的元件。

当出现图像扭曲时，应检查 AGC 设置的参数。

当图像的杂波较大时，应查看 IF 通道及 Video 通道是否异常。

当 TV、AV1、AV2 各个信号源的图像都不良时，因所有的视频信号均通过主芯片 U001 处理后再输出给后端，所以各种信号源的图像不良故障，可能是由于主芯片 U001 工作异常引起的，因此，需要判断故障是否由 U001 工作异常引起。

**2. 看 DVI、VGA、HDMI 输入信号的图像是否不良**

若仅是某个信号源图像不良，首先目测该信号源通道电路的元件有没有明显的短路、虚焊现象，重点排除相关电路的元件，检查信号有无送到主芯片 U001。

若 DVI、VGA、HDMI 输入信号的图像都不良，也可能是由于主芯片 U001 工作异常引起的，因此，需要判断故障是否由 U001 工作异常引起。

图像不良故障的检修流程如图 2–13–2 所示。

## 三、伴音不良故障的检修

液晶电视机出现伴音不良故障，其检修思路与图像不良的检修思路相同，也是采用故障分割的方法进行检修，即通过观察从不同通道输入的伴音信号出现的情况，分别对待。因各个通道输入的声音信号都是在主芯片 U001 控制下进行切换的，故当所有通道的伴音信号都出现不良时，应检查 U001 切换控制信号输出是否正常和检查伴音信号选择电路 HEF4052B 工作是否正常。此外，还应检查伴音功放静音控制电路和伴音功放电路是否正常。

伴音不良故障的检修流程如图 2–13–3 所示。

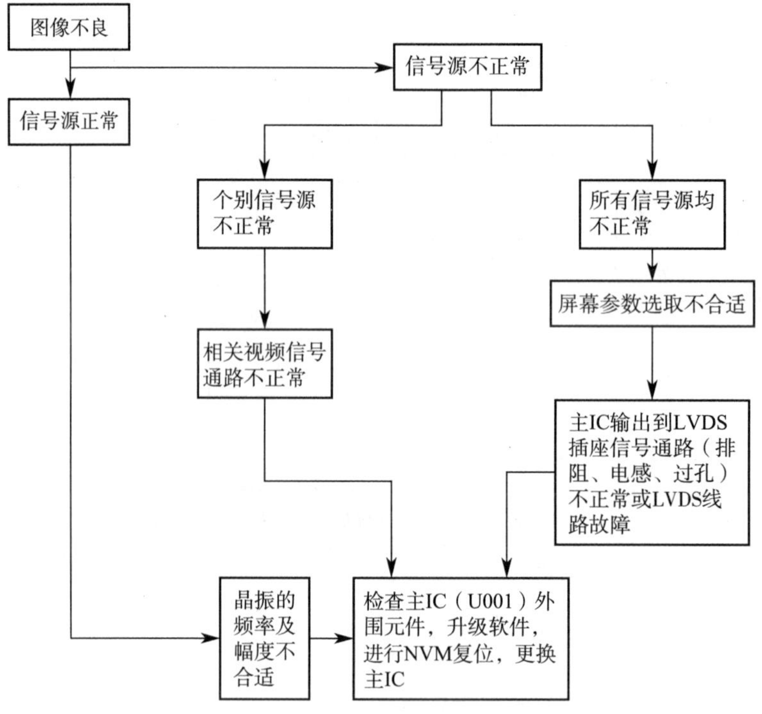


图 2–13–2　图像不良故障的检修流程

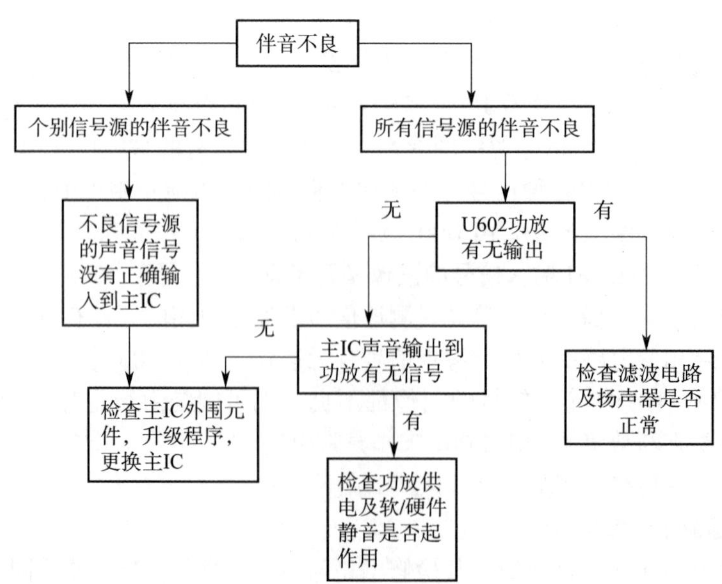


图 2–13–3　伴音不良故障的检修流程

# 实训 13　液晶电视机的综合检修

## 实训目的

1. 进一步熟悉液晶电视机综合故障的检修方法。
2. 能完成液晶电视机综合故障的检修。

## 实训设备与工具

液晶电视机、防静电工具、电视机常用维修工具、实训指导书等。

## 实训内容与步骤

结合学习的机型，设置各种综合故障，进行故障检修训练。

# §2-14　液晶电视机的画质检测方法

## 学习目标

1. 了解液晶电视机画质检测的内容。
2. 掌握液晶电视机画质检测的方法。
3. 能进行液晶电视机画质检测。

液晶电视机的液晶屏组装完成后，就应对液晶屏的装配质量进行检测，各项参数符合要求后才能进行整机组装。液晶屏检测的项目主要有液晶屏漏液检测、液晶屏黑点与黑影检测、液晶屏白点与漏光检测、液晶屏亮度均匀度检测、纯蓝（屏）画面检测这几个方面。

### 一、液晶屏漏液检测

液晶屏漏液检测（图 2-14-1）主要是指检测液晶屏各像素之间的分割与隔离情况。

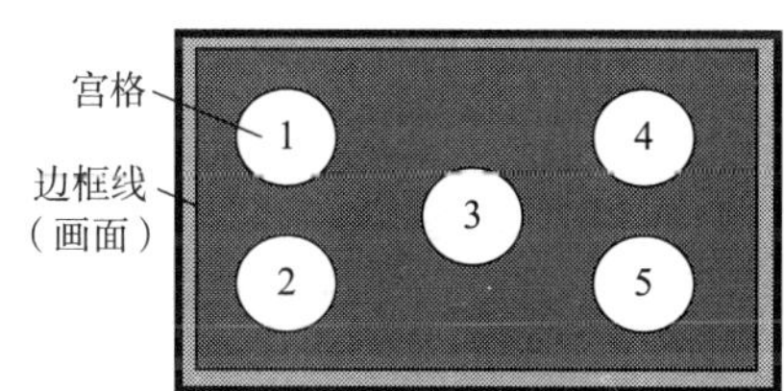

图 2-14-1　液晶屏漏液检测

**1. 检测环境要求**

环境照明用的照度为 50 lx 以下。

**2. 使用的信号源**

使用专用的信号：输出 30% 灰场、15 宫格的 LVDS 信号。

**3. 操作方法**

（1）连接好背光源的电源线和 LVDS 信号线。连接时应严禁进行热插拔操作。

（2）给背光源通电，点亮背光灯；给信号源通电，把信号输入液晶屏中。

（3）操作者按照标注的顺序 1 ~ 5，用加压棒按压屏幕上各个宫格的位置，力度为 0.2 MPa，每次按压时间为 3 s，观察屏幕被压部分、屏四周边框的变化。

4. **合格标准**

每次按压离开后，若屏幕被压部分能马上恢复原样，屏幕上的水印随即消失，不会出现彩线，屏幕四周画面的边框线无断点，则说明液晶屏质量良好，否则说明液晶屏存在漏液等问题。

## 二、液晶屏黑点与黑影检测

液晶屏黑点与黑影检测（图 2–14–2）主要是指检测液晶电视机在接收全白画面信号时出现黑点与黑影的情况。

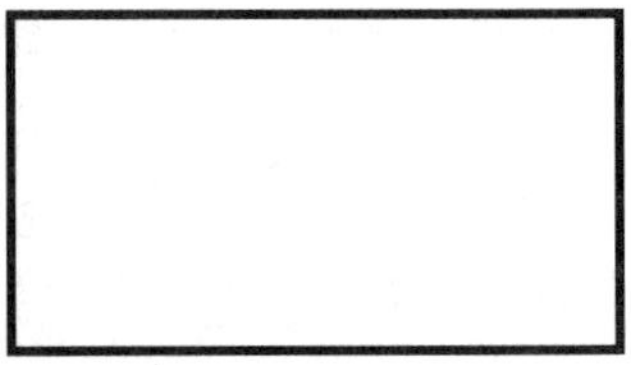

图 2–14–2　液晶屏黑点与黑影检测

1. **检测环境要求**

环境照明用的照度为 50 lx 以下。

2. **使用的信号源**

使用专用的信号：输出全白场的 LVDS 信号。

3. **操作方法**

（1）连接好背光源的电源线和 LVDS 信号线。连接时应严禁进行热插拔操作。

（2）给背光源通电，点亮背光灯；给信号源通电，把信号输入液晶屏中。

（3）对整个屏幕进行目视检测。

4. **合格标准**

整个屏幕出现的黑点数应小于 5 个，整个屏幕上不能出现灯影、黑影。当黑点数超过 5 个、出现灯影或黑影时，液晶屏为不合格产品。出现黑点为像素受异物压迫所致，出现灯影或黑影为背光灯灯条装配不当所致。

## 三、液晶屏白点与漏光检测

液晶屏白点与漏光检测（图 2–14–3）主要是指检测液晶电视机在接收全黑画面信号时出现白点与漏光的情况。

图 2–14–3　液晶屏白点与漏光检测

1. **检测环境要求**

环境照明用的照度为 50 lx 以下。

2. **使用的信号源**

使用专用的信号：输出全黑场的 LVDS 信号。

3. **操作方法**

（1）连接好背光源的电源线和 LVDS 信号线。连接时应严禁进行热插拔操作。

（2）给背光源通电，点亮背光灯；给信号源通电，把信号输入液晶屏中。

（3）对整个屏幕、屏幕的四周进行检测。

4. **合格标准**

整个屏幕不出现亮点，屏幕四周的漏光小于 1 nit[①]，屏幕没有刮伤，屏幕没有气泡，说明液晶模组屏是良好的。若屏幕四周有漏光情况出现，一般是屏幕四周的塑胶边封条、均光板等器件安装不当所致。

①单位：尼特。

## 四、液晶屏亮度均匀度检测

液晶屏亮度均匀度检测（图 2-14-4）主要是指检测液晶电视机在接收灰度画面信号时液晶屏的发光情况。

图 2-14-4 液晶屏亮度均匀度检测

**1. 检测环境要求**

环境照明用的照度为 50 lx 以下。

**2. 使用的信号源**

使用专用的信号：输出 30% 灰场的 LVDS 信号。

**3. 操作方法**

（1）连接好背光源的电源线和 LVDS 信号线。连接时应严禁进行热插拔操作。

（2）给背光源通电，点亮背光灯；给信号源通电，把信号输入液晶屏中。

（3）对整个屏幕进行检测。

**4. 合格标准**

整个屏幕不能出现阴阳面（画面大面积不均匀）、MURA 现象（波纹状现象）、水平横条（线）、垂直竖条（线）、灯影、闪烁等情况，否则说明液晶屏为不合格产品。若出现上述情况，一般是均光板、灯条安装不当或有污痕所致。

## 五、纯蓝（屏）画面检测

液晶屏纯蓝（屏）画面检测（图 2-14-5）类似 CRT 电视机的色纯度检测，主要是指检测液晶电视机在接收蓝基色画面信号时，液晶屏的发光情况。

图 2-14-5 液晶屏纯蓝（屏）画面检测

**1. 检测环境要求**

环境照明用的照度为 50 lx 以下。

**2. 使用的信号源**

使用专用的信号：输出纯蓝场的 LVDS 信号。

**3. 操作方法**

（1）连接好背光源的电源线和 LVDS 信号线。连接时应严禁进行热插拔操作。

（2）给背光源通电，点亮背光灯；给信号源通电，把信号输入液晶屏中。

（3）对整个屏幕进行检测。

**4. 合格标准**

整个屏幕不能出现阴阳面、水平横条（线）、垂直竖条（线）、圆形条纹等情况。若出现上述情况，一般是均光板、灯条安装不当或有污痕、有异物所致。

纯红（屏）画面、纯绿（屏）画面的检测方法和要求与纯蓝（屏）画面检测相同。

# 实训 14 液晶电视机画质检测

## 实训目的

1. 进一步熟悉液晶电视机画质检测的方法。
2. 能完成液晶电视机画质的检测。

### 实训设备与工具

液晶电视机、防静电工具、电视机常用维修工具、实训指导书等。

### 实训内容与步骤

结合所学习的机型，按照液晶电视机画质检测的要求，对液晶电视机的下列项目进行检测：

1. 液晶屏漏液检测。
2. 液晶屏黑点与黑影检测。
3. 液晶屏白点与漏光检测。
4. 液晶屏亮度均匀度检测。
5. 纯蓝（屏）画面检测。

## 思考与练习

1. 液晶电视机与 CRT 电视机的电路组成有何异同？画出液晶电视机整机的组成框图。
2. 画出 DC/DC 降压变换电路与升压变换电路原理图，并说明其工作原理。
3. AS1117 稳压电路有何特点？
4. 简述画面缩放处理电路在液晶电视机中的作用。
5. 简述画面缩放处理电路的工作原理。
6. 简述伴音信号选择电路（HEF4052B）的工作原理。
7. 简述 LVDS 信号的传输原理。
8. 如何识别液晶屏的连接线？
9. HDMI 接口与 VGA 接口传输的信号有何不同？
10. 简述供电输出稳压保护电路在 USB 接口电路中的作用。
11. 简述供电输出稳压保护电路的工作原理。
12. 遥控接收头有哪些类型？它们的引脚功能排列有何不同？
13. LED 背光灯驱动电路由哪些电路组成？简述其升压变换电路的工作原理。
14. LED 背光灯驱动电路是如何实现调光功能的？
15. LED 背光灯驱动电路常见的故障有哪些？出现故障时应如何检修？
16. 液晶电视机调试的项目有哪些？
17. 液晶电视机出现无光栅故障时，其检修流程是怎样的？
18. 液晶电视机画质检测项目有哪些？各个项目合格的标准分别是什么？

# 第三章　数字电视技术

数字电视是一个系统，从节目录制、制作、编辑、存储、发送、传输，到信号接收、处理、显示等过程都采用数字化技术。数字电视系统不但可以实现高清晰度图像显示、多语种伴音广播、条件接收和点播互动，而且可以与计算机、多媒体和互联网形成一体，成为信息化网络的重要组成部分。

本章从数字电视的特点入手，学习数字电视中信号的量化与编码技术、信道编码与传输技术以及数字电视广播标准等内容。

## §3–1　信号的量化与编码技术

### 学习目标

1. 了解数字电视的特点和种类。
2. 掌握音频信号的采样、量化和编码方法。
3. 掌握图像信号的采样、量化和编码方法。
4. 能认识数字电视机的相关元器件并进行基本操作练习。

数字电视是在模拟电视的基础上发展起来的，其图像质量、资源利用等方面均优于模拟电视。在数字电视节目信号的制作过程中，需要将模拟电视信号进行取样、量化和编码处理，转换成二进制数字信号，才能进行压缩、调制与传输。本节主要学习数字电视的特点和种类，以及信号的采样、量化和编码技术等内容。

**一、数字电视的特点**

数字电视与模拟电视相比，具有如下特点：

**1. 图像质量高**

数字电视信号在传输与处理过程中，不会增加新的噪声和非线性失真，因此，接收端重现的图像质量基本与发送端保持一致。模拟电视信号经过数字化处理后，是用二进制数来表示的，分别用高、低两个电平，即“1”和“0”来表示。在数字信号的处理和传送过程中有完整的误码纠错机制，可以防止误码。如果产生了噪声，只要噪声信号的幅度不超过某一额定电平，就能分辨出是高电平还是低电平，通过数字信号整形，就可以把噪声信号完全清除掉；即使噪声电平超过额定值而造成误码，也可以利用纠错编码、解码技术，在接收端把误码纠正过来，因而不会降低信噪比。而模拟电视信号在传输与处理过程中，每次引入的噪声会形成积累，并且无法完全消除。为了保证最终输出的电视信号有足够的信噪比，只能对各种处理设备提出较高的要求。例如，模拟信号要求电路的信噪比（*S/N*）达到 40 dB，数字信号只要求信噪比达到 20 dB 即可。

另外，在模拟电视系统中，电路一般工作在线性放大状态，不可避免地会产生非线性失真，使图像质量明显下降。在数字电视系统中，电路一般工作在开关放大状态，元器件的非线性几乎不会对信号产生影响。

**2. 频谱资源的利用率高**

因为频谱资源是国家的重要资源，所以可用于传送电视信号的频谱资源是有限的，能传输的频道数量也是有限的。以传输一套模拟电视节目为例，若用地面天线电视广播或有线电视广播来传送，要占用 8 MHz 的带宽；而采用数字电视系统后，8 MHz 带宽可传输四至六套标准清晰度的数字电视节目。

**3. 多功能、多信息**

数字电视技术能够实现时分多路信号传输，充分利用信道容量。此外，数字电视技术允许有不同的媒体，如文字、数据、声音、图像；允许有不同的等级，如低清晰度电视、标准清晰度电视、高清晰度电视；允许有不同的制式和不同的格式。不同宽高比的信号，在同一信道中传输时，可由不同的电视机进行接收。

数字电视系统不需要传输消隐信号，其利用在电视信号中的行、场消隐时间内插入不同的信息，可以增加新的功能，从而实现多工广播。采用这种方式，不仅使信息资源更为丰富，还可以增加用户与各种信息源之间的交互性。用户可以自由点播节目、拨打可视电话、查询图文信息，还可以进行网上购物、网上教学、网上医疗、网上游戏、电子商务等多种业务。

数字电视信号很容易进行加密、解密和加扰、解扰技术处理，有利于信息安全，便于专业应用及广播应用，便于实现付费电视、视频点播及交互式电视功能。

**4. 多声道、多语种**

数字电视不但可以传输 R、L 两路立体声信号，还可以传输环绕立体声伴音信号。这种环绕立体声伴音信号由左、中、右三个向前伴音声道，左环绕、右环绕两个环绕声道和一个超重低音声道组成，简称为 5.1 声道。这种系统有稳定的声场中心，能提供最佳可听区域，伴音的音质更好，表现力更强。

数字电视可以实现多语种功能，即收看同一套节目能够选择不同语种的伴音。

**5. 工作稳定、功耗低**

因数字电视信号只有高电平和低电平，电平的幅度大小只要能满足电路中电平处理要求即可，因此，数字信号不受电源波动、元器件非线性的影响，具有超强的抗干扰能力，信号的传输稳定、可靠。数字电视信号的处理采用大规模集成电路，设备的功耗低、体积小，不仅使设备的稳定性和可靠性得到了提高，而且还大幅度节省了发射功率。

## 二、数字电视的种类

数字电视按不同的分类方法，可分为不同的种类。

按信号传输的途径来分，数字电视可分为卫星数字电视、有线数字电视和地面数字电视，其中有线数字电视又称为电缆数字电视。

按显示图像的清晰度标准来分，数字电视可分为低清晰度数字电视（LDTV）、标准清晰度数字电视（SDTV）、高清晰度数字电视（HDTV）和超高清晰度数字电视（Ultra-HDTV）。

## 三、音频信号的采样、量化和编码

要实现广播电视的数字化，就要将模拟信号转换为数字信号。在模拟信号转换为数字信号的过程中，首先要将模拟信号在时间轴上进行平均分段，取得每一个分段点的信号电平，并将信号电平的大小用二进制数“0”和“1”来表示，在电路中可以用脉冲的有和无来代表，这就是数字化。信号数字化的过程如图 3–1–1 所示。

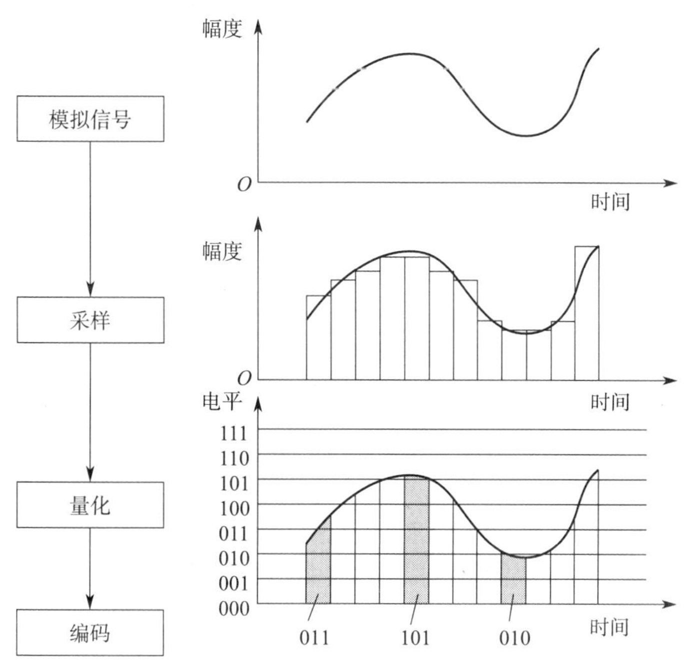


图 3–1–1　信号数字化的过程

### 1. 信号的采样和量化

在模拟信号数字化的过程中，其关键之一就是，分段取得信号的幅度，并将幅度值用二进制数来表示，在数字信号处理技术中，这两个处理过程分别称为采样和量化。

（1）信号的采样

采样即采集样本，就是对模拟信号进行分段，取分段点的信号电平值，这一系列的信号电平值就代表模拟信号的样本值，用这些离散的样本值替换原来的连续信号。采样时，在一定的时间范围内，采样点的多少取决于对时间进行分段的多少，分段越多，时间间隔越小，采样点就越多。在数字信号处理技术中，一般用采样频率来表示采样点的多少，它等于采样时间间隔的倒数。因此，采样点越多，采样频率就越高。

采样频率和每个时刻的采样值决定了波形的重现精度。采样频率越低，采样间隔越大，丢失的信息越多，经数字化处理后与原波形的误差就越大，精度就越低；采样频率越高，采样间隔越小，丢失的信息越少，误差就越小，精度就越高。重现精度还和量化位数有关。量化位数是二进制数的位数，实质上是指对取样电平幅度划分等级的多少。采样频率越高，量化位数越多，将电平划分的等级数越多，精度就越高，如图 3–1–2 所示。当然，采样频率越高，量化位数越多，需要处理的数据量就越大。因此，在实际应用时，不能无限度地追求高精度，只要精度能满足实际需要即可。

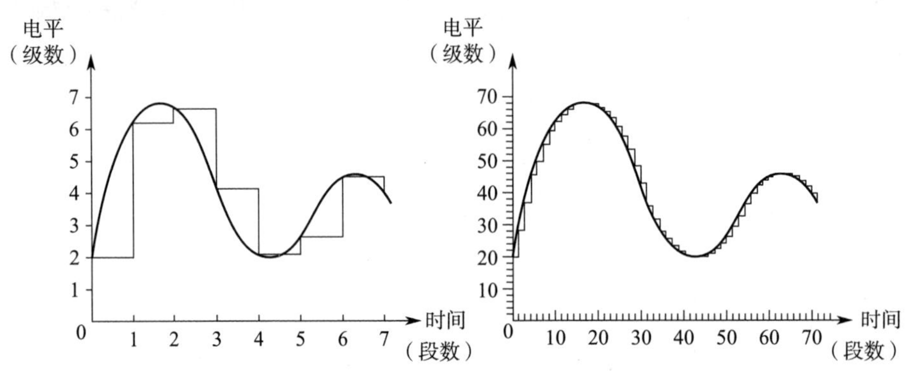


图 3–1–2　采样频率、量化位数与重现精度关系图

（2）信号的量化

模拟信号在时间上是连续变化的量，在采样过程中，在采样点处获得的电平值很可能不是整数值。一般采用四舍五入的方法，把每一个采样值归并到某一个临近的整数，这一过程就是量化过程。

一般用二进制码的位数来表示每一个量化级，表示的量化级的总数为：

$$M=2^n$$

式中，$n$ 为二进制码的位数。以选用三位二进制数为例，三位二进制数能表示 0 ~ 7 共 8 个十进制数，用它来量化时，只能将模拟信号的幅度分为八个等级，也就是说，只能表示出八个不同的电压值。

用三位二进制数进行量化及对量化值取整的示意图如图 3–1–3 所示。以前两个取样点为例，从图中可以看出，第一个和第二个取样点都不是整数，第一个取样点临近 110，第二个取样点临近 111，按四舍五入的方法分别对它们取整，其值为 110 和 111。

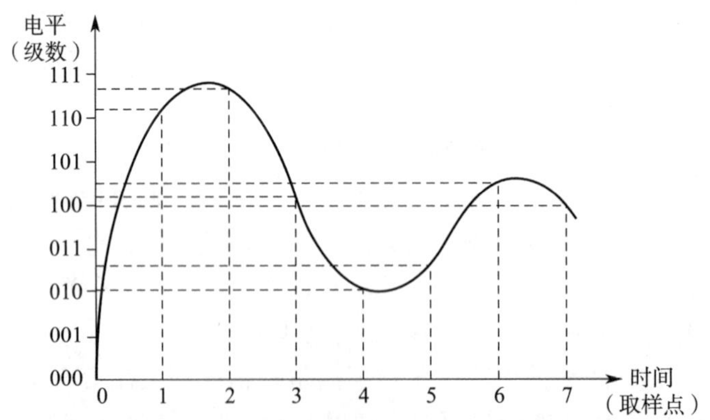


图 3–1–3　用三位二进制数进行量化及对量化值取整的示意图

**2. 量化噪声**

在对具有连续振幅的模拟信号进行量化时，无论有多少量化级，总有一部分采样点不在量化的等级上，对这些采样值进行四舍五入以后，在量化输出与采样值之间就产生了误差，

该误差称为量化误差。量化误差对信号来说是量化噪声，如图 3–1–4 所示。

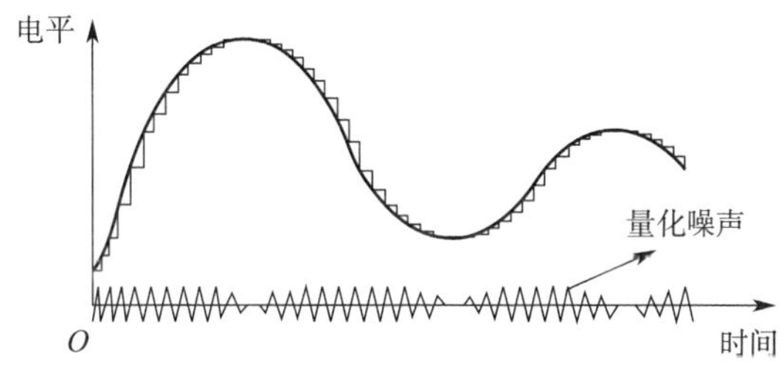


图 3–1–4 量化噪声

量化噪声的大小与量化级的多少有关，也就是与二进制码位数的多少有关。位数越高，量化等级就分得越细，量化噪声就越小。音频信号使用的是 16 位量化，可以得到 65 536（$2^{16}$）个量化等级，这时的量化噪声就非常小。各种信号量化噪声的信噪比（$S/N$）为：

$$S/N=6n+4.77-m$$

式中，$n$ 为二进制码的位数，是信号在统计时的一个常数。可见，增加位数就能成比例地改善信噪比。当 $n$=16、处理的是正弦波信号（$m$=3.01）时，信噪比为：

$$S/N=6\times16+4.77-3.01=97.76\ \text{dB}$$

量化噪声的大小与输入信号的幅度有关。增加量化位数虽然能减少量化噪声，但是当输入信号的幅度过小时，即使增加量化位数，还是会出现量化噪声。量化噪声和信号幅度具有很强的相关性，对于输入电平低、量化阶梯数少的信号，或者对于输入电平虽然高，但是变化非常慢的信号，量化噪声的大小与输入信号的幅度有很大的关系。

量化噪声的大小还与采样频率有关。采样频率越高，能容许的待量化的信号频带越宽。不同的信号在信号带宽相同的情况下，采样频率越高，量化噪声就会分散在更宽的频带内，这样就相应减少了在局部带宽内的噪声。

**3. 音频信号的采样和量化**

按照奈奎斯特采样定理，采样频率只要大于模拟信号最高频率的两倍，就能满足还原信号的要求。因为音频信号的上限频率是 20 kHz，所以采样频率必须在 40 kHz 以上，即采样的时间间隔必须小于 25 μs。

实际上，在对音频信号进行数字化处理时，采样频率有 32 kHz、44.1 kHz 和 48 kHz 三种频率可以选择。采样频率为 32 kHz 的采样称为亚奈奎斯特采样。选择这一采样频率可以降低码率，但会使信号的频谱产生混叠，常采用低通滤波器与梳状滤波器来恢复原来的信号。采样频率为 44.1 kHz 的采样称为标准奈奎斯特采样，这一采样频率使用较为广泛。采样频率为 48 kHz 的采样称为超奈奎斯特采样，目前多用在 AC–3 系统中。以上三种采样频率都是采用 16 bit 进行均匀量化的。

当采样频率选择 44.1 kHz、量化数选定为 16 bit、对双声道立体声音频信号进行数字化时，每秒钟的数据量为：

$$(44.1\times10^{3}\ \text{Hz})\times(16\ \text{bit}\times2)=1.41\times10^{6}\ \text{bit/s}$$

式中，2 表示双声道。数据量的大小通常用码率来表示，音频信号的码率为 1.41 Mbit/s。考虑到误码检出和误码校正用码，还要增加 20% ~ 30% 的冗余量，实际传送的码率约为

2 Mbit/s。

### 4. 音频信号的编码

编码就是将已量化的各电平值用二进制数码来表示。音频信号编码时，一般是先将二进制数码变换成幅度相等、宽度相同的序列脉冲，称为编码脉冲信号。编码脉冲信号需经过脉冲编码调制，才能送往后级电路做进一步的处理。

（1）编码脉冲变换

在图 3–1–3 中，八个取样点的电平值按取样的先后顺序将二进制码连贯起来，就得到了一连串的数字信号，其值为 000110111100010011101100。在电路中用脉冲的有无来代表 0 和 1，即 1 为有脉冲，0 为无脉冲，根据二进制数，电路在遇到 1 时便产生一个脉冲，遇到 0 时便不产生脉冲，与该数字信号对应的编码脉冲信号如图 3–1–5a 所示。可见，数字信号是离散性的、不连续的电压或电流的脉冲序列，脉冲的有无代表着一个信号元素，即二进制数中的一个位。

（2）编码脉冲调制

用数字 0 和 1 组成的编码脉冲序列不能直接用于传输和处理，因为音频信号在低频时只有 20 Hz，若变换成数字信号，数字信号中 1 的排列就可能很长。无音频信号输入时，数字信号中 0 的排列也可能很长。这样的信号长时间没有变化，增加了设备对信号的识别难度，不利于对信号的处理。另外，若信号长时间没有变化，电信号变成直流状态，会使设备功耗增加而导致过热，易造成故障的发生。为了避免这种情况，对二进制编码脉冲信号要进行调制，通过调制提高音频信号的传输效率，图 3–1–5b ~ 图 3–1–5d 是经过不同方式调制后的脉冲序列。以图 3–1–5b 的调制方法为例，它用一低一高电平的变化来表示原信号中的“0”码；用一高一低电平的变化来表示原信号中的“1”码。经过编码调制的数字信号就可以进行传送或其他处理了。

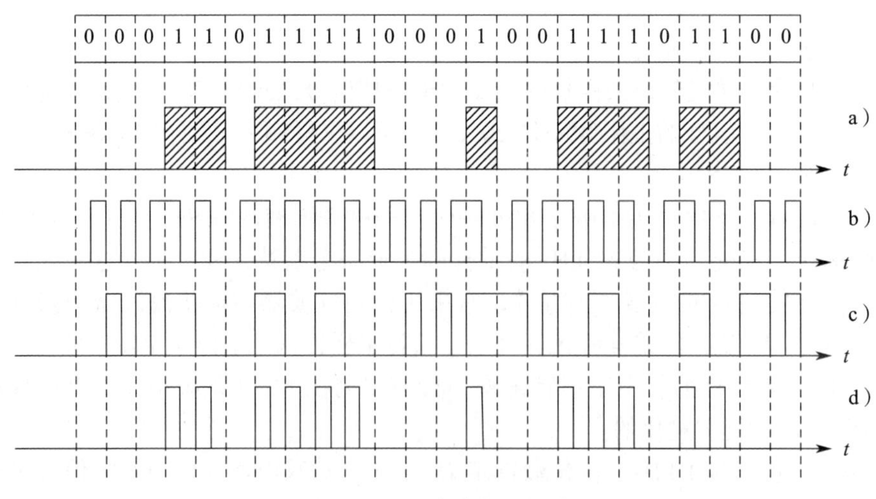


图 3–1–5　脉冲编码调制

a）编码脉冲　b）PE 调制　c）MFM 调制　d）NRZI 调制

## 四、图像信号的采样和量化

图像信号数字化与音频信号数字化的基本方式是相同的，但是，根据图像信号自身的特点和对重现图像的质量要求，图像信号的数字化比音频信号的数字化复杂得多。

图像信号的数字化有全信号数字化和分量数字化两种基本方式。对彩色全电视信号直接进行数字化称为全信号数字化；对亮度信号 Y 和两个色差信号 U、V 分别进行数字化，然后利用时分复用制进行处理，称为分量数字化。

目前普遍采用的是分量数字化方式，这种方式可以避免电视信号的反复解码和编码。采用分量数字化时，亮度信号和色差信号都是分别进行处理的，它们之间不存在相互干扰，能够提高重现图像的质量。特别重要的是，对亮度信号和两个色差信号分别进行处理，可以根据需要输出不同制式的信号，能够将不同电视制式统一起来。

**1. 电视图像信号的采样结构**

采样结构在音频信号数字化中是不需要的，因为音频信号在时间轴上是连续的，只要按取样频率对其采样，在时间轴上形成平均分段就行了，对采样点没有其他要求。在电视屏幕上，无论是 625 行的 PAL 制，还是 525 行的 NTSC 制，一幅图像都是按隔行或逐行扫描的形式进行的，对图像进行采样时，就产生了采样点分布的问题。

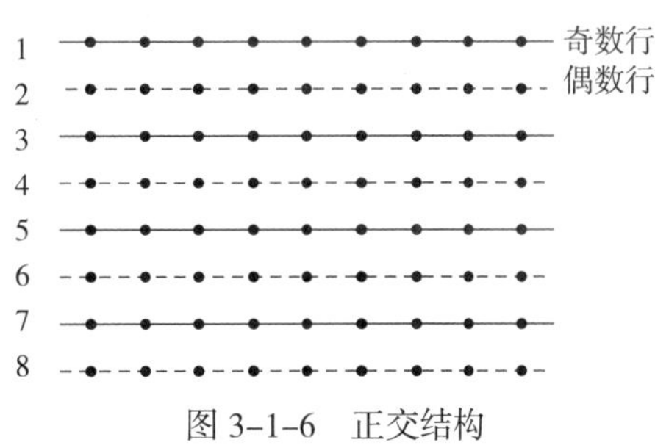


图 3–1–6　正交结构

因采样而构成图像上的样点排列称为采样结构。在数字电视中，视频信号一般采用正交结构，如图 3–1–6 所示。正交结构在图像平面上沿水平方向取样点等间隔排列，沿垂直方向取样点上下对齐排列，这样有利于帧内和帧间的信号处理。

**2. 电视图像信号的采样频率**

（1）亮度信号的采样频率

对亮度信号采样频率的确定，既要考虑亮度信号，又要考虑色差信号，还要考虑其他因素的限制，并且应使每场的采样点重合。

按照奈奎斯特采样定理，采样频率至少应为信号上限频率的两倍，因此，亮度信号的采样频率与被采样信号的带宽有关。对于 PAL 制 625 行扫描方式，要求有 6 MHz 的带宽；对于 NTSC 制 525 行扫描方式，要求有 5.6 MHz 的带宽。为了使 625 行 /50 场和 525 行 /60 场两种扫描制式实现兼容，应采用同一种采样频率，625 行制的行频为 15 625 Hz，525 行制的行频为 15 734 Hz，二者的最小公倍数为 2.25 MHz。同时还要求采样频率是行频的整数倍，以利于行间、场间和帧间的信号处理。

通过以上分析可知，为了获得满意的图像质量和保证噪声足够小，采样频率应为亮度信号最高频率 6 MHz 的 2.2 倍以上，即不应低于 13.2 MHz。为了得到每场相同的采样结构，采样频率应是 PAL 制与 NTSC 制行频最小公倍数 2.25 MHz 的整数倍。故将亮度信号采样频率定为 2.25 MHz 的 6 倍，即 13.5 MHz。

（2）色差信号的采样频率

在彩色电视系统中，为了在压缩频带的同时，保证有满意的彩色图像，色差信号 U 和 V 的带宽都应在 0 ~ 1.3 MHz。另外，为了降低混频噪声，考虑到采样频率为行频的整数倍，将色差信号的采样频率定为 6.75 MHz，它正好是亮度信号采样频率的一半。

亮度信号与色差信号形成的采样结构如图 3–1–7 所示，其中圆圈为亮度信号的采样点，方框为色差信号的采样点，奇数场和偶数场的采样点是一样的。这种固定的采样结构能够实现制式的兼容。由图中可以看出，色差信号的采样点只有亮度信号的一半，并与亮度信号的奇数采样点相重合。

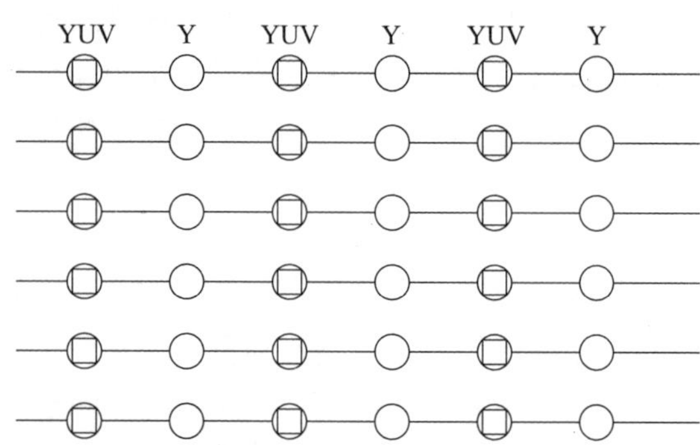

图 3–1–7　亮度信号与色差信号形成的采样结构

**3. 量化位数和码电平分配**

对图像信号进行量化时，也会产生量化噪声，图像信号的信噪比与量化位数有密切的关系。若被量化的信号是单极性电视信号，则信噪比的计算式为：

$$S/N=6n+10.8$$

式中，$n$ 为量化位数。如果把电视信号的信噪比定为大于 50 dB，则量化位数应不低于 7 位。当然，量化位数越高，量化噪声越小，每增加一位，信噪比可提高 6 dB 左右，但是，电路的复杂性和设备的成本也会大大提高。因此，在确定量化位数时，只要满足实际需要并留有余量就行。图像信号常采用 8 位量化位数，其信噪比可达 59 dB。

模拟信号电平的量化级电平称为码电平。对亮度信号进行 8 位均匀量化，便可得到 256 个量化级，码电平有 0 ~ 255 个量化级电平，用二进制表示为 00000000 ~ 11111111。在量化前，把亮度信号的峰 – 峰值严格控制在 1 V，当亮度信号的幅度超过 1 V 时，电路容易出现过载而引起工作不稳定，甚至因过载出现限幅而产生谐波成分。谐波成分经过数字变换处理，会在图像上形成网状干扰。为此，256 个量化级没有被亮度信号全部占用，而留有余量，量化时，对应亮度信号的电平是 0.063 ~ 0.922 V，该电平对应的量化级数是 16 ~ 235，共分为 220 级。这样，在 256 个量化级中，上端留有 20 级、下端留下 16 级作为保护带，对应的二进制数是 00010000 ~ 11101011，如图 3–1–8a 所示。

两个色差信号是以 0 电平为中心上下分布的，中心 0 电平对应的量化级数在 256 的 1/2 处，即 128，用二进制表示为 10000000。色差信号与亮度信号一样，为了防止过载，也留有上、下保护带，保护带上、下各留 16 个量化级，色差信号为 16 ~ 240，共占用 224 个量化级，对应的二进制数为 00010000 ~ 11110000，如图 3–1–8b 所示。

**4. 数字行及采样点数**

数字化后的一行信号称为数字行。根据采样频率 13.5 MHz，可计算出每行的采样点数。PAL 制每行的采样点数为：

（13 500 kHz）÷（15.625 kHz）=864 个

NTSC 制每行的采样点数为：

（13 500 kHz）÷（15.734 kHz）=858 个

在一行中，传送图像信息的部分称为有效行。通常将行同步信号前沿作为一行的起点，以 PAL 制 625 行为例，从行同步信号前沿到有效行起点的间隔时间为 9.778 μs，采样点数为 132 个。有效行从第 133 个采样点开始，到第 852 个采样点结束，共有 720 个采样点。从有效行结束点到下一个行同步信号前沿的间隔时间为 0.889 μs，采样点数为 12 个。数字行与模拟行的对应关系如图 3–1–9 所示。

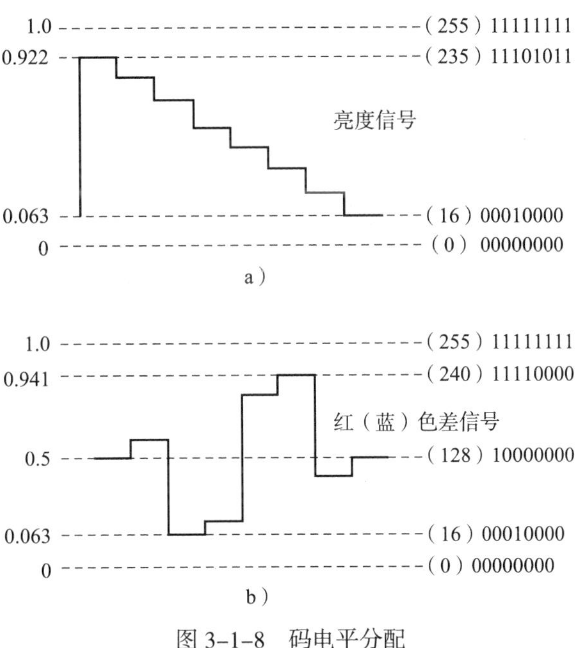


图 3–1–8 码电平分配

a)亮度信号码电平分配 b)色差信号码电平分配

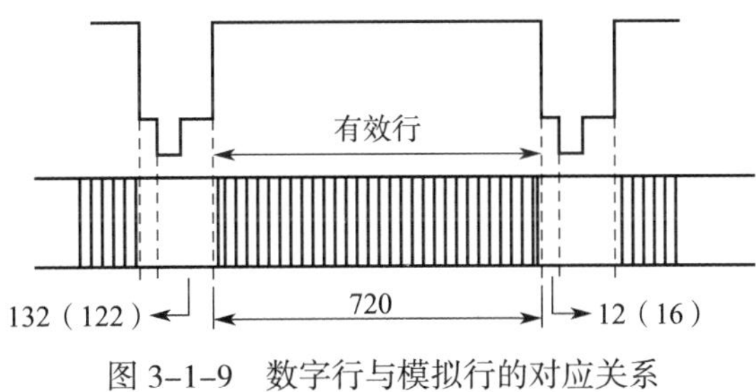


图 3–1–9 数字行与模拟行的对应关系

为了便于制式转换，无论是 625 行制还是 525 行制，亮度信号数字有效行的采样点数统一为 720 个。525 行制数字行与 625 行制数字行的差别在于，从行同步脉冲前沿到有效行的起点时间不同，即对应的采样点数不同（525 行制是 122 个）；从有效行结束点到下一个行同步脉冲前沿的时间不同，对应的采样点数也不同（525 行制是 16 个）。

由于色差信号的采样频率为亮度信号的一半，故采样点数也为亮度信号的一半（色差信号在有效行的采样点数为 360 个）。

按上述方式采样，图像信号的码率为亮度信号与两个色差信号的码率之和，即：

$$(13.5\ \text{MHz}) \times (8\ \text{bit}) + (6.75\ \text{MHz}) \times (8\ \text{bit}) \times 2 = 216\ \text{Mbit/s}$$

可见，图像信号的传输码率要比音频信号高得多。

**5. 电视图像的数字化标准**

采用 YUV 分量编码技术时，亮度信号采用 13.5 MHz 采样频率、色差信号采用 6.75 MHz 采样频率形成的采样结构，可以适合各种场合对图像信号的数字化处理，可以得到优质的图像质量，它是电视演播室使用的标准，也是电视信号数字化的主标准，并于1982年由国际无线电咨询委员会（CCIR）规定为国际标准。其中，Y：U：V=13.5 MHz：6.75 MHz：6.75 MHz，被定为4：2：2标准，其水平清晰度可达480线。当采样频率为6.75 MHz：3.375 MHz：3.375 MHz时，称为2：1：1标准，其水平清晰度可达240线。每80线对应信号的1 MHz带宽。

4：2：2为高档标准，2：1：1为低档标准，它们具有兼容性，可以相互转换。高档标准转换为低档标准时，将采样点数减少一半，称为数字信号抽去；低档标准转换为高档标准时，将采样点数增加一倍，称为数字信号内插。高、低档标准相互转换时，采样频率同时进行相应的转换。

## 五、图像信号的编码

### 1. 图像信号编码概述

（1）图像信号压缩编码的目的

电视图像信号经过采样、量化后，由上述分析可知，数字电视信号的码率为216 Mbit/s，以每2 bit需要1 Hz带宽传输计算，要传输这样大的码率，要求通道要有100 MHz以上的带宽和相当高的传输速度才行，这给信号的处理和传输带来了较大的困难，因此，要对数字电视信号进行编码压缩。

对数字电视信号进行编码，又称为信源编码，它将数字信号按信息的统计特性进行变换，减少信号的冗余度，以达到压缩信号带宽的目的。在保证传输图像质量的前提下，它用尽可能少的数字信号表示原来的图像内容，使在单位时间内和单位频带内能传送更多的信息。编码的目的是通过编码实现对信号码率的压缩，即减少每秒传输的数据量。与图像信号的量化相对应，压缩编码也有全电视信号编码和分量信号编码两种形式，如图3-1-10所示。

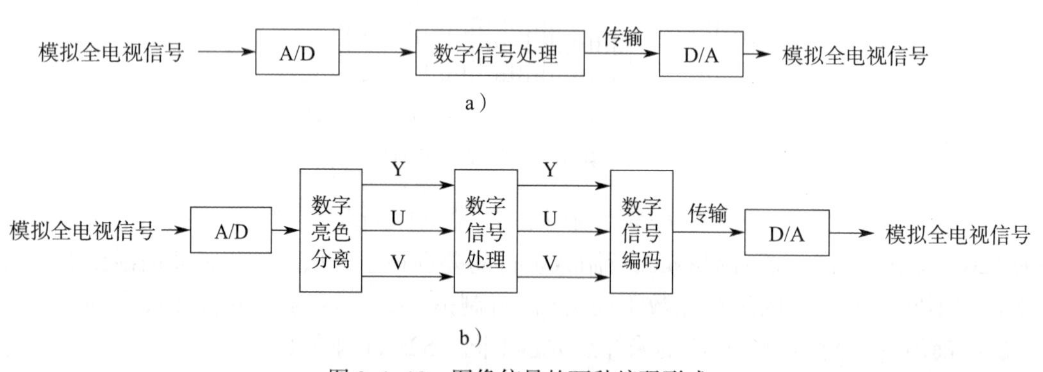


图3-1-10　图像信号的两种编码形式

a）全电视信号编码　b）分量信号编码

（2）图像信号压缩编码的方法

每一幅图像中都含有大量无用的冗余信息，正是这一特点，为图像的压缩提供了可能。压缩图像的码率能大幅度降低图像的数据量，但图像压缩也伴随着图像质量的降低，所以在实际应用中，要根据实际需要选择合适的压缩比，在提高传输效率的同时保障图像的质量。

1）无损压缩编码与有损压缩编码。按照接收端解码后信息量是否与发送端原信号信息量完全一致，可以将编码分为无损压缩编码和有损压缩编码，如图3-1-11所示。

在图像压缩编码过程中，只删掉其中的冗余信息的技术称为无损压缩编码，因为这种编码方法未删除人们想要获得的信息，所以不会使图像产生任何失真。无损压缩编码方法很多，主要有霍夫曼编码、算术编码、行程编码等。无损压缩编码方法适合对图像质量要求非常高的环境，如军事中的信息传递。

在数字电视和多媒体等应用中，并不要求图像的失真率非常低，仅要求接收信息后，能基本无误地还原信息即可，因此，有损压缩编码适用于这些领域。有损压缩编码包括预测编码、变换编码、JPEG/MPEG 编码等。如果采用多种方法进行混合编码，则可以大大降低数据量。

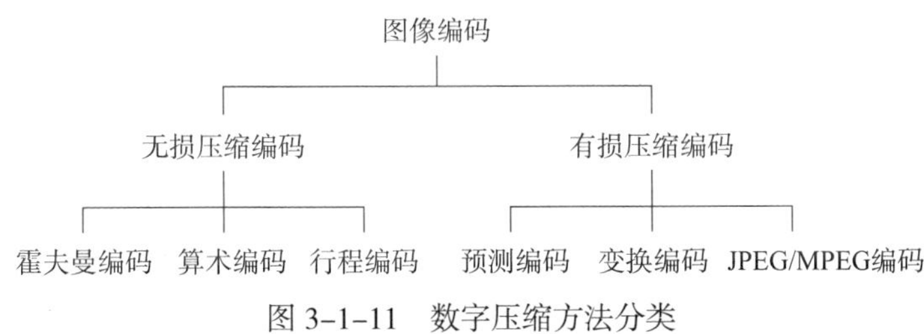


图 3–1–11 数字压缩方法分类

2）帧内压缩编码与帧间压缩编码。按照视频压缩编码器处理的像素范围来分，可以将编码分为帧内压缩编码和帧间压缩编码。

帧内压缩编码是在一帧内进行的，其目的在于消除一帧图像内空间方面的冗余量。帧间压缩编码是在相邻两帧或者几帧之间进行的，其目的在于利用图像信号时间的相关性来消除几帧图像在时间方面的冗余量。

**2. 帧内压缩编码方法**

仔细观察一幅图像会发现，在一帧图像内和在空间不同的位置，图像内容很多是相同的，可用帧内压缩编码方法对每一幅图像进行压缩。

视频图像帧内压缩编码的方法有许多种，主要由视频编码的标准来决定。在 JPEG、MPEG–1/MPEG–2 等编码标准中，帧内压缩编码方法是采用离散余弦变换（简称为 DCT 变换）的方法。在 H.264/AVC 标准中，帧内压缩编码方法采用帧内预测编码的方法。

（1）DCT 变换帧内压缩编码方法

DCT 变换是一种处理信号数据的方法。利用 DCT 变换，可将空间域不连续（即离散）的信号转变为频率域（即余弦）的信号。DCT 变换帧内压缩编码的方法是，先对整幅图像进行分割，将其分割为一个个像条，像条又分割成宏块，每个宏块再分割成小像块，每个小像块由 8 × 8 共 64 个像素组成。然后对各个小像块的像素进行采样，获得空间域的电压信号，再经过离散余弦矩阵变换转变为频率域的信号，后经“Z”字形扫描、可变长度编码等处理，实现帧内压缩编码。

1）把图像分解为像块。在进行 DCT 变换编码时，先将每帧图像切成若干个像条，像条切割成宏块，每个宏块再切成若干个像块，每一个像块由 8 × 8=64 个像素组成（图 3–1–12）。采用 4：2：2 格式时，一帧图像中亮度块的数目为 6 480 块；两个色差块的数目均为 3 240 块，一帧图像中需要处理的像块为 12 960 块。

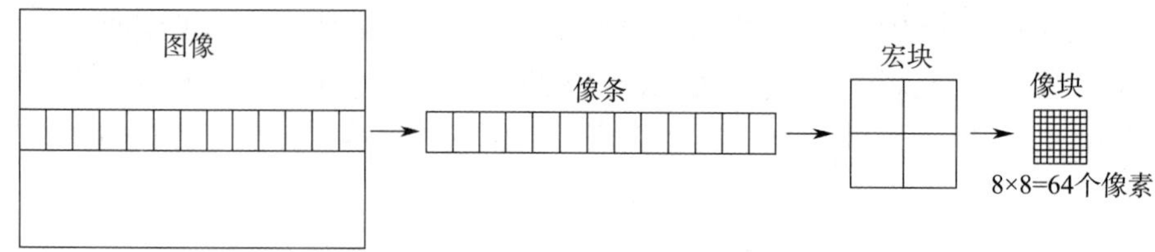


图 3-1-12　把图像分解为像块

2）对像块进行离散余弦变换。每个像块是由 64 个像素组成的，每个小方块表示一个像素，如图 3-1-13a、b 所示。在进行变换时，先对像素逐个进行采样，获得一系列的电压值，将各像素的电压值列成系数形式的矩阵，如图 3-1-13c 所示。这种系数形式的矩阵即可进行离散余弦变换。

离散余弦变换是一种矩阵运算变换，变换后，在新的 $u$–$v$ 坐标系中，从低频到高频按一定的规律排在一起，就组成一个频率值分布图，这个分布图又叫系数函数图，如图 3-1-13d 所示。

图中的 $f_{xx}$ 表示变换后的频率系数。对亮度信号而言，不同位置的 $f_{xx}$ 系数值代表该像素亮度的平均值；对色差信号而言，则代表该色差信号像素的平均值。所得 64 个变换系数当中，第一项 $f_{00}$ 代表直流分量，即 64 个空间图像采样值的平均值，其余 63 个系数代表各像素对应的幅度。

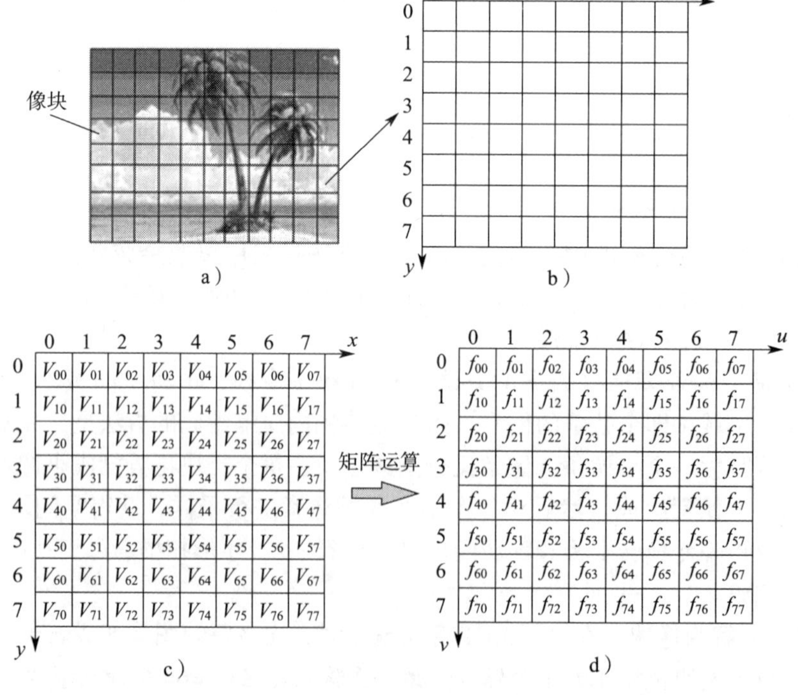


图 3-1-13　像素与变换系数

a）像块　b）每个像块分为 64 个像素　c）对每个像素进行取样，变为 64 个电压值

d）进行 DCT 变换后得到的 64 个频率系数

在图 3–1–13d 中，从水平方向看，$u$ 轴的频率值从 0 到 7 是增加的，即从 $f_{00}$ 至 $f_{07}$ 的频率是增加的。由于都是余弦项，可以把它们用图形表示出来，如图 3–1–14 所示。除 $u$=0 为直流外，其他 7 个均是余弦函数，所以都是余弦波形。随着 $u$ 取值的增加，频率也逐步增大，由 π 增加到 7π，但幅度却随着频率的增大而减小，图 3–1–14a 所示是水平方向一维离散余弦变换 8 个基本波形的情况。

同理，从垂直方向看，将原信号变换为与频率分量各自对应的 8 个分量，用 $v$ 分量来表示，这 8 个分量从上到下排列，频率是不断升高的，图 3–1–14b 所示是垂直方向一维离散余弦变换 8 个基本波形的情况。

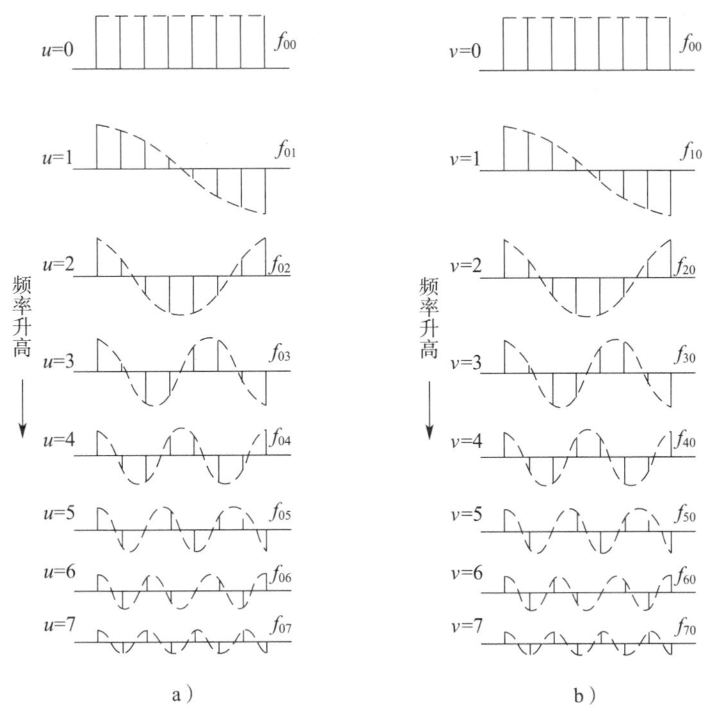


图 3–1–14 离散余弦变换原理

a）水平方向一维离散余弦变换 8 个基本波形的情况 b）垂直方向一维离散余弦变换 8 个基本波形的情况

$u$ 分量与 $v$ 分量的性质相同，有了 $u$ 和 $v$ 各 8 个基本波形，就可以获得 8×8=64 个基本波形，也就可以获得 64 个基本系数。应注意的是，$u$–$v$ 图中，一个像块中各个像素经过离散余弦变换后，是按频率的高低重新排列的，最上边的（0，0）位置频率最低，为直流成分，向右和向下频率逐步增大，到右下角的（7，7）位置时频率最高。

在信号的接收端，将 $u$–$v$ 坐标系中的各个 $F$（$u$，$v$）系数值经矩阵逆运算进行反变换，即可恢复各个像素的电压值。

3）对不同的频率进行非均匀量化。对图像进行量化时，可以按人的生理特征，对低频分量和高频分量设置不同的量化精度，即进行非均匀量化。人眼对低频分量比较敏感，对高频分量不太敏感，于是对低频分量采用较细的量化，其量化级数较高，如按 8 bit 进行量化；而对高频分量采用较粗的量化，其量化级数较低，如按 6 bit 进行量化。低频成分的幅值都比较大，量化后有系数值的部分一般都集中在低频端。高频部分的幅值都比较小，大多数图像的高频部分通过量化和离散余弦变换后，其系数值都变成了0，有的高频部分的系数值虽然不为0，但其绝对值很小，当绝对值很小时，也可以根据需要按0处理，这样，高频部分的系数值出现0的范围就更大了。

4）进行“Z”字形扫描读出。通过分析可知，信号分布是从左上角开始到右下角结束，其频率成分从直流开始是逐渐增大的。因此，根据频率分布的情况，在读取这64个系数时，不采用从左到右、从上到下逐排读数的方法，而是按二维频率的高低，从直流开始、从低频到高频的读数方法，称为“Z”字形读数方法，如图3–1–15所示。这种“Z”字形的读数方法不仅符合频率从低到高的顺序，而且每条斜线上的频率均相等。

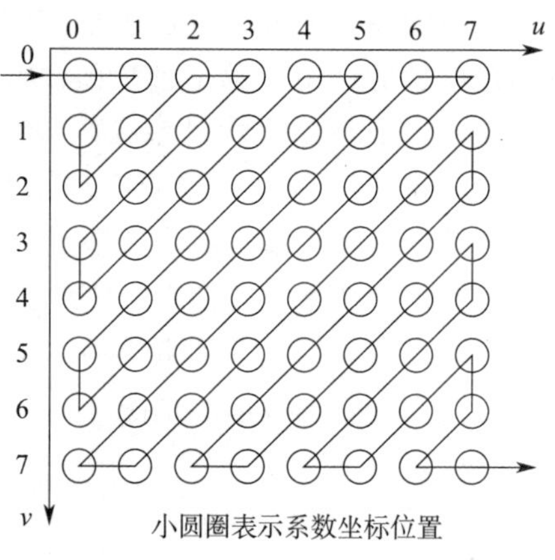


图 3–1–15 “Z”字形读数方法

进行离散余弦变换后，系数中出现的0越多，采用针对0的可变字长编码方式，结合“Z”字形读数顺序，就能更大程度地压缩码率，从而进一步缩短字符串的长度。下面结合图3–1–16，进一步说明“Z”字形读数的优点和可变字长编码（字符串的长度是可变的）的方法。

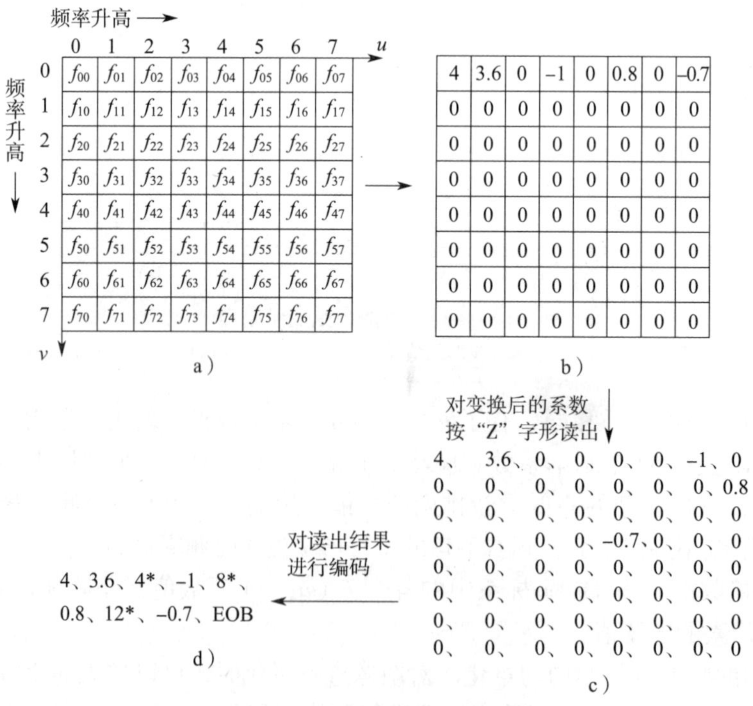


图 3–1–16 可变字长编码示意图

a）8×8像素离散余弦变换后的频率系数 b）对64个频率系数做进一步处理
c）按“Z”字形读出的结果 d）编码后的信号

图 3-1-16a 表示 8×8 像素离散余弦变换后的频率系数，对频率系数做进一步处理，得到新的频率系数，如图 3-1-16b 所示。图中的系数为了直观，将二进制数转换成了十进制数。用“Z”字形读数时，系数值读出的顺序如图 3-1-16c 所示。图 3-1-16d 表示的是可变字长编码后的字符串，其中 4*、8* 和 12* 分别表示 4 个 0、8 个 0 和 12 个 0。当 -0.7 以后全部是 0 时，就不再将后边的 35 个 0 都进行传输，用 EOB（块结束）表示即可。这种编码方式可以有效地对传输码进行压缩。

总之，对图像数字信号采用离散余弦变换后，变成了一种按二维频率高低分布的系数坐标图，使大部分高频分量的系数变为 0。再用“Z”字形读数法，读出这 64 个系数，使数字串中 0 的分布集中在一起，这样，就为可变字长编码做好了准备。最后经过可变字长编码，需要传送的码率将进一步大幅度地缩减。这种压缩码率的方法被广泛地用在图像信号的数字处理中。

（2）H.264 帧内压缩编码方法

H.264 帧内压缩编码方法采用帧内预测技术，实现帧内数据的压缩。在一帧内，相邻的宏块通常含有相似的属性，因此，在对某一给定的宏块进行编码时，首先对周围的宏块进行预测（如左上角的宏块、左边的宏块和上面的宏块，这三个宏块已经被编码处理），然后对预测值与实际值的差值进行编码，并进行发送，这相对于直接对该帧进行编码而言，可以大大减小码率。这种充分利用相邻宏块的空间相关性的编码方法，可以大大提高帧内编码的效率。

H.264 帧内预测编码时，以特定大小的块作为基准单元，H.264 的基准块大小分为 4×4（共有 16 个像素 / 块）和 16×16（共有 256 个像素 / 块）两种。其中，4×4 基准块有 9 种方向的预测模式，可以采用任一种方向的预测模式预测每一个 4×4 子块，适用于带有大量细节的图像编码，图像清晰度较高，数据压缩量较小。16×16 基准块只有 4 种预测模式，数据压缩量较大。

采用 4×4 基准块的编码方式时，其 9 种预测模式包括 1 种 DC 预测和 8 种方向预测，如图 3-1-17b 所示，图中箭头方向表示预测时进行的方向。图 3-1-17a 中，$a \sim p$ 表示要预测的 16 个像素（4×4 块），$A \sim M$ 表示 $a \sim p$ 块中邻近宏块像素的参考值（已知）。图 3-1-17b 中，0 ~ 8 是 4×4 块的 9 个预测方向，其中预测方向 2 在原点上，表示不做预测，9 个预测方向对应 9 种预测模式，如图 3-1-18 所示。“0”箭头方向表示垂直向下方进行预测，对应图 3-1-18a 的预测模式，以此类推。

图 3-1-18a 的预测模式表示用邻近像素“*A*”（编码参考值已知的像素）对所在列的 4 个像素（*a*、*e*、*i*、*m*）进行垂直方向的预测，“*B*”“*C*”“*D*”的含义相同。用邻近像素“*A*”垂直预测邻近块中的 4 个像素，如果 4 个像素的值都一样，则只需要发送一个像素的值，从而实现信息量的压缩。

图 3-1-18b 的预测模式表示用邻近像素“*I*”对所在行的 4 个像素（*a*、*b*、*c*、*d*）进行水平方向的预测，“*J*”“*K*”“*L*”的含义相同。

图 3-1-18c 的预测模式为 DC 预测法，用上方“*A*”“*B*”“*C*”“*D*”和左方“*I*”“*J*”“*K*”“*L*”相邻像素的均值表示整个预测块。

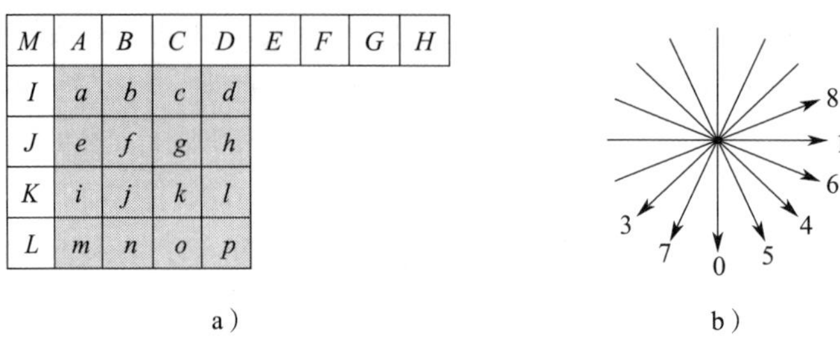


a）　　　　　　　　b）

图 3-1-17　4×4 像素块预测示意图及方向

a）用像素 *A*～*M* 对 *a*～*p* 像素进行帧内 4×4 预测　b）帧内 4×4 预测的 8 个预测方向

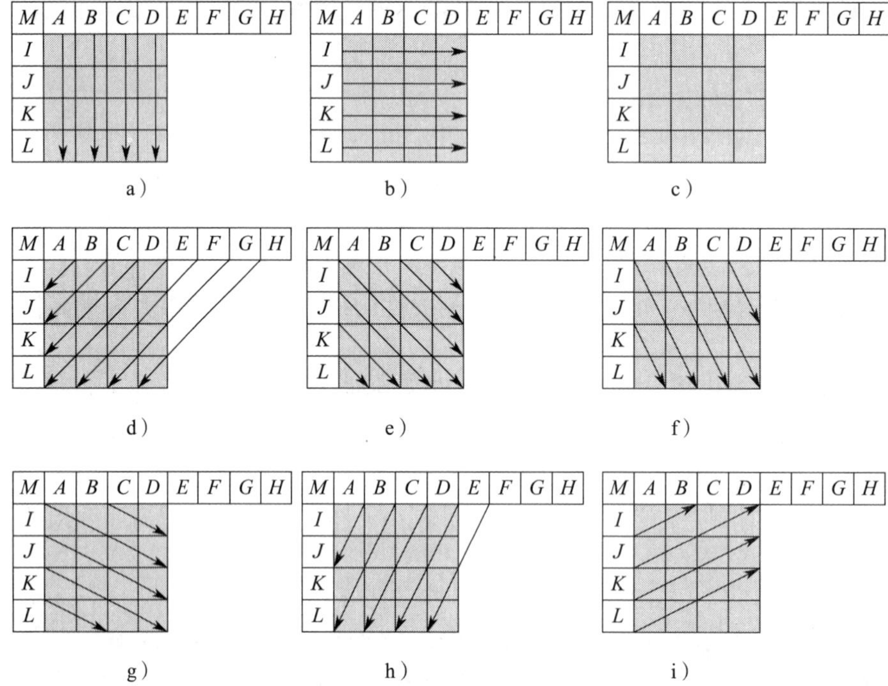

图 3-1-18　4×4 像素块的 9 种预测模式

a）垂直预测　b）水平预测　c）DC 预测　d）下左对角线预测　e）下右对角线预测
f）右垂直预测　g）下水平预测　h）左垂直预测　i）上水平预测

### 3. 帧间压缩编码方法

帧间数据压缩的对象为运动图像，利用相邻几帧画面的相似性来进行压缩。将前面第一帧图像看成是静态图像，用帧内图像压缩方法把有用的数据发送出去，而后面各帧图像可以仅发送与前面帧图像有差异的信息。在重放时，利用前面帧图像的数据和后面帧的差异数据，即可恢复出后面帧的图像。这种处理方法可以省去许多数据。

电视图像信号的帧间压缩编码方法通常采用 MPEG 标准，如果视频格式为 H.264，则采用其独特的帧间预测方法进行编码。

MPEG 是英语“动态图像专家组”的缩写。它是国际标准化组织（ISO）和国际电工委员会（IEC）联合组成的技术委员会中的一个工作组，成立于 1988 年。工作组的任务是开发运动图像及其声音的数字编码标准，因此，习惯上不叫动态图像专家组，而叫 MPEG 标准或图像压缩标准。该标准针对不同的图像质量要求，有 MPEG–1、MPEG–2、MPEG–3、MPEG–4 等多个等级的标准。

H.264 是国际电信联盟（ITU–T）组织制定的运动图像及其声音数字编码的另一种方法，它制定的标准主要有 H.261、H.263、H.263+ 等多个等级的标准。

（1）MPEG 帧间压缩编码方法

1）MPEG 标准压缩信号的依据。当逐帧传送运动图像时，相邻帧之间不但在时间上有很大的相关性，而且前一帧图像与后一帧图像的内容大部分是相同的，其中不同的内容仅占一小部分，如图 3–1–19 所示。统计表明，相邻帧之间亮度信号的变化平均只有 7% 左右，色度信号的变化平均只有 6% 左右。

在传送图像时，如果将第一帧图像进行精细量化，作为基本帧全部传送，而将后面若干帧只传送与基本帧不相同的部分，在接收端利用基本帧和传送来的每个不相同的部分合成原来的各个图像，就可以使传送的信息量大幅度减少，这就是 MPEG 标准压缩信号的依据。

图 3–1–19　相邻帧图像的相关性

2）MPEG 中的 I 帧、P 帧和 B 帧。在 MPEG–1 的编码方式中，将全部传送的基本帧和只传送与基本帧不相同部分的帧重新定义为三种不同的帧。

采用帧内压缩方法，将信号进行精细量化并全部传送的帧称为帧内编码帧，简称为 I 帧。

根据前一帧的图像内容预测出与下一帧不相同的差值信息（预测误差信息），预测误差可以看成是运动图像的变化部分，只传送差值信息的帧称为前向预测编码帧，简称为 P 帧。P 帧是单向预测产生的帧，它的获取方法如图 3–1–20 所示。如果以第 1 帧图像作为 I 帧，用第 1 帧图像与第 2 帧图像的值在空间对应位置的宏块相减，得出的差值形成的新图像就是 P 帧图像。P 帧可以是在前面 I 帧的基础上获得的，如果 P 帧前面不是 I 帧，而是 P 帧，也可以由前面的 P 帧获得预测误差，产生新的 P 帧。

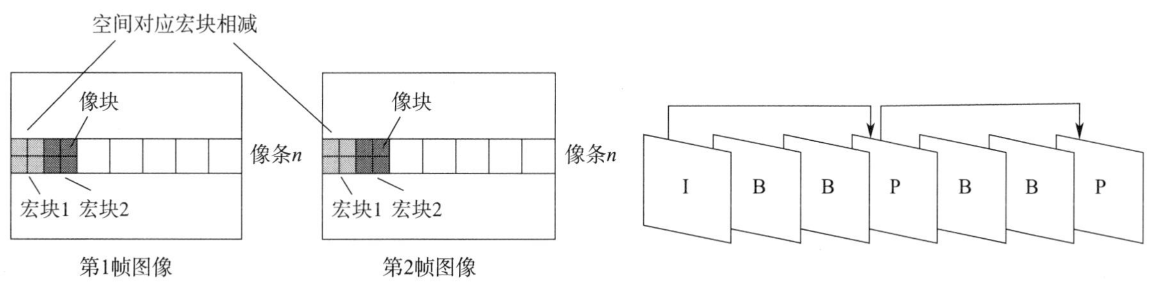


图 3–1–20　P 帧的获取

如果是根据前面的 I 帧或 P 帧与后面的 P 帧进行双向预测，产生出双向预测误差信号，这种传输双向预测误差信号的帧称为双向预测内插编码帧，简称为 B 帧。B 帧是双向预测产生的帧，它的获取如图 3–1–21 所示。

B 帧是在它前面的 I 帧或 P 帧与它后面的 P 帧两方面预测的基础上获得的，这种双向预测误差的方法是 MPEG 的特点。在传输时，B 帧插在 I 帧与 P 帧之间，一般可以内插两个 B 帧。

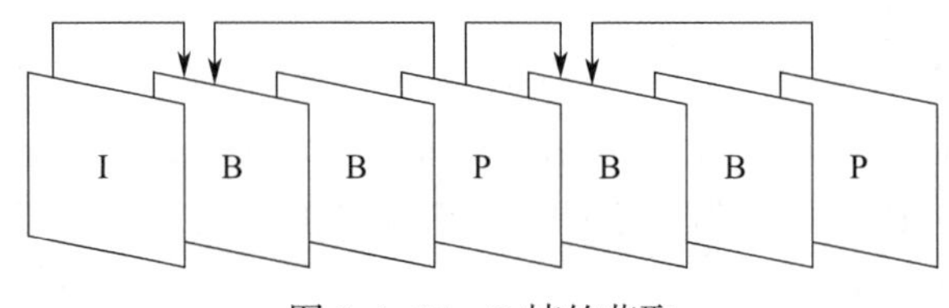


图 3–1–21　B 帧的获取

在制定 MPEG 标准时，规定图像应具有编辑功能。为了使图像具有编辑功能，一般每 5 帧或 6 帧图像编为一组，称为帧组。对于 625 行 /25 帧制式，每 5 帧为一组；对于 525 行 / 30 帧制式，每 6 帧为一组，每一组都为 0.2 s，如图 3–1–22 所示。这样，每 0.2 s 就可以产生一个图像进出的编辑点。另外，B 帧虽然是在 P 帧的基础上产生的，但传输时放在了 P 帧之前，这样做的目的是使每一个帧组具有独立性，不依靠帧组外的 I 帧就能够解码出帧组内全部的帧，这是编辑功能的需要。

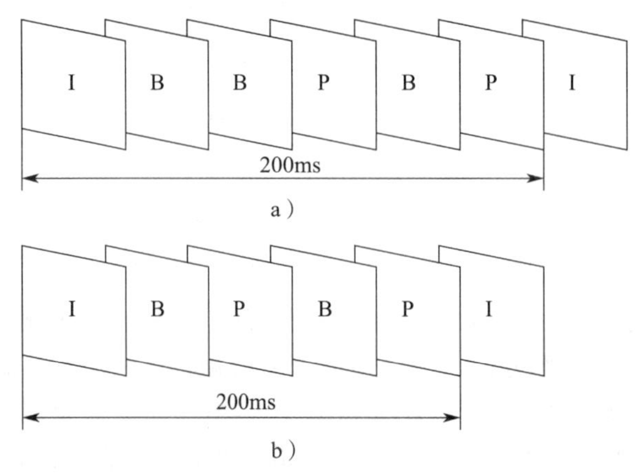


图 3–1–22　帧组的排列

a）525 行制时 6 帧为一组　b）625 行制时 5 帧为一组

以图 3–1–22a 为例，如果每 6 帧为一组，在这个帧组内只有一个 I 帧是全帧图像编码传输，在 P 帧和 B 帧中只传输了预测误差信息的编码，因而预测误差的码率比 I 帧的全帧图像码率要小得多，同样，B 帧比 P 帧的码率也要小得多。这种帧安排与逐帧依次传送相比，大幅度减少了传输的数据量，这就是压缩的含义。P 帧和 B 帧的数量越多，传输的数据量就越少，压缩比就越高，这样就可以用低码率来传送运动图像了。由于这种方式对信号的处理过程相当复杂，因此，对设备的工作速度和存储器的容量提出了较高的要求。

（2）H.264 帧间预测编码方法

H.264 的帧间预测编码是利用连续几帧图像时间上的连续性，采用运动估计和补偿方法来进行编码的。运动估计就是为当前要进行编码的块（有待编码的块），在已经编码的图像（参考帧）中寻找最佳的对应块，并且计算出对应块的偏移（运动矢量）。运动补偿就是根据运动矢量和帧间预测方法，求得当前帧估计值的过程。

采用 H.264 的运动补偿编码技术，支持 MPEG 视频编码标准中的大部分关键技术，而且增加了更多的功能。H.264 的运动估计有以下 4 个特点：

1）支持不同大小和形状的宏块。H.264 支持 7 种大小的宏块模式，分别为 4×4、4×8、8×4、8×8、8×16、16×8、16×16。小块模式的运动补偿功能可以提高对图像运动部分的处理性能，减少方块（马赛克）效应，提高图像的质量，但数据压缩量差一些。

2）具有高精度的亚像素运动补偿功能。在 H.264 编码中，可以采用 1/4 像素（即 4×4 块中的任一列或任一行像素），或者 1/8 像素精度的运动估值，这样，在相同的精度下，相对其他帧间压缩编码方法，H.264 所需的码率较小。

3）具有多帧预测功能。H.264 在进行帧间编码时，可选择 5 个不同的参考帧进行预测，提供了更好的纠错性能，这样可以改善视频图像质量。这一特性主要应用于周期性的运动、平移运动，以及在两个不同的场景之间来回变换摄像机镜头的场合。

4）具有去块滤波功能。H.264 编码具有自适应去除块效应的滤波器，可以处理预测环路中的水平块和垂直块的边缘，大大减少了图像的方块效应。

**4. MPEG-1 的图像格式**

采用 MPEG-1 的压缩标准时，图像压缩编码的码率是 1.5 Mbit/s，其数据结构、技术参数和工作原理如下：

（1）MPEG-1 的数据结构

视频图像数据是以比特流的形式传送的，比特流中的图像数据按一定的顺序排列，数据的结构（数据的排列方法）称为句法排列。MPEG-1 的句法排列由六个层次构成，各层的功能见表 3-1-1，这六个层次的顺序也是编码的步骤。比特流的排列层结构与实际图像的关系如图 3-1-23 所示。

**表 3-1-1　各层的功能**

| 序号 | 层 | 功能 |
|---|---|---|
| 1 | 块 | DCT 处理单元 |
| 2 | 宏块 | 运动补偿和运动估计单元 |
| 3 | 像条 | 同步恢复单元 |
| 4 | 图像 | 基本编码单元 |
| 5 | 图像组 | 视频的随机存取单元 |
| 6 | 图像序列 | 节目内容随机存取单元 |

第一层是像块（或称为块），这是编码的第一步。它是由 8 像素 ×8 行的亮度成分或色差成分构成的，是在编码时进行离散余弦处理的单元。像块经过离散余弦变换后得到 64 个离散余弦系数阵列，称为系数块。

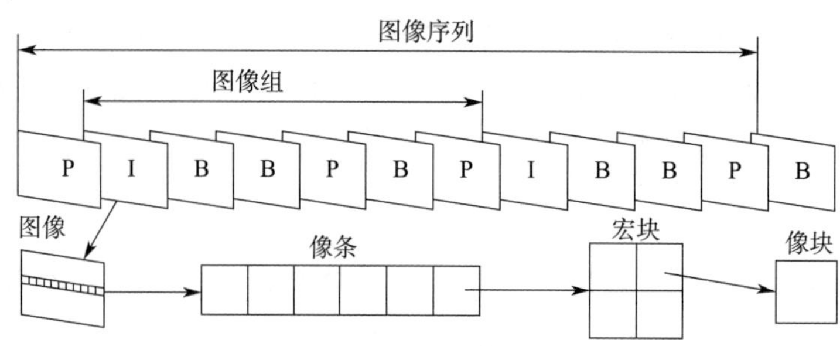

图 3-1-23　比特流的排列层结构与实际图像的关系

第二层是宏块，由 16 像素 ×16 行的亮度阵列、在同区域内对应的 8 像素 ×8 行的色差阵列构成。一个宏块由若干个亮度块和色差块组成，它是进行运动预测和运动估计的单元。

第三层是像条，它是在画面上从左到右完整的一条图像，是若干个宏块的集合。像条与像条之间不能存在间隙或重叠。在信号处理过程中，如果发生误码且不可纠正时，通过像条数据可以重新获得同步，因此，像条也是同步信号恢复的单元。

第四层是图像，它是由像条组成的一幅完整的图像。这种图像可以是内部编码图像 I 帧，也可以是预测编码图像 P 帧或 B 帧，这些是运动图像的基本单位，是图像编码的基本单元。应当注意的是，I 帧、P 帧和 B 帧信号都是由像块、宏块、像条组成的。

第五层是图像组，简称为 GOP。对于 625 行制而言，它由一幅 I 帧、两幅 P 帧和两幅 B 帧编码图像组成。组内开头的图像必须是 I 帧编码图像。结尾用 I 帧或 P 帧编码图像，不用 B 帧编码图像。比特流中图像的顺序与重放时解码器处理的顺序相同，每一个图像组是视频图像的随机存储单元。

第六层是图像序列，它是连续的图像序列。从节目内容看，一个图像序列对应于一个镜头，切换一个镜头，表示开始一个新的图像序列。各个序列构成连续重放的图像，序列是完整的节目内容。

每一层都有开始标记和结束标记，有的还要加入一些辅助信息，每层的数据结构如图 3-1-24 所示。

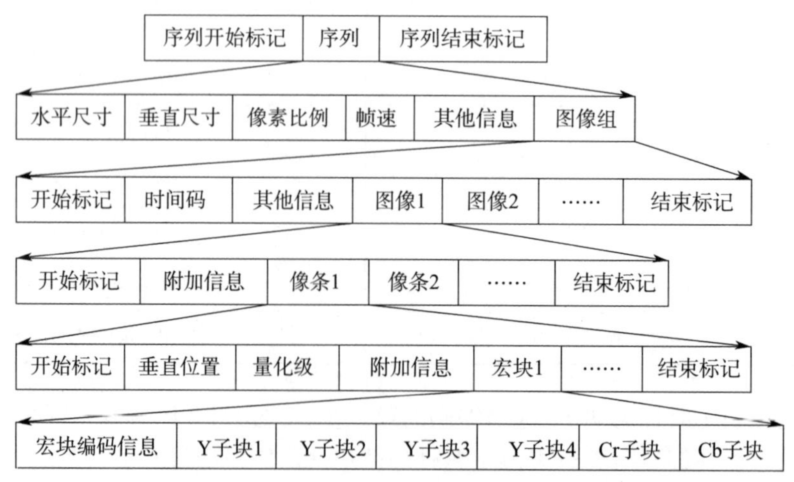

图 3-1-24　每层的数据结构

（2）MPEG–1 图像格式的技术参数

MPEG–1 图像格式的技术参数见表 3–1–2。

表 3–1–2　　MPEG–1 图像格式的技术参数

| 电视制式 | 625 行 /50 帧 | 525 行 /60 帧 |
|---|---|---|
| 行频 | 15 625 Hz | 15 734 Hz |
| 采样频率 | 亮度 Y：6.75 MHz<br>色度 Cb、Cr：3.375 MHz | |
| 每行亮度采样点 | 432 点 / 行 | 429 点 / 行 |
| 亮度有效区像素 | 352 像素 / 行<br>288 行 / 帧 | 352 像素 / 行<br>240 行 / 帧 |
| 色度有效区像素 | 176 像素 / 行<br>144 行 / 帧 | 176 像素 / 行<br>120 行 / 帧 |
| 像素传送速率 | 3.801 6 兆像素 /s | |
| 码率（每像素为 8 bit） | 30.412 8 Mbit/s | |
| 码率为 4 Mbit/s 时的压缩比 | 7.6 | |
| 码率为 1.2 Mbit/s 时的压缩比 | 25.34 | |

（3）MPEG–1 编码器的工作原理

MPEG–1 编码器的组成框图如图 3–1–25 所示。整个过程包括输入帧信号的重排、I 帧信号的产生过程、P 帧信号的产生过程、B 帧信号的编码过程等电路。其中，上半部分组成的电路是帧内压缩编码电路（DCT 电路），下半部分组成的电路是帧间压缩编码电路。其基本的工作原理是，要形成 I 帧信号的原始图像，只进行帧内压缩编码（即 DCT 编码），即可形成 TS（传输流）；要形成 P 帧和 B 帧信号的原始图像，原始图像首先应变成 P 帧或 B 帧信号，再经 DCT 编码后，才能形成 TS。

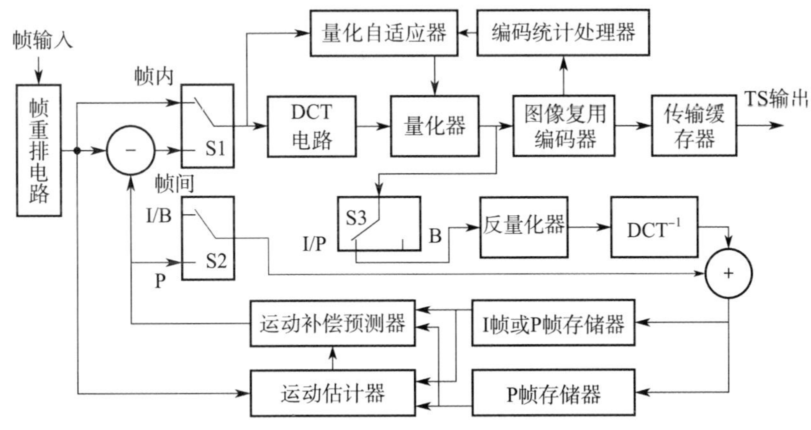


图 3–1–25　MPEG–1 编码器的组成框图

1）输入帧信号的重排。为了便于产生 P 帧和 B 帧的信号，输入的图像序列首先进入帧重排电路，对输入图像的顺序进行重新排列。因为 P 帧是在前面 I 帧的基础上获得的，又因为 B 帧是依据 I 帧或 P 帧前后预测获得的，因此，对输入的各帧图像信号要进行重排，以使输入的各帧信号能按要求产生 I 帧、P 帧和 B 帧编码信号。

2）I 帧信号的编码过程（I 帧信号的产生过程）。当对 I 帧信号进行编码时，开关 S1 置于帧内位置（上拨），S2 置于 I/B 点位置（上拨悬空），S3 置于 I/P 点位置（左拨）。帧重排电路输出的用于产生 I 帧的信号经 S1 输入到 DCT 电路中，DCT 电路按像条输入的顺序，以宏块为单位对该帧信号进行编码，将每块空域中的 8×8 像素值变换到频域，成为各种频率系数。将变换后的频率系数送到量化器进行量化，量化器在量化自适应器的控制下对频率信号进行量化，量化自适应器能自动控制量化表和量化步长。总的原则是，对产生 I 帧的信号采用细量化，对产生 P 帧和 B 帧的信号采用粗量化。

量化表和量化步长直接影响输出码率的大小，因此，要按输出码率的高低自动调整量化表和量化步长。在决定量化表和量化步长时，必须检测图像复用编码器输出的码率。为此，在图像复用编码器的输出中取出一路信号反馈到编码统计处理器，对各像条、各宏块的码率进行统计分析，及时检出与最高码率的差距，并把此差距送入量化自适应器，以决定最佳的量化表和量化步长。这种快速自适应量化是保证图像质量的关键。量化后产生的 I 帧信号，一路经图像复用编码器、传输缓存器，形成 TS，送往后级电路。另一路经 S3、反量化器、离散余弦逆变换器（$DCT^{-1}$）、加法器，还原成变换前的、用于产生 I 帧信号的原始图像数据，送到 I 帧存储器进行存储，以供后面产生 P 帧和 B 帧编码信号用。

3）P 帧信号的编码过程（P 帧信号的产生过程）。I 帧信号编码结束后，对 P 帧信号进行编码时，S1 与 S2 的连接点转换位置，S3 的连接点不变。此时，将帧重排电路输出的，用于产生 P 帧信号的信号、P 帧存储器中的 P 帧宏块信号和 I 帧存储器中的 I 帧数据信号，一起输入运动估计器中。这三个信号在运动估计器中进行运算，产生运动矢量宏块信号，并用 $X$ 坐标和 $Y$ 坐标表示。坐标为正时，表示宏块向右、向上运动预测；坐标为负时，表示宏块向左、向下运动预测。将运动估计器输出的运动矢量宏块信号送到运动补偿预测器，在 I 帧和 P 帧存储器信号的作用下，运动补偿预测器产生新的匹配宏块信号，该匹配宏块信号分两路输出：一路送到减法器；另一路送到开关 S2。在减法器中，匹配宏块信号与输入的产生 P 帧信号的宏块信号相减，获得预测误差信号。该预测误差信号经开关 S1 进入离散余弦变换和量化电路。这一过程与处理 I 帧时一样，只是量化步长不同，量化步长由量化自适应器进行控制。量化器输出的量化频率系数，一路经图像复用编码器、传输缓存器，形成 TS，送往后级电路；另一路经开关 S3、反量化器和离散余弦逆变换器，还原成预测误差数据，再进入加法器，与从运动补偿预测器送入的匹配宏块相加，得到 P 帧宏块信号，存入 P 帧存储器，供后面产生 B 帧编码信号用。

4）B 帧信号的编码过程（B 帧信号的产生过程）。当对 B 帧进行编码时，开关 S1 仍置于下方的帧间位置，开关 S2 转换到上方的 I/B 位置，S3 转换到右边的 B 位置。此时从帧重排电路输出的用于产生 B 帧信号的信号输入运动估计器中，I 帧和 P 帧存储器中的 I 帧和 P 帧信号也同时输入运动估计器。运动估计器产生匹配宏块信号，确定运动矢量坐标。将该矢量送到运动补偿预测器，将 I 帧和 P 帧存储器中的 I 帧和 P 帧信号也同时送到此预测器。运动补偿预测器产生新的帧间预测值。该预测值输出到减法器（S2 此时不通），与从帧重排电路输入的、用于产生 B 帧信号的宏块相减后得到预测误差信号，接着进行离散余弦变换和量化。该过程与处理 P 帧时相同，只是此时量化的频率系数直接进入图像复用编码器中（因开关 S3 不通），与其他辅助信号一起编码后输出。因 B 帧信号不作为基准，所以不再进行反量化和离散余弦逆变换存入存储器。

输出的信号按块层→宏块层→像条层→图像层→图像组层→图像序列层的图像码流分层法，编排成传输码流经传输缓存器输出。

5. MPEG-2 的图像格式

MPEG-2 标准在 1994 年被正式确定为国际标准，是目前世界上通用的声音和图像信号数字化的基础标准，已被广泛应用于数字电视、数字音响及多媒体领域。MPEG-2 兼容 MPEG-1，MPEG-2 图像格式的技术参数见表 3-1-3 和表 3-1-4。

表 3-1-3　　MPEG-2 图像格式的技术参数（隔行扫描式）

| 电视制式 | 625 行 /50 场 | 525 行 /60 场 |
|---|---|---|
| 行频 | 15 625 Hz | 15 734 Hz |
| 采样频率 | 亮度 Y：13.5 MHz<br>色差 Cb、Cr：6.75 MHz | |
| 每行亮度采样点 | 864 点 / 行 | 858 点 / 行 |
| 亮度有效区像素 | 720 像素 / 行<br>576 行 / 帧 | 720 像素 / 行<br>480 行 / 帧 |
| 色度有效区像素 | 360 像素 / 行<br>288 行 / 帧 | 360 像素 / 行<br>240 行 / 帧 |
| 像素传送速率（每秒传输的像素） | 15.552 兆像素 /s | |
| 码率（每像素为 8bit） | 124.416 Mbit/s（15.552 兆像素 /s × 8 bit） | |
| 码率为 15Mbit/s 时的压缩比 | 124.416 ÷ 15=8.29 | |
| 码率为 2Mbit/s 时的压缩比 | 124.416 ÷ 2=62.2 | |

表 3-1-4　　MPEG-2 图像格式的技术参数（逐行扫描式）

| 电视制式 | 625 行 /50 帧 | 525 行 /60 帧 |
|---|---|---|
| 行频 | 31 250 Hz | 31 468 Hz |
| 采样频率 | 亮度 Y：27 MHz<br>色差 Cb、Cr：13.5 MHz | |
| 每行亮度采样点 | 864 点 / 行 | 858 点 / 行 |
| 亮度有效区像素 | 720 像素 / 行<br>576 行 / 帧 | 720 像素 / 行<br>480 行 / 帧 |
| 色度有效区像素 | 360 像素 / 行<br>288 行 / 帧 | 360 像素 / 行<br>240 行 / 帧 |
| 像素传送速率 | 31.104 兆像素 /s | |
| 码率（每像素为 8 bit） | 248.83 Mbit/s | |
| 码率为 15 Mbit/s 时的压缩比 | 16.59 | |
| 码率为 4 Mbit/s 时的压缩比 | 62.2 | |

不同场合、不同用户，对图像质量的要求是不尽相同的，如普通数字电视机和高清晰度电视机对数字电视信号的要求就是不相同的。为此，在 MPEG-2 标准中，对信号的压缩编码方法可以有多种。MPEG-2 标准对信号的压缩编码方法共有五大类，每一类又细分为四个等级，通过不同的类型与不同等级的组合，MPEG-2 标准就可以得到各种不同的编码方案，以适应不同场合的要求。

（1）MPEG-2 标准中图像信号编码的分级方法

在 MPEG-2 标准中，MPEG-2 编码器为了适应不同的数字电视体系，按亮度信号的像素多少来分，编码后的输出信号可以有四种不同的格式，用级加以划分。

1）低级（LL）的图像信号输入格式，用亮度信号的像素来表示，亮度信号的像素为 352×240×30 像素 /s 或 352×288×25 像素 /s，最大输出码率为 4 Mbit/s（列像素 × 行数 × 帧）。

2）主级（ML）的图像信号输入格式，亮度信号的像素为 720×480×30 像素 /s 或 720×576×25 像素 /s，最大输出码率为 15 Mbit/s（高类为 20 Mbit/s）。

3）高 1 440 级（H14L）的图像输入格式为 1 440 列 ×1 152 行的高清晰度格式，最大输出码率为 60 Mbit/s（高类为 80 Mbit/s）。

4）高级（HL）的图像输入格式为 1 920×1 152 行的高清晰度格式，最大输出码率为 80 Mbit/s（高类为 100 Mbit/s）。

（2）MPEG-2 标准中图像信号编码的分类方法

在 MPEG-2 标准中，编码时按处理信号的方式不同，有五种不同的处理方法，用类加以区别。类之间存在向后兼容性，即接收机只要能解码高类工具编码的图像，就能解码较低类工具编码的图像。

1）简单类（SP），是最低的类。

2）主类（MP），比简单类增加了双向预测压缩工具。

3）信噪比可分级类（SNRP）。

4）空间可分级类（SSP），允许将编码的视频数据分为基本层以及一个以上的上层信号。基本层包含编码图像的基本数据，但相应的图像质量较低，上层信号用来改进信噪比或清晰度。

以上四个类是按逐行顺序处理色差信号的，即每一行的亮度信号都要处理，但每一行仅处理一个色差信号，格式表示为 4∶2∶0。

5）高类（HP），支持逐行格式，同时还处理色差信号，即在每一行中，不但要处理亮度信号，还要处理两个色差信号，格式表示为 4∶2∶2，并且支持全部可分级性。

MPEG-2 的类和级见表 3-1-5。表中 MPEG-2 格式用类和级的英文缩写来表示，例如，MP@ML 指的是主类和主级，目前标准清晰度数字电视就采用这种格式；MP@HL 指的是主类和高级，在高清晰度数字电视中采用这种格式。表中列出了 11 种获准通过的组合，这些格式称为 MPEG-2 适用点，这些标准图像的宽高比都是 4∶3。

（3）MPEG-2 标准中视频数据信号的结构

MPEG-2 标准中，视频数据结构规定的层次结构为六层，这一点与 MPEG-1 相同，也是由块（像块）、宏块、像条、图像、图像组和图像序列组成。

表 3-1-5　　MPEG-2 的类和级

| 类级 | SP（帧类型 I 和 P 抽样 4：2：0） | MP（帧类型 I、P 和 B 抽样 4：2：0） | SNRP（帧类型 I、P 和 B 抽样 4：2：0） | SSP（帧类型 I、P 和 B 抽样 4：2：0） | HP（帧类型 I、P 和 B 抽样 4：2：0 或 4：2：2） |
|---|---|---|---|---|---|
| HL（1 920×1 152×25 帧或 1 920×1 080×30 帧） | — | MP@HL 80 Mbit/s | — | — | HP@HL 100 Mbit/s |
| H14L（1 440×1 152×25 帧或 1 440×1 080×30 帧） | — | MP@H14L 60 Mbit/s | — | SSP@H14L 60 Mbit/s | HP@H14L 80 Mbit/s |
| ML（720×576×25 帧或 720×480×30 帧） | SP@ML 15 Mbit/s | MP@ML 15 Mbit/s | SNRP@ML 15 Mbit/s | — | HP@ML 20 Mbit/s |
| LL（352×288×25 帧或 352×240×30 帧） | — | MP@LL 4 Mbit/s | SNRP@LL 4 Mbit/s | — | — |

1）块或像块，是离散余弦变换的基本单元，是一个二维阵列，又称为系数块，可以是亮度块或色差信号块。

2）宏块，是运动预测（估计）的基本单元，运动估计以宏块为单位，借此得到最佳匹配宏块的运动矢量。宏块由亮度阵列和同区域的 Cb、Cr 色差阵列共同组成。

一个 4：2：0 的宏块由 6 个块组成，其中有 4 个亮度块和 2 个色度块（Cb、Cr 逐行交替出现，即第一行 Y：Cb：Cr=4：2：0，则第二行 Y：Cb：Cr=4：0：2）。

一个 4：2：2 的宏块由 8 个块组成，其中有 4 个亮度块、2 个 Cb 块和 2 个 Cr 块。

一个 4：4：4 的宏块由 12 个块组成，其中有 4 个亮度块、4 个 Cb 块和 4 个 Cr 块。

3）像条，由一系列连续的宏块组成，像条的第一个宏块和最后一个宏块应处在同一水平宏块内。一帧图像里有 36 个宏块排，宏块排内可以有不同的像条划分方法。每个宏块排内划分的像条数较多时，有利于误码信号重新正确解码，但却增加了码流中附加的信息量，降低了编码效率。

在特定的图像中，像条不必覆盖整幅图像，没有包括在像条内的区域不进行编码。当像条没有包括整幅图像时，如果该图像随后被用于预测，则预测仅在像条所包括的区域内进行。

4）图像，主要分为 I 帧、P 帧和 B 帧，此外还有一种 D 帧（直流编码帧），这种帧仅用于快进或快退时显示低分辨率的图像。

（4）MPEG-2 编码器的工作原理

MPEG-2 编码器的组成框图如图 3-1-26 所示。两个双向选择开关（图中用虚线相连）由编码控制器控制，当它们同时接到上端时，编码器工作在帧内编码模式，将帧重排电路送来的、用于产生I帧编码的信号直接进行离散余弦变换，经过量化处理后，一路信号进行变字长编码（也称为可变数码率编码），编码后的视频数据信号输出到多路复用电路中；另一路信号进入反量化电路中。信号处理方法与 MPEG-1 相似。

当双向开关同时接到下端时，编码器工作在帧间编码模式。帧重排电路送来的用于产生P帧或B帧编码的信号，在运动估计器中进行预测，产生的预测信号进入运动补偿预测器，再与存储在帧存储器中的上一帧图像进行帧间预测，得到的预测帧信号经过滤波器送到减法器，将输入信号与预测信号相减后，对预测误差进行离散余弦变换。离散余弦变换系数经过量化处理后，再进行变字长编码，得到最后的P帧或B帧编码输出。

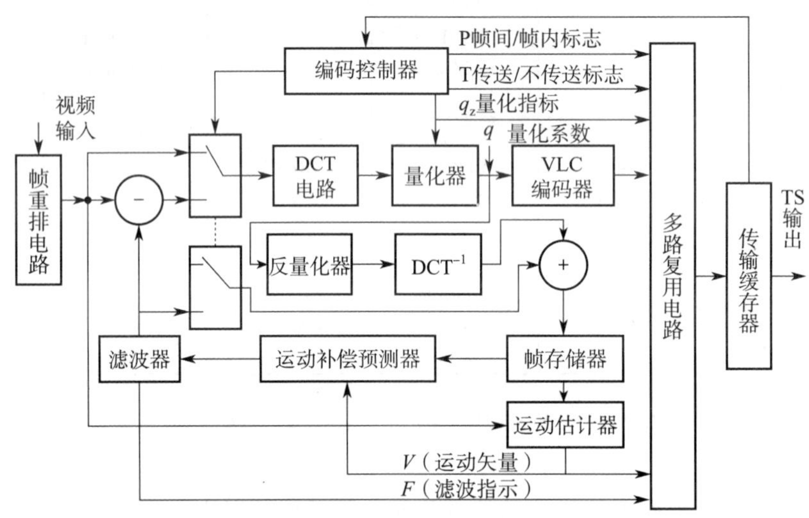


图 3-1-26　MPEG-2 编码器的组成框图

### 6. H.264 的图像格式

H.264 是由 ITU-T 视频编码专家组（VCEG）和 ISO/IEC 动态图像专家组（MPEG）联合组成的联合视频组（JVT）共同制定的新数字视频编码标准，所以它既是 ITU-T 的 H.264，又是 ISO/IEC 中 MPEG-4 高级视频编码（Advanced Video Coding，AVC）的第 10 部分。因此，不论是 MPEG-4 AVC、MPEG-4 Part 10，还是 ISO/IEC 14496-10，都是指 H.264。

与其他现有的视频编码标准相比，H.264 在相同的带宽下能提供更加优秀的图像质量。通过该标准，在同等图像质量下的压缩效率可以比 MPEG-2 提高两倍以上。

H.264 可以提供 11 个等级、7 个类别的子协议格式（算法），其中等级定义对外部环境进行了限定，如带宽需求、内存需求、网络性能等。等级越高，带宽要求就越高，视频质量也越高。H.264 标准编 / 解码流程的关键技术主要包括帧间和帧内预测、变换和反变换、量化和反量化、环路滤波和熵编码。整个运算量在各部分的分配是，帧间预测和帧内预测占 60%～70%，整数变换约占 10%，纠错编码约占 20%，环路滤波约占 10%。

H.264 标准的主要特点如下：

（1）具有更高的编码效率。与 H.263 等标准相比，H.264 能够节省大约 50% 的码率。

（2）具有高质量的视频画面。H.264 能够在低码率的情况下提供高质量的视频图像，这也是 H.264 的应用亮点。

（3）提高了网络适应能力。H.264 可以工作在实时通信应用（如视频会议）低延时模式下，也可以工作在没有延时的视频存储或视频流服务器中。

（4）采用混合编码结构。H.264 使用 DCT 编码与差值编码的混合编码结构，另外还增加了多模式运动估计、帧内预测、多帧预测、基于内容的变长编码、4×4 二维整数变换等新的编码方式，提高了编码效率。

（5）可以应用在不同的场合。H.264 可以根据不同的环境使用不同的传输和播放速率，并且提供了丰富的错误处理工具，可以很好地控制或消除丢包和误码。

（6）具有错误恢复功能。H.264 提供了解决网络传输包丢失的问题，适用于在高误码率传输的无线网络中传输视频数据。

**7. 数字电视系统的复用**

数字电视视频编码系统采用 MPEG-2 标准。从信息的流向来看，在发射端，复用系统将各种基本业务，如视频、音频、辅助数据等编码器送来的数字比特流，经过复合处理，复合成单路串行的比特流，再送给调制器进行调制发送。数字信号的复用有单节目复用和多节目复用之分。单节目复用和多节目复用都有多路输入信号，要将多路比特流复合成单路，通常有两种方法，一种是以固定长度的包为单位进行复用，使之成为传输流（TS）；另一种是基于可变长度的包进行复用，使之成为节目流（PS）。

（1）单节目码流的复用

单节目码流的复用过程如图 3-1-27 所示。

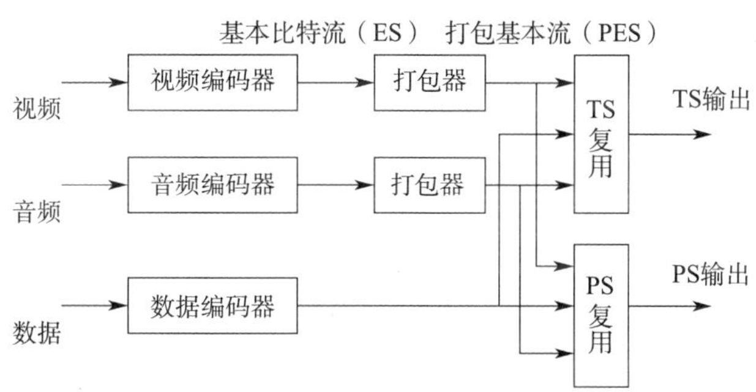


图 3-1-27　单节目码流的复用过程

1）PES。对完整的音、视频等基本比特流（ES）按一定的长度分段，切割成一个个单元包，称为打包基本流（PES）。PES 包的长度可变，音频的长度不超过 64 kB，而视频一般一帧为 1 个 PES 包。在 PES 中，由于包的长度不一，如果因为误码或数据丢失而导致从某一包开始失去同步，接收端可以通过在固定位置检测其后面的包中的同步字，使之恢复同步。此外，在每段之前还需要插入相应的时间标记及相应的标志符。PES 的结构示意图如图 3-1-28 所示。

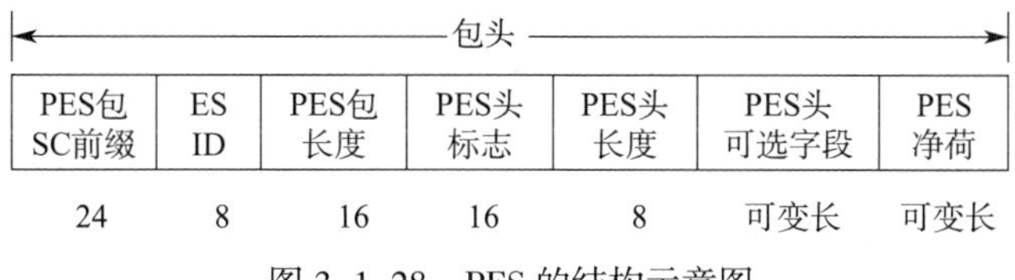


图 3-1-28　PES 的结构示意图

PES 结构说明：

PES 包 SC 前缀：0×000001，用于同步。

ES ID：用于说明该 PES 包中所携带的 ES 的性质。

PES 包长度：用于说明 PES 包内的字节数。

PES 头标志：加扰控制、优先级、版权、原版 / 复制等信息。

PES 头长度：PES 头可选字段占有的总字节数。

PES 头可选字段：PTS、DTS、ESCR、ES 码率等信息。

PES 净荷：视频、音频 ES。

2）PS。PS 是由一个或几个具有公共时间基准的 PES 包组合成单一的码流。由于每个 PES 包的长短不一，一旦出现失步，接收机不知道下一个同步字的准确位置，从而无法快速恢复同步，这将导致严重的后果，故 PS 一般只在信道好的环境中传输。PS 的结构示意图如图 3-1-29 所示。

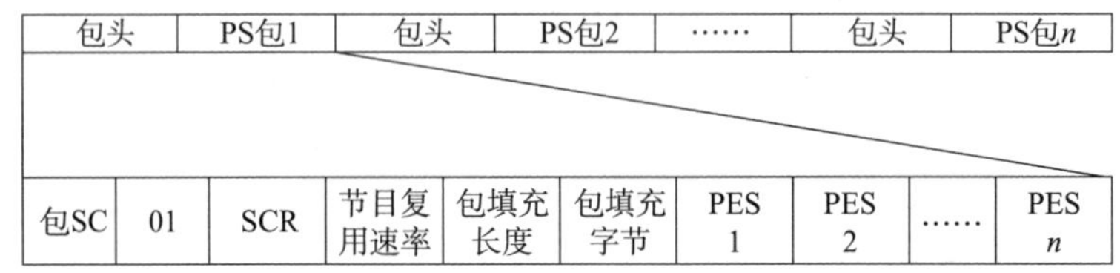


图 3-1-29　PS 的结构示意图

3）TS。TS 由 TS 包组成，TS 包的长度固定为 188 字节。每个 TS 包都由包头和净荷组成，其结构示意图如图 3-1-30 所示。

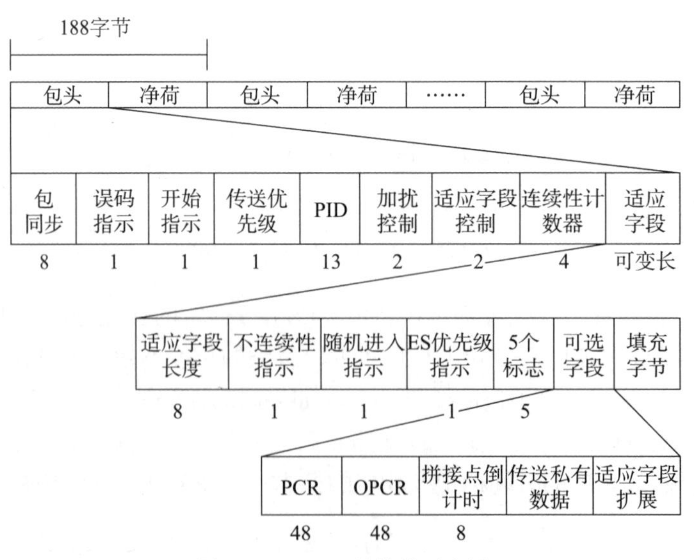


图 3-1-30　TS 的结构示意图

（2）多节目码流的复用

在数字电视中，多个节目码流的复用采用时分多路复用技术，即让多路节目的码流在同一信道中占用不同的时间间隔，来进行信号的存储和传输。这里的复用实际上就是多路数字

信号的并 / 串转换，多行拼接成一行。

例如，当一个带宽为 8MHz 的模拟电视频道内要传输 4 ~ 6 套数字电视节目时，要通过时分复用的方法把 4 ~ 6 套节目的传输码流复用在一起，形成多节目传输码流，才能送往后级的信道编码调制电路进行调制传输，如图 3–1–31 所示。多节目传输流的结构如图 3–1–32 所示。在第 1 时间间隙里，依次传输节目 1 的 TS 包（1）~ 节目 6 的 TS 包（1）；在第 2 时间间隙里，依次传输节目 1 的 TS 包（2）~ 节目 6 的 TS 包（2）……到了接收端，如果用户要观看节目 1，则按照时间选通法，就可以取出节目 1 的 TS 包（1）~ 节目 1 的 TS 包（*n*）的传输码流，重新形成节目 1 的数字信号，供用户观看节目 1。信号按照时序一边进行时分复用传输，一边接收选通、合成还原，就可以连续不断地观看节目。

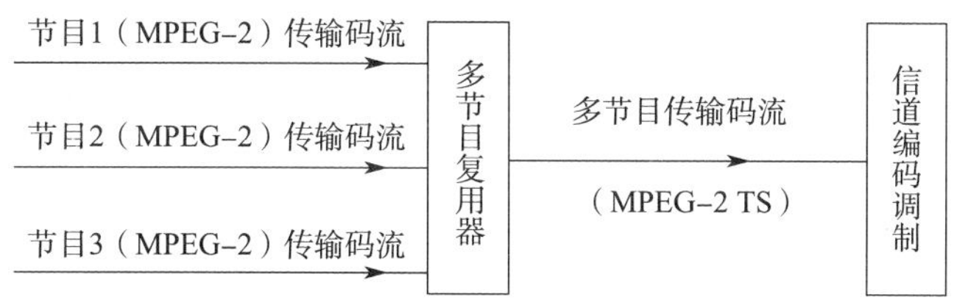


图 3–1–31　多节目码流的复用

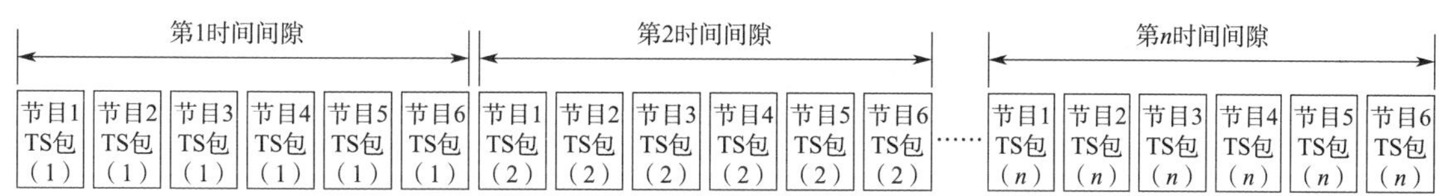


图 3–1–32　多节目传输流的结构

# 实训 1　认识数字电视机

## 实训目的

1. 能认识数字电视机的相关元器件。
2. 了解数字电视机的特点及其与模拟电视机的差异。

## 实训设备与工具

数字电视机、模拟电视机、有线电视线、电视机常用维修工具等。

## 实训内容与步骤

### 一、认识数字电视机的相关元器件

将数字电视机的后盖打开，找到机芯板，如图 3–1–33 所示，观察机芯板上的各部件，了解各部件的用途，测量各部件的输入与输出信号，观察数字电视机机芯板与模拟电视机机芯板之间元器件的差异。

图 3–1–33　数字电视机的机芯板

## 二、操作数字电视机

通电开机，观察数字电视机的用户菜单（图 3–1–34），观察数字电视机与模拟电视机在节目和功能上的差异。用遥控器操作数字电视机的用户菜单，了解数字电视机多节目、多语言等特点。

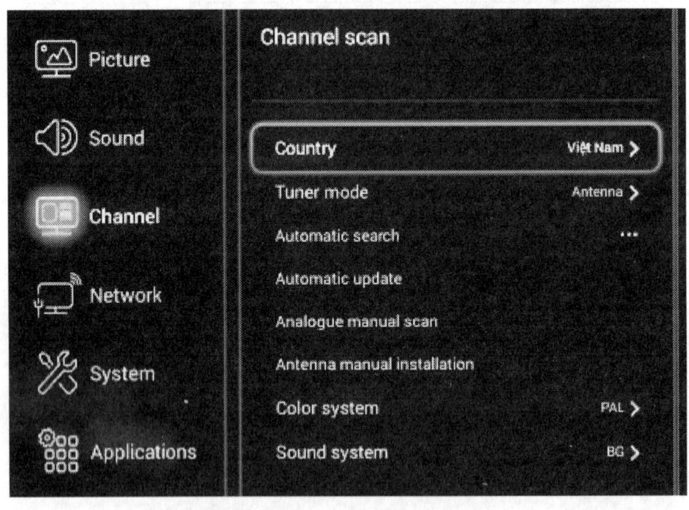


图 3–1–34　数字电视机的用户菜单

# §3–2　信道编码与传输技术

## 学习目标

1. 掌握信道编码技术。
2. 掌握数字电视信号的调制方法。

3. 了解数字电视信号传输系统。

4. 能进行音、视频信号格式的转化。

数字电视信号的信源编码和信道编码是数字电视中的两个很关键的技术。信源编码在上一节已经学习过，主要是解决图像信号和声音信号的压缩问题，即提高数字信号的有效性。信道编码主要是解决图像信号和声音信号传输的质量问题，即提高数字通信的可靠性，这是本节要学习的主要内容。

## 一、信道编码

数字电视的图像信号和声音信号进行编码压缩后，需要通过信道再次进行编码，并经过调制之后，才能在信道中进行传播，其传输过程如图 3–2–1 所示。

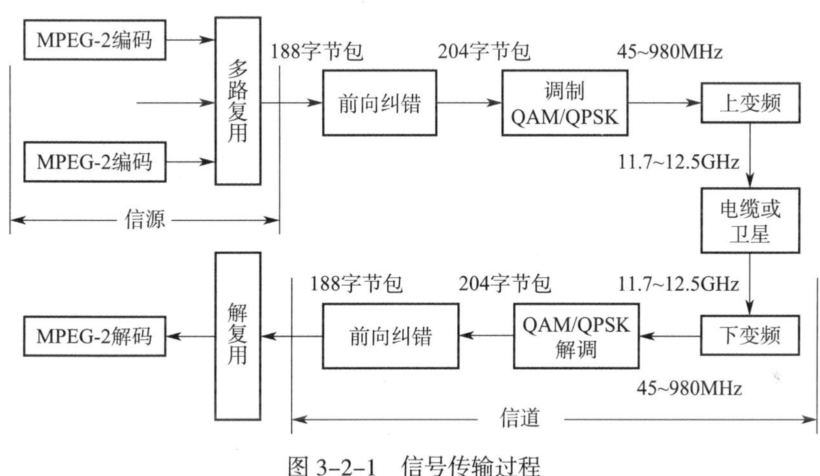


图 3–2–1　信号传输过程

信号经过信源编码后，还需要通过信道编码（Channel Coding），即图 3–2–1 中的前向纠错编码，才能进行调制。信道编码与信源编码不同，信源编码包括两个方面的工作，一是将信源的模拟信号转变为数字信号，二是降低数据率，压缩传输频带（即数据压缩）。信道编码又称为差错控制编码（Error Control Coding），有时又称为前向纠错编码，是指对在信道中传送的数字信号进行纠、检错编码。

### 1. 信道编码的作用

由于多种原因，数字信号的数据流在传送过程中易产生误码，从而使接收端图像出现跳跃、不连续和马赛克等现象，通过信道编码对数据流进行相应的处理，使系统具有一定的纠错能力和抗干扰能力，可以较大程度地避免数据流传送过程中误码的发生。信道编码的任务是提高数据的传输效率，降低误码率；信道编码的本质是增加通信的可靠性。信道编码一般有以下几个要求：

（1）增加尽可能少的数据率而可获得较强的检错和纠错能力，即编码效率要高，抗干扰能力要强。

（2）对数字信号有良好的适应性，即传输通道对于传输的数字信号内容没有任何限制。

（3）传输信号的频谱特性与传输信道通频带的匹配性要良好。

（4）编码信号内应包含有正确的数字定时信息和帧同步信息，以便接收端准确地解码。

（5）编码的数字信号具有适当的电平范围。

（6）发生误码时，误码的扩散和蔓延要小。

**2. 信道差错控制的方式**

信道编码时，其差错控制方式主要有三种，如图 3–2–2 所示。

（1）检错重发方式

检错重发方式又称为自动重发请求。发送端发送能够发现错误的码，由接收端判断接收的信号中有无错误发生，如果发现错误，则通过反向信道把这一判断结果反馈给发送端，然后发送端再把正确的信息重发一次。

（2）前向纠错方式

前向纠错方式的发送端发送能够纠正错误的码（包含信息码元和监督码元），接收端接收到信号后，能自动纠正传输中的错误，其特点是单向传输。

前向纠错方式中的码是具有一定纠错能力的码型，它在接收端解码后，不仅可以发现错误，而且能够判断错误码元所在的位置，并自动纠错。这种纠错码信息不需要存储和反馈，实时性好，所以在广播系统（单向传输系统）中应用较广。

（3）混合纠错方式

混合纠错方式的发送端发送能够发现和纠正错误的码，接收端收到码流后，自动检查差错情况，如果错误在纠错能力范围以内，则自动进行纠错；如果错误超过了纠错能力，则通过反向信道请求发送端重发信号。

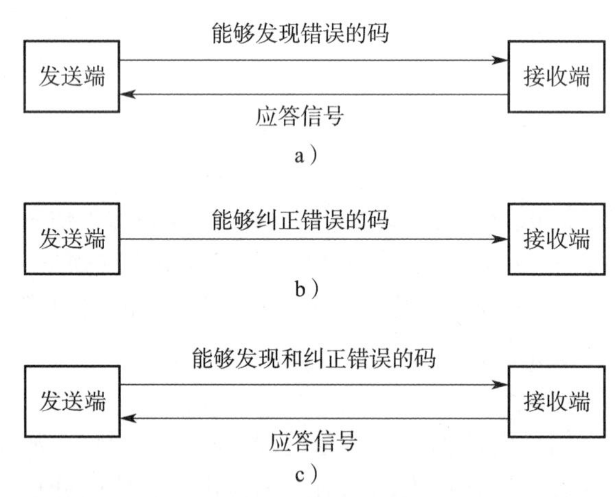


图 3–2–2　信道差错控制方式

a）检错重发方式　b）前向纠错方式　c）混合纠错方式

**3. 对随机噪声差错的纠错编码**

数字电视信号在传输过程中，差错产生的原因主要有随机噪声差错与突发噪声差错。由于差错产生的原因不同，针对不同的差错，纠错编码的方法也有所不同。随机噪声差错与突发噪声差错都必须进行纠错，而且在时间上，要先进行随机噪声差错纠错，后进行突发噪声差错纠错，才能满足信号传输的要求。

随机噪声差错主要是由设备的热稳定性引起的，其特点是产生差错码元的位置是随机的，发生错误的码元之间没有相关性，通常不会成片出现差错。专门用于克服随机噪声差错的编码方案称为随机噪声差错纠错编码，常采用奇偶校验编码、RS 编码（里德－所罗门码）和卷积编码等方法。

（1）奇偶校验编码

奇偶校验编码分为奇校验编码和偶校验编码，两者的工作原理相同，都是通过在需要校验的编码上增加一位校验位（监督码元）构成的。如果是进行奇校验编码，加上校验位后，使新的编码信号中 1 的个数为奇数个，则新的编码信号进行模二加运算时，结果为 1，即满足 1+0=0+1=1；如果是进行偶校验编码，加上校验位后，使新的编码信号中 1 的个数为偶数个，则新的编码信号进行模二加运算时，结果为 0，即满足 1+1=0+0=0。

经过奇偶校验编码后生成的新的编码信号，在传输过程中，如果有的位发生错误，则在重新进行模二加异或运算时，奇校验编码的结果不再是 1，偶校验编码的结果不再是 0，从而可以发现错误的码，并实施纠错处理。

由上可知，奇偶校验编码就是在信息码元序列（信源编码中输出的 TS）中，按一定规律增加一些监督码元，在信息码元与监督码元之间建立某种校验关系，当这种校验关系因传输错误而受到破坏时，就容易被发现并进行纠错。

实际应用时，为了进行准确的校验，一般将经信源编码后传输来的 TS 串行信号转变为多行（组）、多列的矩阵形式，然后对矩阵分别在水平方向和垂直方向按照模二加的运算规则，求出监督码元，再将信息码元与监督码元重新按照串行形式传输出去，在接收端重新形成原来的矩阵。如果传输过程中发生了误码，则误码所在行、列中的所有数码在进行模二加运算时，就不再是原来的结果，据此可以找出误码的位置，并进行纠错。例如，一个 8 行、10 列信息码元矩阵的偶校验编码如图 3-2-3 所示。

奇偶校验法纠错能力不是很强，较少单独使用，但却是 RS 编码、卷积编码等纠错编码方法的基础。

（2）RS 编码

为了提高信号对随机噪声差错的抗干扰能力，一般采用 RS 编码与卷积编码级联编码的方法。对信源编码电路传送来的 TS 先采用 RS 编码方法进行第一次前向纠错编码（有时称为外编码），然后采用卷积编码方法进行第二次前向纠错编码（有时称为内编码）。先进行外编码，后进行内编码，两者顺序不可反过来。外编码和内编码结合在一起，称为级联编码。将级联编码后得到的数据流送往调制电路，按规定的调制方式进行调制。

RS 编码方法能够纠正多个错误，适用于检测和校正由解码器产生的随机噪声差错的纠错编码以及部分突发性差错的纠错编码。

RS 编码原理较复杂，涉及复杂的数学运算。RS 编码的原理是以奇偶校验编码方法为基础的，先对 188 字节的有效信息码元按照一定的长度进行分组（每 $K$ 位码为一组，即行列矩阵中一行的码位数），通过奇偶校验方法得到该组的奇偶监督码元。然后将每个组的有效信息码元和奇偶监督码元按照一定的数学运算关系运算后，得到更精准的校验码元（每个组有 $r$ 位校验码元）。最后，将每个组的有效信息码元（$K$ 位）和精准的监督码元（$r$ 位）以串行的方式传输出去。

| | 信息码元 | | | | | | | | | | 水平监督码元 | 水平模二加 |
|---|---|---|---|---|---|---|---|---|---|---|---|---|
| | 0 | 1 | 0 | 1 | 1 | 0 | 1 | 1 | 0 | 0 | 1 | 0 |
| | 0 | 1 | 0 | 1 | 0 | 1 | 0 | 0 | 1 | 0 | 0 | 0 |
| | 0 | 0 | 1 | 1 | 0 | 0 | 0 | 0 | 1 | 1 | 0 | 0 |
| | 1 | 1 | 0 | 0 | 0 | 1 | 1 | 1 | 0 | 0 | 1 | 0 |
| | 0 | 0 | 1 | 1 | 1 | 1 | 1 | 1 | 1 | 1 | 0 | 0 |
| | 0 | 0 | 0 | 1 | 0 | 0 | 1 | 1 | 1 | 1 | 1 | 0 |
| | 1 | 1 | 1 | 0 | 1 | 1 | 0 | 0 | 0 | 0 | 1 | 0 |
| | 1 | 1 | 1 | 0 | 1 | 1 | 0 | 0 | 0 | 0 | 1 | 0 |
| 垂直监督码元 | 1 | 1 | 0 | 1 | 0 | 1 | 0 | 0 | 0 | 1 | | |
| 垂直模二加 | 0 | 0 | 0 | 0 | 0 | 0 | 0 | 0 | 0 | 0 | | |

a）

| | 信息码元 | | | | | | | | | | 水平监督码元 | 水平模二加 | |
|---|---|---|---|---|---|---|---|---|---|---|---|---|---|
| | 0 | 1 | 0 | 1 | 1 | 0 | 1 | 1 | 0 | 0 | 1 | 0 | |
| | 0 | 1 | 0 | 1 | 0 | 1 | 0 | 0 | 1 | 0 | 0 | 0 | |
| | 0 | 0 | 1 | 1 | 0 | 0 | 0 | ① | 1 | 1 | 0 | 1 | 误码所在行 |
| | 1 | 1 | 0 | 0 | 0 | 1 | 1 | 1 | 0 | 0 | 1 | 0 | |
| | 0 | 0 | 1 | 1 | 1 | 1 | 1 | 1 | 1 | 1 | 0 | 0 | |
| | 0 | 0 | 0 | 1 | 0 | 0 | 1 | 1 | 1 | 1 | 1 | 0 | |
| | 1 | 1 | 1 | 0 | 1 | 1 | 0 | 0 | 0 | 0 | 1 | 0 | |
| | 1 | 1 | 1 | 0 | 1 | 1 | 0 | 0 | 0 | 0 | 1 | 0 | |
| 垂直监督码元 | 1 | 1 | 0 | 1 | 0 | 1 | 0 | 0 | 0 | 1 | | | |
| 垂直模二加 | 0 | 0 | 0 | 0 | 0 | 0 | 0 | 1 | 0 | 0 | | | |
| | | | | | | | | 误码所在列 | | | | | |

b）

图 3-2-3　8 行、10 列信息码元矩阵的偶校验编码

a）发送端编码　b）接收端校验

每个数据包 188 字节的有效信息码元中，要增加 16 字节精准的监督码元，构成共 204 字节的 RS 编码信号。RS 编码还可以表示为（204，188，$t$=8）的形式，其中 $t$ 是可抗长度字节数（错误码元合计字节总数），其含义是，每个数据包中 188 字节的有效信息码元，对应增加的监督码元数为 16 字节，这 16 字节的监督码元共可以纠正 8 字节的错误码元。

RS 编码的效率为 188/204，其示意图如图 3-2-4 所示。图中 $n$ 为编码后一个分组的码元数，它等于信息码元数 $k$（数据）加上校验码元数 $r$，即 $n=k+r$。编码后一个分组的码元数 $n$ 称为码字，包括 $k$ 个信息码元和 $r$ 个校验码元。

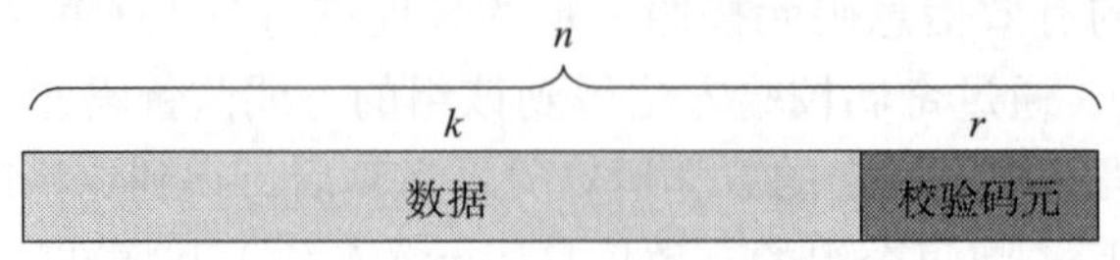


图 3-2-4　RS 编码示意图

（3）卷积编码

卷积编码非常适用于纠正随机错误，卷积编码是在 RS 编码之后进行的，卷积编码和 RS 编码结合在一起，可以起到相互补偿的作用。

卷积编码的原理如图 3-2-5 所示。奇偶校验编码和 RS 编码在编码时，先对输入的信息码元进行分组，再产生监督码元；卷积编码在编码时，不需要对信息码元进行分组，是一种非分组编码方法。经过 RS 编码后的信息码元进入卷积编码器后分为三路，一路进入移位寄存器，延时（移位）1 个位时间，再进入模二加运算电路；一路直接进入模二加运算电路；一路送往电子选择开关的 $a$ 端。卷积编码电路工作时，每输入 1 位信息码，电子选择开关倒换一次，轮换接通 $a$、$b$ 端。若输入的信息码元顺序为 $a_0$、$a_1$、$a_2$、$a_3$、…、$a_n$，则输出端的码元顺序为 $a_0$、$b_0$、$a_1$、$b_1$、$a_2$、$b_2$、$a_3$、$b_3$、…、$a_n$、$b_n$。其中，$a_0$、$a_1$、$a_2$、$a_3$、…、$a_n$ 为原信息码元，$b_1$、$b_2$、$b_3$、$b_4$、…、$b_n$ 为监督码元，监督码元是由模二加运算电路产生的，监督码元与原信息码元的关系为

$$b_1=a_0+a_1,\ b_2=a_1+a_2,\ b_3=a_2+a_3,\ b_4=a_3+a_4,\ b_5=a_4+a_5,\ \cdots,\ b_n=a_{n-1}+a_n$$

由此可见，卷积编码输出的编码信号是按照“信息码元、监督码元、信息码元、监督码元……”的格式进行的，而且每一次模二加输出的监督码元，除了与本次信息码元有关外，还与上一次的信息码元有关，故纠错能力很强。

在信号的解码端，将接收到的信号进行分离，即把信息码元与监督码元进行分离，然后把分离出来的信息码元 $a_0$、$a_1$、$a_2$、$a_3$、…、$a_n$ 按照卷积编码时的方法，重新产生新的监督码元 $b'_1$、$b'_2$、$b'_3$、…、$b'_n$，新的监督码元 $b'_1$、$b'_2$、$b'_3$、…、$b'_n$ 与发送端的监督码元 $b_1$、$b_2$、$b_3$、$b_4$、…、$b_n$ 进行比较，即可判断信号有无出错，并进行纠错。

上述的卷积编码方法为基本的卷积码编方法，编码效率为 1/2，即每 1 位信息码元，需要配置 1 位监督码元，其缺点是编码效率较低，优点是纠错能力很强。

如果传输信道干扰较少，为了提高编码效率，可以采用收缩卷积编码的方法，其编码效率较高，有 1/2、2/3、3/4、5/6、7/8 多种。

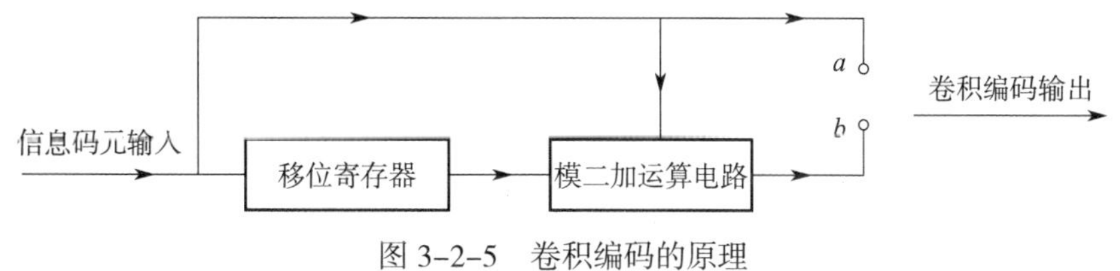


图 3-2-5　卷积编码的原理

**4. 对突发噪声差错的纠错编码**

信号经过 RS 编码、卷积编码后，虽然提高了随机差错的纠错能力，但还应进行交织编码，才能提高对突发噪声差错的抗干扰能力。

在实际应用中，突发噪声产生的差错经常是成串发生的，而 RS 编码、卷积编码仅在检测、校正单个差错，并且是不太长的差错串时才最有效（如 RS 编码只能纠正 8 个字节的错误）。为了纠正这些成串发生的比特差错和一些突发错误，可以运用交织技术来分散这些误差，使长串的比特差错变成短串差错，再用 RS 编码、卷积编码纠错方法对其进行纠错（接收端实际工作时，先进行解交织处理，再进行 RS 等纠错处理）。交织编码的工作原理如

图 3–2–6 所示。

由图可知，在交织编码过程中，将串行传输的原码序列先按照一定的行、列数，如 5×5 的矩阵（5 列、5 行）排列成矩阵，再按列的方向读出后，转变为串行方式进行传输。如果传输中发生长串错误（2、7、12、17 序列错误），经过解交织处理后，四个错误码被分散成为离散错误，此时可以利用 RS 编码、卷积编码的纠错方法进行纠错。

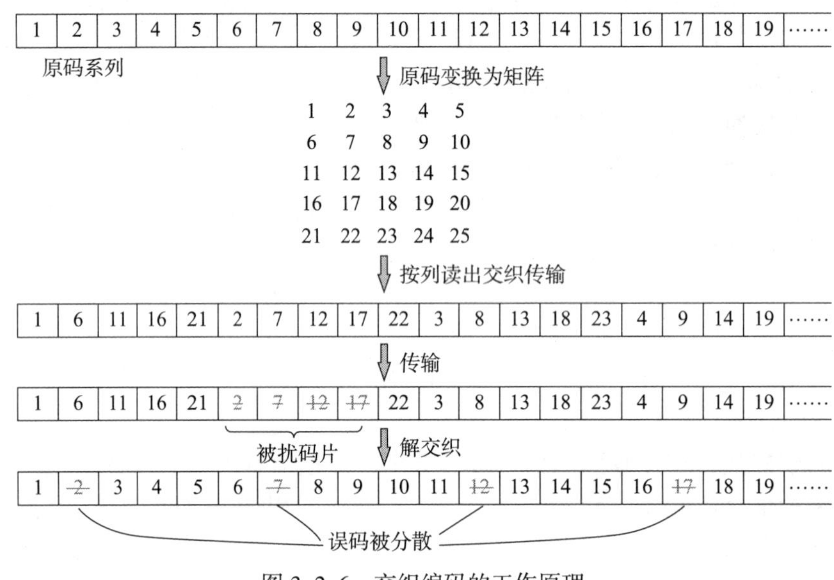


图 3–2–6 交织编码的工作原理

## 二、数字电视信号的调制

### 1. 数字信号调制的基本方式

对模拟信号进行调制时，有调幅、调频、调相三种基本方式。对数字信号进行调制时，相应地也有三种基本方式，分别为振幅键控（ASK）调制、移频键控（FSK）调制、移相键控（PSK）调制。

（1）基本型的振幅键控调制

基本型的振幅键控调制只对“0”“1”二进制信息进行调制，也称为 2ASK 调制。调制时，用代表“0”“1”的基带脉冲信号去控制一个连续的载波，使载波时断时续地输出，有载波输出时，表示发送“1”；无载波输出时，表示发送“0”。2ASK 调制过程和波形如图 3–2–7 所示。

2ASK 信号的解调方法与模拟信号调幅波的检波方法一样，也有包络检波法和同步检波法。

（2）基本型的移频键控调制

基本型的移频键控调制也只是对“0”“1”二进制信息进行调制，也称为 2FSK 调制。调制时，用代表“0”“1”的基带脉冲信号控制开关电路的工作状态，使之输出不同频率的载波信号。调制信息为“1”时，输出的载波频率为 $f_1$；调制信息为“0”时，输出的载波频率为 $f_2$。2FSK 调制过程和波形如图 3–2–8 所示。

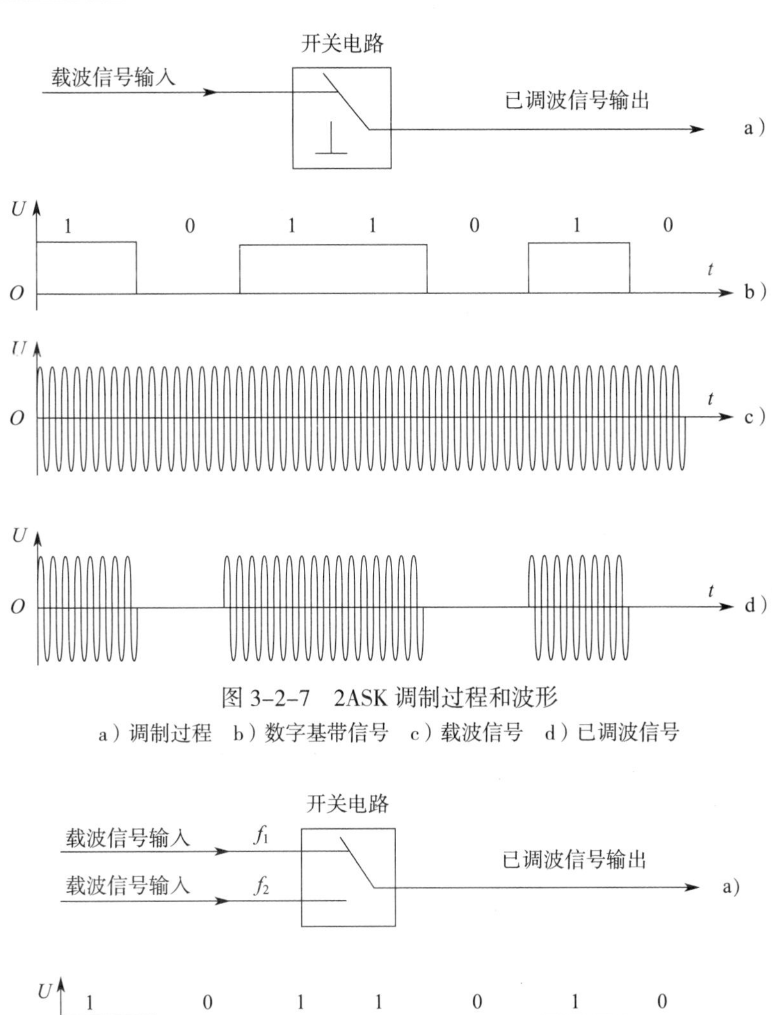


图 3-2-7　2ASK 调制过程和波形

a）调制过程　b）数字基带信号　c）载波信号　d）已调波信号

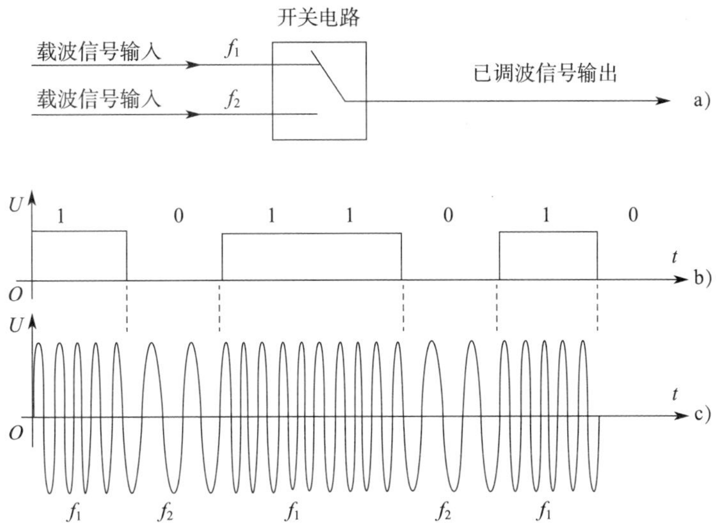

图 3-2-8　2FSK 调制过程和波形

a）调制过程　b）数字基带信号　c）已调波信号

（3）基本型的移相键控调制

基本型的移相键控调制有绝对移相键控（PSK）调制和相对移相键控（DPSK）调制两种。只对“0”“1”二进制信息进行调制时，称为 2PSK 调制或 2DPSK 调制。调制时，用代表“0”“1”的基带脉冲信号控制开关电路的工作状态，使之输出同频但不同相位的载波信号。以 2PSK 调制为例，调制信息为“1”时，输出载波信号的初相位为 180°；调制信息为

“0”时，输出载波信号的初相位为 0°。2PSK 调制过程和波形如图 3-2-9 所示。

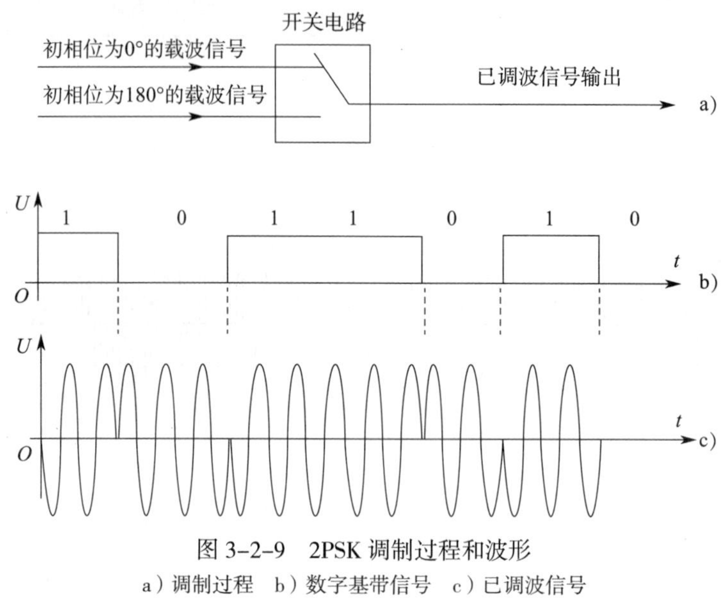


图 3-2-9　2PSK 调制过程和波形
a）调制过程　b）数字基带信号　c）已调波信号

**2. 数字电视信号的调制方式**

在数字电视系统中传输信号时，为了提高频谱利用率，同时满足信号频带传输的要求，必须用普通电视频道的调制频率对基带数字电视信号进行调制，调制后信号的频率范围为 45～960 MHz。基带数字电视信号在进行调制后，需再进行上变频变换，让调制后 45～960 MHz 的信号与一个更高频率的信号进行混频，混频后取出其中的和频信号，即可实现上变频。然后将其频带调制（迁移）到微波频段上 11.7～12.5 GHz，利用卫星等工具来传输信号。

在数字电视信号的调制方式中，不同的传输标准有不同的调制方式，不同的传输方式（卫星、地面广播、有线）也有不同的调制方式。为了提高数字电视信号传输的可靠性与传输效率，对数字电视信号进行调制时，不能采用基本型的数字信号调幅、调频和调相的调制方式，必须采用改进型的调制方式。

（1）数字电视信号常见的调制方式

1）多相位移相键控调制（PSK 调制）。数字电视信号采用卫星传输时，由于传输距离较远，要求采用抗干扰能力较强的调制方法，通常采用多相位移相键控调制方法。多相位移相键控调制也有绝对移相键控（PSK）调制与相对移相键控（DPSK）调制之分，绝对移相键控调制与相对移相键控调制又有 2 相、4 相、8 相、16 相等多种调相方法。数字电视信号采用卫星传输时，一般用 4 相绝对移相键控（QPSK）调制方式。

2）多电平正交幅度调制（M-QAM）。数字电视信号采用有线传输时，一般采用多电平正交幅度调制方式。这种调制方式的频谱利用系数较高，抗干扰能力次于 QPSK。多电平正交幅度调制方式有 2 电平、4 电平、8 电平、16 电平等多种，数字电视信号采用有线传输时，一般用 8 电平调制（64QAM）方式。

3）正交频分复用调制（OFDM）。数字电视信号采用地面广播传输时，我国采用正交频分复用调制（OFDM）方式。这种调制方式的抗干扰能力强，可以满足移动接收的条件。欧洲国家一般采用编码正交频分多路调制（COFDM）方式，美国采用多电平残留边带（M-VSB）调制方式。

（2）多相位移相键控调制

1）4 相绝对移相键控调制。卫星传播的途径长达几万千米，传输信号空间损耗达 200 dB。采用卫星传输数字电视信号时，雷电等各种干扰较大，需要采用抗干扰和抗噪声能力好的调制方法，一般采用 4 相绝对移相键控调制方法，又称为 4PSK 或 QPSK 调制法。QPSK 调制具有较强的抗干扰性，是目前微波、卫星上行通道中最常用的一种调制方式。

① QPSK 调制原理。QPSK 调制是一种等幅的调相技术，它在一个载波周期内（2π）均匀地分为四个相位，如分为 45°、135°、225°、315° 四个相位。相位的变化表示信息的变化，二进制信码每 2 bit 组成一个四进制码元，并与一个已调波的起始相位对应，其所携带的信息全部在相位上，无论幅度的衰减和干扰有多么严重，只要相位不发生错误，信息就不会丢失。以对 011100111001 信号进行调制为例，其调制器组成框图如图 3-2-10 所示。

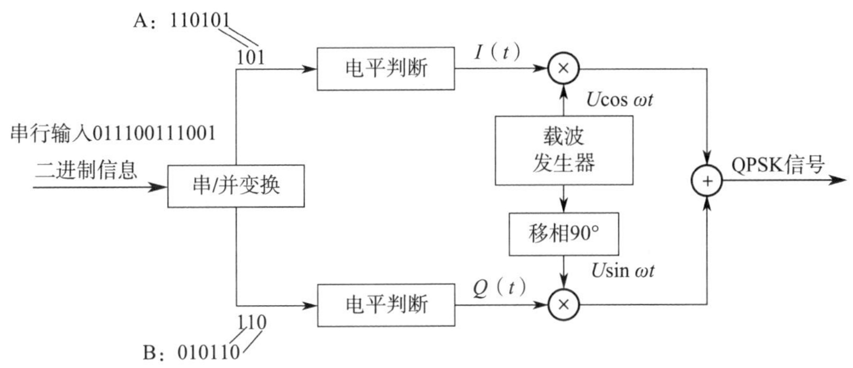


图 3-2-10 QPSK 调制器组成框图

进行 QPSK 调制时，串行输入的二进制信息序列经过串 / 并变换，每两个码元串行输入后，并行分为两路速率减半的序列（A、B 序列），A 序列用于决定同相路信号 $I(t)$ 的极性，B 序列用于决定正交路信号 $Q(t)$ 的极性。每次进行调制时，每个序列各提供 1 bit 数据，输入数据必须以 2 bit 为一组，输入数据有四种可能的取值，即 00、01、10、11。为了实现调相，每一组的数据需经电平判断，分别产生双极性的二电平 $I(t)$ 和 $Q(t)$ 信号（输入数据为 0 时，电压值不能为 0），分别用 $\cos\omega t$ 和 $\sin\omega t$ 进行调制，最后正交相加，即形成 QPSK 信号。

当电平判断结果为 A=1、B=1 时，A 路信号用 $\cos(\omega t+45°)$ 进行调制，B 路信号用 $\sin(\omega t+45°)$ 进行调制，混合相加后为 $U\cos(\omega t+45°)+U\sin(\omega t+45°)$，$U$ 为幅度值。

当电平判断结果为 A=0、B=1 时，A 路信号用 $\cos(\omega t+135°)$ 进行调制，B 路信号用 $\sin(\omega t+135°)$ 进行调制，混合相加后为 $U\cos(\omega t+135°)+U\sin(\omega t+135°)$，$U$ 为幅度值。

当电平判断结果为 A=0、B=0 时，A 路信号用 $\cos(\omega t+225°)$ 进行调制，B 路信号用 $\sin(\omega t+225°)$ 进行调制，混合相加后为 $U\cos(\omega t+225°)+U\sin(\omega t+225°)$，$U$ 为幅度值。

当电平判断结果为 A=1、B=0 时，A 路信号用 cos（$\omega t$+315°）进行调制，B 路信号用 sin（$\omega t$+315°）进行调制，混合相加后为 $U$cos（$\omega t$+315°）+$U$sin（$\omega t$+315°），$U$ 为幅度值。

合成的四种已调波的矢量图与星座图如图 3-2-11 所示。调制后的波形如图 3-2-12 所示。

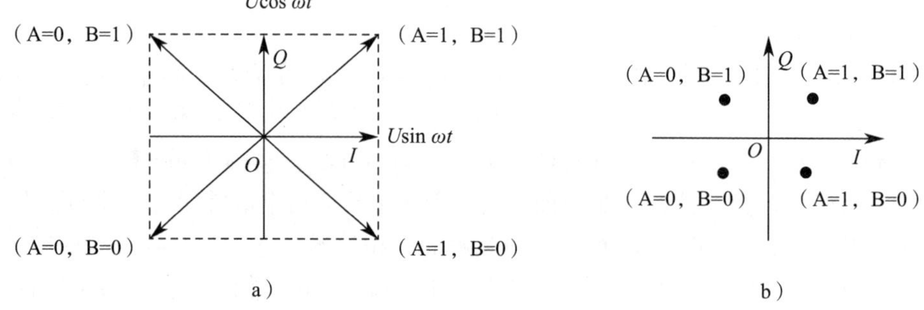


图 3-2-11　合成的四种已调波的矢量图与星座图

a）矢量图　b）星座图

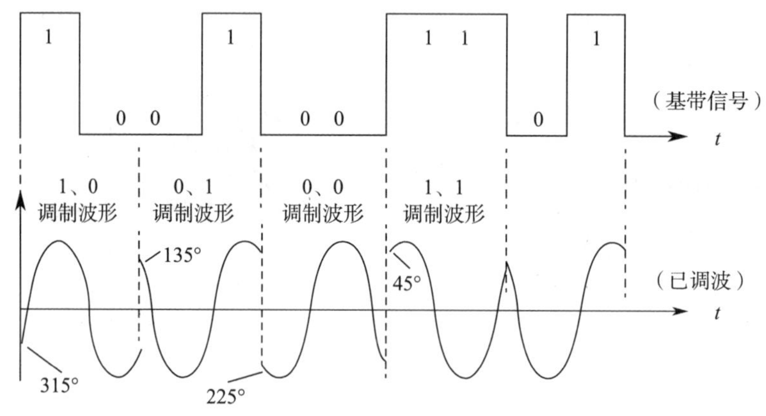


图 3-2-12　调制后的波形

② QPSK 解调原理。在各种信息传输或处理系统中，发送端用将要传送的消息对载波进行调制，产生携带这一消息的信号，接收端必须恢复所传送的消息才能加以利用，这就是解调。QPSK 解调方法与模拟电视信号中 U、V 色差信号的解调方法一样。图 3-2-13 所示为 QPSK 解码器的组成框图。

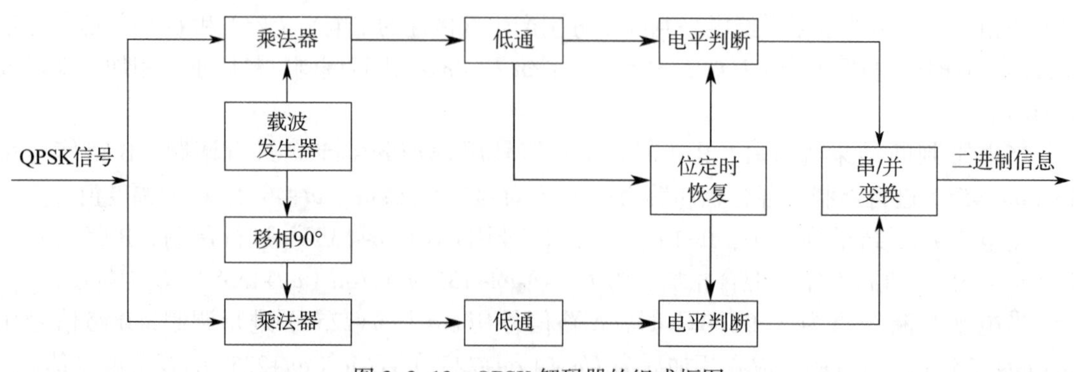


图 3-2-13　QPSK 解码器的组成框图

2）8 相绝对移相键控调制。8 相绝对移相键控调制技术是频谱利用率更高的调制技术。8 相绝对移相键控调制技术（又称为 8PSK 调制技术）在一个载波周期内（2π）均匀地分为八个相位，相邻相位之差为 2π/8=π/4，八个相位的分配见表 3–2–1。二进制信码每 3 bit 组成一个八进制码元，并与一个已调波的起始相位对应。

表 3–2–1　　8PSK 调制相位表

| ABC | 111 | 110 | 010 | 011 | 001 | 000 | 100 | 101 |
|---|---|---|---|---|---|---|---|---|
| 相位 | 22.5° | 67.5° | 112.5° | 157.5° | −157.5° | −112.5° | −67.5° | −22.5° |

8PSK 调制电路的组成框图如图 3–2–14 所示，其调制原理为，串行输入的二进制数据经串 / 并变换后，每 3 bit 为一组，分成 A、B、C 三路，同时并行输出。A、B 路信号送入各自的电平判断器，对输入的信号进行电平判断，两个电平判断器分别输出同相路信号 $I(t)$ 和正交路信号 $Q(t)$，其中 A 路信号用于决定同相路信号的极性，B 路信号用于决定正交路信号的极性，C 路信号用于确定同相路和正交路的调制幅度。若 C 路信号为 1，则同相路的基带信号幅度为 0.924，正交路的信号幅度为 0.383；若 C 路信号为 0，则同相路的基带信号幅度为 0.383，正交路的信号幅度为 0.924。最后用正交的载波进行多电平幅度调制和矢量相加。

三位二进制数共有 8 种组合，每种组合用不同相位的载波进行调制，形成 8PSK 调制。例如，当电平判断结果为 A=1、B=1、C=1 时，A 路信号用 $0.924\cos(\omega t+22.5°)$ 进行调制，B 路信号用 $0.383\sin(\omega t+22.5°)$ 进行调制，混合相加后为 $0.924\cos(\omega t+22.5°)+0.383\sin(\omega t+22.5°)$，在星座图中的位置为 $a$ 处。

当电平判断结果为 A=1、B=1、C=0 时，A 路信号用 $0.383\cos(\omega t+67.5°)$ 进行调制，B 路信号用 $0.924\sin(\omega t+67.5°)$ 进行调制，混合相加后为 $0.383\cos(\omega t+67.5°)+0.924\sin(\omega t+67.5°)$，在星座图中的位置为 $b$ 处。

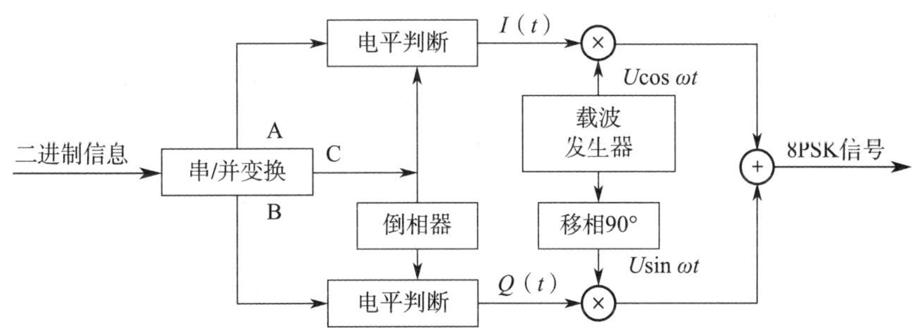


图 3–2–14　8PSK 调制电路的组成框图

合成的八种已调波的矢量图与星座图如图 3–2–15 所示。调制后的波形与 QPSK 调制波形类似。

（3）多电平正交幅度调制

多电平正交幅度调制技术利用两个频率相同、相位相差 90°（即正弦与余弦）的高频载波，对两路多电平信号（即 $I$ 信号与 $Q$ 信号）进行调制，两路多电平信号被调制后，混合相

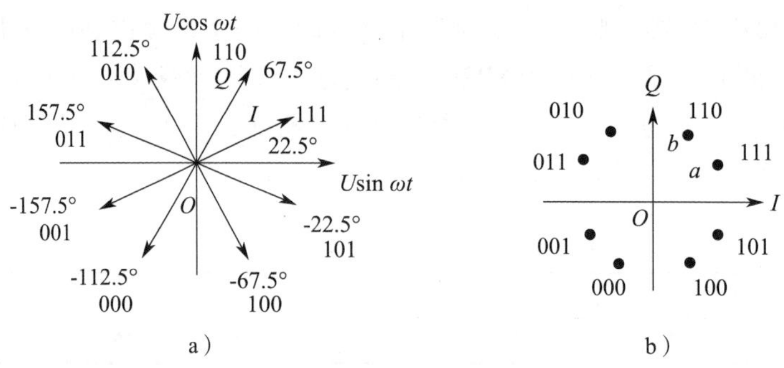


图 3-2-15　合成的八种已调波的矢量图与星座图

a）矢量图　b）星座图

加，合为一路信号，完成调制过程。M-QAM 实际上既进行调幅，又进行调相，是一种复合调制技术。在有线数字电视信号传输中，M-QAM 常采用 16-QAM 及 64-QAM 这两种调制技术。

M-QAM 的原理是，数据在串 / 并转换器中被分为 A、B 两路，每路按照规定的位数（当位数 =4 时，为 16-QAM 调制；当位数 =6 时，为 64-QAM 调制；当位数 =8 时，为 256-QAM 调制），分别送入两个 2/$L$ 电平变换器中，进行多电平变换。$L$ 为电平数，也即进制数，且 $M=L^2$（$M$ 为信号状态数，即星座点数），2/$L$ 为二进制转换为 $L$ 进制之意，这一过程是信号变化转变为幅度变化（多电平）的过程，即调幅过程。两路多电平信号（调幅信号）经过低通滤波器形成 $I$ 信号与 $Q$ 信号，然后分别与一对正交的高频载波信号相乘，再求和混合，完成调相过程。

1）16-QAM。16-QAM 电路的组成框图如图 3-2-16a 所示。16-QAM 中 $M$=16、$L$=4。调制时，A 路以 2 bit 为一组，依不同的数码组合（00 ~ 11，共 4 种组合）转换为 +1、-1、+3、-3 四种电平之一（$L$=4）。

同理，B 路也以 2 bit 为一组，依不同的数码组合，也转换为 +1、-1、+3、-3 四种电平之一。

A 路或 B 路输入的数码与电平的对应关系见表 3-2-2。

**表 3-2-2　A 路或 B 路输入的数码与电平的对应关系**

| A 路或 B 路输入的数码 | 0　0 | 0　1 | 1　0 | 1　1 |
|---|---|---|---|---|
| 电平变换结果（四电平） | +3 | +1 | -1 | -3 |

16-QAM 电路的星座图如图 3-2-16b 所示。由图可知，0000 ~ 1111 共 16 种组合中，每一种的组合其相位与幅度总有一个是不相同的。例如，当 A 路信号为 00 时，其电平为 +3；当 B 路信号为 00 时，其电平也为 +3，调制后相加，在星座图中为 $a$ 处。当 A 路信号为 01 时，其电平为 +1；当 B 路信号为 00 时，其电平为 +3，调制后相加，在星座图中为 $b$ 处。

16-QAM 电路的波形与模拟电路电视 NTSC 制和 PAL 制中色度信号 F 的波形类似，是一种正交平衡调幅波。设一个信号数码为 01101101101100101000，经串 / 并变换后，形成的 A 路信号为 1001111000、B 路信号为 0111100010。A 路信号经 2/4 电平变换和用正弦波调制后的信号波形如图 3-2-17 所示。

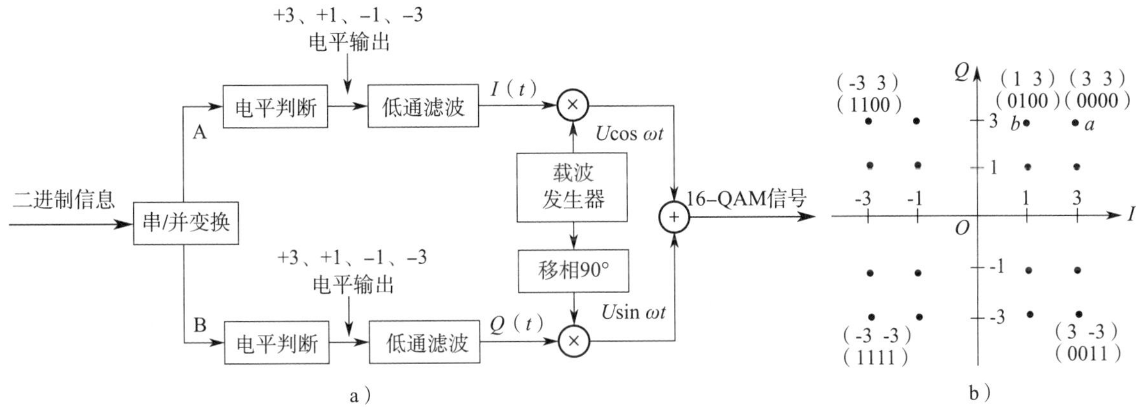


图 3-2-16　16-QAM 电路的组成框图和星座图
a）组成框图　b）星座图

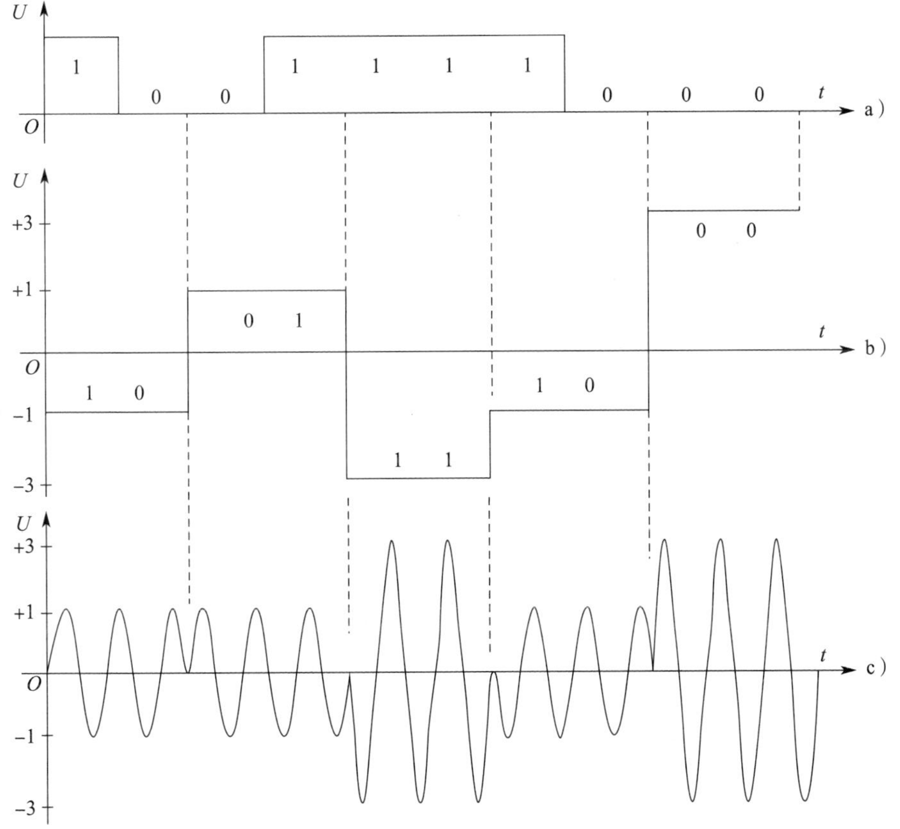


图 3-2-17　A 路信号经 2/4 电平变换和用正弦波调制后的信号波形
a）A 路输入信号波形　b）A 路多电平信号波形　c）A 路调制信号波形

B 路信号经 2/4 电平变换和用余弦波调制后的信号波形如图 3–2–18 所示。

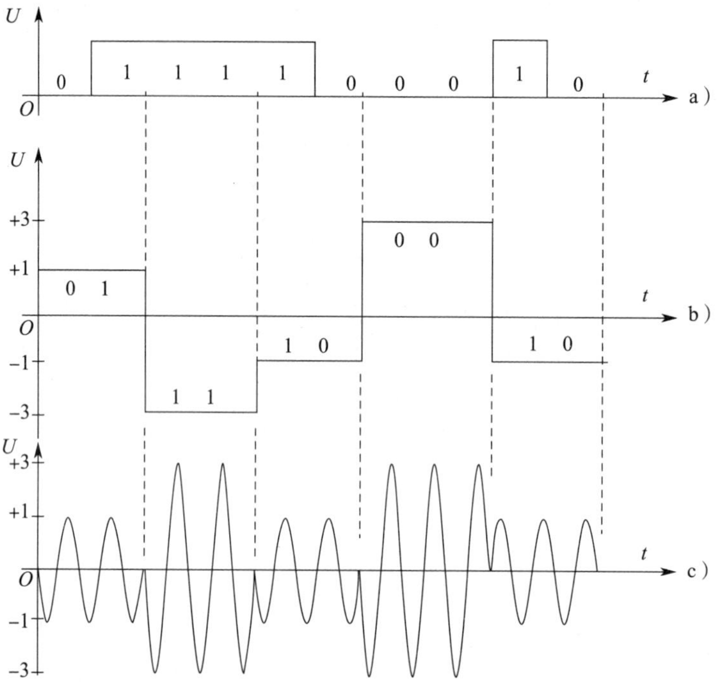

图 3–2–18　B 路信号经 2/4 电平变换和用余弦波调制后的信号波形
a）B 路输入信号波形　b）B 路多电平信号波形　c）B 路调制信号波形

2）64–QAM。64–QAM 中 $M$=64、$L$=8。调制时，输入信号经串 / 并变换后，分为两路，每路以 3 bit 为一组（两路共 6 bit），每路数码信号（3 bit）经多电平 2/$L$=2/8 变换，依不同的数码组合（000 ~ 111，共 8 种组合）转换为 +1、–1、+3、–3、+5、–5、+7、–7 八种电平之一（二进制转换为八进制），完成调幅过程。两路八电平信号（调幅信号）经低通滤波器形成 $I$ 信号与 $Q$ 信号，然后分别与一对正交的高频载波信号相乘、求和，完成调制过程。A 路或 B 路输入的数码与电平的对应关系见表 3–2–3。

64–QAM 电路的组成框图和星座图如图 3–2–19 所示。由图可知，000000 ~ 111111 共 64 种组合中，每一种的组合其相位与幅度总有一个是不相同的。

64–QAM 电路的波形与 16–QAM 电路的波形类似，也是一种正交平衡调幅波。

**表 3–2–3　A 路或 B 路输入的数码与电平的对应关系**

| A 路或 B 路输入的数码 | 000 | 001 | 010 | 011 | 100 | 101 | 110 | 111 |
|---|---|---|---|---|---|---|---|---|
| 电平变换结果（八电平） | –7 | –5 | –3 | –1 | +1 | +3 | +5 | +7 |

3）多电平正交幅度调制的解调。在接收端，信号经过正交解调，解调出两个相反的码流，实现信号的还原。QAM 解调电路的组成框图如图 3–2–20 所示。

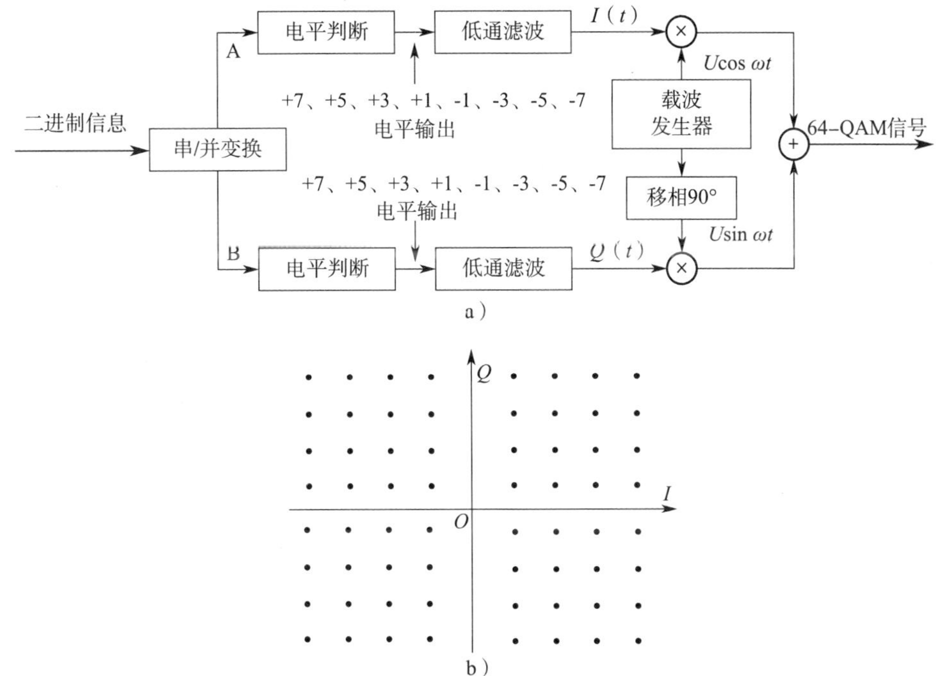


图 3-2-19 64-QAM 电路的组成框图和星座图

a）组成框图 b）星座图

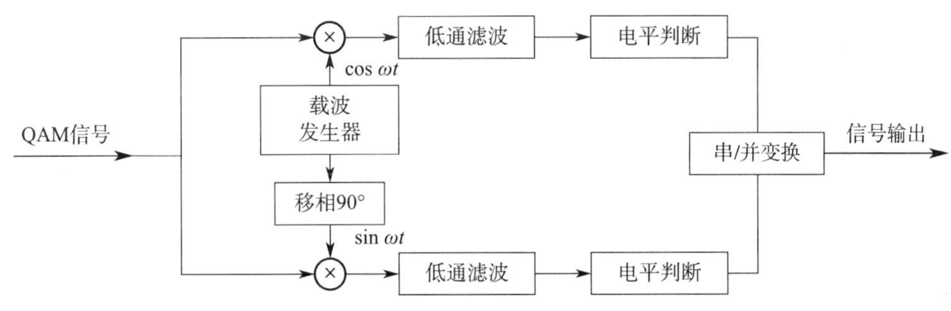


图 3-2-20 QAM 解调电路的组成框图

（4）正交频分复用调制

由于地面广播传输易受到外来杂散电磁波、多径反射等的干扰，传输环境较差，故对地面广播传输提出很高的要求。在无线通信领域，多径是指无线电信号从发射天线经过多个路径抵达接收天线的传播现象。大气层对电波的散射、电离层对电波的反射和折射，以及山峦、建筑物等地表物体对电波的反射等都会造成多径传播，产生的干扰称为多径干扰。

1）正交频分复用调制的原理。正交频分复用的基本原理是，将发送的数据流分散到多个子载波上，使各子载波的信号速率大为降低，从而提高抗多径和抗衰减的能力。为了提高频谱利用率，调制方式中，在同一频道的频带内，各子载波频谱是略有重叠的。

假定一个频道的带宽为 8 MHz，等间隔地设置多个子载波，如 2 000 个，这样 8 MHz 内就有 2 000 个间隔为 4 kHz 的子载波，以 5 频道调制为例，在 84 ~ 92 MHz 内，调制的子载波频率依次为 84 MHz、84 MHz+4 kHz、84 MHz+8 kHz 等，共有 2 000 个子载波群。串行输入的数字信号，如 40 Mbit/s 的信号，经过串 / 并变换为 2 000 路的信号，信号成为 20 kbit/s 低码率的信号，然后对各路 20 kbit/s 的数字信号分别用各个子载波进行调制，通过加法器成为 OFDM 信号。

在调制过程中，每一路子载波都可以采用 PSK 或 QAM 调制方式，且不同的子载波可以采用不同的调制方式。基带信号形成的 $I(t)$ 和 $Q(t)$ 信号，对每个子频带中的 $\sin\omega t$ 和 $\cos\omega t$ 两个正交载波进行调制。

正交频分复用调制器和解调器的组成框图如图 3–2–21 所示。在解调过程中，采用同步检波的方法来还原信号。

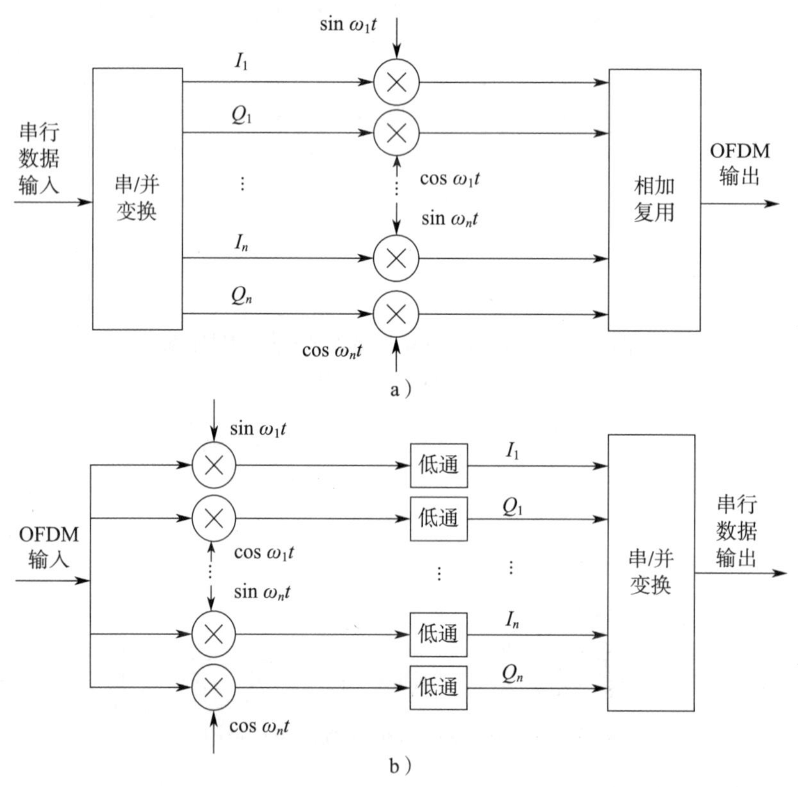


图 3–2–21　正交频分复用调制器和解调器的组成框图

a）调制器的组成框图　b）解调器的组成框图

2）正交频分复用调制的特点

①可消除多径干扰和衰减的影响。

②具有较强的载波恢复能力。

③易产生相位噪声和抖动。OFDM 各个载波之间的间隔很小，容易受到载波频率差错的影响。若频率产生偏移，会破坏子信道间的正交性，系统性能会随着频率偏移和子载波数量的增多而明显恶化。

（5）数字信号调制的上变频变换

上述的多相位移相键控调制（PSK 调制）、多电平正交幅度调制（M–QAM）、正交频分复用调制（OFDM）属于基带数字信号调制，调制频率为 48 ~ 960 MHz，可以直接通过有线闭路电视系统进行传输，也可以直接进行开路发射。如果要通过卫星或光缆进行传输，则调制后的信号还要进行上变频变换，将其频带调制（迁移）到光波频段或微波频段上，如上变频到 Ku 波段等，利用光纤、卫星等来传输信号。

## 三、数字电视信号传输系统

数字电视信号传输系统主要包括卫星广播传输系统和地面广播传输系统（图 3–2–22），其中地面广播传输系统包括有线传输（同轴电缆和光纤传输）系统和微波传输系统。卫星广播传输系统和地面广播传输系统是目前数字电视的主要传输系统。近年来数字电视也采用网络宽带传输的方式。

a）

b）

图 3–2–22　数字电视信号传输系统

a）卫星广播传输系统　b）地面广播传输系统

### 1. 卫星广播传输系统

广播卫星是一种同步卫星，位于地球赤道上空、实际高度为 35 786 km 的赤道同步轨道上。此轨道可以容纳 180 颗同步卫星。如果在赤道上空的卫星同步轨道上每隔 120° 设一个广播卫星，就能进行全球通信和实现全球电视广播。

卫星广播传输系统的构成如图 3–2–23 所示，包括上行站、电视节目上行天线、卫星、地面接收天线等部分组成。上行站的主要任务是把电视广播节目传送给卫星上的转发器，同时也接收卫星发回的电视广播节目，以监控节目质量情况。上行站可以是一座或多座，多座上行站中的主发射站是固定的，其他可以是移动车载型的。测控站通常与主发射站设在一起，对卫星的轨道位置进行跟踪测定，对卫星上各种设备的参数进行遥测。测得的参数经计算机处理后，发出遥控指令，使卫星保持一定的轨道定位精度和天线指向精度，维持正常工作。

星体是卫星广播传输系统的核心，其主要功能是转发上行站送来的节目信号。卫星的星载设备主要包括转发器、天线、电源、遥测指令系统和控制系统等。转发器的任务是把上行站送来的电视信号进行变频，将接收频率（也称为上行频率）变换成发射频率（也称为下行频率），经过放大后，通过定向发射天线向地面发射。

地面接收网是卫星广播传输系统的最后一环，由卫星广播服务区内大量的集体接收站或千千万万个家庭个体接收机组成。卫星地面接收分为个体接收和集体接收两种方式。个体接

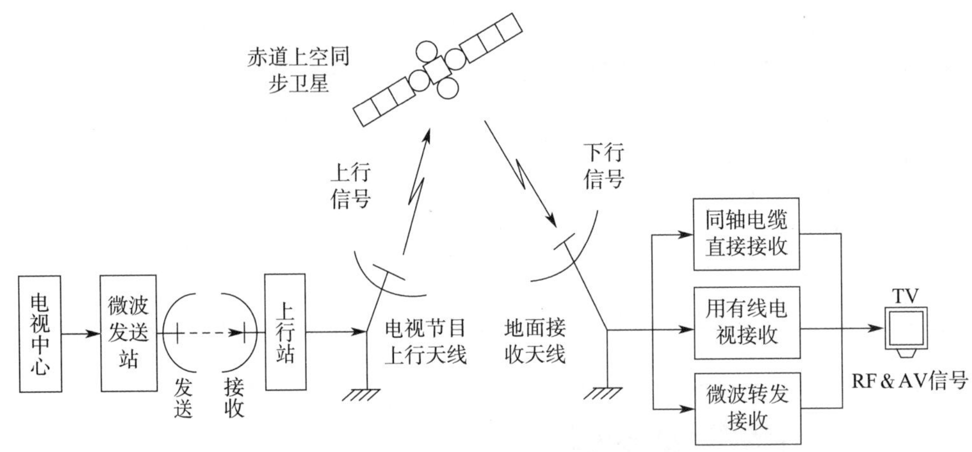


图 3-2-23　卫星广播传输系统的构成

收是卫星广播的高级阶段，每个家庭只需在普通电视机前配置一台卫星接收器（变频器 - 调制转换器）和一副直径较小的卫星接收天线，就能直接观看卫星转发下来的节目，省去了地面电视转播发射台或电缆分配系统的建设。为了实现个体接收，需要有发射功率较大的广播卫星，以使地面获得较强的电波，这种方式的空间费用较高。集体接收是用直径稍大的接收天线和专用的卫星接收机接收卫星信号，经转换后送给电缆电视系统，或送给小型发射机转发出去，供一定范围内的用户接收。以集体接收为对象的广播卫星转发功率较小，空间费用较低。

卫星广播使用频段的划分见表 3-2-4，表中的第一区指欧洲、非洲、俄罗斯的亚洲部分，以及蒙古国、伊朗西部的亚洲地区。第二区指南、北美洲，第三区指亚洲大部分地区以及大洋洲，我国属于第三区。

**表 3-2-4　　　　卫星广播使用频段的划分**

| 频段名称 | 频率范围（GHz） | 分配区域 | 使用范围 |
|---|---|---|---|
| L 频段 | 0.62 ~ 0.79 | 全球范围 | 与其他业务共用 |
| S 频段 | 2.50 ~ 2.69 | 全球范围 | 供集体接收使用 |
| Ku 频段 | 11.7 ~ 12.2<br>11.7 ~ 12.5 | 第二、三区<br>第一区 | 卫星广播优选 |
| Ka 频段 | 22.5 ~ 23.0 | 第三区 | 与其他业务共用 |
| Q 频段 | 40.5 ~ 42.5 | 全球范围 | 卫星广播专用 |
| E 频段 | 84.0 ~ 86.0 | 全球范围 | 卫星广播专用 |

### 2. 有线电视传输系统

有线电视传输系统是采用高频电缆、光缆作为传输媒介，在电视中心和用户终端之间传递声音、图像数据及其他信息的一种闭路电视系统，具有传输质量高、节目频道多等特点，便于按节目收费、点播和进行双向业务。有线电视传输系统的组成框图如图 3-2-24 所示。

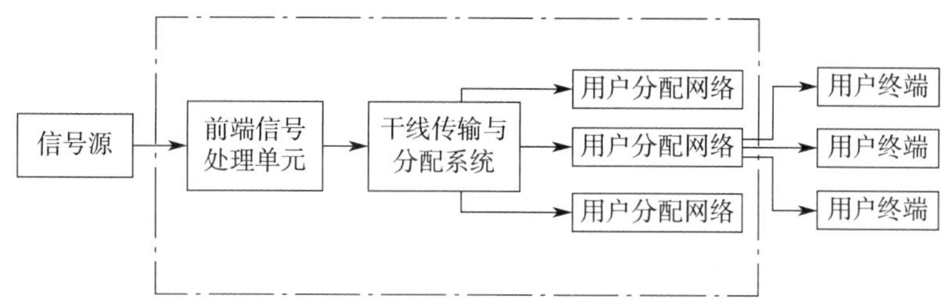


图 3-2-24 有线电视传输系统的组成框图

前端信号处理单元的主要任务是对送入前端的各种信号进行处理，将其变成符合系统传输要求的高频电视信号，然后将各个频道的电视信号混合成一路，馈送给系统的干线传输部分。前端设备主要是射频和中频信号处理设备，如天线放大器、频道滤波器、调制器、混合器、导频信号发生器等。

干线传输与分配系统的主要任务是把前端的电视信号送至用户分配网络。信号的传输方式主要有同轴电缆传输、光纤传输和微波传输。

同轴电缆传输应用比较普遍，衰耗较大，要使用放大器和均衡器，传输距离较短。

光纤传输是通过光发射机把高频电视信号转换至红外光波段，使其沿着光导纤维传输，在接收端再通过光接收机把红外波段的光转换回高频电视信号。光纤传输的媒介是光纤，需要有光中继站。光中继站的作用是将光纤长距离传输后受到较大衰减及色散畸变的光脉冲信号转换成电信号后，进行放大、整形和再定时，并变换为光脉冲信号，送入光纤继续传输，以延长传输距离。

用户分配网络的作用是把干线传输与分配系统送来的信号分配给各个用户。分配系统包括放大器和分配网络，分配网络包括分支器、分配器和电缆等。

# 实训 2 音、视频信号格式的转化

## 实训目的

1. 熟悉常见的音、视频编码格式。
2. 能完成不同音、视频格式之间的转化。

## 实训设备与工具

计算机，音、视频格式转化软件（如格式工厂、超级转化秀等），不同格式的音、视频文件。

## 实训内容与步骤

### 一、认识不同的视频文件格式

视频文件格式是将视频信号按具体的编码格式压缩后，以该文件所规定的格式进行封装的一种文件格式；视频编码格式是数据按相应方式编码压缩的一种格式，以便于网络传输。查阅资料，搜集现有的各种视频文件格式，并比较它们各自的特点，完成表 3-2-5 的填写。

### 二、认识不同的音频文件格式

音频文件中的音频编码格式与视频文件编码格式是类似的，常见的音频格式有 MP3、WMA、AAC 和 RA 等。不同的音频格式有不同的优缺点，如 WMA 格式的压缩比和音质比较好，RA 格式常用于网络在线音乐欣赏等。查阅资料，搜集现有的各种音频文件格式，并比较它们各自的特点，完成表 3–2–5 的填写。

表 3–2–5　　音、视频格式列表

| 视频文件格式 | 特点 | 文件后缀名 | 音频文件格式 | 特点 | 文件后缀名 |
|---|---|---|---|---|---|
| FLV | | | MP3 | | |
| DAT | | | WMA | | |
| MKV | | | AAC | | |
| VOB | | | OGG | | |
| AVI | | | CDA | | |
| MPEG–1 | | | RA | | |
| MPEG–2 | | | FLAC | | |
| MPEG–4 | | | APE | | |

### 三、不同音、视频格式之间的转化

搜索并下载常见的音、视频格式转化软件，练习不同音、视频格式文件的转化。在练习格式转化的过程中，可以观察音频编码格式和视频编码格式的变化，并注意采用不同编码格式编码后文件大小的变化。

## §3–3　数字电视广播标准

### 学习目标

1. 熟悉 DVB、ATSC 和 ISDB 等常见的数字电视广播标准。
2. 了解 DTMB 标准。
3. 能认识码流卡并进行安装和设置。

数字电视广播标准的作用在于，定义整个数字电视系统的具体实现细节，涵盖数字节目的前期制作、显示格式和传输等多个方面。在上述各个方面的标准确定之后，整套数字电视系统才可以组合并运转起来。本节主要学习国际上比较成熟的几大数字电视广播标准。

### 一、常见的数字电视广播标准

国际上比较成熟的数字电视广播标准，主要有欧洲的 DVB 标准、美国的 ATSC 标准和日本的 ISDB 标准。2011 年 12 月，国际电信联盟在修订地面数字电视国际广播标准时，将我国的数字电视地面多媒体广播系统 DTMB 标准纳入其中。DTMB 标准也正式成为第四个数字电视国际广播标准。

1. DVB 标准

DVB 标准主要包括数字卫星电视（DVB–S）、数字有线电视（DVB–C）和数字地面广播电视（DVB–T）三大标准。其中 DVB–S2 和 DVB–T2 分别是 DVB–S 和 DVB–T 的升级版。这三个标准的传输方式以及调制方式都不相同，DVB–S 采用 4 相绝对移相键控（QPSK）调制方式，DVB–C 采用正交幅度调制（QAM）方式，DVB–T 采用多载波正交频分复用调制（COFDM）方式。总体而言，DVB 是一套完整的数字电视技术标准，得到了广泛的应用。

（1）DVB–S 标准

DVB–S 标准规定了数字卫星电视系统中传送数字电视信号的帧结构、信道编码和调制方式，传输层的数码率最大为 38.1 Mbit/s。我国相应的国家标准是《卫星数字电视广播信道编码和调制标准》（GB/T 17700—1999），DVB–S 卫星系统的组成框图如图 3–3–1 所示。

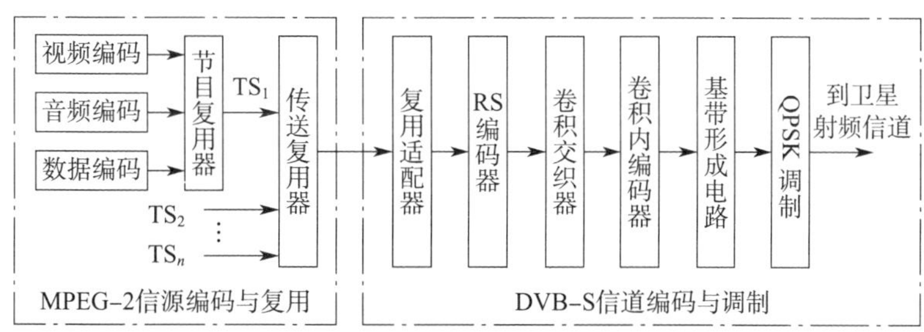


图 3–3–1　DVB–S 卫星系统的组成框图

从图中可以看出，每套节目的音频信号、视频信号和其他辅助数据信号先进行 MPEG–2 信源编码，再通过节目复用器编制成传输码流（TS）进行传输，传送复用器将多个节目信号进行复用编码传输。这一部分均是按 MPEG–2 的图像格式进行处理的。

复用适配器的作用是进行能量扩散，将传输的信号随机地加入扰码，使已调波的频谱分散开来，同时将连续出现的“0”或“1”的连码缩短。RS 编码器的作用是对数据流进行 RS 编码，以提高信号对随机差错的抗干扰能力。信号经过 RS 编码后，还应进行卷积交织编码、卷积内编码，以提高对突发差错的抗干扰能力。信号经卷积交织器、卷积内编码器进入基带形成电路。基带形成电路是一种滤波器，通过它使信号形成便于传输的基带信号，再进行 4 相绝对移相键控调制后，送往卫星射频信道。

DVB–S2 是第二代卫星数字视频广播系统，DVB–S2 标准在技术上能够处理多种数据格式的传输码流，与 DVB–S 相比，DVB–S2 在单位时间内传送的容量更大，基带滤波系数可选，还可提供不同级别的误码保护方法。

（2）DVB–C 标准

DVB–C 标准规定了有线数字电视系统中传送数字电视信号的帧结构、信道编码和调制方式。DVB–C 标准的信道编码层与 DVB–S 标准的编码相协调，使卫星传送的多节目数字电视信号进入 DVB–C 馈送网络后，便于向用户分配。我国的相应标准为《有线数字电视广播信道编码与调制规范》（GY/T 170—2001）。DVB–C 标准具有以下特点：

1）传输一个信道的带宽为 8 MHz。一个信道的带宽中有 4 ~ 6 套节目。

2）传输的信号电平较高，能保证接收端输入信号的电平在 100 mV 以上。

3）对前向纠错（FEC）系统的要求较低。由于信号通过有线方式进行传输，干扰相对较少，在进行信道编码时和进行 RS 编码后，只需进行卷积交织编码，即可送去进行基带滤波、调制和发送。

4）采用正交幅度调制方式，有较高的高频调制效率。

（3）DVB-T 标准

DVB-T 标准规定了地面数字电视系统中传送数字电视信号的帧结构、信道编码和调制方式。数字地面广播系统的信源编码部分也是采用 MPEG-2 图像格式，适配器前面部分的组成也和 DVB-S 相同。由于 DVB-T 采用的是多载波频分复用调制方法，电路的组成和对数据流的处理具有以下特点：

1）高频载波采用多载波频分复用调制方法，在 8 MHz 射频带宽内设置两个载波，将高数码率的数据流分解为两路低数码率的数据流，分别对每个载波进行 4 相绝对移相键控调制和正交调幅调制。

2）为了提高多载波频分复用调制信号的纠错能力，对卷积编码后的数据流进行了内交织。内交织是一种频率交织，就是将原来连续的比特或符号按照一定的规律调到相距较远的载波上。

3）在多载波频分复用调制中，每个符号都对各个载波进行调制，不同的调制方式，符号所占的比特不同。

4）为了减少码间干扰，在每个符号之前设置有保护间隙，但保护间隙会使频谱利用率略有下降。

### 2. ATSC 标准

ATSC 标准为美国的数字电视地面广播标准，由信源编码、业务复用传送、RF 发射三个子系统组成。音频信号、视频信号、辅助信号等通过信源编码压缩，形成节目传输码流。业务复用传送将三种传输码流分别打成统一格式的数据包，数据包被重新编制成传输码流，经信道编码进行多电平残留边带调制后发射出去。

ATSC 标准具有以下特点：

（1）传输码流（TS）的码率是 19.28 Mbit/s，每个统一格式的数据包是 188 字节，由 1 个同步字节和 187 个数据字节组成。

（2）编码部分使用两种频率，信源编码和信道编码采用不同的基础频率。

### 3. ISDB 标准

在 ISDB 标准中，采用频宽分段传输正交频分复用调制方式，可以在 6 MHz 带宽中传送多个节目。该标准将整个带宽分割成一系列的频率段，称为正交频分复用调制（OFDM）段，提供差分 4 相相对移相键控调制、4 相绝对移相键控调制和 16-QAM 等调制方式的组合，可提供 1/2、2/3、3/4 等多种内编码的编码率，对每个 OFDM 段，可以独立选择不同的编码率。

## 二、我国的数字电视地面广播标准

1999 年，我国设立了数字电视研发领导小组。2006 年，我国确定数字电视地面广播（开路发射）标准为 DTMB（Digital Television Terrestrial Multimedia Broadcasting）。2006 年 8 月，我国正式颁布了《数字电视地面广播传输系统帧结构、信道编码和调制》（GB 20600—2006）地面数字电视广播传输标准。

DTMB 支持 HDTV、SDTV、数据广播、互联网、消息传送等多种业务模式，支持固定、便携、步行和高速移动接收，支持单频网、多频网等多种组网方式。通过组合不同的载波模式、信道编码和帧头模式等，DTMB 共支持 330 种工作模式。作为新的广播电视标准，DTMB 在技术上有以下创新点：

**1. 采用 TDS-OFDM 技术**

DTMB 传输系统采用了时域同步、正交频分复用（TDS-OFDM）和单多载波调制方式。这种调制方式的特点是，同步头采用了伪随机序列，在每个 OFDM 保护间隙中周期性地插入时域正交编码的帧同步序列，抗干扰性能良好。

**2. 采用分级帧结构**

为了快速、稳定地实现同步，DTMB 采用了分级帧结构。信号在传输时，周期性地在"日帧、分帧、超帧头、信号帧"处插入同步信号，同步性能大为改善，抗干扰能力更好。

与其他调制方式相比，DTMB 标准具有传输频谱效率高、抗多径干扰能力强和系统同步快等特点。DTMB 标准特别适合开路发射信号和移动接收设备使用。

# 实训 3　认识数字电视 TS 码流播放卡（码流卡）

## 实训目的

1. 了解码流卡的组成与作用。
2. 掌握码流卡的使用方法。
3. 能完成码流卡的安装和设置。

## 实训设备与工具

计算机、码流卡、射频线、数字电视。

## 实训内容与步骤

### 一、认识码流卡

数字电视 TS 码流播放卡（以下简称为码流卡）是一种用于计算机或服务器内部标准的 PCI 板卡，可将各种数字视频设备输出的 MPEG-2 传输流采集到计算机或服务器的同时，将计算机或服务器中的 MPEG-2 传输流数据或输入端采集到的 MPEG-2 传输流，以指定的数据传输速率发送给各种数字视频设备。使用时只需将其插入计算机或服务器，并配备相应的软件，就可以实现码流发生仪的作用。

码流卡作为数字电视领域的一种信号源发生装置，播放 MPEG 音 / 视频信号，具备以下功能：外部接口能够连续输出码流信号；可由计算机控制输出码流的码率；发送码流的最大码率不能低于数字电视系统传输流的平均传输速率（48 ~ 64 Mbit/s）；能够无缝循环播放同一组节目流。

码流卡的硬件部分一般由计算机和标准 TS 发送接口组成，其组成框图如图 3-3-2 所示，主要由计算机、PCI 接口电路、逻辑控制模块、数据缓存器和 DVB 标准接口组成。PCI 接口电路为计算机与外部设备之间的数据通信起桥接作用；逻辑控制模块在实现 PCI 桥接芯片逻辑控制的同时，完成包括时钟生成、码流调整和数据缓冲控制等功能；数据缓存器用于接收 PCI 总线上的高速数据，保证输出的连续性；为了更好地实现与其他设备的通信，通常采用 DVB 标准接口作为码流卡的输出接口。

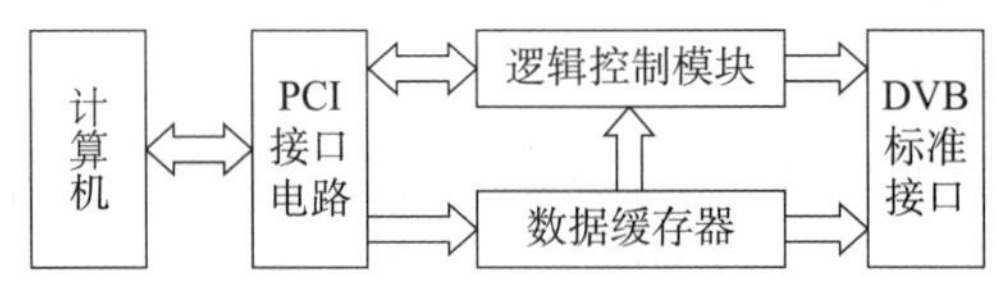


图 3–3–2　码流卡硬件组成框图

码流卡的软件部分主要由操作系统、硬件驱动程序、码流预处理模块和码流播放模块组成，其组成框图如图 3–3–3 所示。硬件驱动程序为系统软件和硬件提供数据接口；码流预处理模块用于完成码流的预处理；码流播放模块用于完成码流的播放。

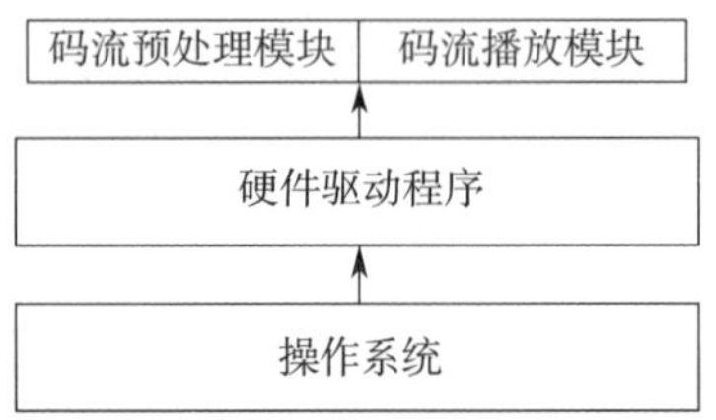


图 3–3–3　码流卡软件组成框图

## 二、码流卡的安装与系统连接

图 3–3–4 所示为 DTA–100 型数字码流卡。

硬件安装：将计算机断电后，打开计算机机箱盖，将码流卡插入计算机 PCI 插槽中，然后用螺钉固定，将机箱盖合上后通电开机。

软件安装：在计算机中找到对应的安装文件后（购买码流卡时配送），单击“安装”按钮自动完成安装。

待码流卡安装完成后，将计算机和数字电视用射频线连接起来，如图 3–3–5 所示。

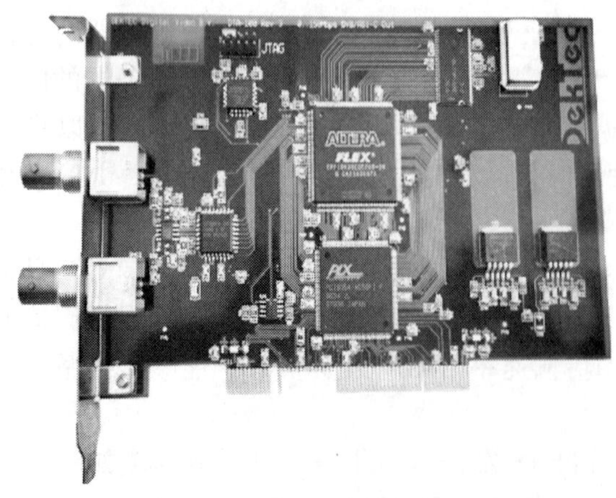

图 3–3–4　DTA–100 型数字码流卡

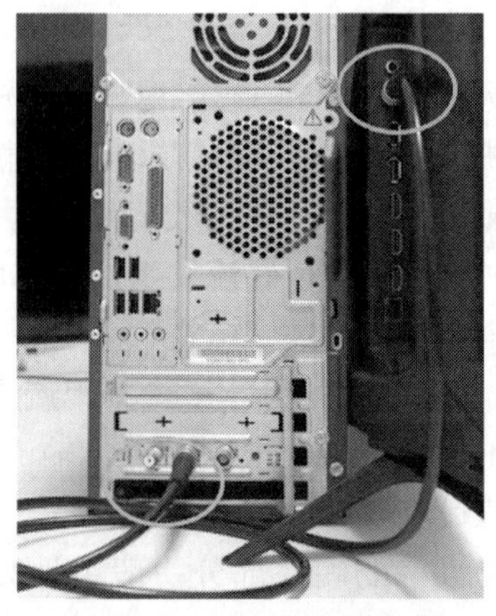

图 3–3–5　将计算机和数字电视用射频线连接起来

### 三、码流卡播放设置

在计算机操作界面中找到播放卡的图标后，双击软件的快捷方式，打开软件，进入操作界面，在界面中进行播放设置，包括选择播放的制式、频率以及调制方式、频点等。设置完成后加载所需要的码流文件，单击“播放”按钮，此时，RF 信号可以正常发出。

### 四、电视功能实现

打开电视，进入搜台界面，进行手动输入频点方式搜台（将码流卡中设置的频点输入电视搜台界面），确认搜台，完成后电视可以进行画面播放，此时拿起电视遥控器，完成电视遥控器中数字电视相关功能（多套节目切换、声道切换、语言切换、图文信息、广告功能等）的验证并做好记录。

## 思考与练习

1. 什么是数字电视？与模拟电视有什么不同？
2. 数字电视的特点有哪些？
3. 简述数字电视的分类。
4. 什么是对信号采样？采样频率对波形的重现有什么影响？
5. 对于音频信号，采样频率有哪几种选择？
6. 简述信号的量化过程。
7. 什么是量化噪声？如何减少量化噪声？
8. 简述图像信号的编码过程。
9. 图像编码的方法有哪些？
10. 什么是帧内压缩编码和帧间压缩编码？
11. 帧内压缩编码的依据是什么？
12. 帧间压缩编码的依据是什么？
13. 简述数字电视系统中节目传输复用的原理和过程。
14. 什么是信道编码？与信源编码有什么不同？
15. 什么是信息码元和监督码元？
16. 数字信号载波调制有哪几种？
17. 数字电视信号传输系统有哪几种传输方式？各自的特点是什么？
18. 常见的数字电视广播标准主要有哪几种？

# 第四章　数字电视机顶盒原理与检修

近年来，我国的不少大中城市开始通过有线方式播送数字电视信号，而现在生产与正在使用的电视机是不能直接接收有线数字电视信号的。要接收有线数字电视信号，必须采用有线数字电视机顶盒，把数字电视信号转变成模拟电视信号，才能让电视机重现声音和图像。本章主要学习有线数字电视机顶盒的定义与分类、功能、整机组成、工作原理及常见故障的检修方法。

## §4–1　概述

### 学习目标

1. 了解数字电视系统的组成和数字电视信号的传输方式。
2. 了解数字电视机顶盒的定义与分类。
3. 熟悉数字电视机顶盒的功能。
4. 能进行数字电视机顶盒的操作练习。

#### 一、数字电视系统

数字电视系统是指电视节目从录制、处理、传输到接收和重现等环节，全部采用数字化的技术来实现，以达到高质量传输电视信号的一种电视系统。数字电视系统的组成框图如图 4–1–1 所示。

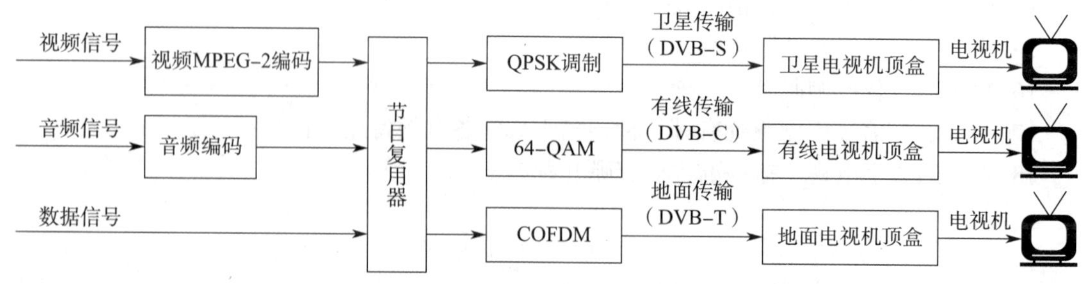


图 4–1–1　数字电视系统的组成框图

数字电视信号的传输方式一般有三种：一是通过卫星传输，这种信号称为卫星数字电视信号，要用卫星数字电视机顶盒才能接收；二是通过有线方式即 CATV 传输，这种信号通常又称为有线数字电视信号，要用有线数字电视机顶盒才能接收；三是通过地面天线发射方式传输，这种信号称为地面数字电视信号，要用地面数字电视机顶盒才能接收。

除了上述三种传输方式外，近年来，还采用网络传输数字电视信号，这种信号要用网络电视机顶盒才能接收，使得电视机具有网络电视信号接收功能，使用起来更方便。

## 二、数字电视机顶盒的定义与分类

现有的电视机不能直接收看数字电视节目，必须通过机顶盒解调、解密、解扰和解压处理，把数字电视信号转变为模拟电视信号后，才能收看节目。由此可见，数字电视机顶盒在信号解调、解密、解扰和解压的数模转换过程中起着非常重要的作用。

### 1. 数字电视机顶盒的定义

数字视频变换盒（Set Top Box，简称为 STB）通常称作机顶盒，是一个连接电视机与外部信号源的设备。它可以将压缩的数字信号转换成模拟信号并在电视机上显示出来。信号来自有线电缆、卫星天线、宽带网络或者地面广播。数字电视机顶盒接收的内容除电视节目信号外，还包括电子节目指南、Internet 等内容，使用户能在电视机上观看数字电视节目，并可通过网络进行交互式数字化娱乐、教育和商业化活动。常见的数字电视机顶盒外形如图 4–1–2 所示。

图 4–1–2 常见的数字电视机顶盒外形

### 2. 数字电视机顶盒的分类

数字电视机顶盒按接收信号来分，可分为卫星数字电视机顶盒（DVB–S）、地面数字电视机顶盒（DVB–T）、有线数字电视机顶盒（DVB–C）和网络数字电视机顶盒（DVB–I）；按接收功能来分，可分为单向机顶盒、双向机顶盒和 IPTV 机顶盒；按接收图像的清晰度来分，可分为标准清晰度（SD）机顶盒和高清晰度（HD）机顶盒两种。

（1）卫星数字电视机顶盒

卫星数字电视机顶盒的主要作用是接收卫星传送过来的卫星数字电视信号。

因通过卫星来传送数字电视信号时的各种干扰较大，故卫星数字电视信号的调制方式一般采用 4 相绝对移相键控调制方式（即 QPSK 调制方式），这种调制方式抗干扰能力较强。也就是说，卫星数字电视机顶盒对信号的解调方式与其他机顶盒是不同的。

卫星数字电视机顶盒不但可以接收卫星数字电视信号，还可以接收卫星数字广播、卫星图文电视等信号。

卫星数字电视机顶盒一般多用在家庭中，一户一机使用；也可以用在有线电视网络中心，把各个卫星数字电视节目接收下来，经过处理后，再通过有线网络传送给各个用户。

（2）地面数字电视机顶盒

地面数字电视机顶盒的主要作用是接收从地面天线发射出去的数字电视信号。从地面天线发射出去的数字电视信号在地面传播时，由于受地形、建筑物等的影响，信号反射重影干扰情况严重，故地面数字电视信号的调制方式一般采用正交频分复用调制方式（即 OFDM 方式）。这种调制方式能有效抑制反射波的干扰，有利于消除重影现象。用地面发射天线来传送数字电视信号的方式较少用，因而市面上不太常见到这类机顶盒。

（3）有线数字电视机顶盒

有线数字电视机顶盒的主要作用是接收从有线网络中心传送过来的数字电视信号。由于采用有线网络来传送信号，干扰相对较小，故有线数字电视信号的调制方式一般采用多电平正交幅度调制方式（即 M-QAM 方式）。这种调制方式的特点是，数据传输效率高，一个频道占用的频带较窄，频段利用率高。用有线方式来传送数字电视信号，具有抗干扰强、信号稳定、频段利用率高等特点，很受人们欢迎，相应地，有线数字电视机顶盒的应用也就越来越广泛。

（4）网络数字电视机顶盒

网络数字电视机顶盒是一个连通网络和电视机的设备，有了网络电视机顶盒，可以把网络上的视频（包括直播和点播）接入电视机，让电视机拥有更加丰富的内容；还可以通过安装第三方软件来听音乐及网购等。

**三、有线数字电视机顶盒的功能**

有线数字电视机顶盒的基本功能是接收数字电视信号。现阶段的有线数字电视机顶盒的主要功能如下：

1. 可提供电子节目指南，即给用户提供一种容易使用、界面友好、可以快速访问想看节目的方式。

2. 可进行高速数据广播，如能给用户提供股市行情、票务信息、电子报纸、热门网站等消息。

3. 软件可进行在线升级。软件在线升级可看成是数据广播的应用之一。数据广播服务器按 DVB 数据广播标准，能将升级的软件自动进行下载，有线数字电视机顶盒能识别该软件的版本号，在版本不相同时，接收该软件，对存储器中的软件进行更新。

4. 可接入 Internet，进行邮件收发。数字电视机顶盒可通过内置的电缆调制 / 解调器实现 Internet 接入的功能。用户可以通过机顶盒内置的浏览器上网和发送电子邮件，同时机顶盒也可以提供各种与计算机相连接的接口。

5. 具有条件接收功能。数字电视信号在发送前进行了加扰和加密处理，数字电视机顶盒应具有解扰和解密的功能。

新一代数字电视机顶盒的功能还包括高速访问 Internet 和收发电子邮件，视频点播和音乐点播，电话、可视电话和会议电视，连接 VCR、VCD 等消费电子产品，电子购物与电子游戏等功能。

## §4-2　有线电视机顶盒相关技术

### 学习目标

1. 熟悉有线电视机顶盒的相关术语。

2. 了解有线电视机顶盒的主要部件及常用软件。

3. 掌握有线数字电视系统的组成及工作原理。

在学习有线电视机顶盒电路的工作原理之前，掌握有线电视机顶盒系统中常用相关术语的含义，以及理解相应的技术原理是非常重要的。

## 一、有线电视机顶盒的相关术语

### 1. 条件接收

条件接收（Conditional Access，CA）是只允许被授权的用户（符合条件的用户）接收用户所指定的电视频道的一种接收信号的方式。所谓符合条件的用户，指的是申请收看指定频道节目并已付费的用户。有线数字电视网络中心只向符合条件的用户发送信号，不向没指定频道、没付费的用户发送信号。通常，这种有线数字电视系统称为条件接收系统。

### 2. 授权管理信息

授权管理信息（Entitlement Management Message，EMM）是一种经过加密后的控制信息（信号），是指有线数字电视网络中心发往用户机顶盒、代表用户卡号和所订看节目、在接收端用于节目解扰与解密的一种控制信息。产生 EMM 信号的过程称为 EMM 加密。

### 3. 授权控制信息

授权控制信息（Entitlement Control Message，ECM）也是一种加密后的控制信息（信号），是指有线数字电视网络中心发往用户机顶盒，代表发送端声图信号加扰、加密的方法和接收条件，在接收端用于节目解扰与解密的一种控制信息。产生 ECM 信号的过程称为 ECM 加密。

### 4. 控制字

控制字（Control Word，CW）是在有线数字电视网络中心发送信号之前，用于对声图节目信号进行加扰的一种控制信号。用于加扰的控制信号，为了避免被人破解，不是固定不变的，一般每隔 5 ~ 20 s 会随机改变一次。

### 5. 加扰

在有线数字电视网络中心电视信号的发送端，将已数字化的声图信号加以改变，对节目流进行有规律的扰乱，使未经授权的用户无法收看电视节目，这一有规律的扰乱过程称为加扰（Scramble）。

### 6. 加密

在有线数字电视网络中心电视信号的发送端，将条件接收用户的授权管理、授权控制信息（不是数字化的声图信号，而是用于解密与解扰的控制信号）变成密文（钥）的过程称为加密（Encryption）。加密可以分为 EMM 加密和 ECM 加密两种。

### 7. 解扰

解扰（Descramble）是加扰的逆过程，是将有线数字电视网络中心发送过来的、经过加扰处理的、数字化的声图信号还原成原始声图信号的过程。解扰由机顶盒中的解扰器来完成。

### 8. 解密

解密（Decryption）是加密的逆过程，是将有线数字电视网络中心发送过来的、经过加密处理的各种管理以及控制信息进行还原的过程。也可以理解为是对 EMM 加密和 ECM 加密信号的还原过程。解密产生的控制信号用于对声图信号进行解扰，即要先解密，才能解扰，解密最终为解扰服务。解密由机顶盒中的智能卡等电路来完成。

**9. 解调制**

解调制又称为解调或信道解码。其作用是将接收到的已调制的数字电视信号，如 QPSK、M–QAM、OFDM 信号，通过模拟乘法检波器等电路解调成 TS。

**10. 上行数据调制编码**

数字电视系统开展交互式应用时，需要把用户发出的信息先进行编码与调制，然后再把调制信号进行上行传输。上行传输有采用电话线传送上行数据、以太网卡传送上行数据和有线网络传送上行数据三种方式。

## 二、有线电视机顶盒的主要部件及常用软件

### 1. 有线电视机顶盒的主要部件

（1）智能卡

智能卡（Smart Card，SC）是机顶盒内完成数字电视信号解密操作的主要部件，是条件接收（CA）系统的组成部分。每部机顶盒配置一个卡，一机一卡专用，不能互换使用。

（2）嵌入式 CPU

嵌入式 CPU 是数字电视机顶盒的“心脏”，CPU 控制器与操作系统结合在一起，构成一个嵌入式操作系统的运行平台，一起完成网络管理、显示管理、条件接收管理、图文电视解码、数据解码、屏幕菜单显示、视频信号的上下变换等功能。

### 2. 有线电视机顶盒的常用软件

电视信号数字化后，数字电视技术中软件技术占有重要的地位。除了音 / 视频的解码由硬件实现外，电视内容的重现、操作界面的实现、数据广播业务的实现、机顶盒和个人计算机的互联以及机顶盒和 Internet 的互联，都需要软件来实现。有线电视机顶盒的常用软件主要有以下三类：

（1）硬件驱动层软件

硬件驱动层软件主要用于驱动硬件，以实现各种功能。

（2）嵌入式操作系统

嵌入式操作系统的作用与个人计算机上的 DOS 和 Windows 相似，用户通过它进行人机对话，完成用户下达的指令。

（3）上层应用软件

上层应用软件执行服务商提供的各种服务功能，如节目指南、视频点播、数据广播、IP 电话和可视电话等功能。

## 三、有线数字电视系统的组成及工作原理

当前的有线数字电视系统都是有偿服务系统，这种有偿（有条件）服务的有线数字电视系统有时又被称为条件接收系统，简称为 CA 系统。

有线数字电视网络中心的条件接收系统由有线数字电视网络中心和机顶盒两大部分组成，其组成框图如图 4–2–1 所示。

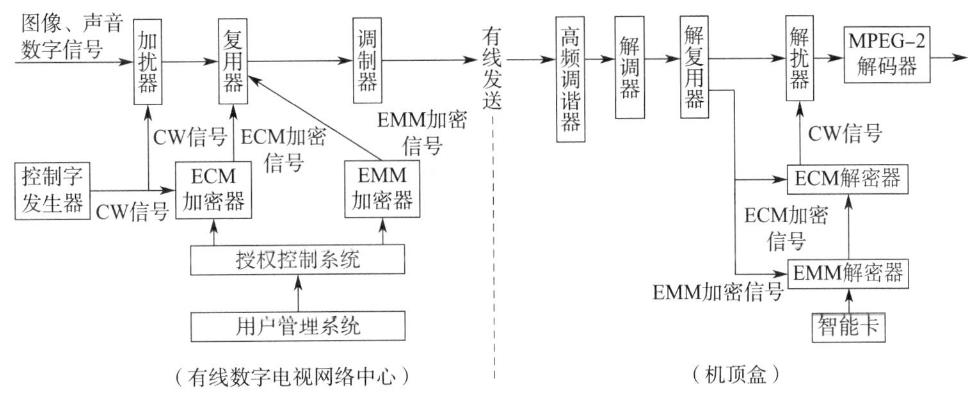


图 4-2-1　有线数字电视网络中心条件接收系统组成框图

**1. 有线数字电视网络中心的条件接收系统**

（1）信号加扰与加密

信号加扰部分通过一个随机码发生器所产生的随机码（称为控制字 CW）来控制加扰器，对信号进行加扰。

信号加密部分由用户管理系统（SMS）、授权控制系统（SAS）、ECM 加密器、EMM 加密器等部分组成。其作用是对加扰时的控制字（CW）信号和有线电视网络中心授权给用户的指令信号，以加密的方式发送给用户，供用户解扰和还原信号用。

要使被加扰的信号在接收端（用户）能成功地进行解扰收看，接收端必须要有和加扰端一样的 CW 信号控制解扰器的工作，才能完成解扰过程，所以要将前端的 CW 信号传送到接收端。但如果直接传送，会很容易被破译，为此，要对 CW 信号进行加密传送，这种加密是一种多层加密机制，以增加安全性。

在用户管理系统和授权控制系统的控制下，直接对 CW 信号进行加密所产生的密文，称为授权控制信息（ECM），ECM 加密信号通过复用器与加扰的码流一起传送。用户管理系统、授权控制系统发出的，代表用户在什么时间看、看什么频道、用户身份信息（智能卡信息）等的信号，即有线电视网络中心授权给用户的指令信号，经过加密后，成为 EMM 加密信号，通过复用器与加扰码流一起进行传送。

（2）各组成部分的作用

1）用户管理系统。用户管理系统是发送电视信号和各种控制信号的控制中心。用户管理系统会根据用户预定节目情况、付费情况，以及机顶盒中智能卡的卡号等信息，对节目的发送进行全面的管理。产生的控制信号要送入授权控制系统中，做进一步的处理。

2）授权控制系统。授权控制系统的作用是，根据用户管理系统送来的信号产生新的控制信号——业务密钥，即产生哪些用户（身份信息）、何时、收看何节目的控制信号。业务密钥分别送往 ECM 加密器和 EMM 加密器中，进行加密处理。

3）控制字发生器。控制字信号是一种由控制字发生器产生的密钥（码）。控制字信号的作用是，连续不断地对传送过来的图像、声音等数字信号进行有规律的扰乱（加扰），使未授权（未交费）的接收者无法收看节目。

为了防止未交费的用户破译控制字信号，控制字信号的生成方式是随机的、无规律性的，而且每隔 5 ~ 20 s 就改变一次。

需要注意的是，在机顶盒的接收端，在对加扰后的声图信号进行解扰还原时，也要有控制字信号才行，即要用与加扰时完全相同的控制字信号才能进行解扰。

正是因为这个原因，有线数字电视网络中心应该把加扰时所用的控制字信号与声图信号一起发送到用户的机顶盒中。但为了防止被未交费者破译，又不能直接发送控制字信号，因此，加扰时所用的控制字信号要经加密处理（ECM 加密处理）后才能发送出去。即控制字发生器产生的信号，一方面用于对节目信号进行加扰处理；另一方面，经加密处理后，发往接收端的机顶盒。

4）ECM 加密器（授权控制信息产生电路）。ECM 加密器的作用是对输入的控制字信号（由控制字发生器产生的信号，代表加扰时的密钥）和输入的业务密钥信号（由授权控制系统产生的信号，代表哪些用户、何时、收看何节目的密钥）进行加密处理，成为 ECM 加密信号，送往接收端的机顶盒，以恢复用于解扰时的控制字信号。

5）EMM 加密器（授权管理信息产生电路）。EMM 加密器的作用是对授权控制系统送来的业务密钥信号进行另一种方式的加密处理，即产生 EMM 加密信号，送往接收端的机顶盒，以恢复用于解扰时的控制字信号。也就是说，如果要在接收端恢复用于解扰的信号——控制字信号，要在 ECM、EMM 两个加密信号的共同作用下才能恢复，以增加抗破译能力。

将加扰后的声图信号和加密后的 ECM、EMM 信号送入复用器中，混合在一起，经高频调制后，通过有线网络送向各用户。

**2. 机顶盒的条件接收系统**

机顶盒的条件接收系统由智能卡、EMM 解密器和 ECM 解密器等组成。

经加扰处理后的数字电视信号要经解扰还原后才能收看，而要进行解扰，必须要用跟加扰时完全相同的信号——控制字信号才能完成解扰过程。因此，解扰的关键与前提是，要正确恢复控制字信号。

控制字信号的恢复过程与声图信号的解扰过程如下：

（1）有线数字电视信号被高频调谐器接收下来后变为中频信号，将中频信号送入解调器中，解调器输出的信号是加扰后的声图信号和 ECM、EMM 加密信号。解调器输出的上述混合信号经解复用器分离后，声图加扰信号被送入解扰器中；ECM 加密信号被送入 ECM 解密器中；EMM 加密信号被送入 EMM 解密器中。

（2）EMM 加密信号与智能卡中的用户信息一起送入 EMM 解密器中进行解密，解密后变为 EMM 信号。解密后的 EMM 信号与 ECM 加密信号一起送入 ECM 解密器中，经 ECM 解密器解密后的输出信号就是控制字信号。这样就完成了控制字信号的恢复工作。

（3）声图加扰信号在控制字信号的作用下，完成声图信号解扰工作。

## §4–3　有线电视机顶盒的整机组成

### 学习目标

1. 了解有线电视机顶盒整机的基本组成。

2. 掌握主电路板的结构、组成、作用及信号流程。
3. 了解机顶盒前后面板、智能板的组成与作用。
4. 了解电源板的作用。
5. 能进行有线电视机顶盒的结构认识与拆装练习。

从整机的硬件组成结构来看，有线电视机顶盒主要由主电路板、面板控制电路板（机顶盒前后面板）、智能板和电源板四大部分组成。

有线电视机顶盒整机的组成框图如图 4–3–1 所示。

由图 4–3–1 可知，一台完整的有线电视机顶盒是由硬件和软件两大部分组成的。除了音、视频的解码由硬件实现外，有线数字电视网络中心对发送信号的控制、使用者对机顶盒的操作、机顶盒与个人计算机的互联、机顶盒与 Internet 的互联，都要由软件实现。

下面介绍各个组成部分的主要功能。

## 一、主电路板

### 1. 主电路板的结构

主电路板是数字电视机顶盒中最重要的部件。核心器件是主芯片。有线数字电视机顶盒功能的差别就反映在主芯片上。主电路板的主要功能是接收数字电视信号并在其内部进行处理，最终转换为模拟音、视频信号，输出给电视机。

目前，国内有线电视机顶盒的生产厂商基本上都是采用单芯片方案，即机顶盒中最关键的电路几乎都集中在一块大规模的集成电路中，所以称为主芯片。有线电视机顶盒主电路板实物图如图 4–3–2 所示。

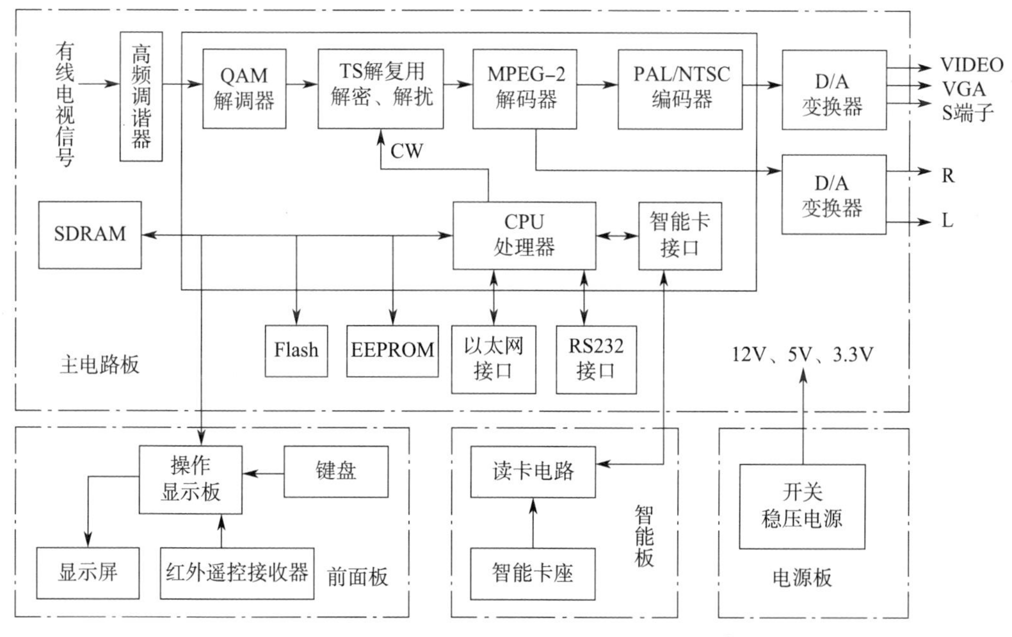


图 4–3–1　有线电视机顶盒整机的组成框图[①]

①有线电视机顶盒的后面板为信号连接孔，无具体的电路，无须在组成框图中体现该部分。

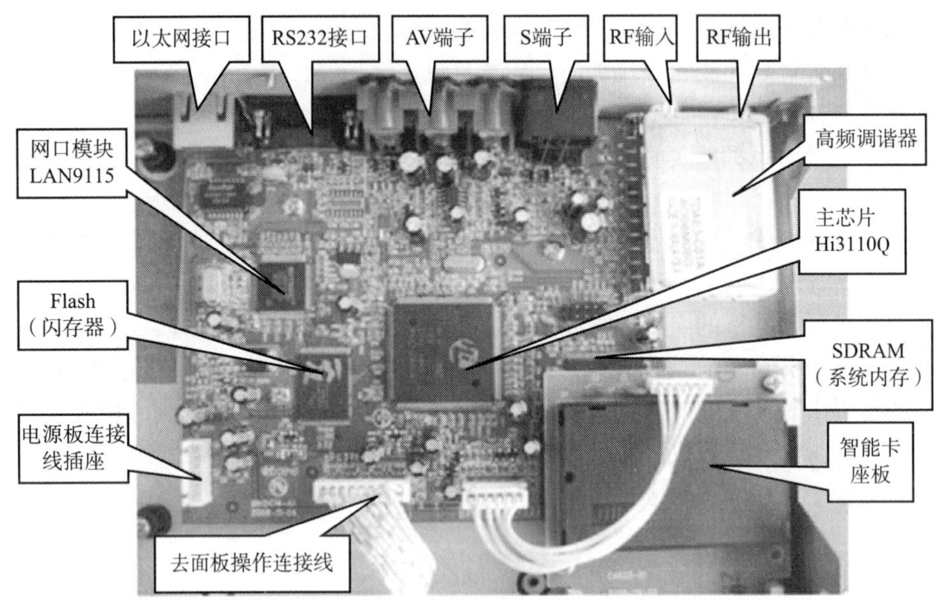


图 4–3–2　有线电视机顶盒主电路板实物图

**2. 主电路板的组成**

主电路板由高频调谐器、QAM 解调器、主芯片、D/A 变换器、闪存器 Flash、存储器 SDRAM、存储器 EEPROM 以及 AV 端子、S 端子、RS232 接口等电路组成。

有线数字电视机顶盒主电路板的各个组成部分也可以按模块化单元来进行划分，即主电路板是由多个不同的模块组成的。

主电路板通过连接线插座分别与面板控制电路板、智能板、电源板连接起来，组成一个完整的机顶盒电路。

**3. 主要组成部分的作用**

（1）主芯片

一般将 CPU、解调器、解复用器、解密器、解扰器、解交织器、MPEG 解压缩器（解码器）、音 / 视频编码器等都集成在主芯片中，以降低器件成本，提高可靠性。

CPU 是主芯片的核心，CPU 的性能一般是由主频决定的，主频越高，则 CPU 的性能也越好。

（2）存储器

存储器主要有 Flash、SDRAM 和 EEPROM 三种。Flash 存储机顶盒的系统软件、驱动软件、应用程序以及一些基本不需要修改的用户参数信息，其中的软件可以通过升级（本地及在线）来更新。SDRAM 存储机顶盒运行时临时需要处理的应用内容，如解复用、MPEG 解码等，不同的应用需求，内存的大小配置也不相同。EEPROM 存储用户可以修改的参数信息，在掉电时内容还可以保留。

（3）高频调谐器

高频调谐器的作用是进行选台，将选出的高频数字电视信号变频为中频信号。有的高频调谐器还有解调功能，其输出的不是中频信号，而是传输流 TS 信号。

（4）接口

机顶盒的接口主要有射频接口、音/视频接口、数据接口三大类。射频接口为RF IN&OUT；音/视频接口有CVBS（VIDEO）、S-Video、YUV、L/R、HDMI；数据接口有RJ45、USB、RS232、智能卡、红外接收接口等。

**4. 主电路板的信号流程**

参考图4-3-1和图4-3-2，主电路板工作时，其信号流程如下：

有线数字电视网络中心送来的RF信号进入机顶盒后，RF信号（内含有数字信号与模拟信号两种混合节目）经分配器二分配，一路不做任何处理，直接从RF孔输出，供模拟电视机接收模拟部分的电视节目；另一路连至高频调谐器。

信号进入高频调谐器后，高频调谐器从输入的多个8 MHz带宽的数字调制信号中选择一个所需要的信道（一般不再称为频道，而称为信道，因8 MHz带宽的数字调制信号中不止一个频道节目），再变频为中频信号（目前大部分机顶盒的高频调谐器输出的中频信号频率仍为38 MHz）。

中频信号经QAM解调器解调，还原为调制前的数字信号传输流，再通过条件接收电路解密，以恢复解扰用的控制字信号，信号经解扰后，即可解出TS数据。

TS数据在MPEG-2解复用器中进行拆分数据包处理，提取所需的节目内容，经过MPEG-2数字音频解码（解压缩）和MPEG-2数字图像解码（解压缩），还原成数字音/视频解码信号。最后经过D/A变换，将数字音/视频信号变换成模拟音/视频信号。

**二、机顶盒前后面板**

**1. 机顶盒前面板**

机顶盒前面板控制电路主要由红外遥控接收器、操作显示板、显示屏、键盘等组成。常见的有线电视机顶盒操作面板实物图如图4-3-3所示，面板控制电路如图4-3-4所示。

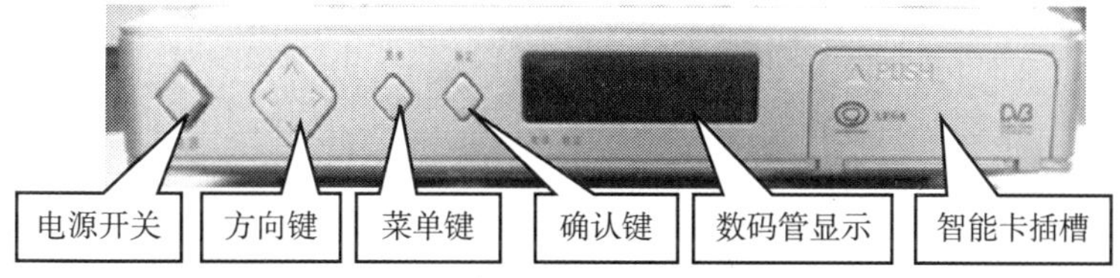


图4-3-3　常见的有线电视机顶盒操作面板实物图

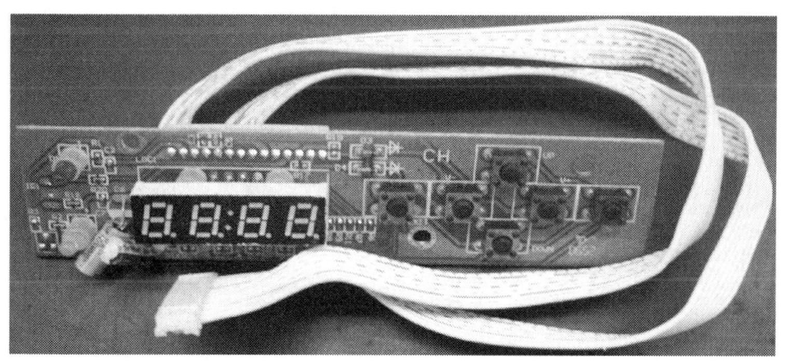

图4-3-4　面板控制电路

在有线数字电视机顶盒中，当红外遥控接收器接收到遥控器发射的红外遥控信号时，一路信号通过连接线送入主芯片的微处理器（CPU）中，经微处理器解调后输出相应的功能指令，从而控制机顶盒完成相应功能的操作；另一路信号通过指示灯和数码显示器显示开机、关机、当前节目的频道号等内容，实现人机对话的功能。

通过直接操作面板上的功能按键，同样可以控制机顶盒完成相应功能的操作。

**2. 机顶盒后面板**

机顶盒后面板主要由环路输出接口、信号输入接口、USB 接口、数字音频光纤接口、HDMI 数字高清输出接口、音频输出接口、分量输出接口、CVBS 复合视频输出接口、S-Video 输出接口、RS232 接口、RJ45 以太网接口、电源接口组成。常见的有线电视机顶盒后面板实物图如图 4-3-5 所示。

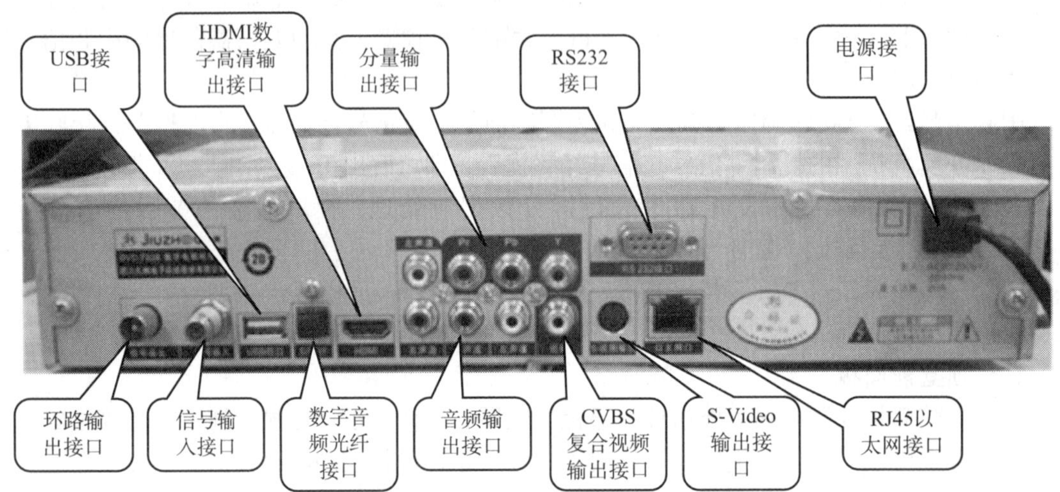


图 4-3-5　常见的有线电视机顶盒后面板实物图

## 三、智能板

**1. 智能板的组成**

智能板由专用的智能卡、智能卡座板、读卡电路及接口电路等组成，智能卡又称为 IC 卡，其外形与常见的银联卡类似。智能卡与智能卡座板实物图如图 4-3-6 所示。

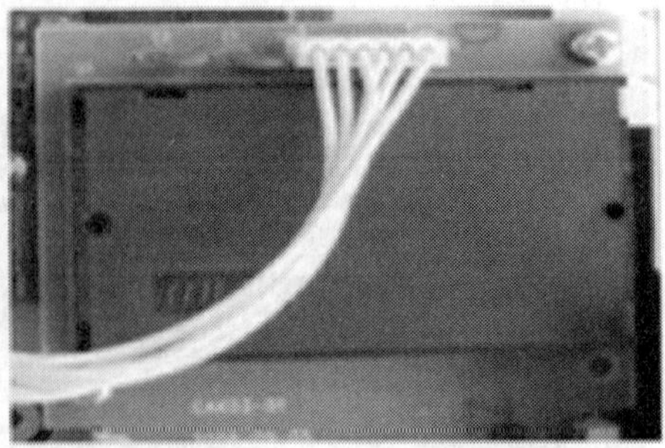

图 4-3-6　智能卡与智能卡座板实物图

2. 智能板的作用

智能板是机顶盒内完成数字电视信号解密操作的主要部件，是条件接收系统（CA 系统）的组成部分。智能卡座板为机顶盒提供智能卡接口，使机顶盒能够读取智能卡中的信息，信息通过主芯片处理后，解调出相应的加密节目。

智能卡是包含微处理器和存储器的塑料卡，用于 CA 解密，其内部结构图如图 4-3-7 所示。

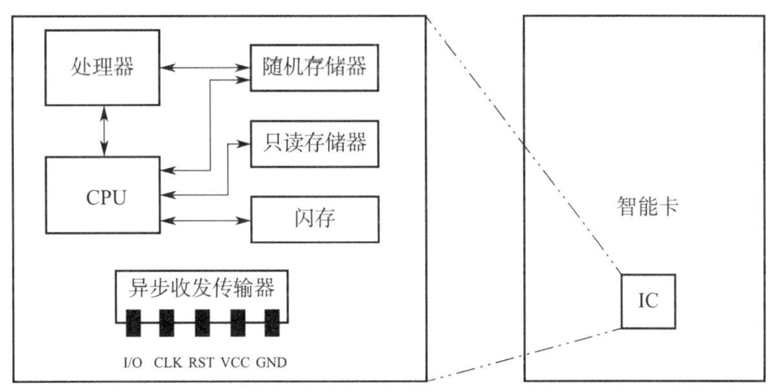


图 4-3-7 智能卡的内部结构图

## 四、电源板

机顶盒整机的供电采用开关式稳压电路，该电路是机顶盒电路中故障率较高的部分。在各种有线数字电视机顶盒中，电源电路的结构及功能基本相同，功耗一般在 15 W 左右，其输出电压为 30 V、12 V、5 V、3.3 V。其中，30 V 电压是高频调谐器调谐电路的供电电压（有的高频调谐器不需要 30 V 供电，内有 5 V/30 V 逆变电路）；12 V 电压供给音频放大器使用；5 V 电压供给 CPU、音频 D/A 变换电路和视频 D/A 变换电路使用；3.3 V 电压供给解复用器、MPEG 解码器、解调器等电路使用。

# 实训 1 有线电视机顶盒结构认识与拆装

## 实训目的

1. 进一步熟悉有线电视机顶盒整机的组成及结构。
2. 熟悉有线电视机顶盒的使用方法。
3. 能完成有线电视机顶盒整机的拆装技能训练。

## 实训设备与工具

计算机、电视机、有线电视机顶盒、遥控器。

## 实训内容与步骤

### 一、熟悉有线电视机顶盒整机的组成及结构

1. 对有线电视机顶盒进行拆卸，熟悉其组成及结构。

2. 按与拆卸相反的顺序装好有线电视机顶盒。

3. 练习使用有线电视机顶盒。

连接电视机和有线电视机顶盒，分别用遥控器、面板按钮进行操作，熟悉有线电视机顶盒的操作方法。

**二、知识拓展**

上网查找并下载各种有线电视机顶盒硬件结构的资料，了解不同机顶盒结构之间的异同点。

## §4–4 有线电视机顶盒电路的工作原理

### 学习目标

1. 掌握面板控制电路的工作原理。

2. 掌握网口电路、解调电路、主芯片电路、音 / 视频输出电路、卡座串口模块、Flash 及 SDRAM 模块的工作原理。

3. 了解 PB006 电源板的基本组成。

4. 能进行有线电视机顶盒电参数测试。

上一节我们学习了有线电视机顶盒整机的组成及结构，本节以 Hi3110Q 芯片组成的 HSC–1100D1 型机顶盒为例，对机顶盒的面板控制电路、网口电路、解调电路、主芯片电路、音 / 视频输出电路、卡座串口模块、Flash 及 SDRAM 模块、PB006 电源板等电路的工作原理做进一步的分析。

**一、面板控制电路**

面板控制电路主要由红外遥控接收器、LED 数码显示器、数码显示驱动电路、键盘矩阵电路等组成，其原理图如图 4–4–1 所示。

面板控制电路的作用是，用户可以通过遥控器和本机面板按键对机顶盒输入各种控制信号，完成对机顶盒的操作，同时显示机顶盒的工作状态。

**1. 红外遥控接收器**

红外遥控接收器采用黑色环氧树脂进行封装，滤除可见光的干扰，其作用、结构、工作原理与遥控彩色电视机的红外遥控接收器是完全一样的。

**2. LED 数码显示器**

（1）LED 数码显示器的结构

LED 数码显示器由四个数码管组成，每个数码管由八个条状发光二极管组成，各个发光二极管的阳极连在一起，为共阳极结构，共有 8 只引出脚（含小数点）。

四个数码管阳极的通电情况分别用三极管 Q1、Q2、Q3、Q4 来控制；四个数码管阴极对应的各个电极 a、b、c、d、e、f、g 分别并接在一起，与译码驱动电路 74HC164 的 3、4、5、6、10、11、12、13 脚相连，组成一个整体。整个 LED 数码显示器共有 12 个引出脚（七段数码管的引脚、一个小数点位、四个共阳极位），LED 数码显示器的结构如图 4–4–2 所示。

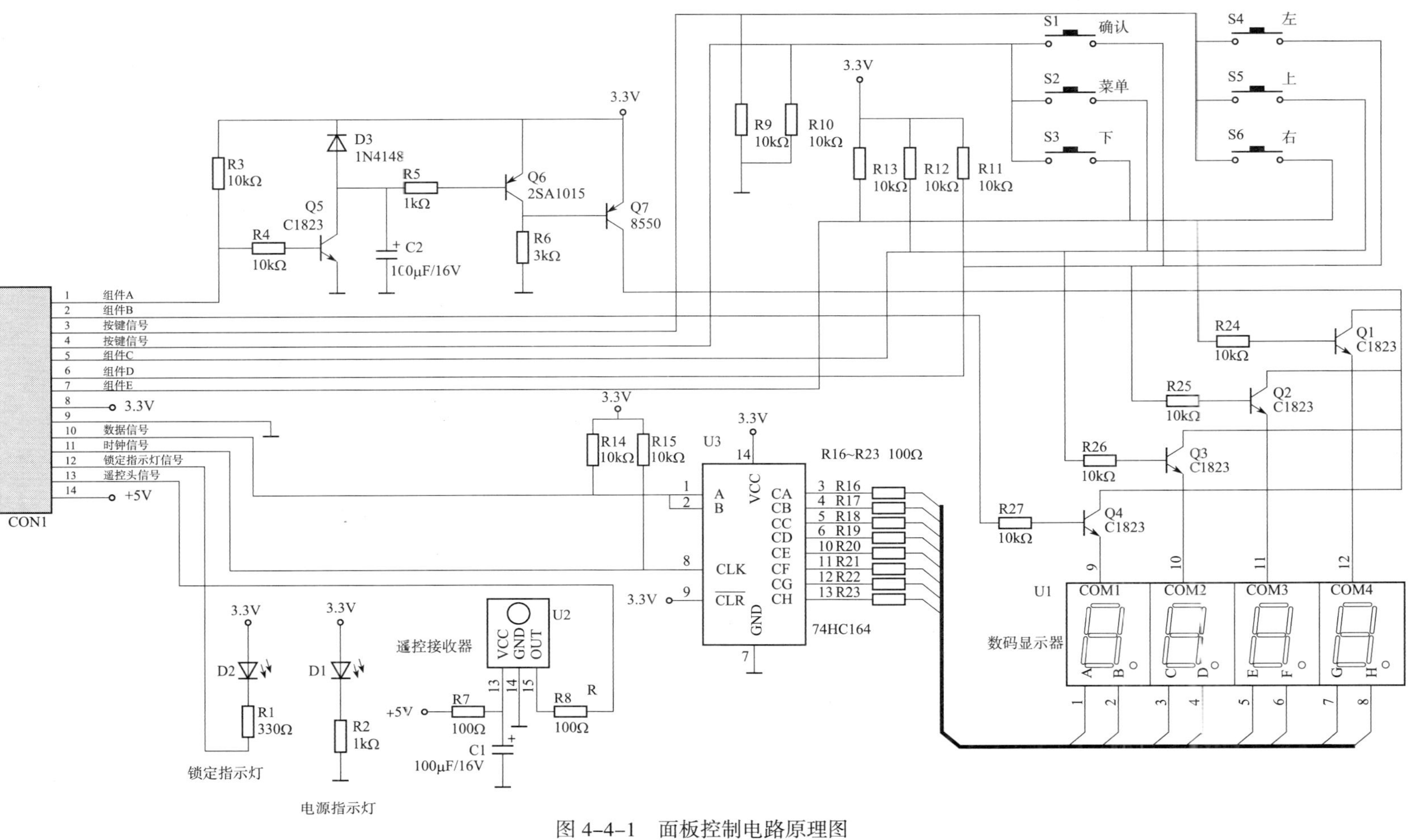


图 4-4-1 面板控制电路原理图

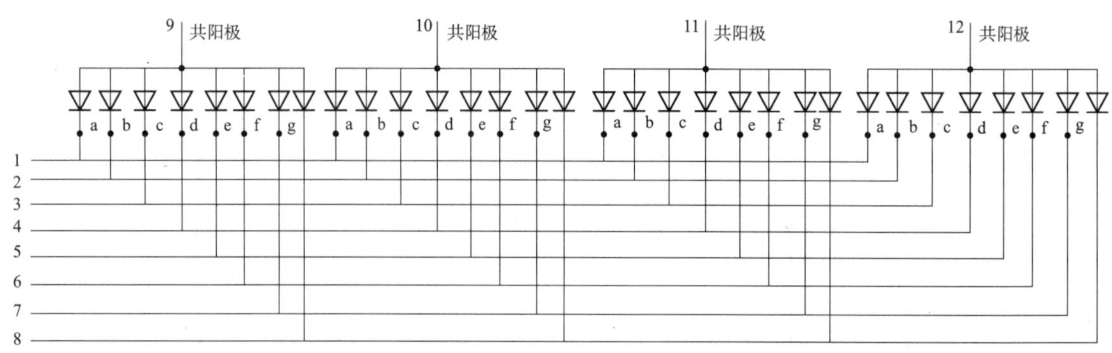


图 4-4-2　LED 数码显示器的结构

（2）LED 数码显示器的显示原理

LED 数码显示器采用动态驱动方式来进行显示。四个数码管的亮灭情况分别用三极管 Q1、Q2、Q3、Q4 的导通与截止来控制。例如，当 CON1 的 7 脚为高电平、Q1 导通时，第四个数码管的阳极 COM4 便加有 3.3 V 的电压，第四个数码管的阳极就符合导通条件。若第四个数码管的 a、b、c、d、e、f、g 各阴极有驱动电压输入，则第四个数码管就会显示 0 ~ 9 中的某一个数字，以及显示小数点。

四个数码管的阳极电压分别由主芯片通过 CON1 的 2、5、6、7 脚控制。四个数码管的 a、b、c、d、e、f、g 各阴极的驱动电压由主芯片通过 CON1 的 10 脚（数据信号）、11 脚（时钟信号）输入的信号来控制。用户按下不同的按键时，主芯片送来的数据信号与时钟信号分别从 1、2、8 脚输入 74HC164，经过译码，从 74HC164 的 3、4、5、6、10、11、12、13 脚输出，送入 LED 数码显示器的引脚中。

由于四个数码管各个相应的阴极是并联在一起的，但各个阳极是分开控制的，故当输出的阴极信号逐个轮流扫描且速度足够快时，各个数码管就会按要求进行显示。三极管 Q5、Q6、Q7 受控于 CON1 的 1 脚电平，Q5 是放大整形管，Q6、Q7 是复合放大管，用于提高 3.3 V 供电的工作电流。3.3 V 的工作电压通过 Q1、Q2、Q3、Q4 控制管，分别控制各个数码管的供电。

译码驱动器 74HC164 各引脚的符号和功能见表 4-4-1。

**表 4-4-1　　74HC164 各引脚的符号和功能**

| 引脚 | 符号 | 功能 |
| --- | --- | --- |
| 1 ~ 2 | A/B | 串行数据输入端，一般连接在一起 |
| 8 | CLK | 时钟信号输入端，由主芯片提供 |
| 9 | CLR | 清零端，一般接高电平 |
| 3 ~ 6、10 ~ 13 | CA ~ CH | 8 位并行数据输出端 |
| 14 | VCC | 3.3 V 供电 |
| 7 | GND | 接地 |

### 3. 键盘矩阵电路

主芯片输出的按键信号（键扫描信号）从 CON1 的 3、4 脚送来，按键控制电路采用矩阵式 2×3 按键，共有“OK（确认）、MENU（菜单）、UP（上）、DOWN（下）、LEFT（左）、RIGHT（右）”六个功能键的控制功能。用户按下按键后，键扫描信号通过 R11、R12、R13 与 R9、R10 叠加一个直流电压后，从 CON1 的 5、6、7 脚送回主芯片，同时主芯片会根据按键的位置，从 CON1 的 2、5、6、7 脚按要求送出高电平，加到 Q4、Q3、Q2、Q1 的基极，完成面板功能控制与显示。该键盘矩阵电路的结构与工作原理与遥控彩色电视机键盘矩阵电路的结构与工作原理相同。

指示灯电路中，D1 为电源指示灯，D2 为信号指示灯，R1 和 R2 为限流电阻。

## 二、网口电路

### 1. 网口电路的作用

具有双向互动功能的机顶盒才有网口电路，无双向互动功能的机顶盒则无此电路。

网口电路的作用是，在机顶盒与有线数字电视网络中心之间进行互动信号的转换，以实现互动功能。

### 2. 机顶盒的网口与有线数字电视网的连接方法

机顶盒内的网口电路输出端口称为网口。具有网口电路的机顶盒与有线数字电视网络中心之间进行信息互动时，不能直接用一般的 RF 同轴电缆线来连接，需要加一个调制解调器（又称为路由器），通过网络线连接才行。

### 3. 用网口传输信号与从 RF 孔输入信号的区别

用网口传输信号具有互动功能，不仅可以通过网线收看基本的有线数字电视节目，还可以互动收看付费电视节目，如能进行双向互动的有线数字 CATV 网络，通过具有双向互动功能的机顶盒，有线数字电视网络中心与用户之间可以即时开展交互式多媒体应用服务（包括即时收看数字加密电视节目、即时点播多媒体节目、提供电子节目指南以及收发电子邮件和网上购物等）。

从 RF 孔输入信号无互动功能，只能收看基本的有线数字电视节目。

### 4. 网口电路的工作原理

HSC-1100D1 型机顶盒使用的网口芯片是 LAN9115，其电路原理图如图 4-4-3 所示。

（1）RJ45 接口

RJ45 接口用于数据传输，是常用的以太网接口。RJ45 接头引线颜色的排列方法有两种，一种排列方法是按橙白、橙、绿白、蓝、蓝白、绿、棕白、棕的顺序进行排列，另一种排列方法是按绿白、绿、橙白、蓝、蓝白、橙、棕白、棕的顺序进行排列。因此，使用 RJ45 接头的线也有两种，即直通线与交叉线。图 4-4-3 中，R33、R34 为 RJ45 接口红绿指示灯供电限流电阻。

（2）网络隔离电路

U13 为网络隔离电路，起隔离机顶盒和外部网络的作用，以保护机顶盒。它内部由一个共模电感和一个变压器组成，分别起到滤波和隔离的作用。

U13（TD+、TD-，RD+、RD-）与 U2（TPO+、TPO-，TPI+、TPI-）芯片之间的输入、输出信号线采用差分信号传输方式。

（3）网口芯片电路

网口芯片 LAN9115 I/O 口的供电电压为 3.3 V，内核和锁相环的供电电压为 1.8 V，晶振

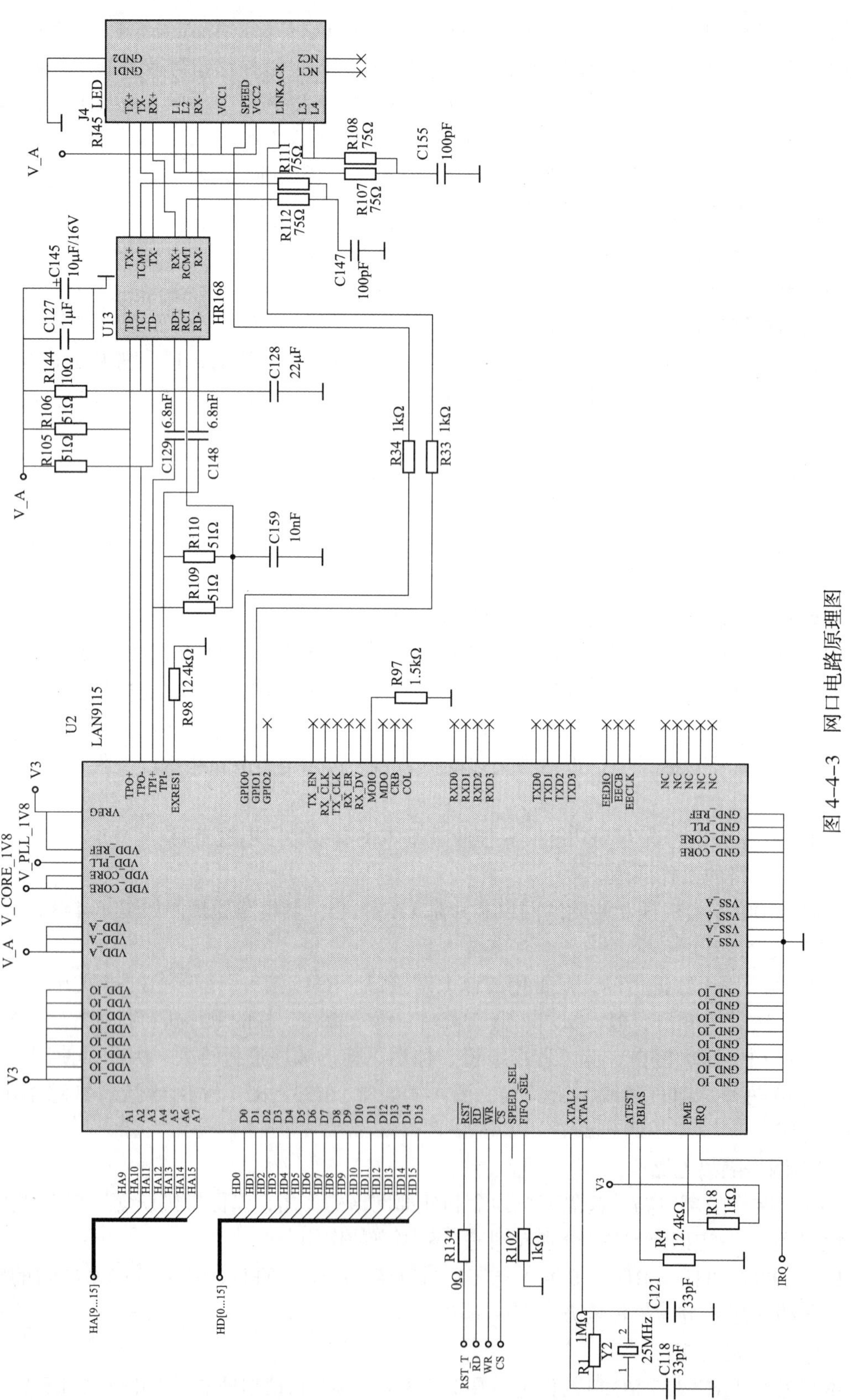


图 4-4-3　网口电路原理图

频率为 25 MHz，有复位 $\overline{\text{RST}}$、写允许 $\overline{\text{WR}}$、读允许 $\overline{\text{RD}}$、片选 $\overline{\text{CS}}$、中断请求入口 IRQ 端口。芯片 U2 有 7 位地址线（A1 ~ A7），与 Flash 相连；有 16 位数据线（D0 ~ D15），与后级主芯片（MPEG-2 解码器）相连。16 位数据线送出的信号是音 / 视频和其他信息的传输流，即 MPEG-2 传输流。网口芯片 LAN9115 的引脚功能见表 4-4-2。

表 4-4-2 网口芯片 LAN9115 的引脚功能

| 引脚 | 功能 |
|---|---|
| D0 ~ D15 | 16 位双向数据端口 |
| A1 ~ A7 | 7 位地址端口 |
| $\overline{\text{WR}}$ | 写允许端口，低电平有效 |
| $\overline{\text{RD}}$ | 读允许端口，低电平有效 |
| $\overline{\text{CS}}$ | 片选端口，低电平允许读写操作，与 $\overline{\text{WR}}$ 配合一起唤醒处于低功耗的 LAN9115 |
| IRQ | 可编程的中断输入口 |
| $\overline{\text{RST}}$ | 复位端口，低电平有效 |
| SPEED_SEL | 速度设置端口，为“0”时，速度为 10 Mbit/s；为“1”时，速度为 100 Mbit/s |
| FIFO_SEL | 先进先出端口设置，在此模式下，A3 ~ A7 高位地址无效 |
| TPO+/TPO- | 双绞线输出端（正）/ 双绞线输出端（负） |
| TPI+/TPI- | 双绞线输入端（正）/ 双绞线输入端（负） |
| EXRES1 | 芯片外部偏置电阻，必须连接 12.4 kΩ（±1%）的电阻到地 |
| XTAL1/XTAL2 | 外部 25 MHz 时钟输入 / 输出 |
| ATEST | 测试端口，在正常操作时连接到 VDD |
| RBIAS | PLL 偏置电流端口，外接一个 12.4 kΩ（±1%）的电阻到地 |
| PME | 唤醒信号 |
| GND_IO/VSS_A/GND_CORE/GND_PLL/GND_REF | 依次为 I/O 口地、内部模拟电源地、内部数字逻辑地、锁相环地、内部锁相环参考电压地 |
| GPIO0/GPIO1 | 通用 I/O 口，通过编程可以设置它们为上拉、漏极开路输出和漏极开路输入三个状态 |
| VDD_IO/VDD_A/VDD_CORE/VDD_PLL/VDD_REF | 依次为 3.3 V 逻辑电源输入引脚、3.3 V 模拟电源输入引脚、1.8 V 内核供电引脚、锁相供电输入引脚、内部锁相环参考电压输入引脚（接 3.3 V） |
| VREG | 接 3.3 V 电源作为内部电压调整器 |

## 三、解调电路

有线电视网传输信号的频率为 45 ~ 860 MHz，机顶盒首先通过高频调谐器对高频信号进行下变频成为中频，才能进行解调制处理；又因目前机顶盒的高频调谐器不能直接输出 TS 信号，故高频调谐器输出的信号还要经过 QAM 等解调电路，才能成为 TS（即 MPEG-2 传输流）。

解调电路主要由高频调谐器电路和解调芯片电路组成。其作用是接收某一频道的高频信号，将其下变频为中频信号，并经过解调芯片电路进行解调，把信号还原成调制前的信号后，送往后级的解复用、MPEG-2 解码器等电路。解调电路原理图如图 4-4-4 所示。

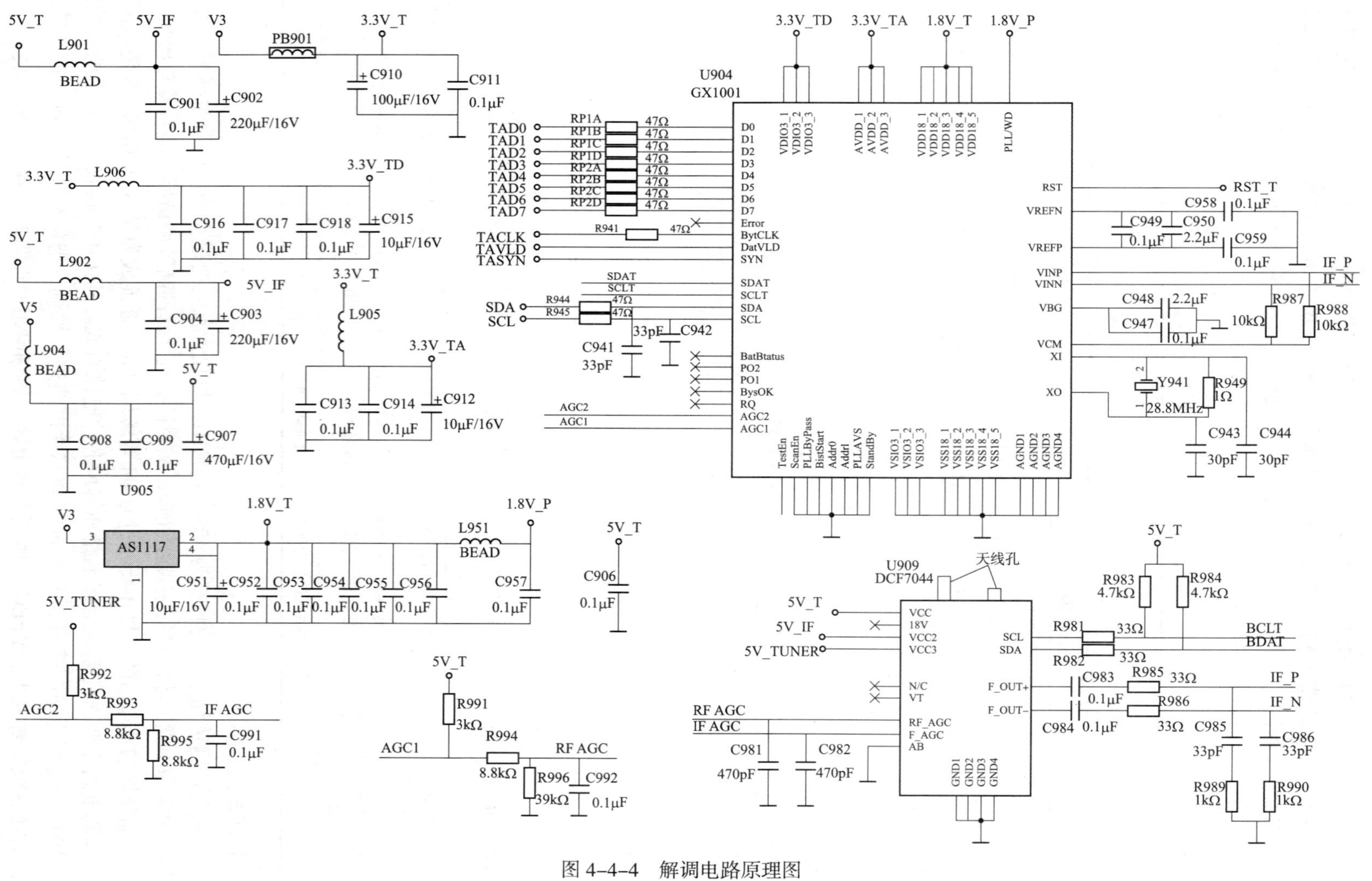


图 4-4-4　解调电路原理图

### 1. 高频调谐器电路

图 4–4–4 中，DCF7044（U909）是高频调谐器电路，主芯片通过 $I^2C$ 总线对高频调谐器的调谐数据、RF_AGC 等进行控制。高频调谐器将接收到的电视信号经过电路放大、变频等处理，成为一对差分的中频信号，从其 12、13（F_OUT+、F_OUT–）脚输出。高频调谐器的引脚功能见表 4–4–3。

表 4–4–3　　高频调谐器的引脚功能

| 引脚 | 功能 |
|---|---|
| RF_AGC | 0 ~ 4 V 的射频自动增益控制电压 |
| VCC | +5 V |
| 空 | 地址选择端 |
| AIF | 中频输出显示，一般悬空 |
| N/C | 未连接或用于 4 MHz 参考时钟输出 |
| SCL | 时钟 $I^2C$ 总线 |
| SDA | 数据 $I^2C$ 总线 |
| GND | 接地 |
| VT | 30 V 调谐电压输入 |
| F_AGC | 0 ~ 3.3 V 的中频自动增益控制 |
| F_OUT+（即 IF P） | 中频输出信号 2 |
| F_OUT–（即 IF N） | 中频输出信号 1 |

### 2. QAM 解调电路

图 4–4–4 中，GX1001 是 QAM 解调芯片电路。

（1）GX1001 解调信号的流程

GX1001 解调框图如图 4–4–5 所示。从高频调谐器的 12、13 脚输出的一对差分信号，进入 GX1001 的 59、61（VINP、VINN）脚。QAM 多电平调制信号经 A/D 采样后，一路进入 AGC 电路，AGC 电路根据所接收信号的强弱，形成控制信号，送往高频调谐器，控制射频电路增益和中频电路增益，使送往后级的信号保持一定幅度；另一路进入基带搬移电路，

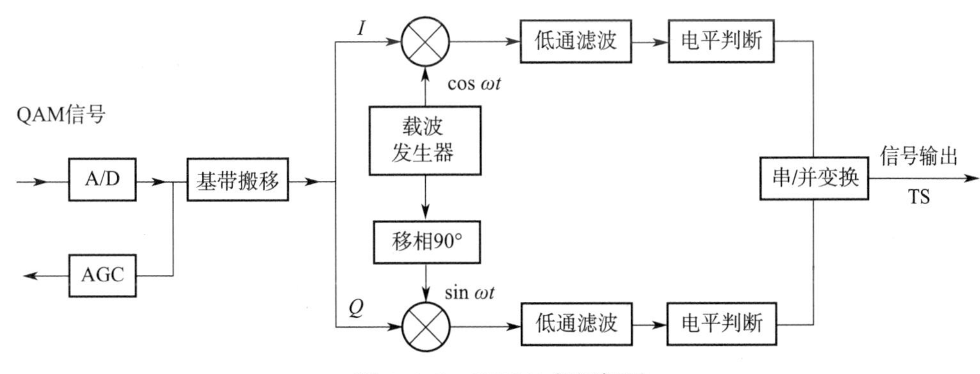


图 4–4–5　GX1001 解调框图

基带搬移电路将 A/D 采样后的数据变换为基带 $I$、$Q$ 信号。载波发生器产生的信号 $\cos \omega t$ 与 $I$ 信号相乘，完成 $I$ 信号的解调；$\sin \omega t$ 与 $Q$ 信号相乘，完成 $Q$ 信号的解调。$I$、$Q$ 信号分别经过低通滤波、电平判断后，转变为 $I$、$Q$ 数字信号。$I$、$Q$ 数字信号经过串 / 并变换，最后得到 TS，从 D0 ~ D7 脚输出，送往后级的主芯片电路。GX1001 解调波形如图 4–4–6 所示。

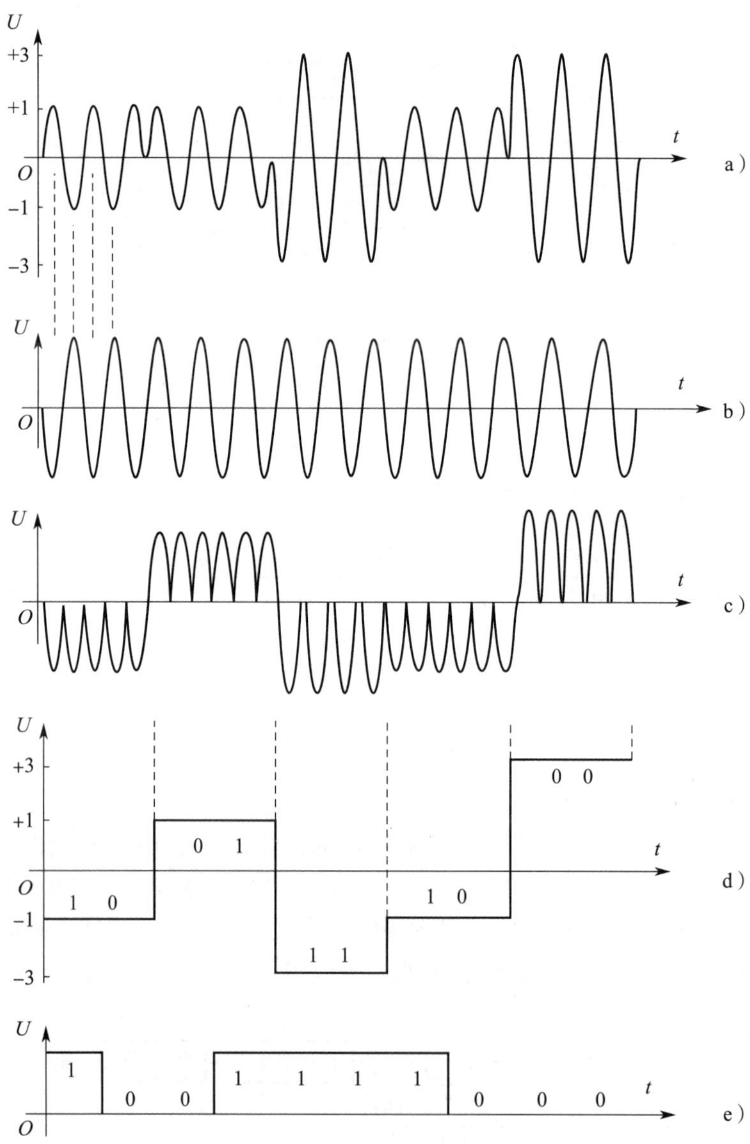


图 4–4–6　GX1001 解调波形

a）$Q$ 信号波形　b）副载波波形　c）检波后的波形　d）滤波后的波形　e）电平判断后的波形

（2）GX1001 芯片引脚功能

GX1001 芯片 I/O 口的供电电压为 3.3 V，内核和锁相环的供电电压为 1.8 V。VREFP 和 VREFN 两只引脚提供 ADC 正负参考电压。晶振的频率为 28.8 MHz，输出的 TS 为 8 位，TS 信号包含时钟、音 / 视频数据、包同步等信号。GX1001 芯片引脚功能见表 4–4–4。

表 4-4-4　　GX1001 芯片引脚功能

| 引脚名称 | 功能 |
|---|---|
| D0 ~ D7 | 8 位 TS 输出引脚，三态输出方式，串行输出方式下输出为 0 |
| BytCLK | 并行输出的字节时钟，三态输出方式，串行输出时为串行时钟 |
| DatVLD | 数据有效信号，三态输出方式，高电平有效包 |
| SYN | 包同步信号，三态输出方式，高电平有效 |
| SDAT | 给调谐器的两线串行数据总线数据，漏极开路 |
| SCLT | 给调谐器的两线串行数据总线时钟，双向漏极开路 |
| SDA | 两线串行数据总线数据，双向漏极开路 |
| SCL | 两线串行数据总线时钟，漏极开路 |
| AGC1/AGC2 | 射频 AGC/ 中频 AGC，脉宽调制输出，漏极开路 |
| XI/XO | 28.8 MHz 晶振输入 / 输出 |
| VINP/VINN | ADC 正 / 负极性中频信号输入 |
| VBG | ADC Band-Gap（带隙）电压输出 |
| VCM | 共模的中心电平输出，1.65 V，电容耦合接地 |
| VREFN/VREFP | ADC 正 / 负参考电压输出 |
| RST | 复位输入，耐 5 V，低电平有效 |
| VDIO3/VSIO3 | I/O 的数字电源 / 地 |
| VDD18/VSS18 | 内核的数字电源（1.8 V）/ 地 |
| AVDD/AGND | ADC 的模拟电源（3.3 V）/ 地 |
| TestEn/ScanEn/PLLByPass/BistStart/ Addr0 ~ Addr1/PLLAVS/StandBy | 测试使能端，高电平有效 / 寄存器链扫描使能信号 /PLL 旁通控制信号 / Bist 开始信号 / 两线串行地址选择 /PLL 电源 /StandBy 使能信号。上面这些信号在实际应用中都是接地的 |

## 四、主芯片电路

从 GX1001（QAM 解调芯片）电路 D0 ~ D7 脚输出的 TS 进入主芯片 Hi3110 电路。

主芯片电路是嵌入式操作系统的运行平台，其功能强大，与操作系统一起完成网络管理、显示管理、有条件接收管理、图文电视解码、解复用、解密、解扰、MPEG-2 解码、视频信号的上下变换等各项任务。芯片内集成了 CPU、图形管理器、解复用、视频控制器、音频控制器、时钟控制器、通用 I/O 模块等单元电路。机顶盒可以完成电视音 / 视频节目接收、网页浏览等各项信息处理任务。

TS 信号进入主芯片后，首先进行解复用，在 MPEG-2 解复用器中把传输流拆分成视频流、音频流和控制信号流，提取需要解密、解扰的信息和节目内容。信号再经过 MPEG-2 数字音 / 视频解码处理器，还原成非压缩的数字音 / 视频信号。

数字视频信号经过 D/A 转换和 PAL 编码可以输出 CVBS、YCrCb、S-Video 三种形式的视频信号。数字音频信号可以经过 D/A 转换输出模拟的音频信号，也可以直接输出数字音频信号。主芯片电路组成框图如图 4-4-7 所示。

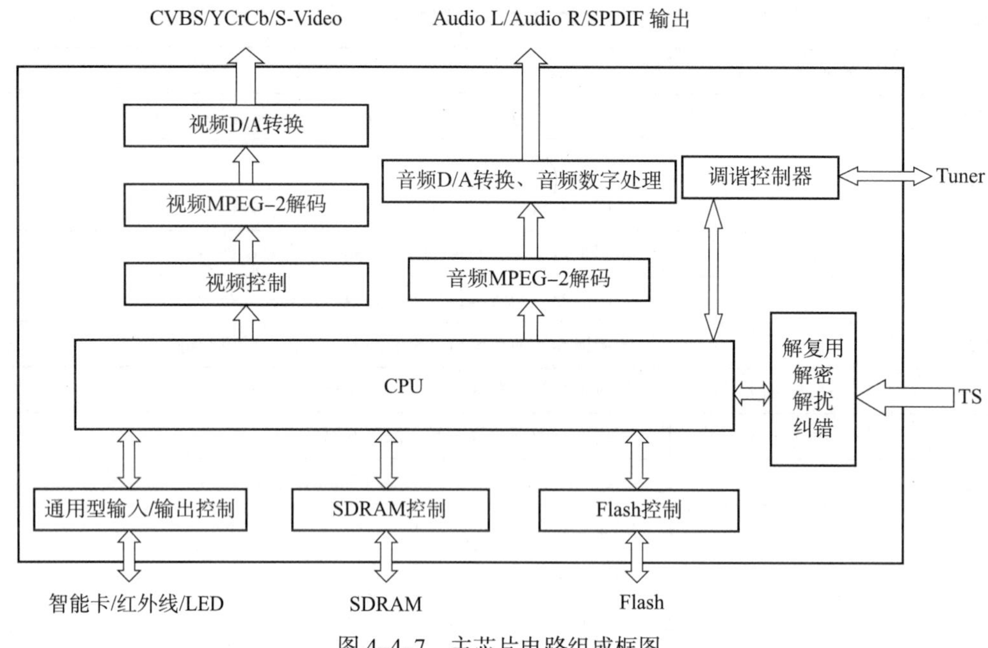

图 4–4–7　主芯片电路组成框图

## 五、音 / 视频输出电路

TS 信号经过主芯片解复用、MPEG–2 数字音 / 视频解码后，即成为非压缩的数字音 / 视频信号，该信号再进入音 / 视频输出电路中。音 / 视频输出电路原理图如图 4–4–8 所示。

### 1. 音频输出电路

主芯片输出的音频信号一般是数字音频信号，数字音频信号应经过 D/A 转换、放大后，才能送往机顶盒音频输出孔。

在音频输出电路中，AM4566（U11）是 D/A 转换电路，LM4556（U95）是模拟音频信号放大电路。在 AM4566 电路中，数字音频信号中的串行数据信号 SDTI、串行时钟信号 BICK、左右时钟信号 LRCK 和主时钟信号 MCLK 从 AM4566 的 1、2、3、4 脚输入，从 10、11 脚输出模拟音频信号。AM4566 的供电电压为 5 V，5 脚为复位控制端，6 脚为静音控制端。

模拟的音频信号经阻容耦合和低通滤波后，送入 LM4556 中进行放大，放大后的左、右声道音频信号分为两组，送往机顶盒的音频输出孔。

### 2. 视频输出电路

从主芯片输出的视频信号一般有复合视频、分量和 S 端子三种形式的信号，即 CVBS、RGB、YCrCb 三种形式的视频信号，且都是模拟信号，只需再进行放大和滤波，就可以直接送往机顶盒的视频输出孔。

视频输出模块以 FMD6143（U601、U602）电路为主，FMD6143 是一个三通道的视频放大器，IN1 ~ IN3 为三通道视频信号输入端，OUT1 ~ OUT3 为放大后的三通道视频信号输出端。视频信号经过输入电路中的不同滤波器滤波后，送入 FMD6143 的输入端，经过内部三路视频信号电路放大后，输出 CVBS、RGB、YCrCb 三种形式的视频信号。

由于视频信号的输出有多种形式，又有多路输出，故一般要用两片 FMD6143 进行放大，才能满足要求。

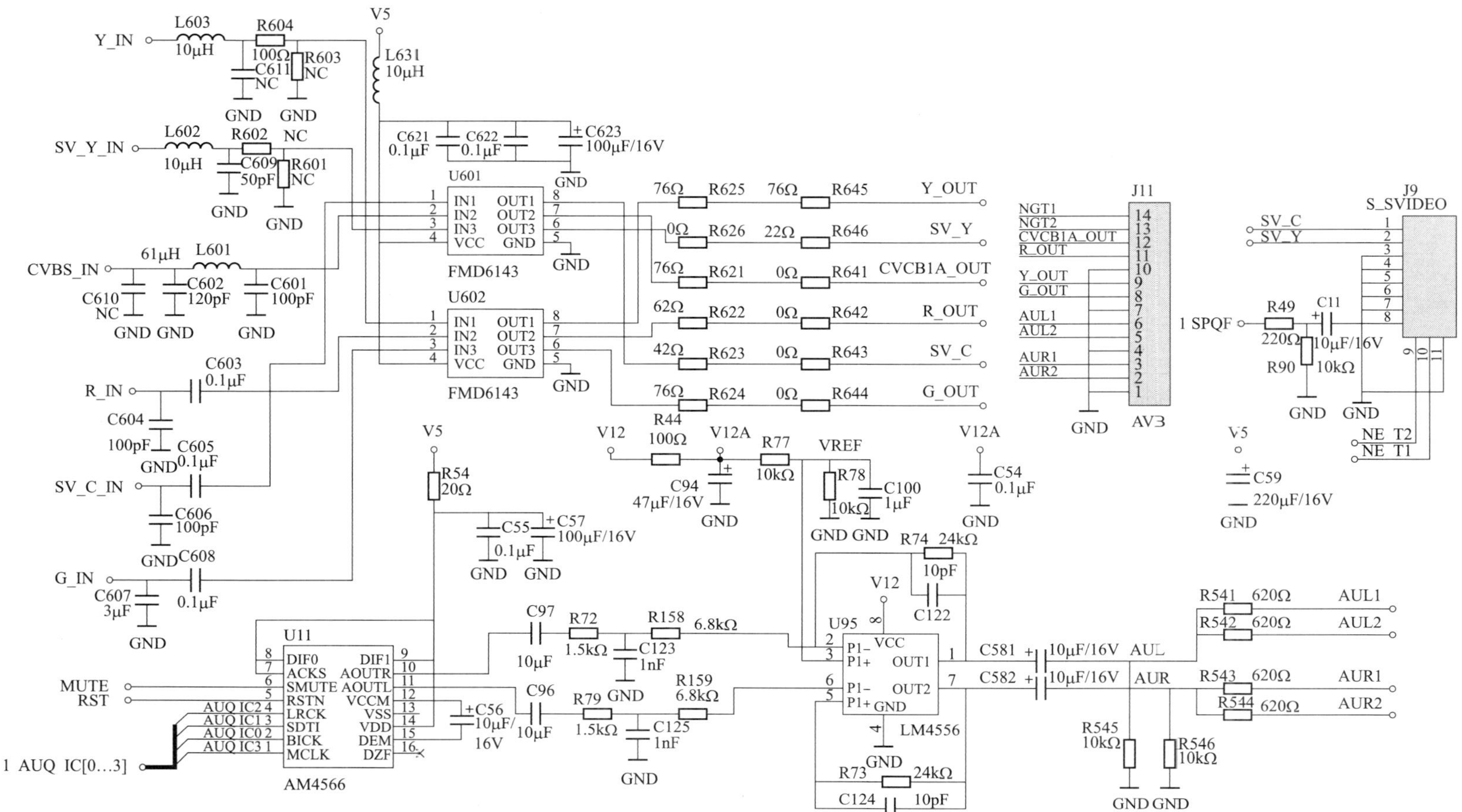


图 4-4-8 音/视频输出电路原理图

## 六、卡座串口模块

卡座的作用是，对智能卡起支承与固定作用，使智能卡与机顶盒主芯片能通过引线进行数据交换。

智能卡通过卡座与主芯片相连，两者之间的连接线路共有 6 条，分别为读卡识别引线 DETEC、复位信号引线 RST、时钟信号引线 CLK、数据信号引线 DATA（IN/OUT 各 1 条）、电源供电引线 VCCEN。智能卡与主芯片的连接图如图 4-4-9 所示。

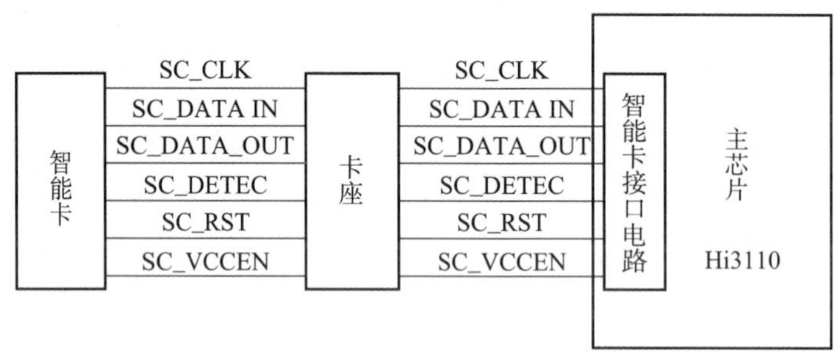


图 4-4-9　智能卡与主芯片的连接图

## 七、Flash 与 SDRAM 模块

Flash 与 SDRAM 模块的电路原理图如图 4-4-10 所示。

### 1. Flash 模块

Flash 是应用程序存储的地方，在系统断电时内容还可以保留，其主要优点是能被擦除并重新编程。用户不能改变所存储的应用程序，但电视运营商能随时把新的软件下载到 Flash 里面，通过在线的方式，对其所存储的应用程序进行更新，以达到机顶盒软件升级的目的。目前，机顶盒用的 Flash 容量有四种，分别为 2 MB、4 MB、8 MB 和 16 MB。

图 4-4-10 中，U56 为 Flash 模块，它有 16 位数据线（D0 ~ D15），有 22 位地址线（A0 ~ A21），可存储容量为 $2^{22}\times16$=67 108 864 bit=64 Mbit=8 MB。根据工作的需要，可以设置“字”和“字节”两种数据宽度模式，Byte# 脚为逻辑 1 时，它处于“字”模式，一个时钟周期可以传送 16 位数据；Byte# 脚为逻辑 0 时，它处于“字节”模式，一个时钟周期只能由低 8 位数据线传送 8 位数据。

Flash 芯片的供电电压为 2.5 V 和 1.25 V。芯片除有数据线、地址线端子外，还有输出允许、写允许、硬件写保护输入允许、硬件复位输入等端子。排阻 RP50 ~ RP68 为限流电阻，可以对信号的传输起缓冲作用。

### 2. SDRAM 模块

SDRAM（Synchronous Dynamic Random Access Memory）为同步动态随机存储器，“同步”是指 Memory 工作需要同步时钟，内部命令的发送与数据的传输都以它为基准；“动态”是指存储阵列需要不断刷新来保证数据不丢失；“随机”是指数据不是线性依次进行存储。

SDRAM 只有在通电时才能同步保持所存储的信息，而且新的要存储的数据到来后，原来所存储的数据会被刷新掉，新的数据不断进来，原来所存储的数据会不断被刷新掉，这种存储器特别适合于图像解压缩时帧信号的存储。在机顶盒中，SDRAM 的容量主要有 8 MB、16 MB、32 MB 和 64 MB 四种。

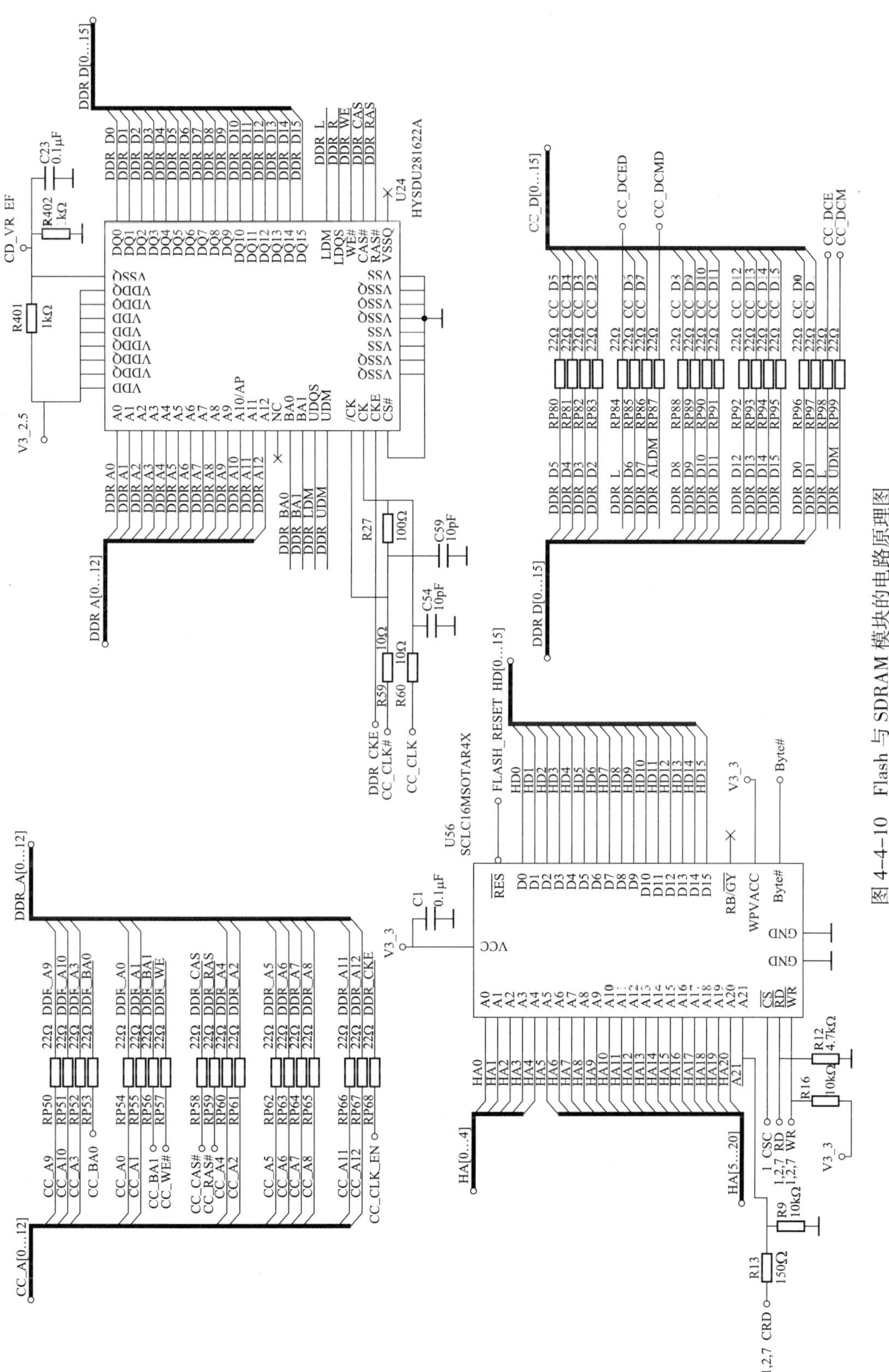


图 4-4-10 Flash 与 SDRAM 模块的电路原理图

图 4-4-10 中，HYSDU281622A（U24）为动态存储器模块，该模块采用矩阵式的寻址方式，总共有 4 个通道，由 BA0 和 BA1 两位二进制状态的组合进行选择。每个通道的行地址由 A0 ~ A8 提供，列地址线 A0 ~ A12 有 13 位，数据线 DQ0 ~ DQ15 有 16 位，存储容量为 $4 \times 16 \times 2^9 \times 2^{13}$=268 435 456 bit=256 Mbit=32 MB，容量以字节为单位。

HYSDU281622A 的引脚功能见表 4-4-5。

SDRAM 的所有操作都同步于时钟信号。所有的操作命令通过 CS#、RAS#、CAS#、WE# 等控制线输入的信号进行控制。

排阻 RP80 ~ RP99 为限流电阻，可以对信号的传输起缓冲作用。

表 4-4-5　　HYSDU281622A 的引脚功能

| 引脚名称 | 功能 | 引脚名称 | 功能 |
|---|---|---|---|
| VDD、VSS | 内部电路供电和输入缓冲 | LDM、UDM | 输入数据屏蔽 |
| VDDQ、VSSQ | 抑制噪声的输入缓冲供电 | CK、/CK | 差分信号输入 |
| DQ0 ~ DQ15 | 数据 I/O 线 | CKE | 时钟允许 |
| A0 ~ A12 | 行 / 列地址线 | BA0 ~ BA1 | 通道地址输入 |
| CS# | 片选 | LDQS、UDQS | 数据捕捉 |
| CAS#、RAS#、WE# | 命令输入 | | |

### 八、PB006 电源板

HSC-1100D1 型机顶盒的开关稳压电路以集成电路 VIPER22A 为核心，构成性能良好的稳压电路。该稳压电路的工作原理较简单，在此不做介绍。

# 实训 2　有线电视机顶盒电参数测试

## 实训目的

1. 进一步熟悉有线电视机顶盒的工作原理。
2. 能对有线电视机顶盒关键点的电参数进行测试。

## 实训设备与工具

计算机、电视机、有线电视机顶盒、遥控器、万用表。

## 实训内容与步骤

### 一、有线电视机顶盒关键点电参数的测试

**1. 熟悉有线电视机顶盒的组成和结构**

拆开有线电视机顶盒的外壳，分析其电路组成、结构与信号流程。

**2. 对关键点电参数进行测试**

连接电视机与机顶盒，开机，测量稳压电路的输出电压及机芯电路晶振信号、输出图像信号等的波形，并做好记录。

## 二、知识拓展

上网查找不同型号有线电视机顶盒的电路图，分析其工作原理。

# §4–5 有线电视机顶盒的常见故障与检修方法

## 学习目标

1. 了解有线电视机顶盒的常见故障。
2. 掌握有线电视机顶盒常见故障的检修思路与检修方法。
3. 能进行有线电视机顶盒的故障检修。

有线电视机顶盒在使用过程中，总是免不了会出现一些问题，本节重点学习有线电视机顶盒的常见故障及其检修思路与检修方法。

## 一、有线电视机顶盒的常见故障

有线电视机顶盒的常见故障主要有开关稳压电源板故障、主板硬件与软件故障、音频与视频输出电路故障。

### 1. 开关稳压电源板故障

开关稳压电源板故障是机顶盒的常见故障之一，其故障现象多为开机后电源指示灯不亮、面板无任何显示等。

### 2. 主板硬件故障

主板硬件出现故障时，电源指示灯一般是亮的，常出现不能进行任何操作、画面不正常等现象。

### 3. 主板软件故障

机顶盒主板软件故障主要表现为将机顶盒重启后故障消失。引起此故障的原因多是人为操作不当。

### 4. 音频输出电路故障

音频输出电路故障多表现为有图像、无伴音等。

### 5. 视频输出电路故障

视频输出电路故障多表现为伴音正常，但无图像等。

## 二、有线电视机顶盒常见故障的检修思路

有线电视机顶盒出现故障时，不要急于拆盖检修，应先对其进行初步的检查。初步检查的主要内容包括电源指示灯是否亮、数码管的显示是否正常、手动搜台是否正常、图像是否有马赛克现象、AV 信号输出是否正常、各端子输出信号是否正常、面板按键是否正常、遥控操作是否正常、能否正常读取 IC 卡信息等。确认有故障，才有必要拆盖检修。

### 1. 开关稳压电源板故障的检修思路

开机后电源指示灯不亮，面板无任何显示，为开关稳压电源板故障。检修思路与一般开关稳压电路检修方法相同。

**2. 主板硬件故障的检修思路**

主板硬件出现故障时，可以通过对数据信号、地址信号、时钟信号、同步信号以及控制信号的检测，来找出故障的元件。

**3. 主板软件故障的检修思路**

重启后故障消失，为软件故障。

**4. 音频输出电路故障的检修思路**

无伴音故障多为音频 D/A 变换器或输出放大电路出现问题，可以重点检查这些电路及外围的元件。若声音很小或失真，通常为运算放大器或周围的电阻、电容损坏，更换即可。

**5. 视频输出电路故障的检修思路**

无图像故障一般是视频、后续编码器、后续滤波等电路故障所致，可用示波器检查视频编码器的时钟信号、输入信号和输出信号。若这些信号异常，应先检查其外围元件是否损坏。若外围元件正常，可判断是视频编码器损坏，应进行更换。

具体检修时，可以通过直接观察法、测量法、替换法、对比推理法、加温法、干扰法、短路法、断路法等进行检修。

## 三、有线电视机顶盒具体故障的检修方法

**1. 无图像、无伴音信号输出且显示屏无显示**

（1）检查主芯片的时钟信号、复位电路以及晶振电路是否正常。

（2）检查 EEPROM、Flash、SDRAM 存储器电路是否正常。

（3）检查上述电路的供电是否正常。

（4）如果上面的检查都没有问题，可以更换 Flash 等芯片试一试。

**2. 声音信号输出正常，但无图像信号输出**

（1）检查主芯片图像信号输出脚的输出情况。如果输出信号正常，则是主芯片后面的图像滤波与放大电路有问题；如果不正常，则是主芯片的问题。

（2）如果是主芯片的问题，先查看主芯片是否有虚焊、连锡的现象，如果焊接没有问题，则更换主芯片。

**3. 图像信号输出正常，但无声音信号输出**

（1）检查主芯片的声音信号输出脚是否有声音信号输出。如果有，则是后面的 D/A 变换器或放大电路有问题；如果没有，则是主芯片的问题。

（2）如果是 D/A 变换器或放大电路的问题，要检查这部分电路的供电情况与焊接情况。

（3）如果是主芯片的问题，则先查看主芯片的焊接情况，如果没有问题，应更换主芯片。

**4. 搜索不到节目**

（1）检查主芯片到高频调谐器之间是否有连锡、虚焊等现象。

（2）检查高频调谐器 3.3 V 和 5 V 供电电压是否正常。

（3）检查高频调谐器的 AGC 电压和时钟输入信号是否正常，如果都正常，则更换高频调谐器试一试。如果都没有问题，则更换主芯片。

**5. S 端子无图像信号输出**

（1）检查电视机和机顶盒的视频输出设置，是否为“CVBS+S”模式。

（2）检查主芯片的S端子引脚是否有图像和彩色信号输出。如果有图像和彩色信号输出，则检查S端子后面的电路；如果没有，则检查主芯片是否良好。

（3）检查S端子的结构是否良好。

**6. 出现马赛克现象**

（1）检查有线数字电视信号的强度是否正常。

（2）检查高频调谐器和解调IC（主芯片）有无连锡、虚焊的现象。

（3）检查高频调谐器和解调IC的供电系统是否正常。

（4）更换高频调谐器或解调IC试一试。

**7. 显示屏无显示**

（1）用一块好的、同规格的面板控制电路板进行替换。如果显示正常，则说明是面板控制电路的问题；如果依然无显示，则说明故障在面板控制电路到主芯片之间。

（2）如果是面板控制电路的问题，可先观察元件有无虚焊、连锡的情况，然后用示波器检测显示用的驱动芯片是否有信号输出，如果有正常的信号输出，应更换数码管。

（3）检查每根排线到主芯片的连通情况，如果连接正常，应更换主芯片。

**8. 不读卡**

（1）用一张好的、同型号机顶盒用的智能卡进行替换，看能否读出信息。如果能读出信息，说明是智能卡有问题；如果不能读出信息，则说明是卡座、主芯片、连接的排线有问题（不同机顶盒的智能卡虽不能互换使用，但总能读出一些信息）。

（2）检查卡座的结构，看插卡后铜皮是否能连通。

（3）检查卡座排线与主芯片的连通情况，如果连通良好，则更换主芯片。

**9. 网口无法接收信号**

（1）检查网口连接是否良好。

（2）检查主芯片到网口电路之间的电路有无虚焊、连锡的现象。

（3）检查网口电路的供电情况。

（4）检查网口电路与主芯片之间的电路是否正常。

（5）更换网口电路芯片或主芯片。

**10. 无法遥控**

（1）用一块好的、同规格的面板控制电路板进行替换。如果面板控制电路板是正常的，则问题出在面板控制电路，否则故障在面板控制电路板上。

（2）如果问题在面板控制电路，可先检查元件有无虚焊等现象，然后检查接收头的5 V供电电压，如果都没有问题，可更换遥控接收头。

（3）如果问题在面板控制电路板，应检查遥控接收头引脚到主芯片的连通情况，如果正常，应更换主芯片。

# 实训3 有线电视机顶盒的故障检修

## 实训目的

1. 进一步熟悉有线电视机顶盒常见故障的检修方法。

2. 能对有线电视机顶盒常见的故障进行检修。

### 实训设备与工具

计算机、电视机、有线电视机顶盒、遥控器、万用表、电视机常用维修工具。

### 实训内容与步骤

**一、有线电视机顶盒常见故障的检修**

**1. 进行故障设置**

可以人为设置如下故障，并进行检修。

故障现象一：开机后指示灯和数码显示管不亮，无图、无声。

故障现象二：无图像、无伴音。

**2. 故障检修**

先分析故障原因，再判断故障的范围，对故障范围可能点的电参数进行检测，确认损坏的元件，更换损坏的元件，通电测试，最后撰写故障检修报告。

**二、知识拓展**

上网查找有线电视机顶盒常见的故障现象，分析故障原因及其检修方法。

## 思考与练习

1. 画出有线数字电视网络中心条件接收系统的组成框图。
2. 画出有线电视机顶盒整机的组成框图。
3. 简述有线数字电视机顶盒主电路板的信号流程。
4. 有线电视机顶盒的高频调谐器与一般彩色电视机的高频调谐器有何异同？
5. 有线电视机顶盒中的 Flash、RAM 和 EEPROM 存储器各有什么作用？
6. 简述面板控制电路的工作原理。
7. 有线电视机顶盒的常见故障有哪些？
8. 有线电视机顶盒的开关稳压电路出现故障后，应如何进行检修？
9. 有线电视机顶盒出现无法遥控的故障，应如何进行检修？

# 第五章　OLED 显示技术

显示技术的发展经历了三个阶段。第一代为真空电子管显示技术，以 CRT 显像管为代表；第二代为平板显示技术，以液晶显示器（LCD）、等离子显示器（PDP）为代表；第三代为以发光二极管为基础的 OLED 显示技术。本章将以 OLED 的结构为基础，学习 OLED 屏的组成结构、工作原理，以及 OLED 的应用等方面的内容。

## §5-1　OLED 的发光原理

### 学习目标

1. 了解 OLED 的发展历史。
2. 了解 OLED 的结构、分类及特点。
3. 掌握 OLED 的发光原理。
4. 掌握 OLED 的驱动方法。
5. 能进行 OLED 驱动电路的仿真测试。

OLED（Organic Light-Emitting Diode）即有机发光二极管，又称为有机电激光显示。因其具备轻薄、省电等特性，从 2003 年开始，在 MP3 等播放器上得到了应用。与传统的 LCD 显示技术相比，它无须借用背光源，是一种采用非常薄的有机半导体材料涂层并配合玻璃基板、在电流的驱动下主动发光的显示技术。

随着 OLED 显示技术的不断完善，更省电、更轻薄、更明亮的 OLED 显示技术将逐步取代当前的 LCD 显示技术。

### 一、OLED 的发展历史

1960 年，由 Dresner 和 Helfrich 等研究人员提出 OLED 单晶有机固体的结构，即小分子有机发光材料结构，如图 5-1-1 所示。

1979 年，美国柯达公司的邓青云等人，以 8- 羟基喹啉铝为发光材料，并结合芳香二胺作为空穴传输材料，首次获得了高效率的有机发光二极管材料，如图 5-1-2 所示。

1987 年，邓青云、汪根样博士和 Steven 发明了低电压、高效率的光发射器。

1990 年，英国剑桥大学的 Burroughes 等人首次用聚对亚苯基 -1，2- 亚乙烯制作出聚合物发光二极管（PLED），如图 5-1-3 所示，聚对亚苯基 -1，2- 亚乙烯（PPV）在电场的作用下能发出亮丽的黄绿光。随后，美国加州大学的 Heeger 等人又利用可溶性的聚［2- 甲氧基 -5-（2- 乙基己氧基）对亚苯基 -1，2- 亚乙烯］（MEH-PPV）作为发光材料，制作了效率更高的 PLED。

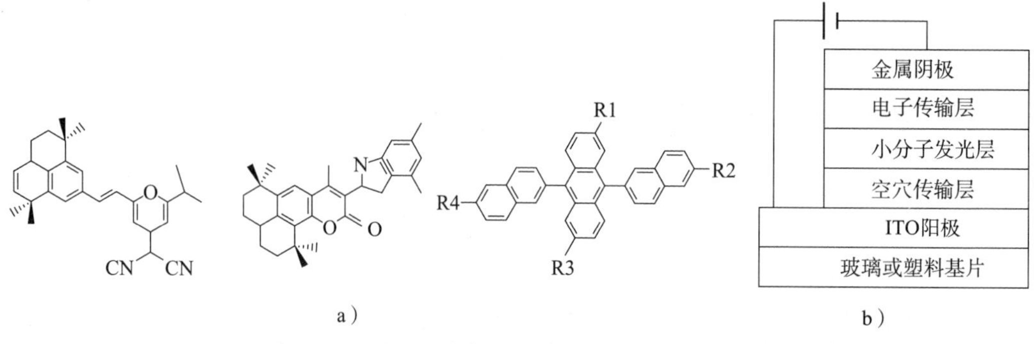


图 5-1-1　小分子有机发光材料结构

a）小分子有机发光材料的分子结构　b）小分子有机发光二极管的结构

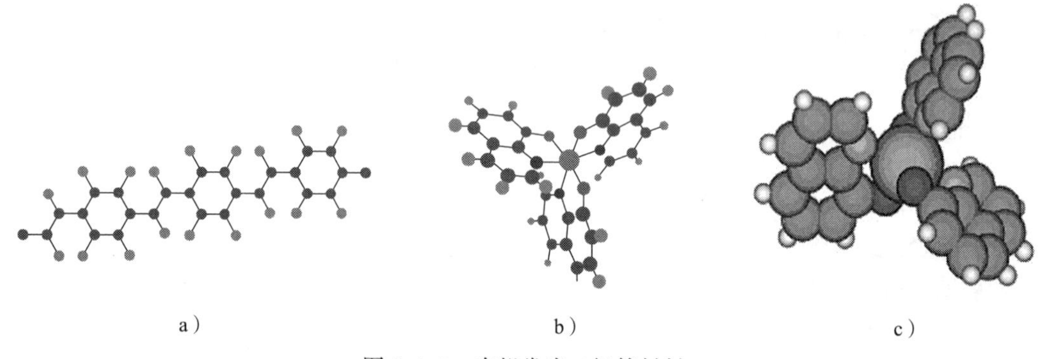


图 5-1-2　有机发光二极管材料

a）高分子　b）小分子　c）8- 羟基喹啉铝

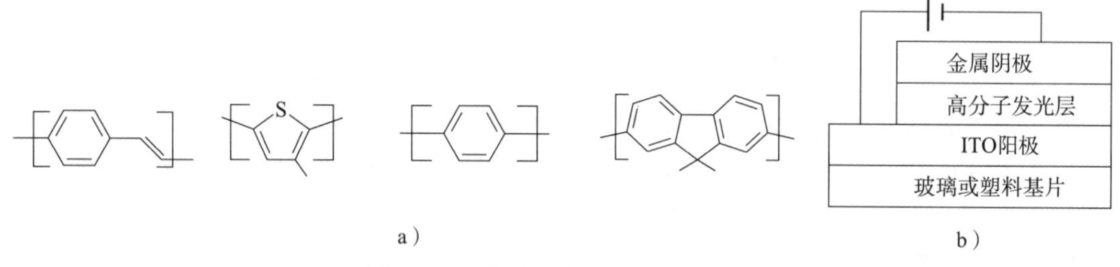


图 5-1-3　高分子有机发光材料结构

a）高分子有机发光材料的分子结构　b）高分子有机发光二极管的结构

## 二、OLED 的结构、分类及特点

### 1. OLED 的结构

OLED 的基本结构如图 5-1-4 所示。整个结构层包括阳极、阴极、导电层（HTL）、发射层（EL）及底基等。当工作电压正常时，阳极空穴与阴极电子就会在发射层中结合，激发有机分子而发光，依其配方不同，产生红、绿、蓝的颜色，构成基本色彩。

（1）底基

底基可以是透明塑料、玻璃、金属箔等，其主要功能是用来支撑整个 OLED。当用玻璃来制作底基时，这种 OLED 显示器件类似液晶显示器件，是不柔软的，适合于制作手机等的

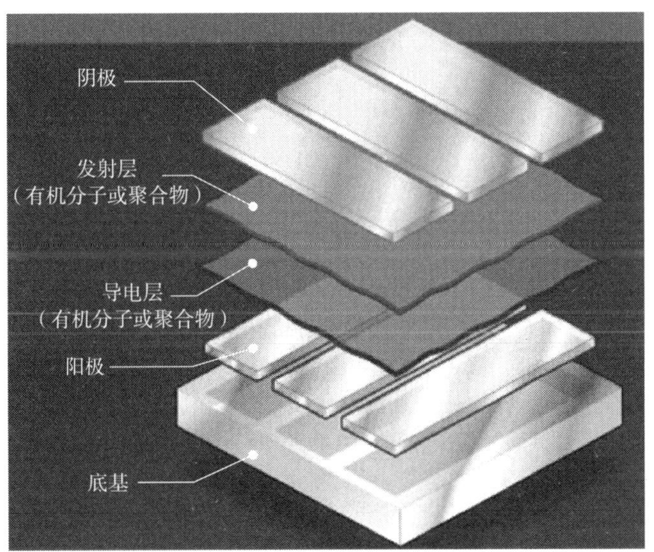


图 5-1-4　OLED 的基本结构

显示屏。当用塑料来做底基时，这种显示器件是柔软的。

（2）阳极

它是一个透明电极，当有电流流过时，阳极会不断注入空穴，与阴极的电子进行复合。

（3）导电层

导电层由有机物分子或有机聚合物构成，主要作用是用来传输空穴。

（4）发射层

发射层由有机塑料分子构成，这些有机塑料分子在空穴与电子复合时所产生能量的激发下，以光的形式释放能量。

（5）阴极

阴极可以是透明的，也可以是不透明的，根据 OLED 的类型而定。当有电流流通时，阴极就会不断注入电子，与阳极注入的空穴进行复合。当阴极采用透明电极时，就是透明 OLED，其结构如图 5-1-5 所示。

**2. OLED 的分类**

OLED 有两种分类方法，第一种是按照所使用的载流子传输层和发光层有机薄膜材料的不同，可分为小分子基（OLED）和高分子基（PLED）两种不同的类型；第二种是按照驱动方式的不同，分为无源（被动矩阵）与有源（主动矩阵）两种，即 PM-OLED 方式与 AM-OLED 方式。无源（PM-OLED）类似于液晶显示中的 TN/STN 的驱动方式，有源（AM-OLED）类似于 TFT-LCD 的驱动方式。

（1）AM-OLED

AM-OLED（Active-Matrix Organic Light-Emitting Diode），意为有源矩阵有机发光二极管或主动矩阵有机发光二极管。有源型的 OLED，其每个 OLED 驱动电路中都含有储能电容，发光效率较高。目前，AM-OLED 的主要制造工艺技术包含金属氧化物技术、低温多晶硅技术、非晶硅技术和微晶硅技术。AM-OLED 是目前主流的有机发光二极管，其基本结构如图 5-1-6 所示。

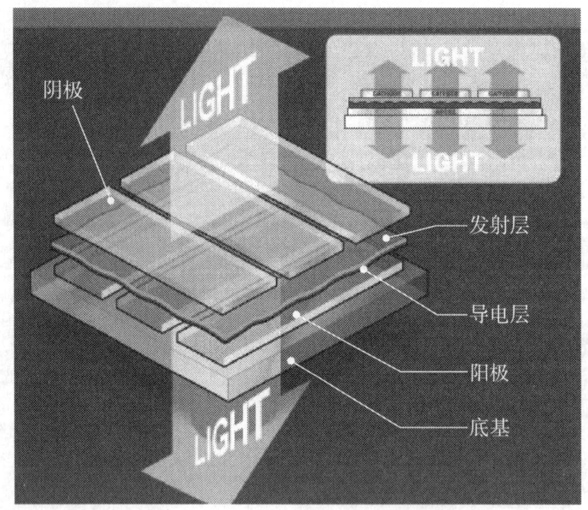


图 5-1-5　透明 OLED 的结构

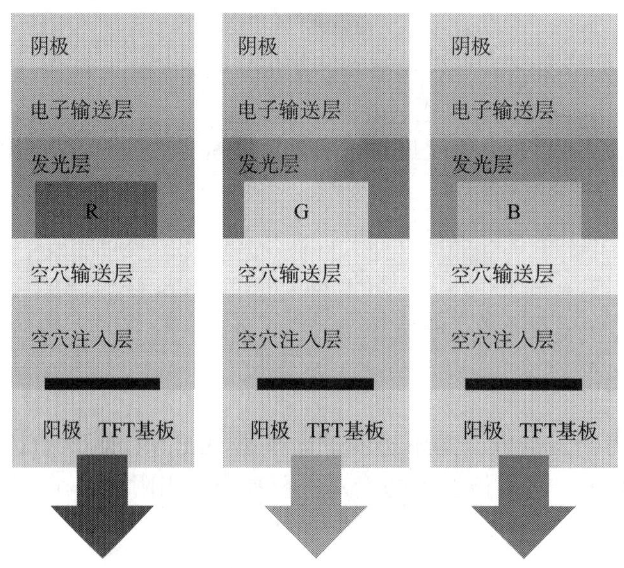


图 5-1-6　AM-OLED 的基本结构

（2）PM-OLED

典型的 PM-OLED 由玻璃基板、阳极、有机发光层和阴极等组成（图 5-1-7）。无源型 OLED 的驱动电路中不含储能电容。

有机发光层位于阳极和阴极之间，阳极的空穴与阴极的电子在有机发光层结合时，激发有机材料发光。

在实际应用中，为了提高发光效率，普遍采用多层 PM-OLED 结构。多层 PM-OLED 除包含玻璃基板、阴极、阳极与有机发光层外，还包含空穴输送层、空穴屏蔽层、电子输送层等结构，且各传输层与电极之间需设置绝缘层。增加这些传输层后，相当于加大了电容器的极板面积，存储的电子、空穴数量就较多，从而提高了发光效率。多层 PM-OLED 的结构如

图 5-1-8 所示。

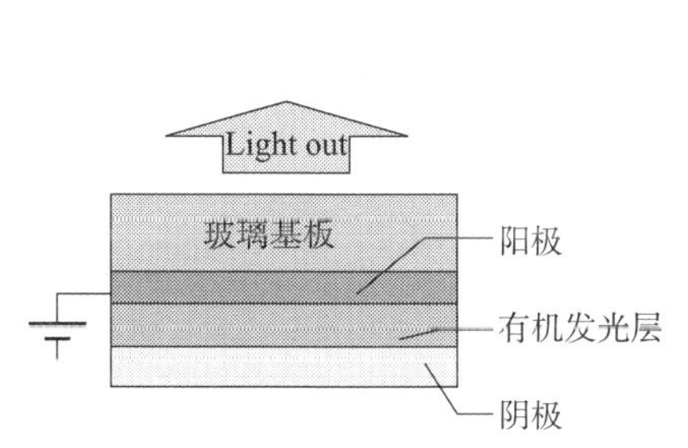


图 5-1-7 典型 PM-OLED 的结构

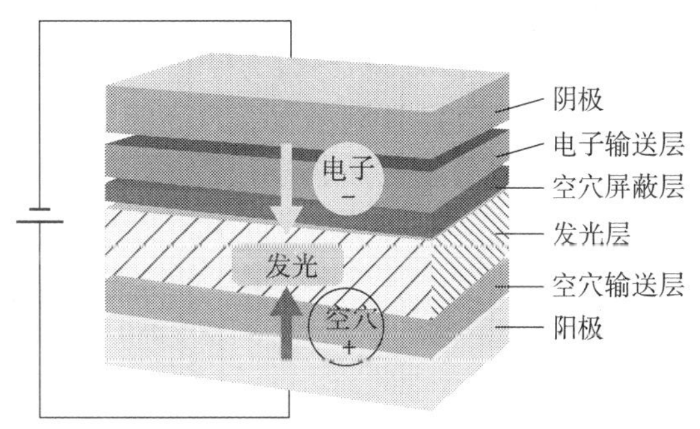


图 5-1-8 多层 PM-OLED 的结构

随着 OLED 技术的发展，产生了很多新型器件，如柔性 OLED、顶部发射 OLED、磷光 OLED、微显示 OLED、白光 OLED、层叠结构 OLED 等。图 5-1-9 所示分别为从底部与顶部发射出光的 OLED 结构图。如果基板、阴极、阳极都是透明的，则既可以从底部发射出光，又可以从顶部发射出光。

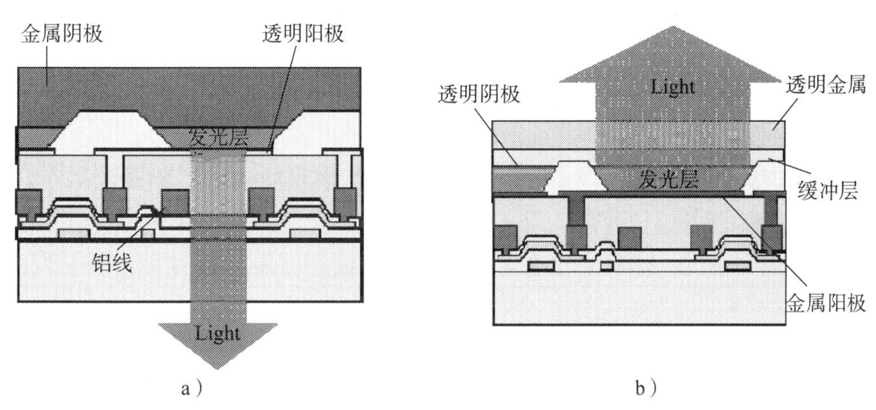


图 5-1-9 从底部与顶部发射出光的 OLED 结构图
a）从底部发射 b）从顶部发射

3. OLED 的特点

（1）采用柔软塑料做基板的 OLED，与 LCD 的玻璃基片相比，更薄、更轻、更安全。

（2）OLED 比普通 LED 更亮，尤其是多层 OLED。

（3）采用柔软塑料做基板的 OLED，由于没有玻璃基片，不吸收光的能量，发光效率更高。

## 三、OLED 的发光原理

OLED 显示技术与传统的 LCD 显示方式不同，其无须背光灯，采用非常薄的有机材料制作发光涂层和玻璃基板（或柔软塑料基板），当有电流通过时，这些有机材料就会被激发而发光。OLED 发光的方式类似于 LED，需经历一个过程，其发光原理示意图如图 5-1-10 所示。

由图 5-1-8 和图 5-1-10 可知，OLED 属于载流子双注入型发光器件，其发光原理为，在外加电压的驱动下，由阴极注入的电子和阳极注入的空穴在有机材料中复合而释放出能量，并将能量传递给有机材料的分子，使有机材料的分子得到能量，分子受到激发，会从基态（低能量状态）跃迁到激发态（高能量状态）。受激发的分子是不稳定的，会以光的形式释放能量，即受激发的分子会从激发态回到基态，产生发光现象。

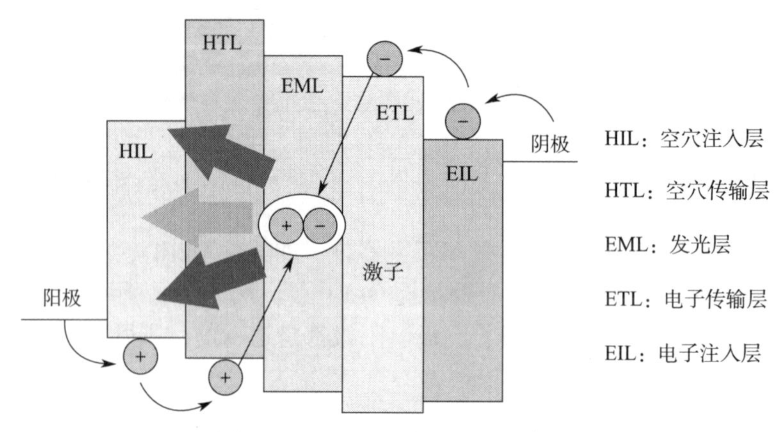


图 5-1-10　OLED 发光原理示意图

OLED 的发光过程如下：

**1. 载流子的激发**

OLED 在外加电压的激励下，阴极受到电流激发产生自由电子，阳极产生空穴。

**2. 载流子的传输**

在外加电场的作用下，被激发的电子经过电子传输层向发光层移动，被激发的空穴经空穴传输层向发光层移动。

**3. 载流子的复合**

经电子传输层传送的电子、经空穴传输层传送的空穴在发光层处结合。电子和空穴结合时会释放能量，激发发光层的有机材料分子产生激子。

**4. 激子的跃迁**

被激发的激子获得能量，产生跃迁，从基态跃迁到激发态。

**5. 发光的实现**

具有高能量的激子不稳定，其通过辐射光子的形式释放能量，从激发态变成基态，从而实现发光。

## 四、OLED 的驱动

OLED 的驱动问题实际上是要解决 OLED 点亮的供电问题、启动时的阈值问题、熄灭后快速消除余辉的问题以及如何进行调光的问题。

OLED 的驱动方式根据是否有源，可以分为无源驱动（无储能电容）与有源驱动（有储能电容）两种；根据扫描方式，可以分为静态（直流）驱动和动态（交流）驱动两种；根据驱动信号的类型，可以分为电压（恒压）驱动和电流（恒流）驱动两种。

### 1. 无源驱动和有源驱动

无源驱动电路和有源驱动电路的区别是，有源驱动电路比无源驱动电路多了储能电容。图 5-1-11 所示为无源驱动电路。

当 MOS 管 Q 导通时，OLED 发光；当 MOS 管 Q 截止时，OLED 熄灭。

OLED 无源驱动电路构造简单，但其漏电流较大，为了提高发光效率，延长 OLED 的使用寿命，最好采用有源驱动电路，如图 5-1-12 所示。Q1 在 $V_{CC}$ 与驱动信号共同作用下导通时，给电容 C1 充电，C1 两端电压不断上升。当电压上升到一定值且在像素电压到来时，Q2 导通，OLED 发光。当驱动信号消失后，OLED 熄灭。因为有源驱动电路是通过对 C1 充电来控制 Q2 的导通，所以可以消除 OLED 驱动的阈值电压（工作点）问题。

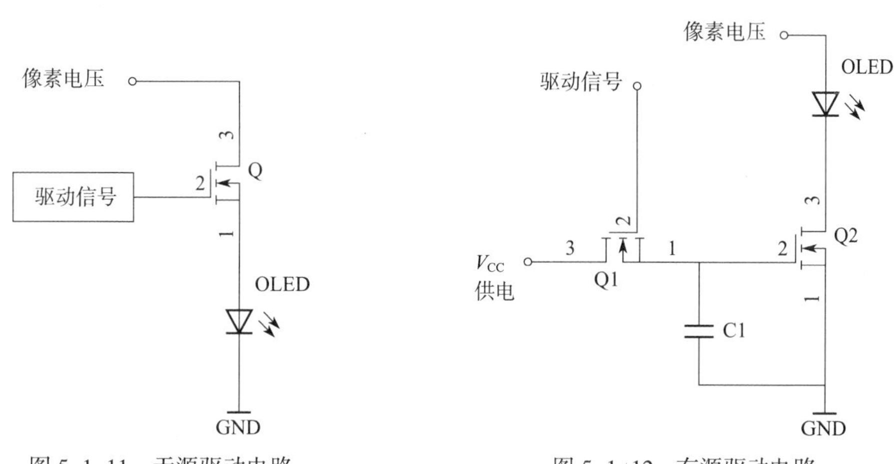


图 5-1-11　无源驱动电路　　　图 5-1-12　有源驱动电路

### 2. 静态驱动和动态驱动

（1）静态驱动

静态驱动一般用于段式显示屏的驱动。采用静态驱动时，显示多个段的 PM-OLED 一般采用共阴极的连接方式，即所有 PM-OLED 的阴极是连在一起引出的，各像素的阳极分别引出。若要某一个 PM-OLED 发光，只要让阳极电压与阴极电压之差大于该 PM-OLED 的发光电压，其就会发光。直流 PM-OLED 静态驱动如图 5-1-13 所示。当驱动信号为高电平时，MOS 管导通，像素电压经 MOS 管和电阻后，加到 OLED 上，OLED 发光。当驱动信号为低电平时，MOS 管截止，OLED 熄灭。

如果用静态驱动来显示图像，在图像内容变化较快时，由于 OLED 发光时的余辉作用，受前一帧图像的影响，后一帧图像中没有图像内容的区域会出现交叉效应现象（白线），如图 5-1-14 所示。为了避免出现交叉效应现象，一般采用交流电压控制驱动电路的形式，如图 5-1-15 所示。

在图 5-1-15 中，驱动信号为正、负脉冲信号，当驱动信号为正脉冲时，Q1 导通，Q2 截止，OLED 发光；当驱动信号为负脉冲时，Q1 截止，Q2 导通，OLED 短路而不发光。因此，用交流电压控制驱动电路，可以消除因图像内容快速变化而产生的交叉效应。

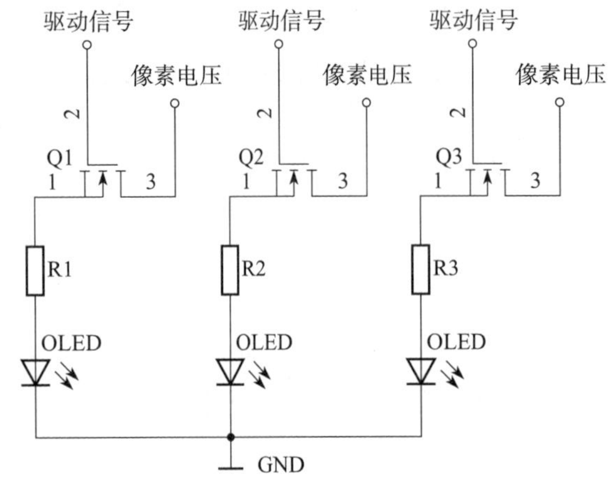


图 5-1-13　直流 PM-OLED 静态驱动

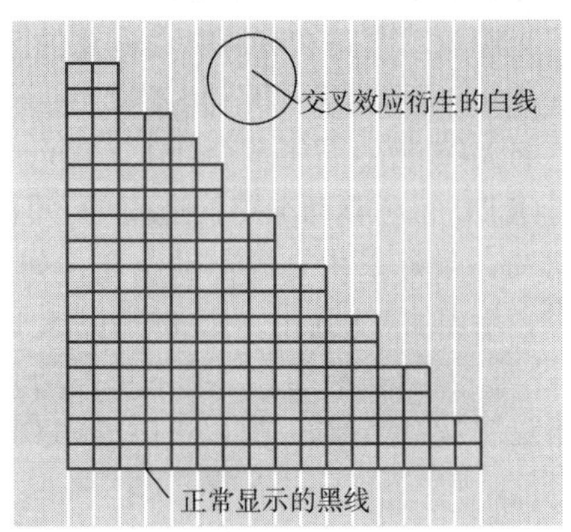


图 5-1-14　交叉效应现象

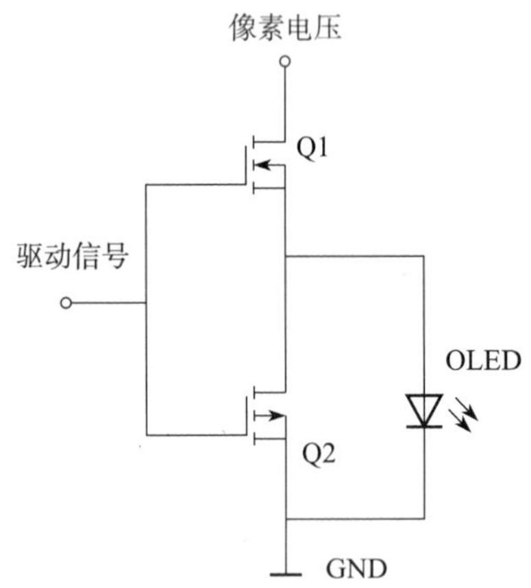


图 5-1-15　用交流电压控制驱动电路

（2）动态驱动

动态驱动属于交流驱动方式，主要应用于图像显示器件上。在这种 OLED 显示器件上，所有 OLED 的两个电极都做成矩阵型结构，类似液晶显示屏的驱动结构。水平方向各个 OLED 的阴极是连在一起的，垂直方向各个 OLED 的阳极是连在一起的，如图 5-1-16 所示。

在实际工作过程中，通常采用逐行扫描方式，逐行点亮每一个 OLED，最后形成一个完整的画面。

**3. 电压驱动和电流驱动**

（1）电压驱动

目前，电压驱动型 OLED 常采用两管、三管及多管结构驱动电路。

1）两管电压型 OLED 驱动电路。图 5-1-17 所示为最简单的两管电压型 OLED 驱动电路。图 5-1-17a 中的 OLED 处于驱动管 Q2 的漏极端，克服了 OLED 开启电压的问题。其工作原理是，当驱动信号为高电平时，Q1 导通，像素电压由 Q1 的漏极通到源极，并对 C1 充电，使 Q2 导通，由 C1 的电压控制驱动管 Q2 的漏极电流。当驱动信号为低电平时，Q1 截止，存储在 C1 上的电荷继续维持 Q2 的栅极电压，使 Q2 保持导通状态。因此，只要驱动信号的频率和占空比合适，OLED 将处于恒压控制状态，保持持续、稳定的恒功率发光。

图 5–1–17b 所示的电路，通电后 $V_{CC}$ 对 C1 充电，当驱动信号为高电平时，Q1 导通，像素电压由 Q1 的漏极通到源极，当 Q1 的源极电压高于 $V_{CC}$ 时，C1 反向充电，Q2 导通，由 C1 的电压来控制驱动管 Q2 的漏极电流。当驱动信号为低电平时，Q1 截止，存储在 C1 上的电荷继续维持 Q2 的栅极电压，使 Q2 保持导通状态，从而使 OLED 保持持续、稳定的恒功率发光。

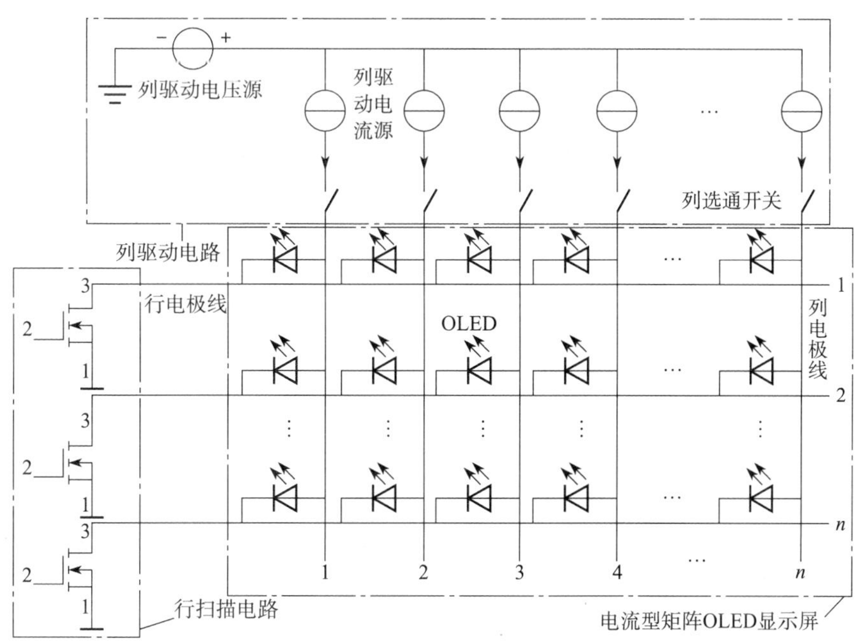


图 5–1–16　采用动态驱动方式的 OLED 显示屏矩阵结构

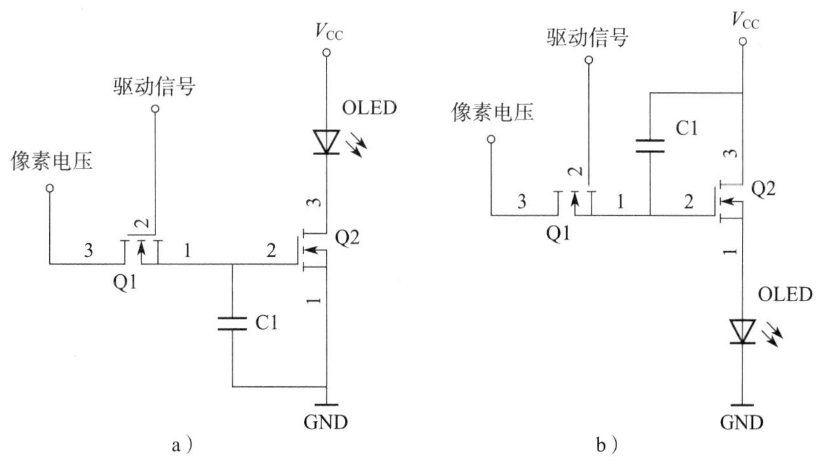


图 5–1–17　两管电压型 OLED 驱动电路

a）驱动电路 1　b）驱动电路 2

2）三管电压型 OLED 驱动电路。三管电压型 OLED 驱动电路相比于两管电压型 OLED 驱动电路，增加了反馈放大单元，如图 5–1–18 所示。

当驱动信号为高电平时，Q1 和 Q3 同时导通，像素电压 $V_1$ 经运放 U 进行电流放大之后，由 Q1 的漏极流向源极，给 C1 充电，并控制 Q2 的漏极电流，Q2 的源极电流经 Q3 后经电阻 R 转换为电压信号，作为反馈输入运放 U 的反相输入端，用来检测和控制 OLED 的工作电流。通过反馈信号的大小来调整驱动信号的占空比，以保证 OLED 恒压、恒流工作。改变参考电压 $V_2$ 的大小，就能实现调光功能。

当驱动信号为低电平时，Q1 和 Q3 截止，C1 放电维持 Q2 导通一段时间，如果在 C1 放电结束之后，驱动信号仍未变为高电平，则 OLED 熄灭。

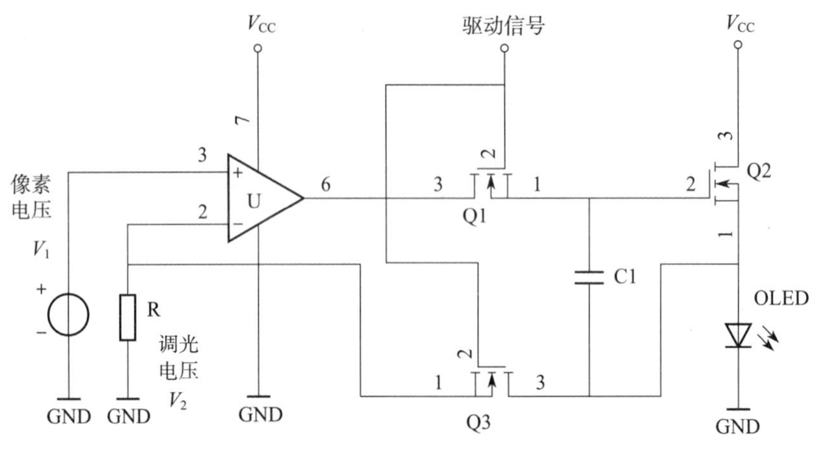


图 5-1-18　三管电压型 OLED 驱动电路

（2）电流驱动

电流驱动型电路有三管 TFT、四管 TFT、五管 TFT 等多种。

1）三管 TFT 电流型 OLED 驱动电路。图 5-1-19 所示为三管 TFT 电流型 OLED 驱动电路，工作于控制和保持两个状态。

在控制阶段，驱动信号输入高电平，Q1 和 Q3 导通，使 OLED 反向偏置。此时电流源输入的电流 $I_d$（像素信号）流经 Q3，与 $V_{CC}$ 一起给 C1 充电，将电能存储在 Q2 的栅源结电容与电容 C1 中。

在保持阶段，驱动信号输入低电平，Q1 和 Q3 关断截止，Q2 的漏极接高电平 $V_{CC}$，C1 放电使 Q2 导通，使 OLED 发光。

2）四管 TFT 电流型 OLED 驱动电路。图 5-1-20 所示为四管 TFT 电流型 OLED 驱动电路，该电路为带阈值电压补偿的 OLED 驱动电路。当驱动信号为高电平、$V_G$ 为低电平时，Q1、Q3 导通，$I_d$ 通过 Q1、Q3 给电容 C1 充电，并通过 Q3 进入 OLED，使 OLED 处于微导通状态。当驱动信号为低电平、$V_G$ 为高电平时，Q1、Q3 截止，Q2、Q4 导通，这时 Q4 串联到 $V_{CC}$ 上与 $V_{CC}$ 一起给 OLED 供电，Q4 导通时间的长短只受保存在 C1 中的电压控制，这就消除了阈值电压变化的影响。

除上述介绍的类型外，OLED 的驱动电路还有许多种，此处不再详细介绍。随着 OLED 技术的发展，OLED 驱动电路在不断完善和更新。

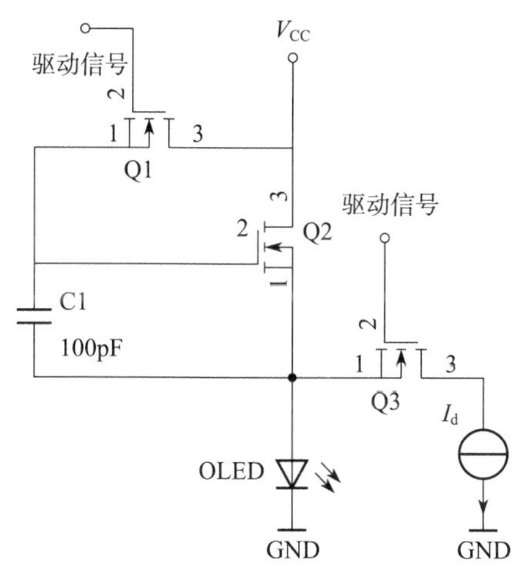


图 5-1-19 三管 TFT 电流型 OLED 驱动电路

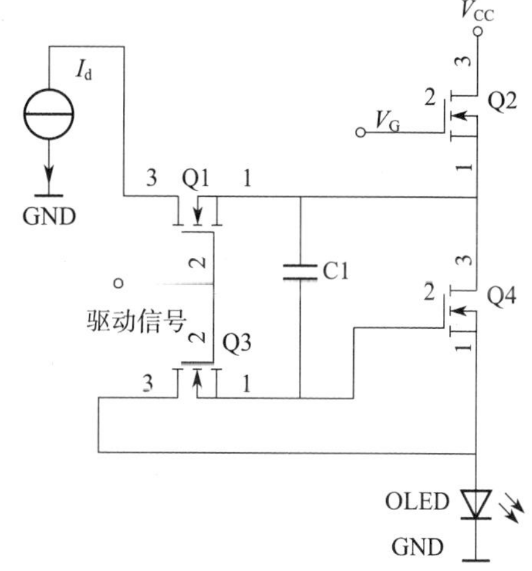


图 5-1-20 四管 TFT 电流型 OLED 驱动电路

# 实训 1 OLED 驱动电路的仿真

## 实训目的

1. 进一步熟悉 OLED 驱动电路的结构和特点。
2. 能完成 OLED 驱动电路的仿真测试。

## 实训设备与工具

计算机（安装了仿真软件）、万能板、OLED 驱动电路材料、数字信号发生器、示波器、直流稳压电源及恒流源、常用的安装工具。

## 实训内容与步骤

### 一、电压型 OLED 驱动电路的仿真

根据要求，在计算机上运用仿真软件绘制出图 5-1-21 所示的电路原理图，并根据电路原理图的工作状态进行仿真测试，完成表 5-1-1 的填写。

表 5-1-1 电压型 OLED 驱动电路仿真结果记录

| 序号 | 状态 | 测试点 *A*（电压值或波形） | 测试点 *B*（电压值或波形） | 测试点 *C*（电压值或波形） | OLED 状态（亮或灭） |
|---|---|---|---|---|---|
| 1 | 工作状态 1 | | | | |
| 2 | 工作状态 2 | | | | |
| 3 | 工作状态 3 | | | | |

### 二、电流型 OLED 驱动电路的仿真

根据要求，在计算机上运用仿真软件绘制出图 5-1-22 所示的电路原理图，并根据电路原理图的工作状态进行仿真测试，完成表 5-1-2 的填写。

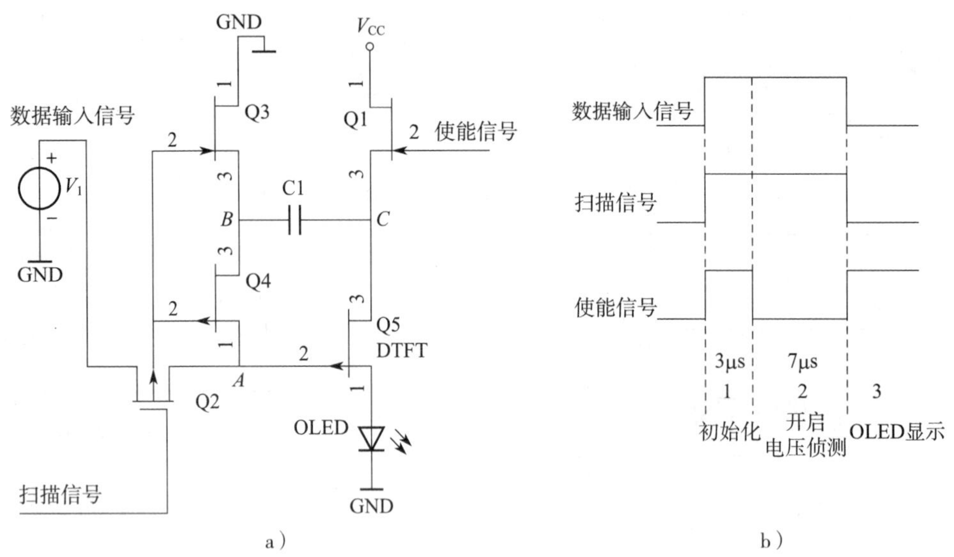


图 5-1-21　电压型 OLED 驱动电路原理图及源极跟随器驱动显示响应时序图

a）电路原理图　b）源极跟随器驱动显示响应时序图

**表 5-1-2　　电流型 OLED 驱动电路仿真结果记录**

| 序号 | 状态 | 测试点 $A$<br>（电压值或波形） | 测试点 $B$<br>（电压值或波形） | 测试点 $C$<br>（电压值或波形） | OLED 状态<br>（亮或灭） |
|---|---|---|---|---|---|
| 1 | 驱动信号为高电平 | | | | |
| 2 | 驱动信号为低电平 | | | | |

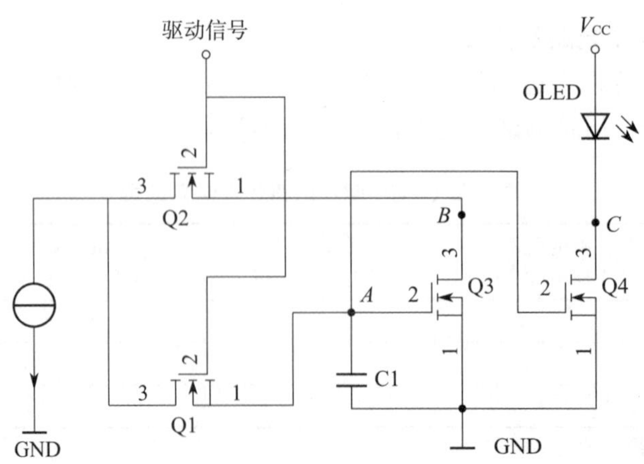


图 5-1-22　电流型 OLED 驱动电路原理图

# §5–2 OLED 显示屏

## 学习目标

1. 了解 OLED 电视机及其显示屏的结构与拆卸方法。
2. 掌握 OLED 显示屏的工作原理及技术参数。
3. 熟悉 OLED 显示屏的技术特点。
4. 能进行 OLED 电视机的拆装与信号测试。

随着 OLED 的发展，OLED 显示技术得到了越来越广泛的应用，目前手机、数码相机、电子纸、汽车导航、电视机等都有用到 OLED 显示屏。本节将以 OLED 电视机为例，学习 OLED 显示屏的结构、工作原理等方面的内容。

### 一、OLED 电视机及其显示屏的结构与拆卸方法

#### 1. OLED 显示屏的结构

与液晶显示屏（LCD）相比，OLED 是自发光有机体，不需要借助背光模组来显示，结构也没有 LCD 复杂。OLED 电视机显示屏由玻璃基板、偏光板、OLED 显示阵列、TFT 驱动基板和金属背板等组成，其结构如图 5–2–1 所示。

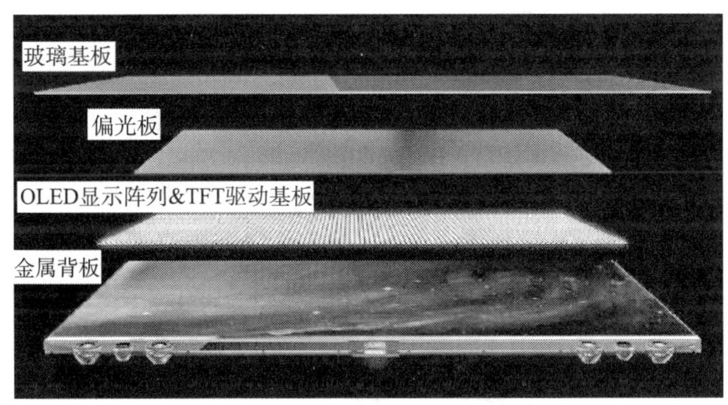


图 5–2–1　OLED 电视机显示屏的结构

#### 2. OLED 电视机的结构

目前，OLED 电视机的生产厂商主要集中在 SONY、LG、SAMSUNG、创维等公司，与 LCD 电视机相比，OLED 电视机更轻薄。常见的 OLED 电视机如图 5–2–2 所示。

OLED 电视机与 LCD 电视机整机的组成结构基本相同，都包含显示屏、主板、电源转换板、遥控接收板、按键板等部件，只是显示屏的结构组成不一样。为了使 OLED 电视机的散热性能更好，OLED 电视机一般将屏幕与功能驱动模块分离。在小尺寸的 OLED 电视机中大多采用底座式分离安装结构，如图 5–2–3 所示，即将驱动模块安装在底座上，这样既可以增加底座的质量，使电视机平稳摆放，又可以避免因驱动模块和屏幕安装在一起而导致电视机温度升高。

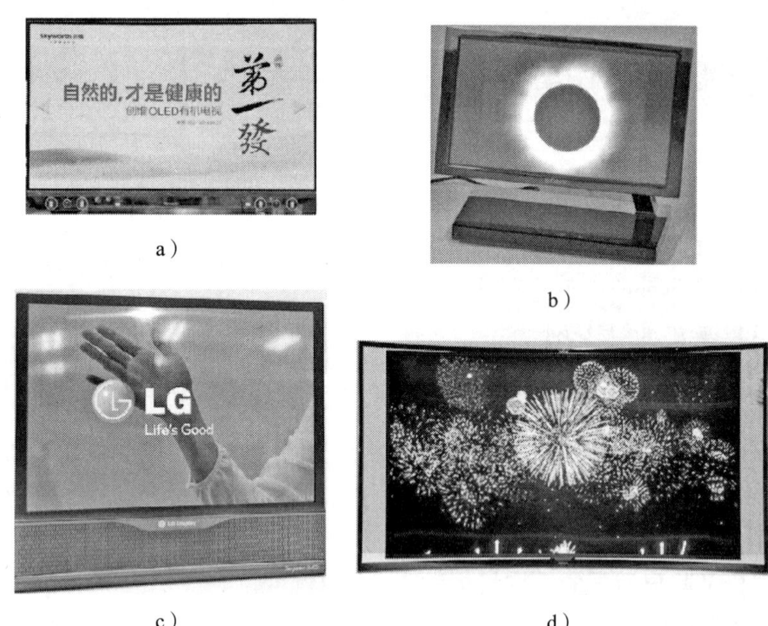


a）　b）　c）　d）

图 5-2-2　常见的 OLED 电视机

a）创维 OLED 有机电视机　b）SONY 分离式 OLED 电视机　c）LG 透明 OLED 电视机　d）SAMSUNG 曲面 OLED 电视机

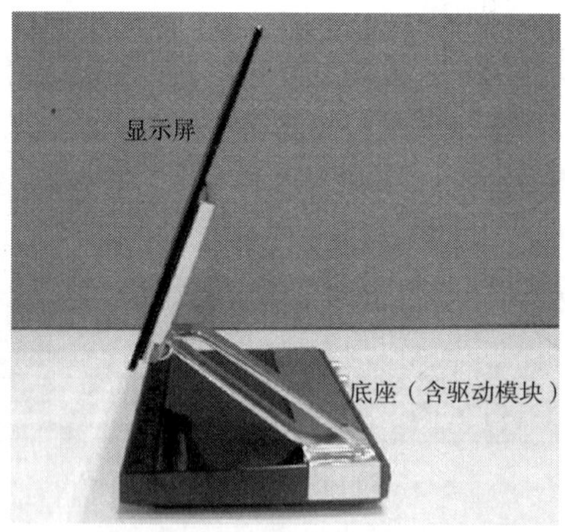


图 5-2-3　底座式分离安装结构

在大尺寸的 OLED 电视机中，大多采用背挂式分离安装结构，如图 5-2-4 所示，即将驱动模块安装在显示屏的背面，这是因为大尺寸 OLED 电视机屏幕有足够大的散热面积，同时其安装的底座多为分离式底座，能兼容壁挂式安装的要求。

**3. 分离结构式 OLED 电视机的拆卸**

分离结构式 OLED 电视机的拆卸步骤见表 5-2-1。

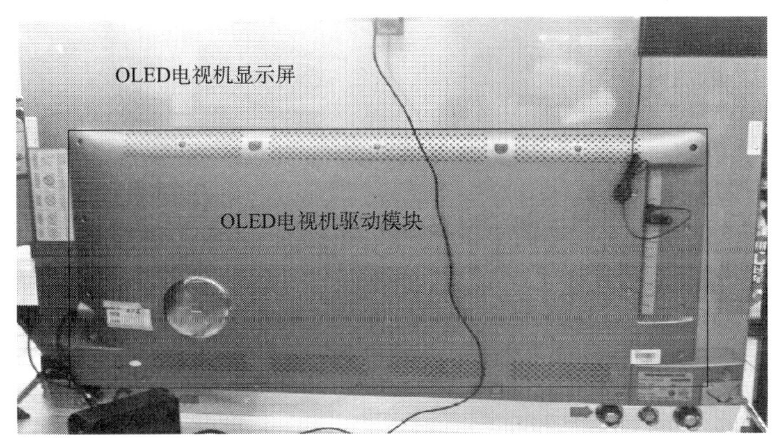


图 5–2–4　背挂式分离安装结构

表 5–2–1　　分离结构式 OLED 电视机的拆卸步骤

| 序号 | 步骤 | 图示 |
| --- | --- | --- |
| 1 | 准备一台 OLED 电视机及相应的拆卸工具 | |
| 2 | 分离结构式 OLED 电视机需要先拆下其底座，然后将电视机放平，再拆卸驱动模块 | |
| 3 | 用旋具拆卸金属铰链与显示屏连接的螺钉，并拔下显示屏的 FPC 排线<br>注意：拔 FPC 排线时必须先用镊子将插座盖掀起，且必须戴防静电手套。拆解时必须用手托住显示屏，防止显示屏跌落 | 连接OLED显示屏和驱动板的FPC排线 |
| 4 | 将显示屏平放在铺了海绵垫的桌面上，用旋具拆下显示屏金属背板和前框的连接螺钉，拆下金属背板 | |

续表

| 序号 | 步骤 | 图示 |
| --- | --- | --- |
| 5 | 用旋具拆下驱动板与显示屏上的螺钉，轻轻拔出驱动板与 OLED 显示屏的连线，取出 OLED 与 TFT 组件。要轻拿轻放，避免将 FPC 排线与 OLED 绑定处扯开 |   |
| 6 | 用旋具拆开底座上盖<br>注意：底座上连接有 FPC 排线，要尽量避免把排线弄坏 | 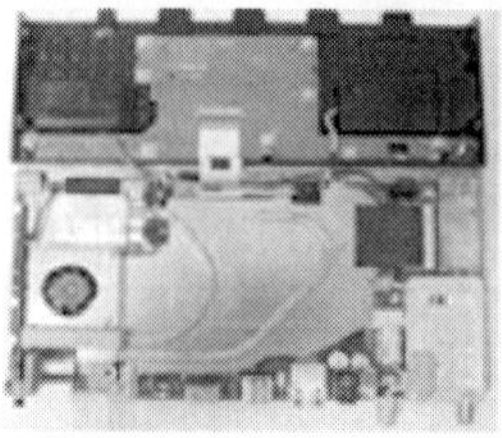 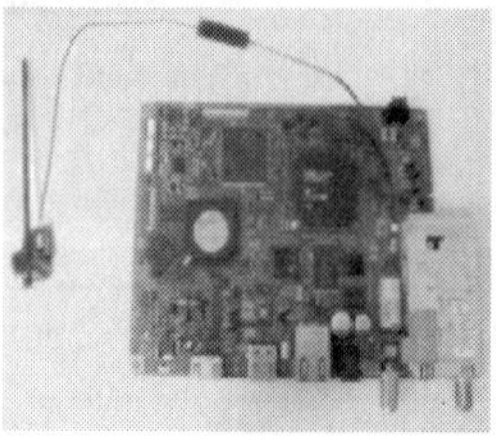 |
| 7 | 用旋具拆下电视机主板与底座上的连接螺钉，取下电视机主板与电视机数字信号接收卡插板 |  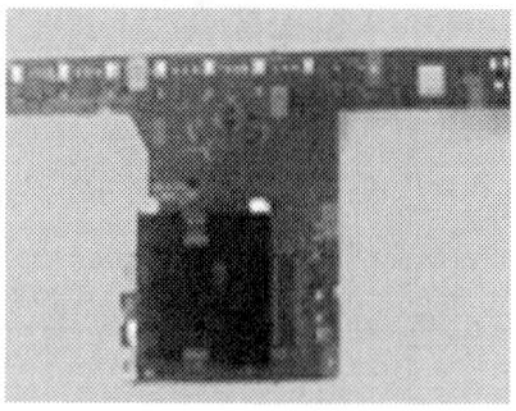 |

## 二、OLED 显示屏的工作原理及技术参数

### 1. OLED 显示屏中 OLED 的排布方式

OLED 显示屏中 OLED 的排布方式主要有被动矩阵阵列和主动矩阵阵列两种。

（1）被动矩阵阵列 OLED 显示屏

被动矩阵阵列 OLED 显示屏由阴极、有机层、阳极组成。阳极与阴极相互垂直，阴极与阳极的交叉点形成像素，也就是发光的部位，如图 5-2-5 所示。驱动被动矩阵阵列的外部电路向选取的阴极与阳极施加电流，从而决定哪些像素发光、哪些像素不发光。此外，每个像素的亮度与施加电流的大小成正比。

被动矩阵阵列 OLED 显示屏易于制造，但是驱动电路复杂，发光效率也没有其他的 OLED 显示屏高。目前，在 OLED 电视机中，多采用主动矩阵阵列 OLED 显示屏。

（2）主动矩阵阵列 OLED 显示屏

主动矩阵阵列 OLED 显示屏包含完整的阴极、有机层以及阳极。其阳极覆盖着一个薄膜晶体管（TFT）阵列，形成一个矩阵，如图 5-2-6 所示。由于 TFT 阵列本身就是一个电路，它能决定哪些像素发光，进而决定图像的构成，因此，不需要外加其他的驱动电路。

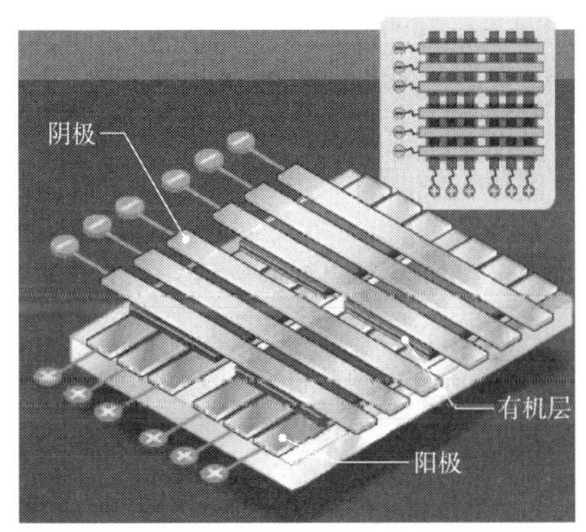

图 5-2-5　被动矩阵阵列 OLED 显示屏排布图

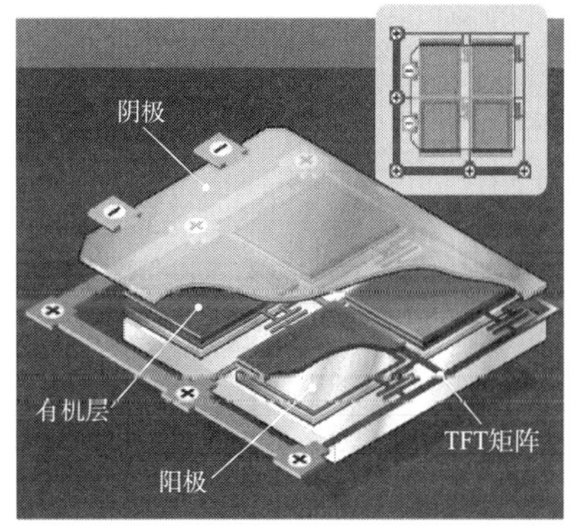

图 5-2-6　主动矩阵阵列 OLED 显示屏排布图

2. OLED 显示屏的显色原理

目前，OLED 显示屏的显色方法主要有三基色发光法、彩色滤光片法和光色转换法三种。

（1）三基色发光法

三基色发光法也叫 OLED RGB 技术，全称为 RGB（三原色）独立像素发光全彩色技术。RGB 技术的每个彩色像素都具有独立的红绿蓝三个发光部件，即三个 OLED，如图 5-2-7 所示。通过调节三种颜色组合的混色比，即可产生各种彩色。OLED RGB 技术的优点是色彩显示效果好、对比度高，缺点是需要的像素材料较多、成本高，并且需要的控制像素较多，在色彩控制上难度大。

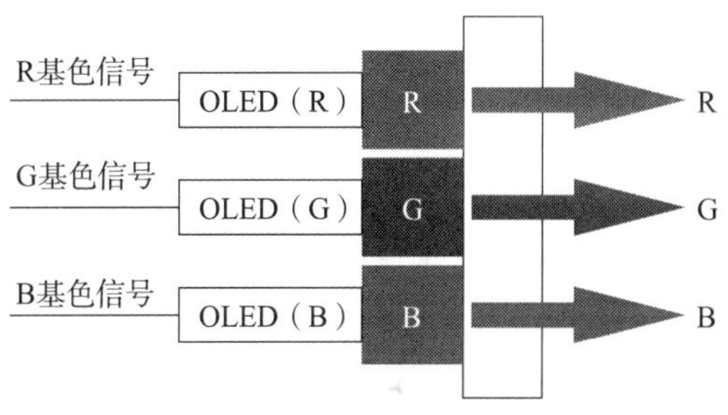

图 5-2-7　三基色发光法示意图

（2）彩色滤光片法

彩色滤光片法是一种采用 OLED 白光与滤光片结合的技术。这种技术首先制备发白光 OLED 的器件，在白色 OLED 上覆盖有红绿蓝三基色的滤光膜，然后通过彩色滤光膜得到三基色，再组合三基色实现彩色显示，如图 5-2-8 所示。彩色滤光片法需要的 OLED 数量较少，关键在于获得高效率和高纯度的白光。它的制作过程不需要金属荫罩对位技术，可采用成熟的液晶显示器彩色滤光膜制作技术，是未来大尺寸全彩色 OLED 显示器最具潜力的技术之一。但采用此技术会使透过彩色滤光膜所造成的光损失高达三分之二，而且滤光膜的使用导致画面的对比度、亮度以及色彩表现比 OLED RGB 技术要差一些。

（3）光色转换法

光色转换法是以蓝光 OLED 结合光色转换材料的一种技术。这种技术采用能发出蓝光的 OLED 器件，利用其蓝光激发光色转换材料，得到红光和绿光，从而获得全彩色，如图 5-2-9 所示。该项技术的关键在于提高光色转换材料的色纯度及效率，这种技术不需要金属荫罩对位技术，只需要蒸镀蓝光 OLED 元件，也是未来大尺寸全彩色 OLED 显示器极具潜力的技术之一。它的缺点是光色转换材料容易吸收环境中的蓝光，造成图像对比度有所下降。

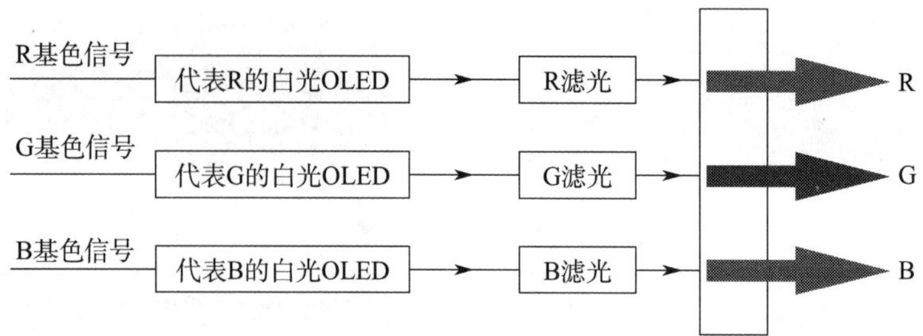


图 5-2-8　彩色滤光片法示意图

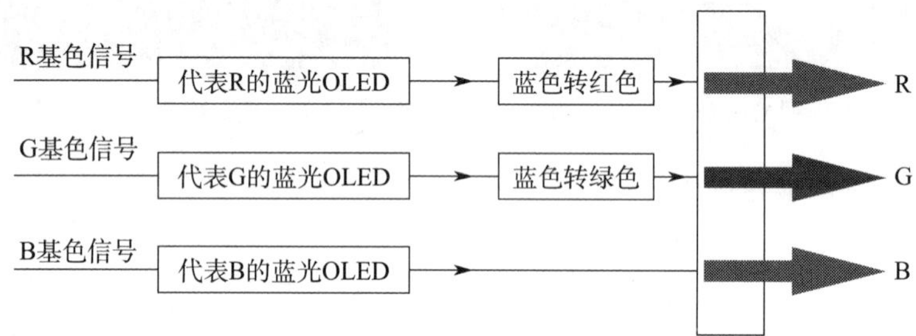


图 5-2-9　光色转换法示意图

**3. OLED 显示屏的技术参数**

OLED 显示屏的技术参数包含一般技术参数、极限参数和电气参数等，以 CAS LC550AQD-GJP2 显示屏为例，其各项技术参数如下：

（1）一般技术参数

OLED 显示屏的一般技术参数包含屏幕尺寸、颜色深度、功耗等，具体见表 5-2-2。

**表 5-2-2　　OLED 显示屏的一般技术参数**

| 序号 | 项目 | 描述 |
|---|---|---|
| 1 | 屏幕尺寸 | 54.6″（1 387.832 mm），对角线 |
| 2 | 包装尺寸 | 1 228.6 mm × 703.7 mm × 5.97 mm（长 × 高 × 宽） |
| 3 | 像素大小 | 0.315 mm × 0.315 mm |
| 4 | 像素格式 | 3 840 × 2 160（列 × 行），像素方式为 RWBG（像素为横条排列方式） |
| 5 | 颜色深度 | 10 bit（R），10 700 千色 |
| 6 | 亮度（白光） | 470/140 cd/m$^2$（中心点典型值） |
| 7 | 发光角度 | 左、右 120°，上、下 120°，误差范围：± 0.025 |
| 8 | 功耗 | 114 W（Typ.） |
| 9 | 质量 | 8.5 kg（Typ.） |
| 10 | 显示模式 | 常黑显示 |
| 11 | 表面处理工艺 | ard 涂层（2H），前偏振器防反射处理（反射比：Typ.1.0%） |

（2）极限参数

OLED 显示屏的极限参数包含运行温度、运行环境湿度、输入电压等，具体见表 5-2-3。

表 5-2-3　　OLED 显示屏的极限参数

| 参数 | | 符号 | 数值 | | 单位 |
|---|---|---|---|---|---|
| | | | Min | Max | |
| 输入电压 | 主机芯板电压 | VDD | -0.3 | 14 | VDC |
| | 显示屏电压 | EVDD | -0.3 | 26 | VDC |
| T-Con 内部选择电压 | | VLOGIC | -0.3 | 4 | VDC |
| 运行温度 | | TOP | 0 | 45 | C° |
| 存储温度 | | TST | -20 | 60 | C° |
| 显示屏正面温度 | | TSUR | — | 68 | C° |
| 运行环境湿度 | | HOP | 10 | 90 | %RH |
| 存储湿度 | | HST | 10 | 90 | %RH |

（3）电气参数

OLED 显示屏的电气参数包含输入电压、输入电流、功耗和冲击电流，具体见表 5-2-4。

表 5-2-4　　OLED 显示屏的电气参数

| 参数 | 符号 | | 数值 | | | 单位 |
|---|---|---|---|---|---|---|
| | | | Min | Typ | Max | |
| 输入电压 | VDD | | 10.8 | 12 | 13.2 | V |
| | EVDD | | 22.8 | 24 | 25.2 | |
| 输入电流 | IVDD | | — | 2.1 | 2.5 | A |
| | IEVDD | | — | 3.7 | 4.4 | |
| 功耗 | PVDD | | — | 25.2 | 30 | W |
| | PEVDD | | — | 88.8 | 105.6 | |
| 冲击电流 | IRUSH | IRUSH_VIN | — | — | 7 | A |
| | | IRUSH_EVDD | — | — | 11.6 | |
| | | TRUSH | — | — | 2 | ms |

不同公司生产的 OLED 显示屏技术参数不完全一样，并且，同一显示屏在不同的条件下测试时其功耗也不一样，在选用时一定要注意。

**4. OLED 显示屏的驱动原理**

（1）OLED 电视机整机电路的组成

OLED 电视机整机电路包含电源板、电视机信号处理主板、OLED 显示屏驱动板以及其他功能板，如图 5-2-10 所示。其中电源板、电视机信号处理主板及其他功能板与 LCD 电视机是一样的，与 LCD 电视机的主要区别是 OLED 显示屏驱动板，其由显示屏制造商生产制造，组成框图和信号流程如图 5-2-11 所示。

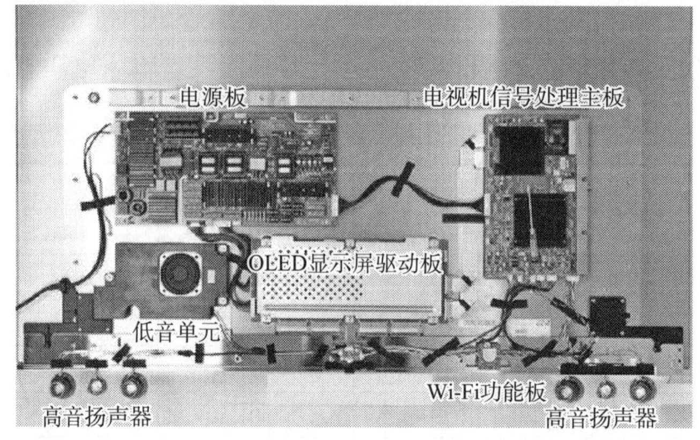

图 5-2-10　OLED 电视机整机电路的组成

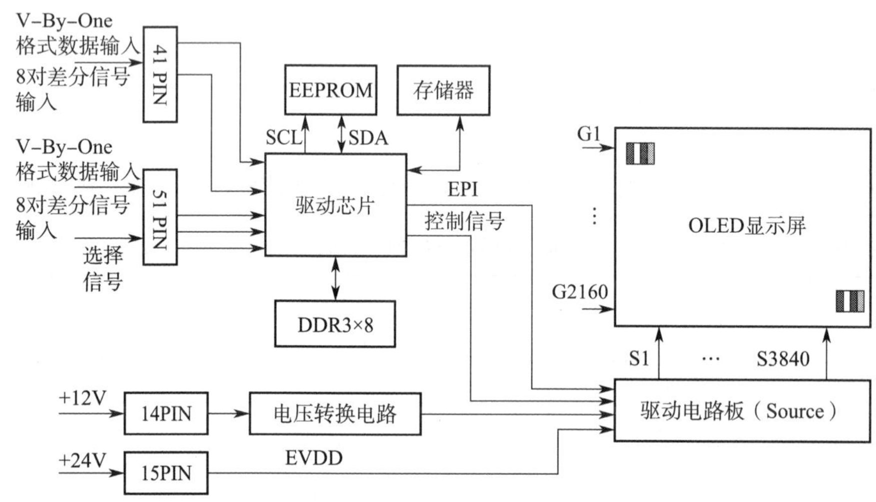

图 5-2-11　OLED 显示屏驱动板的组成框图及信号流程

（2）OLED 显示屏的接口定义

CAS LC550AQD-GJP2 OLED 显示屏提供了两类输入接口，一类为信号输入接口，另一类为电源输入接口。

1）信号输入接口。信号输入接口用于连接主板和显示屏驱动板，由一个 51 脚的插座和一个 41 脚的插座构成，两个插座的引脚定义见表 5-2-5 和表 5-2-6。

**表 5-2-5　　51 脚插座的引脚定义（V-By-One 格式输入）**

| 引脚号 | 符号 | 描述 |
|---|---|---|
| 1 ~ 9 | NC | 没有连接（空脚） |
| 10 | JB & Off RS Done | 断电侦测脚，用于断电时请求补偿，高电平有效 |
| 11 | AC_DET | 交 / 直流驱动设置脚（高电平有效） |
| 12 | Error Detection | 用于侦测 OLED 显示屏供电是否正常，高电平表示供电不正常，低电平表示供电正常 |

续表

| 引脚号 | 符号 | 描述 |
| --- | --- | --- |
| 13 | $I^2C$-SDA1 | 串口数据 1 |
| 14 | $I^2C$-SCL1 | 串口时钟 1 |
| 15 ~ 16 | NC | 默认不连接（若连接后，只支持将显示屏分为 4 区进行传输） |
| 17 | 3D_EN | 3D 功能使能输入 |
| 18 ~ 19 | NC | 空脚 |
| 20 | EVDD_DET | OLED 显示屏供电（EVDD）侦测与复位。用于监测 EVDD 的大小，当供电异常时进行复位 |
| 21 | NC | 空脚 |
| 22 ~ 24 | AGP0/AGP1 | 用于侦测系统是否有信号。在没有信号时必须是低电平，当该引脚为高电平时，OLED 显示屏显示自动生成的图片 |
| 25 | HTPDN | 热插拔检测脚 |
| 26 | LOCKN | 显示屏锁频侦测脚 |
| 27 | GND | 信号地 |
| 28 | Rx0n | 接口第 1 路差分信号（Lane 0）负输入 |
| 29 | Rx0p | 接口第 1 路差分信号（Lane 0）正输入 |
| 30 | GND | 信号地 |
| 31 | Rx1n | 接口第 2 路差分信号（Lane 1）负输入 |
| 32 | Rx1p | 接口第 2 路差分信号（Lane 1）正输入 |
| 33 | GND | 信号地 |
| 34 | Rx2n | 接口第 3 路差分信号（Lane 2）负输入 |
| 35 | Rx2p | 接口第 3 路差分信号（Lane 2）正输入 |
| 36 | GND | 信号地 |
| 37 | Rx3n | 接口第 4 路差分信号（Lane 3）负输入 |
| 38 | Rx3p | 接口第 4 路差分信号（Lane 3）正输入 |
| 39 | GND | 信号地 |
| 40 | Rx4n | 接口第 5 路差分信号（Lane 4）负输入 |
| 41 | Rx4p | 接口第 5 路差分信号（Lane 4）正输入 |
| 42 | GND | 信号地 |
| 43 | Rx5n | 接口第 6 路差分信号（Lane 5）负输入 |
| 44 | Rx5p | 接口第 6 路差分信号（Lane 5）正输入 |
| 45 | GND | 信号地 |
| 46 | Rx6n | 接口第 7 路差分信号（Lane 6）负输入 |
| 47 | Rx6p | 接口第 7 路差分信号（Lane 6）正输入 |
| 48 | GND | 信号地 |
| 49 | Rx7n | 接口第 8 路差分信号（Lane 7）负输入 |
| 50 | Rx7p | 接口第 8 路差分信号（Lane 7）正输入 |
| 51 | GND | 信号地 |

表 5-2-6　　41 脚插座的引脚定义（V-By-One 格式输入）

| 引脚号 | 符号 | 描述 |
|---|---|---|
| 1 | GND | 信号地 |
| 2 | Rx8n | 接口第 9 路差分信号（Lane 8）负输入 |
| 3 | Rx8p | 接口第 9 路差分信号（Lane 8）正输入 |
| 4 | GND | 信号地 |
| 5 | Rx9n | 接口第 10 路差分信号（Lane 9）负输入 |
| 6 | Rx9p | 接口第 10 路差分信号（Lane 9）正输入 |
| 7 | GND | 信号地 |
| 8 | Rx10n | 接口第 11 路差分信号（Lane 10）负输入 |
| 9 | Rx10p | 接口第 11 路差分信号（Lane 10）正输入 |
| 10 | GND | 信号地 |
| 11 | Rx11n | 接口第 12 路差分信号（Lane 11）负输入 |
| 12 | Rx11p | 接口第 12 路差分信号（Lane 11）正输入 |
| 13 | GND | 信号地 |
| 14 | Rx12n | 接口第 13 路差分信号（Lane 12）负输入 |
| 15 | Rx12p | 接口第 13 路差分信号（Lane 12）正输入 |
| 16 | GND | 信号地 |
| 17 | Rx13n | 接口第 14 路差分信号（Lane 13）负输入 |
| 18 | Rx13p | 接口第 14 路差分信号（Lane 13）正输入 |
| 19 | GND | 信号地 |
| 20 | Rx14n | 接口第 15 路差分信号（Lane 14）负输入 |
| 21 | Rx14p | 接口第 15 路差分信号（Lane 14）正输入 |
| 22 | GND | 信号地 |
| 23 | Rx15n | 接口第 16 路差分信号（Lane 15）负输入 |
| 24 | Rx15p | 接口第 16 路差分信号（Lane 15）正输入 |
| 25 | GND | 信号地 |
| 26 ~ 39 | NC | 空脚 |
| 40 | ON_RF | 模式选择 |
| 41 | FW_GPIO | 固件更新设置脚 |

2）电源输入接口。电源输入接口主要用于连接电源板和 OLED 显示屏驱动板，为 OLED 显示屏提供 24 V 和 12 V 的电压，由一个 15 脚的插座和一个 14 脚的插座构成，两个插座的引脚定义见表 5-2-7 和表 5-2-8。

表 5-2-7　　15 脚插座的引脚定义

| 引脚号 | 符号 | 描述 |
|---|---|---|
| 1 ~ 7 | EVSS | OLED 屏接地 |
| 8 ~ 15 | EVDD | OLED 屏 +24 V 供电 |

表 5-2-8　　14 脚插座的引脚定义

| 引脚号 | 符号 | 描述 |
|---|---|---|
| 1 ~ 6 | GND | 接地 |
| 7 | VDD | OLED 屏接地 |
| 8 ~ 12 | VDD | OLED 屏 +12 V 供电 |
| 13 ~ 14 | NC | 空脚 |

（3）OLED 显示屏的驱动时序

不论是 LCD，还是 OLED 显示屏，都必须有正确的驱动时序，才能保证显示屏正常显示。OLED 显示屏的驱动时序包含电源与控制信号的驱动时序、电源与数据信号之间的驱动时序、控制信号与数据信号之间的驱动时序等。

## 三、OLED 显示屏的技术特点

### 1. OLED 显示屏的优点

（1）OLED 显示器件是一种自发光设备，不需要外部背光源，因此，其厚度可以做到小于 1 mm，仅为 LCD 屏幕的 1/3，并且质量也更轻。

（2）结构简单、耐用性高、成本低。OLED 显示器件为纯固态机构，没有液体物质，因此，其制造工艺更简单，成本更低，抗振性能更好。

（3）发光效率高，能耗比 LCD 要低。OLED 显示器件采用低驱动电压（3 ~ 13 V），更省电。

（4）广视角，几乎没有可视角度的问题，即使在很大的视角下观看，画面仍然不失真。一般 OLED 显示器件的视角都能做到大于 160°。

（5）高辉度、高发光效率、高对比度，暗视与亮视画质优良。

（6）反应速度快。OLED 的响应时间是 LCD 的千分之一，显示运动画面时不会有拖影的现象。

（7）可柔性显示。OLED 能够在不同材质的基板上制造，可以做成能弯曲的柔软显示器。

（8）可根据实际要求实现单（双）面发光。

### 2. OLED 显示屏的缺点

（1）使用寿命较短。尽管红色和绿色的 OLED 薄膜使用寿命较长（10 000 ~ 40 000 h），但根据目前的技术水平，蓝色有机物的使用寿命要短得多（仅有约 1 000 h）。

（2）大尺寸屏幕的量产良好率不高，造价较高。

（3）OLED 遇水很容易损毁。

# 实训 2　OLED 电视机的拆装与信号测试

## 实训目的

1. 进一步熟悉 OLED 电视机的结构。
2. 能完成 OLED 电视机的拆装练习。
3. 能用仪器、仪表对 OLED 电视机显示屏进行测试。

## 实训设备与工具

OLED 电视机、拆装工具、示波器、万用表。

## 实训内容与步骤

### 一、OLED 电视机的拆装

1. 运用拆装工具对 OLED 电视机进行拆装练习。

2. 通过拆装 OLED 电视机，撰写 OLED 电视机拆装报告书。

### 二、OLED 电视机信号的测试

1. 用示波器等测试仪器对正常显示的 OLED 电视机显示屏进行测试，并完成表 5–2–9 的填写。

2. 用示波器等测试仪器对正常显示的 OLED 电视机显示屏的差分输入信号进行测试，并画出其波形。

3. 用示波器等测试仪器对正常显示的 OLED 电视机显示屏的驱动信号进行测试，并画出其驱动时序图。

表 5–2–9　　OLED 电视机显示屏信号测试结果

| 测试点 | 测试结果 | 测试点 | 测试结果 | 测试点 | 测试结果 |
|---|---|---|---|---|---|
| EVDD | | 3D_EN | | LOCKN | |
| VDD | | EVDD_DET | | ON_RF | |
| JB & Off RS Done | | Error Detection | | FW_GPIO | |
| AC_DET | | HTPDN | | | |

# §5–3　OLED 显示屏的应用和发展趋势

## 学习目标

1. 了解 OLED 显示屏的应用。

2. 了解 OLED 显示屏的发展趋势。

### 一、OLED 显示屏的应用

随着 OLED 技术的发展，OLED 的应用越来越广泛，如汽车导航显示屏、智能手表显示屏、电视机显示屏等。目前，OLED 显示屏主要应用在商业、通信、计算机、交通等领域及消费类电子产品和工业应用场合。

**1. 商业领域**

OLED 显示屏主要应用在 POS 机和 ATM 机、复印机、自动售货机、游戏机、加油站、打卡机、门禁系统、电子秤等产品中。

### 2. 通信领域

OLED 显示屏主要应用在 3G/4G 手机、各类可视对讲系统（可视电话）、移动网络终端、电子图书等产品中。

### 3. 计算机领域

OLED 显示屏主要应用在家用和商用计算机（PC/ 工作站等）、PDA 和笔记本电脑等产品中。

### 4. 交通领域

OLED 显示屏主要应用在 GPS、车载音响、飞机仪表等产品中。

### 5. 消费类电子产品

OLED 显示屏主要应用在装饰用品（软屏）与灯具、各类音响设备、计算器、数码相机、数码摄像机、便携式 DVD、便携式电视机、电子钟表、掌上游戏机、各种家用电器（OLED 电视机）等产品中。

### 6. 工业应用场合

OLED 显示屏主要应用在各类仪器、仪表与手持设备等产品中。

## 二、OLED 显示屏的发展趋势

OLED 显示技术作为电视产业看好的下一代显示技术，大尺寸 OLED 面板已经开始进入消费级的应用市场。在未来的两三年中，OLED 显示技术在成本、量产能力方面将会有新的突破，有望开始从高端产品逐步普及。实际上，几乎所有电视机品牌厂商都已经推出了市场化的 OLED 电视产品，国内包括创维、康佳等，通过采购上游厂商的 OLED 面板，也积极进入了这个市场。高分辨率、高画质的柔性 OLED 时代已经开启，电视显示技术的换代大潮已经开始。图 5-3-1 所示为柔性 OLED 显示屏的应用。

图 5-3-1　柔性 OLED 显示屏的应用

# 思考与练习

1. OLED 由哪几部分组成？
2. 简述 AM-OLED 与 PM-OLED 的异同点。
3. OLED 与普通二极管相比有什么特点？

4. 简述 OLED 的发光原理。
5. OLED 的驱动方式有哪些？各有什么优缺点？
6. 简述 LCD 与 OLED 显示屏结构的异同点。
7. 简述 OLED 电视机的显色原理。
8. 画出 OLED 电视机的整机组成框图。
9. 相比于 LCD 电视机，OLED 电视机有什么技术优势？

# 第六章　LED 显示屏技术

LED 显示屏技术是一种采用 LED 点阵作为基本单元，然后根据实际需要，采用不同的拼接方式，组合成品的一种显示技术。本章将以 LED 点阵单元结构为基础，学习 LED 显示屏的结构、原理、安装、技术指标及故障维修等知识。

## §6-1　LED 显示屏的结构、原理与安装

### 学习目标

1. 熟悉 LED 显示屏的分类与结构。
2. 掌握 LED 显示屏的工作原理。
3. 掌握 LED 显示屏的安装方法。
4. 能进行 LED 显示屏的安装与调试。

LED 显示屏因使用场合不同，结构差异较大，其工作原理与液晶电视机工作原理也有较大的差别。本节主要学习 LED 显示屏的分类、结构、原理与安装等方面的内容。

### 一、LED 显示屏的分类

LED 显示屏根据不同的标准和不同的使用场合，有不同的分类，具体如下：

**1. 根据使用环境来分**

根据使用环境不同，LED 显示屏可分为室内显示屏和室外显示屏。其中，室内显示屏根据安装方式不同，可分为挂装式显示屏、吊装式显示屏、架装式显示屏等；室外显示屏根据安装方式不同，可分为落地支撑式显示屏、立柱式显示屏、镶嵌式显示屏等，见表 6-1-1。

表 6-1-1　　常见的 LED 显示屏

| 室内显示屏 | | |
|---|---|---|
| 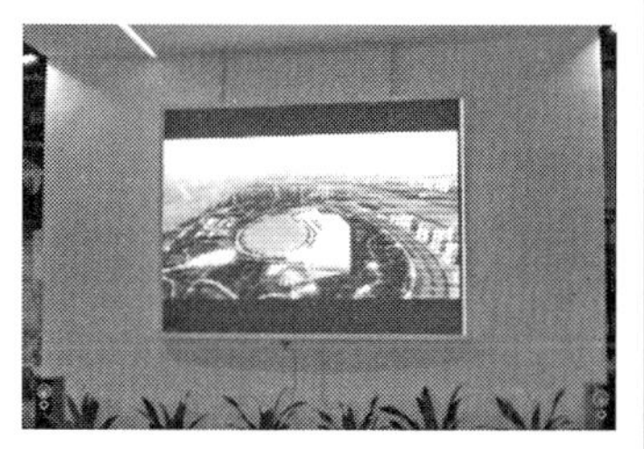 |  |  |
| 挂装式显示屏 | 吊装式显示屏 | 架装式显示屏 |

续表

| 室外显示屏 | | |
|---|---|---|
|  |  | 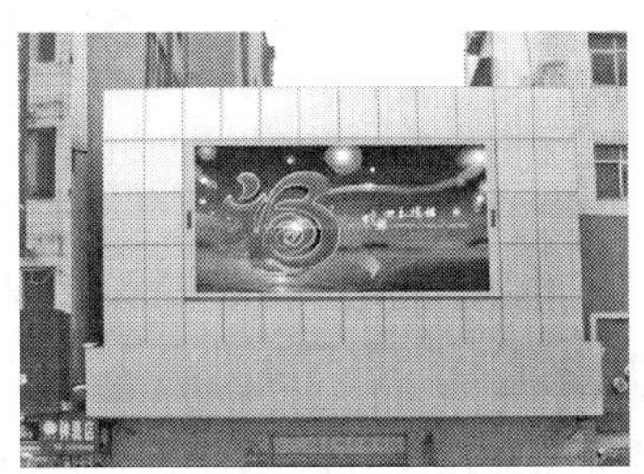 |
| 落地支撑式显示屏 | 立柱式显示屏 | 镶嵌式显示屏 |

**2. 根据显示内容来分**

根据显示内容不同，LED 显示屏可分为图文式显示屏和视频式显示屏。其中图文式显示屏又包含单色字幕、双色字幕及全彩屏三种。图文式显示屏单元板实物图如图 6–1–1 所示。

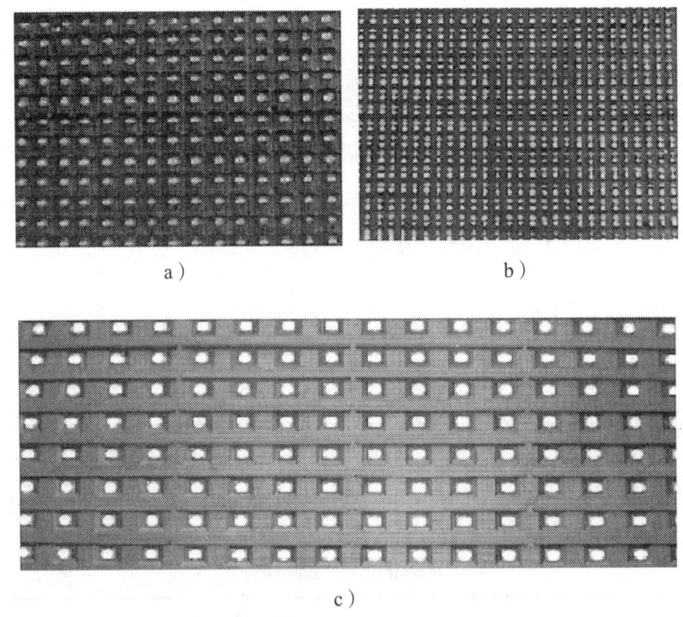

a） b）

c）

图 6–1–1　图文式显示屏单元板实物图

a）单色字幕　b）双色字幕　c）全彩屏

**3. 根据单元板显示密度来分**

根据单元板显示密度不同，LED 显示屏可以分为 P3 单元板、P4 单元板、P5 单元板及 P6 单元板等。如图 6–1–2 所示。其中，P3 单元板表示像素的间距为 3 mm，P5 单元板表示像素的间距为 5 mm 等。间距越小，分辨率越高，画面越逼真。

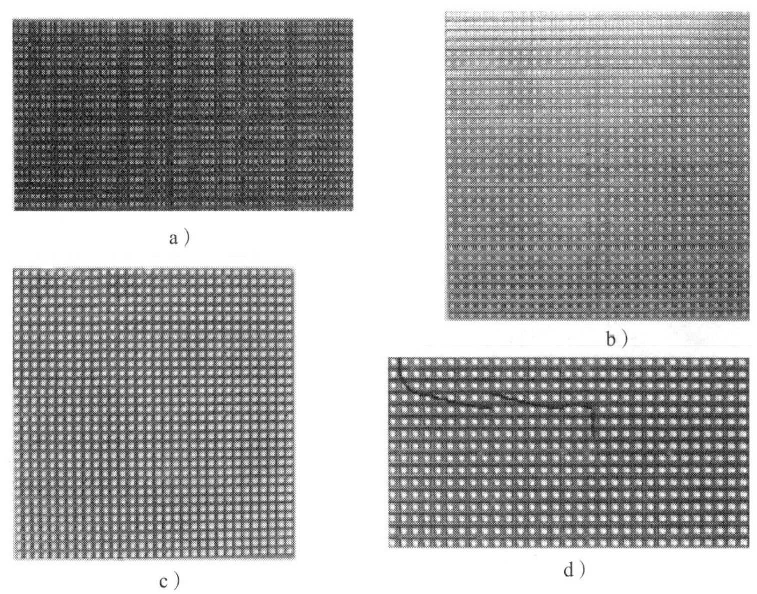


图 6-1-2 常见的 LED 显示屏单元板实物图

a）P3 单元板 b）P6 单元板 c）P4 单元板 d）P5 单元板

## 二、LED 显示屏的结构与安装

### 1. LED 显示屏的组成结构

（1）LED 显示系统的组成

LED 显示屏是根据实际需要，由不同的单元板拼接而成的。高清 LED 彩色显示系统一般由强电控制柜、弱电控制柜、结构框架、计算机等部分组成，有的还有钢立柱、混凝土立柱等组成部分。图 6-1-3 所示为 LED 显示系统的基本结构。

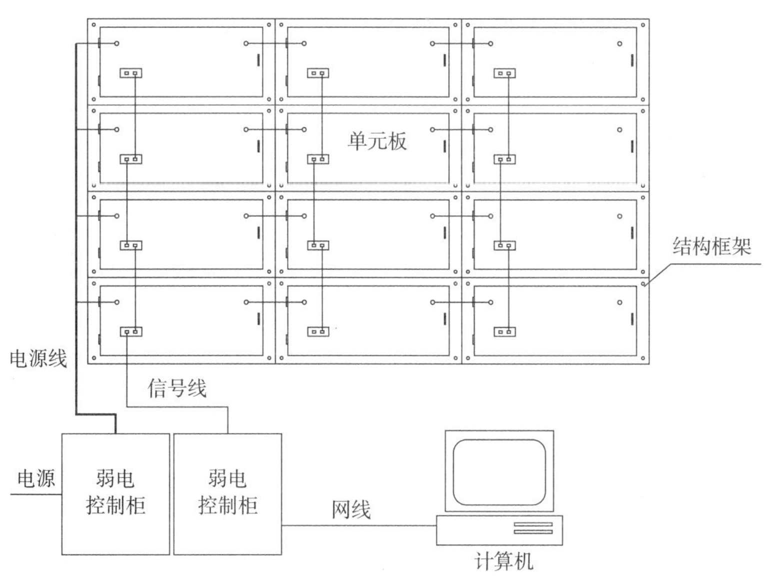


图 6-1-3 LED 显示系统的基本结构

有时根据实际需要，还会增加多媒体设备、音响、视频处理器、远程控制器、音 / 视频矩阵器等设备，其拓扑结构如图 6–1–4 所示。

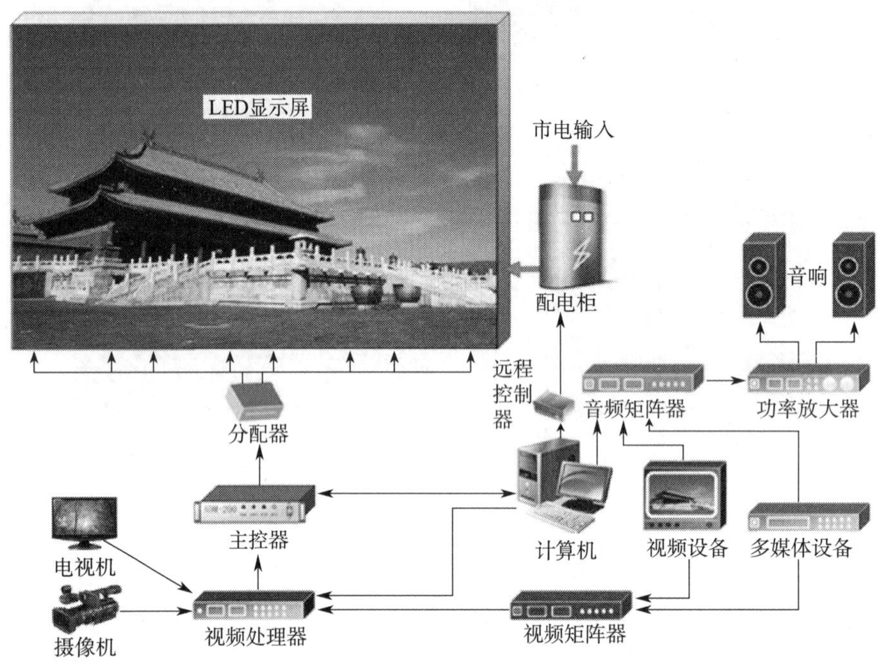


图 6–1–4　LED 显示系统的拓扑结构

（2）LED 显示屏的组成

LED 显示屏是由多个单元箱体组成的，实物图如图 6–1–5 所示。每个单元箱体由单元板、边框、拐角、角铝、电源线、排线、数据线、螺钉、铜柱、螺帽（磁柱）、电源、控制卡等组成，具体见表 6–1–2。

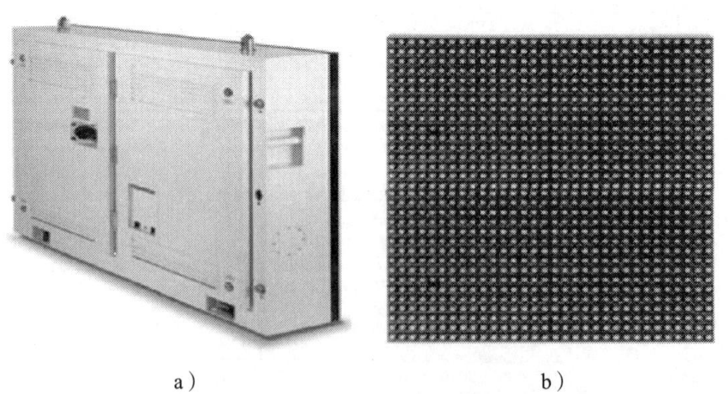

a）　　　　　　　　b）

图 6–1–5　LED 显示屏单元箱体实物图

a）单元箱体背面　b）单元箱体正面

表 6-1-2 单元箱体内部主要物料清单

| 序号 | 名称 | 实物图 | 备注 |
|---|---|---|---|
| 1 | 单元板 |  | 1. 单元板根据不同产品，型号有所不同<br>2. 室内与室外使用的单元板，正面和背面的结构有所不同，但是背面的接线原理是一样的 |
| 2 | 电源 |  | 根据显示屏功率的大小来决定使用电源，一般一块标准的 5 V/40 A 电源，可以带动 8 ~ 10 块单元板 |
| 3 | 控制卡 |  | 1. 控制卡用于连接计算机主机和 LED 显示屏<br>2. 控制卡的质量与显示屏图像的稳定程度密切相关，控制卡使用不当会使显示屏的效果大打折扣，如出现阴影、字幕抖动等<br>注意：对视频显示用 LED 显示屏，一般不称为控制卡，而称为机芯板 |
| 4 | 电源线 | ①<br>② | 电源线①用于单元板与单元板之间的电源连接，红色接“+”极，黑色接“-”极；电源线②用于电源板与单元板之间的电源连接，红色接“+”极，黑色接“-”极 |
| 5 | 排线 | ①<br>② | 排线①用于连接控制卡与单元板；排线②用于连接单元板与单元板<br>注意：排线有两类，连接时不能接错 |

续表

| 序号 | 名称 | 实物图 | 备注 |
|---|---|---|---|
| 6 | 数据线 |  | 1. 数据线用于连接计算机主机和控制板<br>2. 根据实际情况不同，采用的通信模式有 RS232 和 RS485 两种，应用时要注意 |

**2. LED 显示屏的安装**

LED 显示屏的安装主要是指单元箱体的安装。一般中、小尺寸的 LED 显示屏用一个单元箱体就可以实现，大尺寸的 LED 显示屏必须将多个单元箱体进行拼接。

（1）单元箱体的安装

LED 显示屏是采用单元板拼接而成的，LED 显示屏的安装实际上就是箱体的安装，其安装步骤如下：

1）选定单元板的型号，确定单元板的尺寸，需要精确至毫米。如 P10 单元板，其尺寸为 160 mm × 320 mm。

2）计算出显示屏内单元板拼接以后的高度和宽度。例如，纵向两块拼接，高为 2 × 160 mm=320 mm；横向 5 块拼接，宽为 320 mm × 5=1 600 mm。

3）在计算好的尺寸中减去 4 mm。如上述的拼接方式，其净尺寸为 320 mm × 1 600 mm，那么外框铝材的尺寸应为（320 mm−4 mm）×（1 600 mm−4 mm）=316 mm × 1 596 mm。316 mm 和 1 596 mm 就是铝材的实际尺寸。

4）按照计算好的尺寸裁切好边框，如图 6–1–6 所示。

图 6–1–6　裁切好的边框

5）把裁切好的边框用自攻螺钉连接好，清理干净杂物，正面朝下放好。外框边角连接示例及成品外框如图 6–1–7 所示。

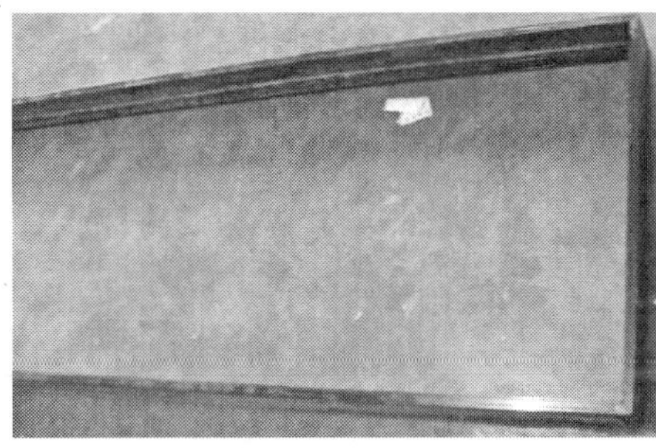

图 6–1–7　外框边角连接示例及成品外框

6）将安装好的外框平放在地面上，按照单元板背后的箭头方向，把单元板依次排列起来并用螺钉固定。注意不要弄错单元板的安装方向。单元板铺设示意图如图 6–1–8 所示。

图 6–1–8　单元板铺设示意图

7）把磁铁托柱装到单元板上，并把磁片（磁铁的作用是固定电路板）放入托柱的凹槽里，如图 6–1–9 所示。

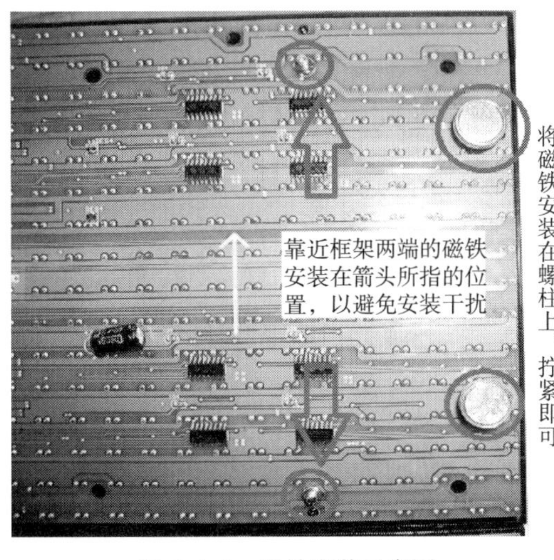


图 6–1–9　磁铁安装示意图

8）量好钢质龙骨所需的长度并截好，放到磁铁上，尽量让磁铁在龙骨的中央位置，防止距离有偏差，如图 6–1–10 所示。

图 6–1–10　磁铁与龙骨安装示意图

9）把龙骨用自攻螺钉和边框连接好，如图 6–1–11 所示。

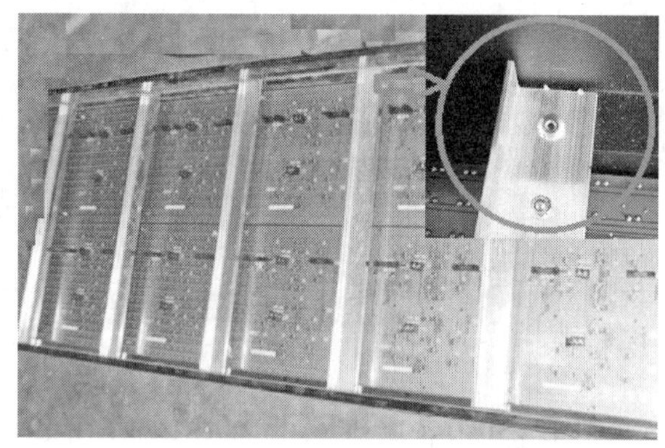

图 6–1–11　龙骨安装完成示意图

10）用排线把单元板连接起来，如图 6–1–12 所示，不能让排线有扭着的现象。

11）根据整屏单元板的数量判断所需电源，并把电源板固定到合适位置。电源板一般放在显示屏下方的型材上，如图 6–1–13 所示。注意电源板与单元板的绝缘。

图 6–1–12　排线连接示意图

图 6–1–13　电源板安装示意图

12）根据图 6-1-14 所示的电源线连接线路图进行电源线的连接。注意电源线不能盲目地连接，显示屏虽然是低压工作，但是电流很大，不能全部并联供电。一块 P10 单元板的满电流为 4 A，因此，一块 40 A 的电源可以带 10 块单元板。显示屏的线路为并联，即正极连正极（红线），负极连负极（黑线），一般用符号 VCC、+5 V、+V 代表正极，用符号 GND、COM、-V 代表负极。电源线连接示意图如图 6-1-15 所示。

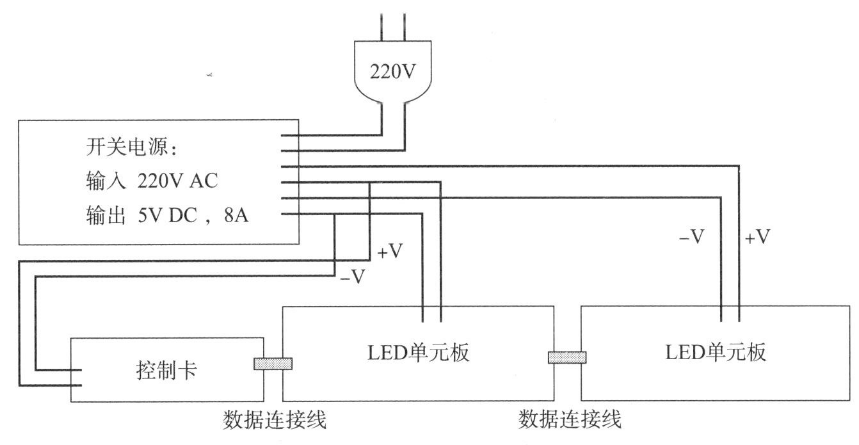


图 6-1-14　电源线连接线路图

13）安装控制卡，并将控制卡与单元板、电源板连接，如图 6-1-16 所示。注意控制卡的排线接单元板的输入接口，且控制卡的插针是有顺序之分的，如 JK1、JK2……或 J1、J2……。1 号插针需连接到单元板输入端箭头最上方的那一块单元板上。为了避免出错，一般控制卡 1 号插针的周边有白色的字母 A，单元板的输入端也有此类字符，只要把两个 A 用排线进行平行的连接，就是正确的。

14）做好清理工作，把屏里面的杂物清理干净，防止带电的铝末、铁末、线头掉入电路板内引起单元板短路。清理工作完成后，装好后盖。至此，LED 显示屏单元箱体的硬件安装工作结束。

图 6-1-15　电源线连接示意图

图 6-1-16　控制卡的安装与连接示意图

（2）户外 LED 显示屏的安装

对于户外 LED 显示屏来说，单元箱体的安装方法大同小异。由于是在户外使用，安装户外 LED 显示屏时，必须注意以下几点：

1）显示屏及建筑物上应安装避雷装置。显示屏主体和外壳保持良好的接地，接地电阻要小于 4 Ω，使雷电引起的电流能及时泄放。

2）LED 显示屏应采取防水措施。LED 显示屏安装在户外，经常日晒雨淋，工作环境恶劣。电子设备被淋湿或严重受潮会引起短路甚至起火，造成损失。因此，户外 LED 显示屏屏体、屏体与建筑的结合部必须严格防水，屏体要有良好的排水措施，以保证发生积水时能顺利排放，同时要有防潮措施。

3）电路芯片选择。户外 LED 显示屏单元板上的芯片需选用工作温度为 –40 ~ 80 ℃的工业级集成电路芯片，防止冬季温度过低，使显示屏不能启动。

4）安装通风设备进行降温，使屏体内部温度为 –10 ~ 40 ℃。户外 LED 显示屏屏体背后上方需要安装轴流风机排出热量。由于显示屏工作时本身就要产生一定的热量，如果环境温度过高而散热又不良，集成电路可能工作不正常，甚至被烧毁，从而使显示系统无法正常工作。

5）发光二极管的选择。由于户外 LED 显示屏受众面宽，视距要求远，视野要求广，环境光变化大，特别是可能受到阳光直射，为了保证在环境光强烈的情况下远距离可视，户外 LED 显示屏必须选用超高亮度、视角宽阔、色彩纯正、协调性好、使用寿命超过 $1 \times 10^5$ h 的发光二极管。目前最流行的发光二极管一般采用带遮沿方形筒体、硅胶密封、无金属化装配的封装形式，其外形精致、美观，坚固、耐用，具有防阳光直射、防尘、防水、防高温、防电路短路等特点。

## 三、LED 显示屏的工作原理

### 1. LED 显示屏的扫描方式

LED 显示屏在一定的显示区域内，同时点亮显示屏的行数与整个区域行数的比例称为扫描方式。室内单 / 双色 LED 显示屏一般采用 1/16 扫描，室内彩色 LED 显示屏一般采用 1/8 扫描，室外单 / 双色 LED 显示屏一般采用 1/4 扫描。

### 2. 静态扫描驱动和动态扫描驱动

目前市售 LED 显示屏的驱动方式主要有两种，从驱动 IC 的输出脚到像素点之间实行点对点的控制叫作静态扫描驱动，从驱动 IC 输出脚到像素点之间实行点对列的控制叫作动态扫描驱动。静态扫描驱动不需要行控制电路，成本较高，但显示效果和稳定性好，亮度损失较小。动态扫描驱动需要行控制电路，成本虽然较低，但是显示效果差，亮度损失较大。

目前，市售 LED 显示屏的驱动芯片一般采用 SM4953、MBI5026、TB62726 等。

### 3. LED 显示屏单元板电路组成框图

采用 SM4953 作为驱动芯片的单元板电路，LED 显示屏单元板里包含 SM16126、74LS138、74LS245 等驱动芯片，图 6–1–17 所示为其组成框图。

由图 6–1–17 可知，控制卡通过信号输入接口输入的信号，一路经过 74LS245 放大后，由信号输出接口送往下一个单元板，同时该信号经过 74LS138、SM4953 处理后，作为行扫描信号送给 LED 显示屏；另一路经过 74LS245 放大和 SM16126 变换之后，作为列扫描信号发送给 LED 显示屏，配合行扫描信号一起，驱动 LED 显示屏按照要求发光显示。

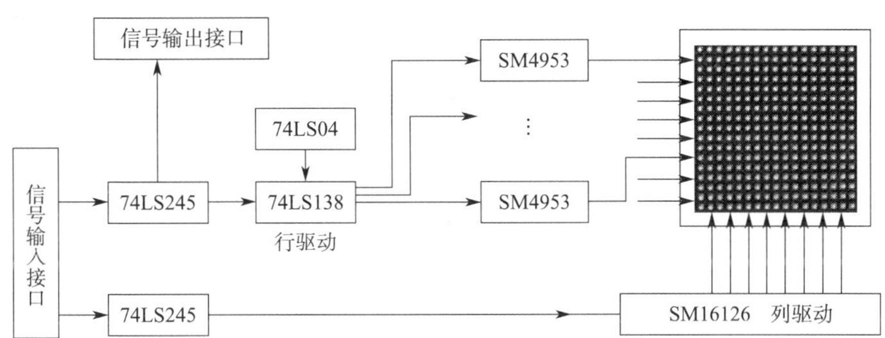

图 6-1-17 LED 显示屏单元板电路组成框图

#### 4. 主要芯片的功能

（1）74LS245（74HC245）

74LS245 是一个八路同相、三态门、可双向传输信号（数据）的集成电路，常用于单片机 P0 口信号驱动放大、LED 驱动信号放大等。图 6-1-18 所示为 74LS245 的实物图和引脚图。

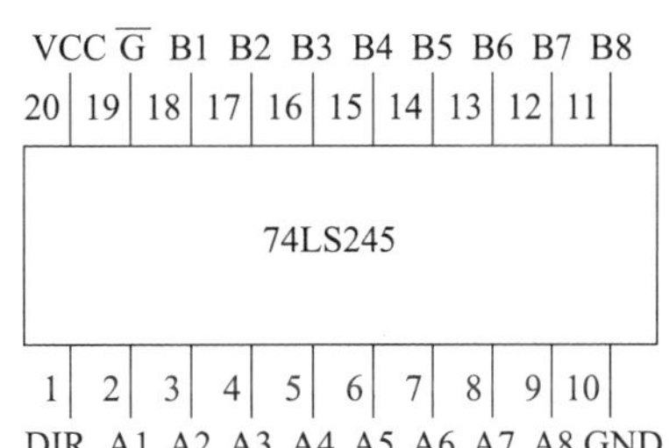

图 6-1-18 74LS245 的实物图和引脚图

1）74LS245 引脚功能。74LS245 是一个 20 脚封装的芯片，其引脚功能见表 6-1-3。

表 6-1-3 74LS245 引脚功能

| 序号 | 引脚标记符号 | 引脚功能描述 |
| --- | --- | --- |
| 1 | DIR | 输入 / 输出端口转换功能控制，需与 $\overline{G}$ 端配合使用 |
| 2 | A1 ~ A8 | A 组信号输入 / 输出 |
| 3 | GND | 芯片接地脚 |
| 4 | B1 ~ B8 | B 组信号输入 / 输出 |
| 5 | $\overline{G}$ | 使能控制，需与 DIR 端配合使用 |
| 6 | VCC | 芯片电源输入 |

2）74LS245 运行功能真值表。74LS245 必须在使能控制脚的帮助下才能实现其功能，它的运行功能真值表见表 6-1-4。

表 6–1–4　　74LS245 运行功能真值表

| 序号 | 引脚状态 | 引脚状态 | 运行功能描述 |
|---|---|---|---|
| | $\overline{G}$ | DIR | |
| 1 | L | L | 数据从 B 端输入、A 端输出 |
| 2 | L | H | 数据从 A 端输入、B 端输出 |
| 3 | H | × | 输入与输出隔离，是高阻态 |

由表 6–1–4 可知，当 $\overline{G}$ 与 DIR 端都是低电平时，数据从 B 端输入、A 端输出，是接收信号状态。当 $\overline{G}$ 与 DIR 端分别是低电平、高电平时，数据从 A 端输入、B 端输出，是发送信号状态。实际应用电路如图 6–1–19 所示。图中，$\overline{G}$ 端为低电平（接地），DIR 端为高电平（接 $V_{CC}$），电路的工作状态是，串行数据从 A1 ~ A8 端输入、B1 ~ B8 端串行输出，然后送入列驱动电路中。

在 LED 显示屏中，74LS245 一般工作在接收信号状态，当该芯片工作不正常时，LED 显示屏会出现黑屏、花屏等故障现象。

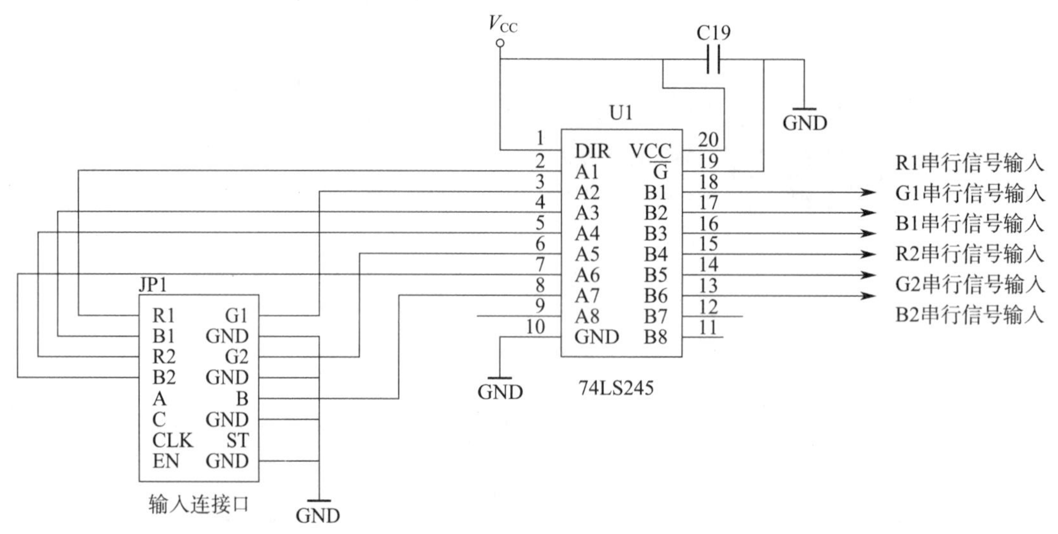


图 6–1–19　74LS245 实际应用电路

（2）74LS138

74LS138 为 3 线 –8 线二进制转十进制译码器，在 LED 显示屏单元板中起行扫描选通开关的作用。图 6–1–20 所示为其实物图和引脚图。

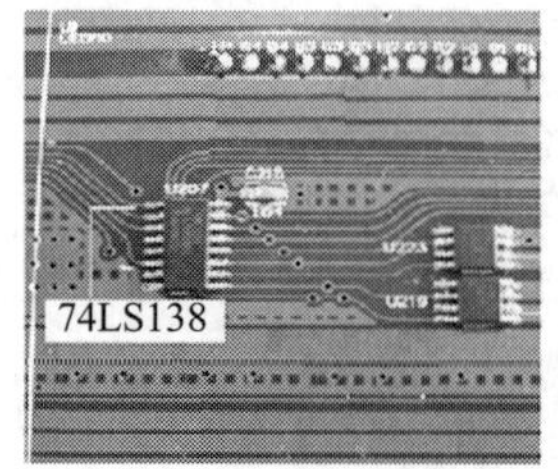


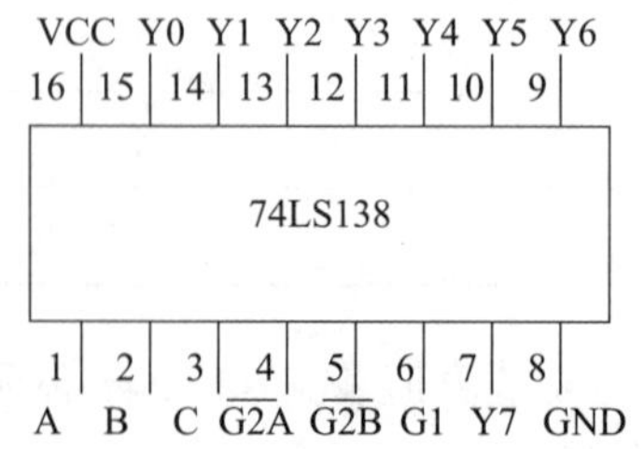


图 6–1–20　74LS138 的实物图和引脚图

1）74LS138 引脚功能。74LS138 是一个 16 脚封装的芯片，其引脚功能见表 6-1-5。

表 6-1-5　　74LS138 引脚功能

| 序号 | 引脚标记符号 | 引脚功能描述 |
|---|---|---|
| 1 | A、B、C | 译码地址输入端 |
| 2 | $\overline{G2A}$、$\overline{G2B}$ | 选通使能控制端（低电平有效） |
| 3 | G1 | 选通使能控制端（高电平有效） |
| 4 | Y0 ~ Y7 | 译码输出脚 |
| 5 | GND | 芯片接地脚 |
| 6 | VCC | 芯片电源输入 |

2）74LS138 运行功能真值表。74LS138 要实现译码功能，各使能端子必须互相配合，其运行功能真值表见表 6-1-6。

表 6-1-6　　74LS138 运行功能真值表

| 输入信号 | | | | | 译码输出信号 | | | | | | | |
|---|---|---|---|---|---|---|---|---|---|---|---|---|
| 控制输入信号 | | 译码输入信号 | | | | | | | | | | |
| G1 | $\overline{G2A}$+$\overline{G2B}$ | C | B | A | Y0 | Y1 | Y2 | Y3 | Y4 | Y5 | Y6 | Y7 |
| 0 | × | × | × | × | 1 | 1 | 1 | 1 | 1 | 1 | 1 | 1 |
| × | 1 | × | × | × | 1 | 1 | 1 | 1 | 1 | 1 | 1 | 1 |
| 1 | 0 | 0 | 0 | 0 | 0 | 1 | 1 | 1 | 1 | 1 | 1 | 1 |
| 1 | 0 | 0 | 0 | 1 | 1 | 0 | 1 | 1 | 1 | 1 | 1 | 1 |
| 1 | 0 | 0 | 1 | 0 | 1 | 1 | 0 | 1 | 1 | 1 | 1 | 1 |
| 1 | 0 | 0 | 1 | 1 | 1 | 1 | 1 | 0 | 1 | 1 | 1 | 1 |
| 1 | 0 | 1 | 0 | 0 | 1 | 1 | 1 | 1 | 0 | 1 | 1 | 1 |
| 1 | 0 | 1 | 0 | 1 | 1 | 1 | 1 | 1 | 1 | 0 | 1 | 1 |
| 1 | 0 | 1 | 1 | 0 | 1 | 1 | 1 | 1 | 1 | 1 | 0 | 1 |
| 1 | 0 | 1 | 1 | 1 | 1 | 1 | 1 | 1 | 1 | 1 | 1 | 0 |

在表 6-1-6 中，“0”表示低电平，“1”表示高电平，“×”表示无关项。译码输出端为低电平时，该输出端有效，每一组编码输入信号对应一个输出，通过循环输出依次控制相应行 LED 灯的工作，完成行驱动任务。

（3）SM4953

SM4953 是一个行驱动脉冲信号放大芯片，内部有两个完全一样的 P 沟道大功率场效应管，在单元板中与 74LS138 进行配合，对行扫描信号进行放大，以提高驱动能力，完成行驱动任务。图 6-1-21 所示为 SM4953 的实物图和引脚图。

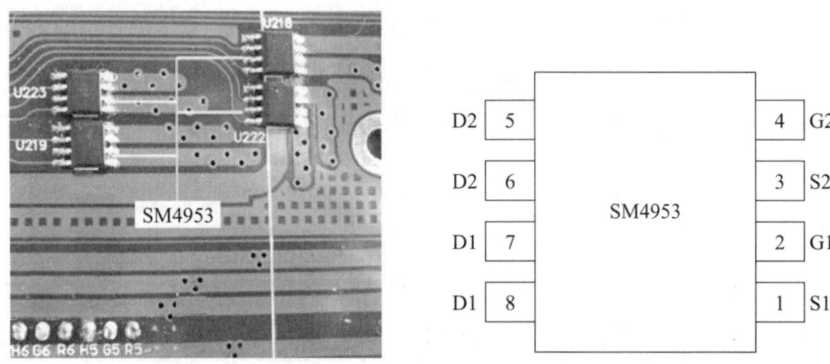


图 6-1-21　SM4953 的实物图和引脚图

由 74LS138（74HC138）与 SM4953 组成的行驱动实际应用电路如图 6-1-22 所示。

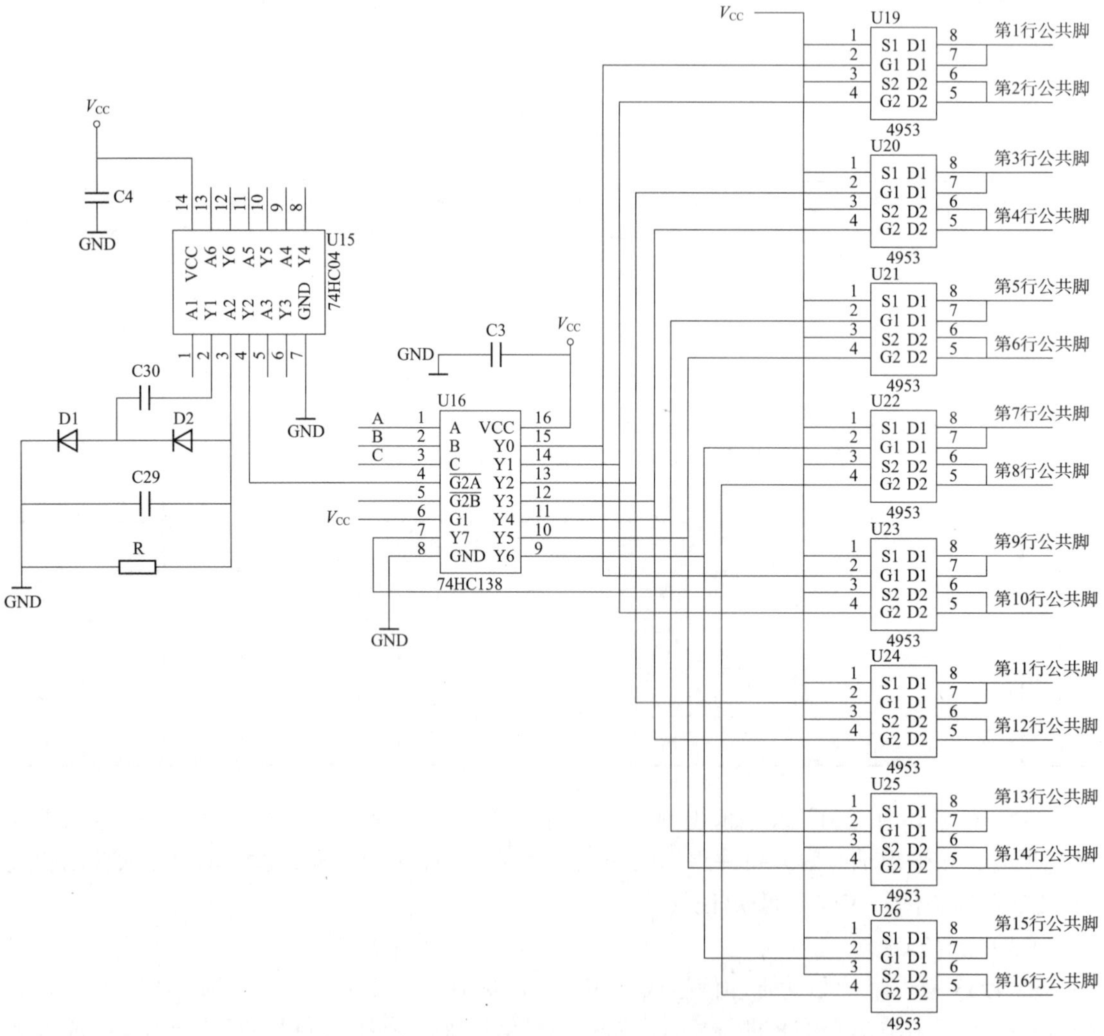

图 6-1-22　由 74LS138（74HC138）与 SM4953 组成的行驱动实际应用电路

图 6-1-22 中，74LS138 的 G1 端接 $V_{CC}$ 为高电平状态；$\overline{G2A}$ 端与 74HC04 的 4 脚相连，开机瞬间为低电平，使译码电路不工作，防止开机瞬间屏幕出现闪烁现象，开机完毕，$\overline{G2A}$ 端为高电平，使译码电路进入工作状态；$\overline{G2B}$ 端悬空，为高电平。

编码输入信号 A、B、C 由前级输出接口电路送来，每一组输入的编码信号经过译码后，可以驱动两行的 LED 灯工作，如 Y0 端可以控制第 1 行与第 9 行 LED 灯的工作，为 1/8 扫描方式，每个 74LS138 芯片一共可以控制 16 行 LED 灯的工作。一个行数为 768 行的显示屏，显示屏第一次点亮的行数为 1、9、17、25、33……（共 96 行），第二次点亮的行数为 2、10、18、26、34……（共 96 行），依次经过八次点亮，则 768（96×8=768）行全部就亮起来了。

（4）SM16126

SM16126 是专为 LED 设计的列信号驱动芯片，它内部的 CMOS 位移寄存器和锁存器可以将串行输入 R、G、B 的图像数据转换成并行输出的数据格式。SM16126 能提供 16 路电流源输出，可以在每个输出端口提供 3 ~ 60 mA 的恒定电流来驱动 LED，同时还可以选用不同电阻值的外接电阻，用于调整各输出端口的电流大小，因此，SM16126 可以精确地控制 LED 的发光亮度，也可以在每个输出端口串接多个 LED。图 6-1-23 所示为 SM16126 的实物图与引脚图。

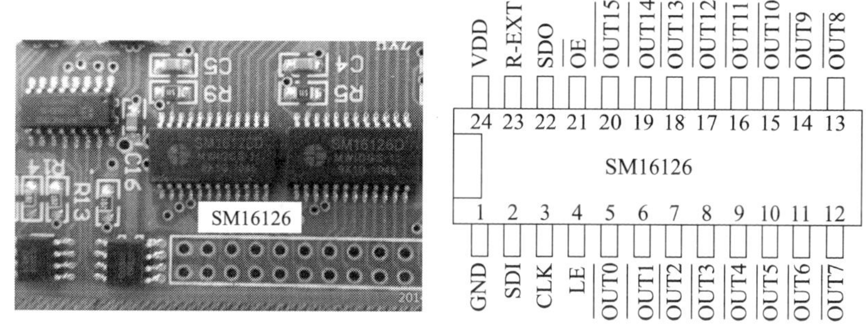


图 6-1-23　SM16126 的实物图与引脚图

1）SM16126 引脚功能。SM16126 是一个 24 脚封装的芯片，其引脚功能见表 6-1-7。

表 6-1-7　SM16126 引脚功能

| 序号 | 引脚标记符号 | 引脚功能描述 |
|---|---|---|
| 1 | GND | 芯片接地脚 |
| 2 | SDI | 串行数据输入端 |
| 3 | CLK | 时钟信号输入端，时钟上升沿时移位数据 |
| 4 | LE | 数据锁存控制端，当其为高电平时，串行数据被送入输出锁存器；当其为低电平时，数据被锁存 |
| 5 | $\overline{OUT0}$ ~ $\overline{OUT15}$ | 恒流源输出端 |
| 6 | $\overline{OE}$ | 输出使能控制端，当其为低电平时，$\overline{OUT0}$ ~ $\overline{OUT15}$ 输出数据；当其为高电平时，$\overline{OUT0}$ ~ $\overline{OUT15}$ 输出端关闭 |

续表

| 序号 | 引脚标记符号 | 引脚功能描述 |
|---|---|---|
| 7 | SDO | 串行数据输出端，可接到下一个芯片的 SDI 端口 |
| 8 | R-EXT | 连接外接电阻的输入端，通过外接电阻可以设定所有输出端口的输出电流 |
| 9 | VDD | 芯片电源输入端 |

2）SM16126 运行功能真值表。SM16126 要正确控制 LED 显示屏，必须在各个使能控制端和时钟的控制下进行，表 6–1–8 为 SM16126 的运行功能真值表。

表 6–1–8　　SM16126 运行功能真值表

| CLK | LE | SDI | $\overline{OE}$ | OUT | SDO |
|---|---|---|---|---|---|
| 0 ~ 15 | 0 | $D_n \sim D_{n+15}$ 存入锁存器 | 1 | 维持原态输出 | 原态 |
|  | 1 | $D_n \sim D_{n+15}$ 输出锁存器（送往输出驱动器） | 0 | 输出驱动器输出 $D_n \sim D_{n+15}$ | 原态 |
| 16 | × | — | × | 维持原态输出 | $D_{n+16}$ |

3）SM16126 控制时序图。当 SM16126 正常工作时，其控制时序图如图 6–1–24 所示。在时钟信号的控制下，数据从 SDI 串行输入，时钟信号 CLK 每来一个脉冲，数据被移位寄存一次，在时钟信号的第 16 个脉冲到来之前，数据锁存信号 LE 端一直为低电平，输入的 16 位数据都被锁存住。在时钟信号的第 16 个脉冲到来之后，LE 端变为高电平，16 位数据信号同时被送往输出驱动器，当 $\overline{OE}$ 端控制信号由高电平变为低电平时，16 位数据信号同时从 $\overline{OUT0} \sim \overline{OUT15}$ 端并行输出。

（5）74LS04

74LS04 是一个 6 输入的反相器，图 6–1–25 所示为其实物图和引脚图。74LS04 的 4 脚与译码电路的 $\overline{G2A}$ 端相连，开机瞬间为低电平，使译码电路不工作，以防止出现开机闪烁干扰，开机完毕该脚为高电平，使译码电路进入工作状态。

**5. 单元板电路图**

彩色 LED 显示屏单元板整板电路图如附图 2 所示。由图可知，该单元板采用 1/8 扫描方式，即 SM16126 的每一个驱动控制管脚控制 8 行 LED，再配合 74LS138 和 SM4953 来驱动每一个 LED 按要求发光。

**6. LED 显示屏的调试软件**

LED 显示屏的调试软件有很多种，如 SCL2008Edit 等软件，可以按要求进行安装与调试。

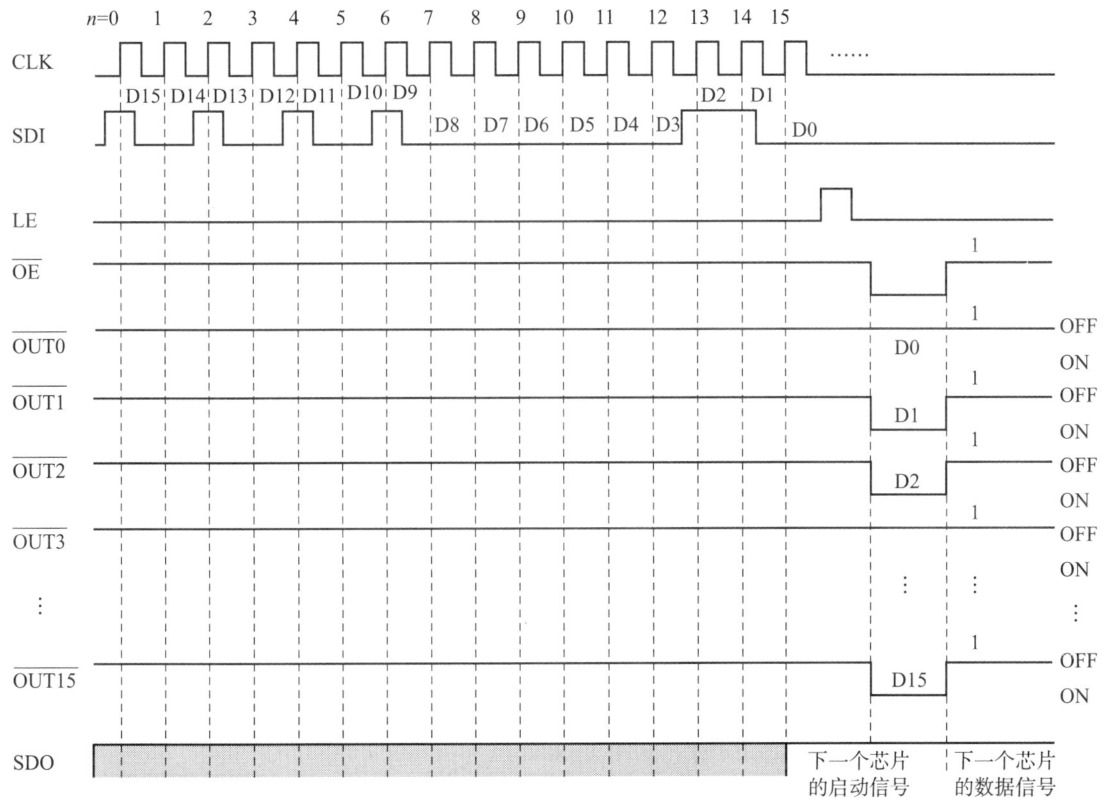


图 6-1-24　SM16126 控制时序图

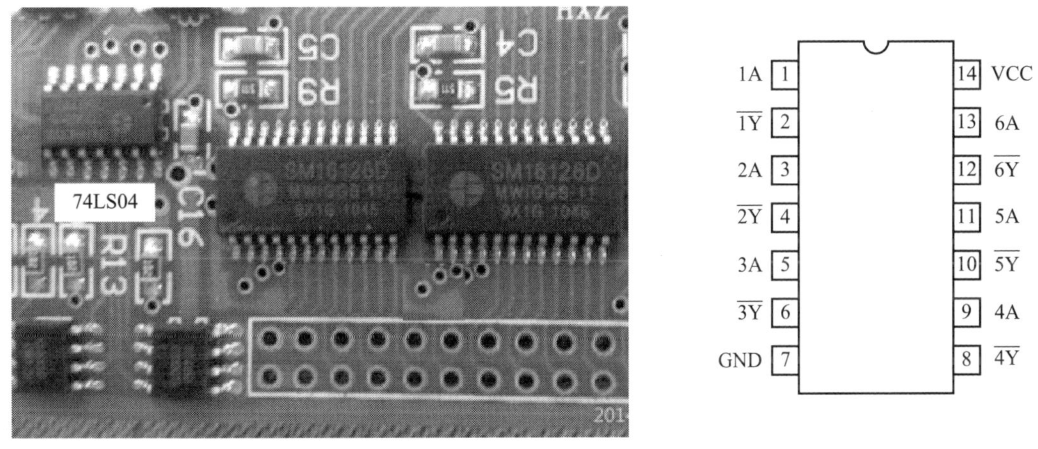


图 6-1-25　74LS04 实物图与引脚图

# 实训 1　LED 显示屏的安装与调试

## 实训目的

1. 能正确安装 LED 显示屏。

2. 能完成 LED 显示屏的调试。

### 实训设备与工具

板材裁切机、冲击钻、米尺、常用的安装工具、计算机、LED 显示屏物料、示波器等。

### 实训内容与步骤

#### 一、LED 显示屏的安装

1. 认识并清点 LED 显示屏的安装物料，并完成表 6–1–9 的填写。

表 6–1–9　　LED 显示屏物料盘点清单

| 序号 | 物料名称 | 物料数量 | 检测结果 |
|---|---|---|---|
| 1 | | | |
| 2 | | | |
| 3 | | | |
| 4 | | | |
| 5 | | | |
| 6 | | | |

2. 运用 P10 单元板，按照要求安装 LED 显示屏。

将 10 块 P10 全彩色 LED 显示屏单元板按照纵向 2 块、横向 5 块的拼接方式进行安装。

#### 二、LED 显示屏的调试

按照 LED 显示屏调试步骤，对 LED 显示屏进行调试。

## §6–2　LED 显示屏的技术指标

### 学习目标

1. 了解 LED 显示屏的主要技术指标。
2. 掌握 LED 显示屏主要技术指标的检测方法。
3. 能进行 LED 显示屏单元板技术指标的检测。

#### 一、LED 显示屏的主要技术指标及实例

**1. 主要技术指标**

LED 显示屏的主要技术指标包含力学、光学、电学等技术性能指标。

（1）力学性能指标

LED 显示屏的力学性能指标包含外壳防护等级和拼装精度两个方面。

1）外壳防护等级。外壳防护等级（$F$）由低到高分为三个等级，见表 6–2–1。

表 6-2-1　　外壳防护等级

| 环境＼等级 | A 级 | B 级 | C 级 |
|---|---|---|---|
| 室内 | IP30>$F$≥IP20 | IP31>$F$≥IP30 | $F$≥IP31 |
| 室外 | IP54>$F$≥IP33 | IP66>$F$≥IP54 | $F$≥IP66 |

2）拼装精度。拼装精度包含平整度、像素中心距离相对偏差、水平相对错位、垂直相对错位等。

①平整度。平整度是指显示屏在任意范围内的凸凹偏差，用 $P$ 来表示。平整度由低到高分为三个等级，见表 6–2–2。

表 6-2-2　　平整度划分等级

| 参数＼等级 | A 级 | B 级 | C 级 |
|---|---|---|---|
| 平整度 | $1.5<P\leqslant 2.5$ | $0.5<P\leqslant 1.5$ | $P\leqslant 0.5$ |

②像素中心距离相对偏差。像素中心距离相对偏差为任意相邻像素之间实测中心距与标称中心距的相对误差，用 $J_x$ 表示。像素中心距离相对偏差由低到高分为三个等级，见表 6–2–3。

表 6-2-3　　像素中心距离相对偏差等级

| 参数＼等级 | A 级 | B 级 | C 级 |
|---|---|---|---|
| 像素中心距离相对偏差 | $7.5\%<J_x\leqslant 10\%$ | $5\%<J_x\leqslant 7.5\%$ | $J_x\leqslant 5\%$ |

③水平相对错位。LED 显示屏在水平方向向相邻模块形成的像素上下错位，称为水平相对错位，用 $C_S$ 来表示。水平相对错位由低到高分为三个等级，见表 6–2–4。

表 6-2-4　　水平相对错位等级

| 参数＼等级 | A 级 | B 级 | C 级 |
|---|---|---|---|
| 水平相对错位 | $7.5\%<C_S\leqslant 10\%$ | $5\%<C_S\leqslant 7.5\%$ | $C_S\leqslant 5\%$ |

④垂直相对错位。LED 显示屏在垂直方向向相邻模块形成的像素左右错位，称为垂直相对错位，用 $C_C$ 来表示。垂直相对错位由低到高分为三个等级，见表 6–2–5。

表 6-2-5　　垂直相对错位等级

| 参数＼等级 | A 级 | B 级 | C 级 |
|---|---|---|---|
| 垂直相对错位 | $7.5\%<C_C\leqslant 10\%$ | $5\%<C_C\leqslant 7.5\%$ | $C_C\leqslant 5\%$ |

（2）光学性能指标

LED 显示屏的光学性能指标包含最大亮度、视角、最高对比度、基色主波长误差、白场色坐标、亮度鉴别等级及均匀性等，具体如下：

1）最大亮度。显示屏在一定的环境照度下、在最高灰度级和最高亮度级测得的亮度，称为最大亮度。

2）视角。假设显示屏法线方向的亮度为 $L_F$，从显示屏法线中心到左右两侧测量显示屏的亮度，当左右两侧的亮度值下降到 $L_F/2$ 时，两条观测线之间的夹角 $\theta_S$（$0°<\theta_S<180°$）称为 LED 显示屏水平方向的视角。从显示屏法线中心到上下两侧测量显示屏的亮度，当上下两侧的亮度值下降到 $L_F/2$ 时，两条观测线之间的夹角 $\theta_C$（$0°<\theta_C<180°$）称为 LED 显示屏垂直方向的视角。

3）最高对比度。LED 显示屏在一定的环境照度下最大亮度与背景亮度之比，称为显示屏的最高对比度，用 $C$ 表示。

4）基色主波长误差。LED 显示屏基色主波长的实际值与标称值的误差 $\Delta\lambda_D$，称为显示屏的基色主波长误差。基色主波长误差由低到高分为三个等级，见表 6–2–6。

**表 6–2–6　　基色主波长误差等级**

| 参数＼等级 | A 级 | B 级 | C 级 |
|---|---|---|---|
| 基色主波长误差 | $7<\Delta\lambda_D\leq 9$ | $5<\Delta\lambda_D\leq 7$ | $\Delta\lambda_D\leq 5$ |

5）白场色坐标。由三基色组成的 LED 显示屏，在显示白场时，对应于 CIE1931 色度图中的 $X$、$Y$ 坐标，称为白场色坐标。当色温为 6 500～9 300 K 时，白场色坐标见表 6–2–7。

**表 6–2–7　　白场色坐标**

| $X$ 坐标 | 0.28 | 0.27 | 0.37 | 0.33 |
|---|---|---|---|---|
| $Y$ 坐标 | 0.25 | 0.3 | 0.33 | 0.37 |

6）亮度鉴别等级。人眼能够分辨的图像，从最黑到最白之间的亮度等级 $L_J$，称为亮度鉴别等级。亮度鉴别等级由低到高分为三个等级，见表 6–2–8。

**表 6–2–8　　亮度鉴别等级**

| 参数＼等级 | A 级 | B 级 | C 级 |
|---|---|---|---|
| 亮度鉴别等级 | $8\leq L_J<12$ | $12\leq L_J<20$ | $L_J\geq 20$ |

7）均匀性。均匀性包含像素光强均匀性、显示模块亮度均匀性和模组亮度均匀性。

①像素光强均匀性。LED 显示屏同一块屏中像素与像素之间发光强度的一致性，称为像素光强均匀性，用 $I_{PJ}$ 表示。像素光强均匀性由低到高分为三个等级，见表 6–2–9。

表 6-2-9 像素光强均匀性等级

| 参数＼等级 | A 级 | B 级 | C 级 |
|---|---|---|---|
| 像素光强均匀性 | $25\%<I_{PJ}\leq 50\%$ | $5\%<I_{PJ}\leq 25\%$ | $I_{PJ}\leq 5\%$ |

②显示模块亮度均匀性。LED 显示屏中，由多个显示像素构成结构上独立的最小单元，称为显示模块，也称为点阵。在同一款 LED 显示屏中，显示模块相互之间的亮度一致性，称为显示模块亮度均匀性，用 $L_{MJ}$ 表示。显示模块亮度均匀性由低到高分为三个等级，见表 6-2-10。

表 6-2-10 显示模块亮度均匀性等级

| 参数＼等级 | A 级 | B 级 | C 级 |
|---|---|---|---|
| 显示模块亮度均匀性 | $20\%<L_{MJ}\leq 35\%$ | $5\%<L_{MJ}\leq 20\%$ | $L_{MJ}\leq 5\%$ |

③模组亮度均匀性。在 LED 显示屏中，由若干个显示模块、驱动电路、控制电路及相应的结构件构成一个独立的显示单元，称为模组，也称为单元箱、单元板。在同一块 LED 显示屏中，单元板之间的亮度一致性，称为模组亮度均匀性，用 $L_{GJ}$ 表示。模组亮度均匀性由低到高分为三个等级，见表 6-2-11。

表 6-2-11 模组亮度均匀性等级

| 参数＼等级 | A 级 | B 级 | C 级 |
|---|---|---|---|
| 模组亮度均匀性 | $20\%<L_{GJ}\leq 35\%$ | $5\%<L_{GJ}\leq 20\%$ | $L_{GJ}\leq 5\%$ |

（3）电学性能指标

LED 显示屏的电学性能指标包含换帧频率、刷新频率、占空比、模组负载变化率、灰度等级、信噪比、像素失控率等。

1）换帧频率。LED 显示屏画面信息更新的频率，称为换帧频率，用 $F_H$ 表示。换帧频率由低到高分为三个等级，见表 6-2-12。

表 6-2-12 换帧频率等级

| 参数＼等级 | A 级 | B 级 | C 级 |
|---|---|---|---|
| 换帧频率（Hz） | $F_H<25$ | $25\leq F_H<50$ | $F_H\geq 50$ |

2）刷新频率。LED 显示屏每秒钟显示数据被重复的次数，称为刷新频率，用 $F_C$ 表示。刷新频率由低到高分为三个等级，见表 6-2-13。

表 6-2-13 刷新频率等级

| 参数 \ 等级 | A 级 | B 级 | C 级 |
|---|---|---|---|
| 刷新频率（Hz） | $200>F_C\geqslant100$ | $300>F_C\geqslant200$ | $F_C\geqslant300$ |

3）占空比。LED 显示屏在最高灰度级和最高亮度级的情况下，任意一个像素在一个扫描周期内的导通时间（$T_0$）与周期（$T_S$）之比，称为占空比，用 $Z_Q$ 表示。

当 $Z_Q\geqslant1$ 时，为静态驱动；当 $Z_Q<1$ 时，为动态驱动。在实际应用中，通常采用的驱动占空比有 1/32、1/16、1/8、1/4、1/2 和 1 等。

4）模组负载变化率。LED 显示屏在最高灰度级和最高亮度级的情况下，显示模组全亮和局部亮两种状况的变化率，称为模组负载变化率，用 $L_L$ 表示。模组负载变化率由低到高分为三个等级，见表 6-2-14。

表 6-2-14 模组负载变化率等级

| 参数 \ 等级 | A 级 | B 级 | C 级 |
|---|---|---|---|
| 模组负载变化率（静态驱动） | $9\%<L_L\leqslant15\%$ | $3\%<L_L\leqslant9\%$ | $L_L\leqslant3\%$ |
| 模组负载变化率（动态驱动） | $20\%<L_L\leqslant35\%$ | $7\%<L_L\leqslant20\%$ | $L_L\leqslant7\%$ |

5）灰度等级。LED 显示屏在同一级亮度中从零灰度到最高灰度之间的等级，称为灰度等级，用 $G$ 表示。灰度等级一般分为无灰度（1 bit 灰度技术）、4 级（2 bit 灰度技术）、8 级（3 bit 灰度技术）、16 级（4 bit 灰度技术）、32 级（5 bit 灰度技术）、64 级（6 bit 灰度技术）、128 级（7 bit 灰度技术）、256 级（8 bit 灰度技术）。

6）信噪比。LED 显示屏在播放视频信号的情况下信号有效值 $S$ 与噪声有效值 $N$ 的比值，称为信噪比，用 $S/N$ 表示。信噪比由低到高分为三个等级，见表 6-2-15。

表 6-2-15 信噪比等级

| 参数 \ 等级 | A 级 | B 级 | C 级 |
|---|---|---|---|
| 信噪比（dB） | $43>S/N\geqslant35$ | $47>S/N\geqslant43$ | $S/N\geqslant47$ |

7）像素失控率。像素失控点也叫坏点，包含盲点（暗点）和亮点两种。LED 显示屏的像素失控率包含整屏像素失控率（$P_Z$）和区域像素失控率（$P_Q$）。像素失控率由低到高分为三个等级，见表 6-2-16。

表 6-2-16 像素失控率等级

| 参数 \ 等级 | | A 级 | B 级 | C 级 |
|---|---|---|---|---|
| 室内 | 整屏像素失控率 | $3\times10^{-4}\geqslant P_Z>2\times10^{-4}$ | $2\times10^{-4}\geqslant P_Z>1\times10^{-4}$ | $P_Z\leqslant1\times10^{-4}$ |
| | 区域像素失控率 | $9\times10^{-4}\geqslant P_Q>6\times10^{-4}$ | $6\times10^{-4}\geqslant P_Q>3\times10^{-4}$ | $P_Q\leqslant3\times10^{-4}$ |
| 室外 | 整屏像素失控率 | $2\times10^{-3}\geqslant P_Z>4\times10^{-4}$ | $4\times10^{-4}\geqslant P_Z>1\times10^{-4}$ | $P_Z\leqslant1\times10^{-4}$ |
| | 区域像素失控率 | $6\times10^{-3}\geqslant P_Q>12\times10^{-4}$ | $12\times10^{-4}\geqslant P_Q>3\times10^{-4}$ | $P_Q\leqslant3\times10^{-4}$ |

### 2. 实际 LED 显示屏的技术指标

在实际应用中，需要根据各个 LED 显示屏的技术指标选择显示屏的单元板，目前市场上的单元板包含 P3、P4、P6、P8、P10、P12 等型号。以 P4 全彩屏箱体为例，其主要技术指标见表 6-2-17。

表 6-2-17　　P4 全彩屏箱体的主要技术指标

| 显示屏屏体参数 | |
|---|---|
| 箱体面积（长）×（高） | （768 mm）×（480 mm）=368 640 $mm^2$ |
| 箱体材料 | 铝 |
| 屏体解析度（长）×（高） | （256 点）×（160 点）=40 960 点 |
| 拼装结构 | 采用单元大模组结构设计，屏面采用后安装方式，可组合拼装（可实现无缝拼接）和组装拆卸（使维修更方便） |
| 运行环境 | 环境温度：存储 −35 ~ +85 ℃ |
| | 环境温度：工作 −20 ~ +50 ℃ |
| | 相对湿度：25% ~ 95%RH |
| 显示屏技术指标参数 | |
| 单元板 | 物理点间距：3 mm；物理密度：111 111 点 /$m^2$ |
| | 发光点颜色：1R1G1B；控制方式：恒流控制 |
| | 单元板分辨率：（64 点）×（32 点）=2 048 点；单元板尺寸：（192 mm）×（96 mm）=18 432 $mm^2$ |
| | 扫描方式：1/16 扫描；屏幕刷新频率：＞500 Hz |
| | 图像传输频率：≥60 Hz；灰度 / 颜色：4 K/ 显示 12.5 颜色 |
| | 亮度：1 800 cd/$m^2$，最大亮度可达 2 000 cd/$m^2$ |
| | 亮度调节方式：软件 16 级可调 |
| | 播放内容：<br>视频信号：RF、S–Video、RGB、RGBHV、YUV、YC、COMPOSITION 等<br>文本文件：WORD 文件<br>图片文件：BMP/JPG/GIF/PCX 等格式的文件<br>动画文件：MPG/MPEG/MPV/MPA/AVI/VCD/SWF/RM/RA/RMJ/ASF 等格式的文件 |
| | 平整度：任意相邻像素间≤0.5 mm；单元板拼接间隙＜0.5 mm |
| | 均匀性：像素光强、单元板亮度均匀 |
| | 像素失控率：＜0.000 2；开关电源负荷：5 V/40 A |
| | 常亮点：无；防护等级：≥IP60；使用寿命：$1 \times 10^5$ h |
| 电源系统 | 工作电压：220 V ± 15%；平均功耗：200 W/$m^2$；最大功耗：＜500 W/$m^2$ |
| 控制系统 | 控制主机：联想启天主机或同档次计算机以上 |
| | 操作系统：WIN 98/WIN 2 000/XP |
| | 控制方式：采用 PCTV 卡（可选）+DVI 显卡 + 主控卡 + 光纤传输（可选）的同步控制方式 |
| | 有效通信距离：网线 100 m（无中继），多模光纤 500 m，单模光纤 20 km |

## 二、LED显示屏主要技术指标的检测

### 1. 检测条件

LED显示屏主要技术指标的检测条件见表6–2–18。

表6–2–18　　LED显示屏主要技术指标的检测条件

| 序号 | 检测条件 | 条件参数 |
|---|---|---|
| 1 | 环境温度 | 15～35 ℃ |
| 2 | 相对湿度 | 40%～80%RH |
| 3 | 大气压力 | 86～106 kPa |
| 4 | 交流电源 | （220±22）V/（50±1）Hz |

### 2. 检测工具

LED显示屏主要技术指标的检测工具包含常用工具、检测软件、检测仪器等，见表6–2–19。

表6–2–19　　LED显示屏主要技术指标的检测工具

| 序号 | 工具名称 | 工具要求描述 |
|---|---|---|
| 1 | 彩色电视信号发生器 | $S/N$>52 dB |
| 2 | 彩色分析仪 | 误差≤±5% |
| 3 | 光强仪 | 86～106 kPa |
| 4 | 照度计 | （220±22）V/（50±1）Hz |
| 5 | 示波器 | 频带宽度 $B$≥100 MHz |
| 6 | 游标卡尺 | 分度值0.02 mm及以下 |
| 7 | 塞规 | 分度值0.02 mm及以下 |
| 8 | 量角器 | 分度值1°及以下 |
| 9 | 钢尺 | 长度为1 m及以上 |
| 10 | 检测软件 | 亮度鉴别测试软件、灰度测试软件、帧频测试软件 |

### 3. 检测方法

LED显示屏主要技术指标的检测包含力学性能指标检测、光学性能指标检测及电学性能指标检测三部分，各部分的检测方法见表6–2–20。

表6–2–20　　LED显示屏主要技术指标的检测方法

<table>
<tr><th>属性</th><th colspan="2">指标名称</th><th>检测方法描述</th></tr>
<tr><td rowspan="3">力学性能指标</td><td colspan="2">外壳防护等级</td><td>根据相关标准的规定进行测量</td></tr>
<tr><td rowspan="2">拼装精度</td><td>平整度</td><td>将1 m长钢尺的侧面放置在显示屏屏面的任意位置，用塞规测量钢尺侧面与显示屏屏面之间的最大空隙 $P$，并查表确定级别</td></tr>
<tr><td>像素中心距离相对偏差</td><td>用分度值为0.02 mm的通用量具测量 $Z_C$，并按公式计算，然后查表确定级别，其中，$J_X=\{|Z_C-Z_B|/[40\times\lg(Z_B/2)]\}\times100\%$（$J_X$ 为像素中心距相对偏差，$Z_C$ 为实测像素中心距，$Z_B$ 为标称像素中心距）</td></tr>
</table>

续表

| 属性 | 指标名称 | | 检测方法描述 |
|---|---|---|---|
| 力学性能指标 | 拼装精度 | 水平相对错位 | 用分度值为 0.02 mm 的通用量具测量 $D_{CS}$，并按公式计算，然后查表确定级别，其中，$C_S=\{D_{CS}/[40\times\lg(Z_B/2)]\}\times 100\%$（$C_S$ 为水平相对错位，$D_{CS}$ 为实测水平错位值，$Z_B$ 为标称像素中心距） |
| | | 垂直相对错位 | 用分度值为 0.02 mm 的通用量具测量 $D_{CC}$，并按公式计算，然后查表确定级别，其中，$C_C=\{D_{CC}/[40\times\lg(Z_B/2)]\}\times 100\%$（$C_C$ 为垂直相对错位，$D_{CC}$ 为实测垂直错位值，$Z_B$ 为标称像素中心距） |
| 光学性能指标 | 最大亮度 | | 1. 检测条件<br>（1）环境照度变化小于 ±10%<br>（2）采集像素的数量不得少于 16 个相邻像素<br>2. 检测步骤<br>（1）用彩色分析仪测量显示屏全黑情况下的背景亮度 $L_D$<br>（2）用彩色分析仪测量显示屏最高亮度和最高灰度级情况下的亮度 $L_{max}$<br>（3）用公式 $L=L_{max}-L_D$ 计算最大亮度<br>（4）用同样的方法测量红、绿、蓝、黄、白等画面的最大亮度 |
| | 视角 | | 1. 检测条件<br>（1）环境照度变化小于 ±10%<br>（2）采集像素的数量不得少于 16 个相邻像素<br>2. 检测步骤<br>（1）水平视角 $\theta_S$ 的测量步骤<br>1）将显示屏用某一单基色点亮（最高亮度和最高灰度级），并在屏中央选择一个被测区域<br>2）用彩色分析仪测出区域内法线方向的亮度 $L_F$<br>3）以被测区域几何中心为圆心，以测量距离为半径，沿水平方向转动彩色分析仪，当彩色分析仪的值下降到 $L_F/2$ 时，测出两条线之间的夹角 $\theta$<br>4）用同样的方法测量出每一种基色的水平视角，取其最小值，即为水平视角 $\theta_S$<br>（2）垂直视角 $\theta_C$ 的测量步骤<br>垂直视角的测量步骤与水平视角的测量步骤基本相同，只是彩色分析仪是沿着垂直方向上下移动的 |
| | 最高对比度 | | 1. 检测条件<br>（1）室内显示屏屏面法线方向的照度为 10×（1±10%）lx<br>（2）室外显示屏屏面法线方向的照度为 40×（1±10%）lx<br>（3）采集像素的数量至少为 16 个相邻像素<br>2. 检测步骤<br>（1）分别测出 $L_{max}$ 和 $L_D$<br>（2）运用公式 $C=(L_{max}-L_D)/L_D$ 计算出对比度 |
| | 基色主波长误差 | | 1. 检测条件<br>（1）环境照度小于 10 lx<br>（2）不允许周围存在有色光源<br>（3）采集像素的数量至少为 16 个相邻像素<br>（4）显示屏设置在最高亮度和最高灰度级<br>2. 检测步骤<br>（1）用彩色分析仪分别测量红、绿、蓝各基色的主波长，并算出实测主波长与标称主波长的差值，取其最大值，即为基色主波长误差 $\Delta\lambda_D$<br>（2）查表确定级别 |

续表

| 属性 | 指标名称 | | 检测方法描述 |
|---|---|---|---|
| 光学性能指标 | 白场色坐标 | | 1. 检测条件<br>（1）环境照度变化小于 ±10%<br>（2）不允许周围存在有色光源<br>（3）采集像素的数量至少为 16 个相邻像素<br>2. 检测步骤<br>（1）在最高亮度和最高灰度级下，显示屏显示白色画面<br>（2）用彩色分析仪测量白场色坐标<br>（3）查表确定级别 |
| | 亮度鉴别等级 | | 1. 检测条件<br>（1）室内显示屏环境照度为 100×（1±10%）lx<br>（2）室外显示屏环境照度为 10 000×（1±10%）lx<br>（3）多人观察且观察者矫正视力必须大于 1.0<br>2. 检测步骤<br>（1）启动检测软件，选择亮度鉴别检测功能<br>（2）观察者站在距显示屏宽度 5～8 倍远的地方<br>（3）用“→”和“←”键移动条纹，使检测卡的最暗一级竖条纹与显示屏左边对齐，数出人眼能够分辨的条纹数 $T_1$，此时亮度鉴别等级为 $T_1$<br>（4）若显示屏一帧不够同时显示 24 条竖条纹，则将第一帧条纹检测软件最右边的条纹左移至显示屏的左边，数出人眼能够分辨的条纹数 $T_2$，此时亮度鉴别等级为 $T_1$+（$T_2$−1）<br>（5）若显示屏两帧不够同时显示 24 条竖条纹，则将第二帧条纹检测软件最右边的条纹左移至显示屏的左边，数出人眼能够分辨的条纹数 $T_3$，此时亮度鉴别等级为 $T_1$+（$T_2$−1）+（$T_3$−1），以此类推<br>（6）将多人观察所得结果求平均值，然后查表确定级别 |
| | 均匀性 | 像素光强均匀性 | 1. 在全屏范围内黑屏状态下任意抽取 30 个像素<br>2. 在最高灰度和最高亮度级下全屏显示单红色<br>3. 用光强仪分别测出这 30 个像素点法线方向的光强值，并求平均值 $\bar{I}$<br>4. 用公式 $I_{RJ}=\mid I_i-\bar{I}\mid/\bar{I}\times100\%$ 计算出红色像素均匀性 $I_{RJ}$<br>5. 用同样的方法测算出绿色和蓝色像素的光强均匀性 $I_{GJ}$、$I_{BJ}$，取三者中的最大值，即为显示屏像素光强均匀性 $I_{PJ}$，然后查表确定级别 |
| | | 显示模块亮度均匀性 | 1. 检测条件<br>（1）环境照度变化小于 ±10%<br>（2）采集像素的数量至少为 16 个相邻像素<br>2. 检测步骤<br>（1）在全屏范围内黑屏状态下任意抽取 9 个像素<br>（2）在最高灰度和最高亮度级下全屏显示某一基色<br>（3）用彩色分析仪分别测出这 9 个显示模块的亮度值，并求平均值 $\bar{L}$<br>（4）用公式 $L_{MJ}=\mid L_i-\bar{L}\mid/\bar{L}\times100\%$ 计算出该基色显示模块的亮度均匀性 $L_{MJ}$<br>（5）用同样的方法测算出其他基色显示模块的亮度均匀性，取其中的最大值，即为显示屏显示模块亮度均匀性 $L_{MJ}$，然后查表确定级别 |
| | | 模组亮度均匀性 | 检测条件、检测方法和计算方式等均与显示模块亮度均匀性相同 |

续表

| 属性 | 指标名称 | 检测方法描述 |
| --- | --- | --- |
| 电学性能指标 | 换帧频率 | 1. 启动检测软件，选择帧频测试功能，并在显示屏上打开四个区域 A1、A2、A3、A4，第一帧在 A1 内显示“●”，第二帧在 A2 内显示“■”，第三帧在 A3 内显示“▲”，第四帧在 A4 内显示“★”，第五帧开始循环<br>2. 若能在四个区域中完整显示图像，则换帧频率 $F_H$ 等于计算机的帧频率 $F_F$<br>3. 若能在四个区域中只有 A1 和 A3 或 A2 和 A4 完整显示图像，则 $F_H=F_F/2$<br>4. 若能在四个区域中只有一个区域完整显示图像，则 $F_H=F_F/4$<br>5. 若能在四个区域中都有图像，但显示不完整，则 $F_H=F_F/2$<br>6. 用示波器测出 $F_F$，计算出 $F_H$，然后查表确定级别 |
| | 刷新频率 | 1. 将显示屏置于最高亮度级，设置灰度为 1 级，全屏显示白色（双基色屏显示组合色）<br>2. 用示波器测量任一像素的任何一种颜色的驱动电流波形，并测出一组驱动电流波形的周期 $T$，则刷新频率为 $1/T$，然后查表确定级别 |
| | 占空比 | 1. 统计出显示屏一个模块的驱动电路位数 $Q$<br>2. 数出显示屏一个模块的像素数 $X$<br>3. 用公式 $Z_Q=Q/(X\times J_C)$ 计算出占空比（$J_C$ 为屏基色数） |
| | 模组负载变化率 | 1. 检测条件<br>（1）环境照度变化小于 ±10%<br>（2）采集像素的数量至少为 16 个相邻像素<br>2. 检测步骤<br>（1）在全屏范围内黑屏状态下用彩色分析仪测出显示屏的背景亮度 $L_D$<br>（2）以模组的 1/16 方块为单位（每个方块内的像素数量不少于 16 个）划分模组<br>（3）将模组置于最高亮度和最高灰度级，点亮全模组，选择任何一个区域测量该模组的亮度 $L_G$<br>（4）将模组置于最高亮度和最高灰度级，点亮其中一个区域，测量该区域的亮度 $L_Q$<br>（5）用公式 $L_L=(L_Q-L_G)/(L_Q+L_G-2L_D)\times 100\%$ 计算出模块亮度的变化率<br>（6）用同样的方法测量并计算红、绿、蓝、白色（全彩模组）或红、绿、黄色（双基色模组）的亮度变化率，取其中的最大值，即为模组的负载变化率 |
| | 灰度等级 | 1. 检测条件<br>（1）环境照度变化小于 ±10%<br>（2）检测过程中，彩色分析仪的采集范围不变<br>2. 检测步骤<br>（1）启动检测软件，选择灰度测试功能，逐级增加灰度，显示屏的亮度单调上升<br>（2）测量显示屏的灰度级 $G$ 值，然后查表确定级别 |
| | 信噪比 | 1. 用光强仪的光探头罩住某一像素<br>2. 将显示屏置于最高亮度和最高灰度级，测出此状态下的光强 $I_{EM}$<br>3. 将显示屏置于最高亮度和 50% 灰度，测出此状态下的光强 $I_{EH}$<br>4. 用彩色电视信号发生器给显示屏送入白信号，调制其输出幅度，使像素光强等于 $I_{EH}$，并保持工作 30 min<br>5. 将视频画面冻结，此时再测出冻结后的像素光强 $I_{Di}$，重复测量 20 次，找出其中的三个最大值并求平均值得到 $I_{Dmax}$，同时找出三个最小的值并求平均值得到 $I_{Dmin}$<br>6. 用公式 $S/N=20\lg[2\sqrt{2}I_{EM}/(I_{Dmax}-I_{Dmin})]$ 计算出信噪比值，然后查表确定级别 |

续表

| 属性 | 指标名称 | | 检测方法描述 |
|---|---|---|---|
| 电学性能指标 | 像素失控率 | 整屏像素失控率 | 1. 整屏显示最高灰度级红色，用目测法数出不亮的像素数 $P_F$<br>2. 清屏，用目测法数出红色常亮像素数 $P_L$<br>3. 用公式 $P_{ZR}$=（$P_F$+$P_L$）/$P$ 计算出整屏红色像素失控率<br>4. 用同样的方法测算出蓝色像素失控率 $P_{ZB}$ 和绿色像素失控率 $P_{ZG}$，取三者中的最大值，即为整屏像素失控率 $P_Z$，然后查表确定级别 |
| | | 区域像素失控率 | 1. 启动检测软件，选择像素失控率测试功能<br>2. 做一个 100 × 100 像素的可移动的红色方块（最高灰度级）<br>3. 移动该方块，找出红色盲点数 $M$，清屏，用目测法数出区域 $A_P$ 内红色常亮点数 $N$，用公式 $P_{QR}$=（$M$+$N$）/10 000 计算出区域红色像素失控率 $P_{QR}$<br>4. 用同样的方法测算出蓝色像素失控率 $P_{QB}$ 和绿色像素失控率 $P_{QG}$，取三者中的最大值，即为区域像素失控率 $P_Q$，然后查表确定级别 |

# 实训 2　LED 显示屏单元板技术指标的检测

## 实训目的

1. 能看懂 LED 显示屏单元板的工程技术文件。
2. 能完成 LED 显示屏单元板技术指标的检测。

## 实训设备与工具

计算机、宽带网、直流稳压电源、常用的仪器和仪表、LED 显示屏检测工具等。

## 实训内容与步骤

### 一、识读 LED 显示屏单元板的工程技术文件

根据指导教师提供的单元板，通过上网等多种方式，查阅 LED 显示屏单元板的参数，并进行归纳整理。

### 二、检测 LED 显示屏单元板的技术指标

用示波器、直流稳压电源及 LED 显示屏检测工具，对 LED 显示屏单元板的技术指标进行检测，并完成表 6-2-21 的填写。

表 6-2-21　　LED 显示屏单元板技术指标检测结果

| 显示屏型号 | 参数名称 | 理论值 | 实测值 |
|---|---|---|---|
| | | | |
| | | | |
| | | | |
| | | | |
| | | | |

### 三、拓展训练

通过上网等方式，查阅市售 LED 显示屏单元板的技术指标，并进行总结。

## §6-3 LED 显示屏的常见故障与检修方法

### 学习目标

1. 了解 LED 显示屏故障检修的注意事项。
2. 掌握 LED 显示屏故障的检修方法和检修步骤。
3. 能对 LED 显示屏的故障进行检修。

在实际应用中，经常会遇到 LED 显示屏出现黑屏、花屏、单元板整板不亮、缺色、偏色等故障现象。由于 LED 显示屏工作在大电流、高电压环境中，同时 LED 显示屏大多应用在公共场合，且体积较大，因此，在对 LED 显示屏进行检修时，必须规范操作，以确保安全。

### 一、LED 显示屏故障检修的注意事项

检修 LED 显示屏时，要注意以下事项：

1. 现场维修时要注意隔离维修场地，设置警戒线或警示牌。

2. 由于 LED 显示屏是高电压、大电流供电，因此，在检修 LED 显示屏时，一定要做好安全防护措施。

3. 在维修屋顶式或镶嵌式户外显示屏时，必须做好户外高空作业防护措施。

4. 检修 LED 显示屏时要尽量避免带电作业。

5. 检修 LED 显示屏所使用的工具必须有良好的绝缘保护措施。

6. 维修结束后，要清理好现场，以避免发生意外。

### 二、LED 显示屏故障的检修方法和检修步骤

**1. 检修方法**

（1）电阻检测法

将万用表调到电阻挡，检测一块正常的电路板的某点与地的电阻值，再检测另一块相同的电路板同一个点的电阻值，与正常的电阻值进行对比，就可以确定故障的范围。

（2）电压检测法

将万用表调到直流电压挡，检测有问题电路的某点对地的电压值，与正常值相比较，以确定故障的范围。

（3）短路检测法

将万用表调到短路检测挡（二极管压降挡或电阻挡，该挡一般具有报警功能），检测电路是否有短路现象。注意短路检测法必须在电路断电的情况下操作，以免损坏测量仪表。

**2. 检修步骤**

LED 显示屏故障的检修步骤如下：

（1）检查显卡的设置是否正确，具体设置方法参考相关技术文件。

（2）检查系统的基本连接，如 DVI 线、网线插口、主控卡与计算机 PCI 插槽的连接、

串口线的连接等是否正确。

（3）检查计算机及 LED 电源系统是否满足使用需求。当 LED 屏体电源供电不足、LED 显示屏显示白色的图像时，会引起画面闪烁，要根据箱体电源需求配制合适的供电电源。

（4）检查发送卡的绿灯是否有规律地闪烁，如果不闪烁，可以重新启动试一下。

（5）按照软件要求重新进行参数设置。

（6）检查接收卡绿灯（数据灯）是否与发送卡绿灯同步闪烁。

（7）检查网线是否连接良好或网线是否符合标准。

（8）检查转接卡接口定义线是否与单元板匹配。

由于网线的 RJ45 接口连接不牢固或接收卡电源没有连接，导致信号无法传送，都有可能出现局部无画面或花屏，在检修之前要先确保所有的线材连接正确。

## 三、LED 显示屏常见故障的检修

LED 显示屏常见故障的检修见表 6–3–1。

表 6–3–1　　LED 显示屏常见故障的检修

| 类型 | 故障现象 | 故障检修 |
|---|---|---|
| 单元板故障 | 单元板整板不亮 | 1. 检查供电电源与信号线是否连接<br>2. 检查测试卡是否已识别接口，如果测试卡红灯闪烁，表示没有识别，需要检查灯板是否与测试卡同电源地，或灯板接口有信号与地短路，导致无法识别接口<br>3. 检测 74HC245 等放大电路有无虚焊或短路，检测放大电路芯片上对应的使能（EN）信号输入 / 输出脚是否虚焊或短路到其他线路<br>4. 检查列驱动芯片是否正常，检查列驱动芯片输出脚到模块脚是否连通<br>5. 检查行驱动芯片是否正常，检查行驱动芯片输出脚到模块脚是否连通 |
| | 单元板规律性地隔行不亮、显示画面重叠 | 1. 检测行信号输入口到放大电路之间是否有断路或虚焊、短路<br>2. 检测放大电路对应的行信号输出端与译码芯片之间是否断路或虚焊、短路<br>3. 检测行信号之间是否短路或某信号与地短路 |
| | 单元板全亮时有一行或几行不亮 | 1. 检测译码电路到行驱动芯片之间的线路是否断路或虚焊、短路<br>2. 更换行驱动芯片（如 SM4953）<br>3. 更换译码芯片（如 74LS138） |
| | 单元板在行扫描时两行或几行同时点亮 | 1. 检测行信号各信号之间是否短路<br>2. 检测行驱动芯片输出端是否与其他输出端短路<br>3. 更换行驱动芯片 |
| | 单元板全亮时有单点或多点（无规律）不亮 | 1. 找到该模块对应的控制脚，测量其是否与本行短路<br>2. 更换模块或单灯 |
| | 单元板全亮时有一列或几列不亮 | 1. 在模块上找到控制该列的引脚，检测其是否与驱动 IC（如 SM16126、74HC595、TB62726 等）的输出端相连接<br>2. 更换对应的列驱动芯片 |
| | 有单点或单列高亮，或整行高亮且不受控 | 1. 检测该列是否与电源地短路<br>2. 检测该行是否与电源正极短路<br>3. 更换该列驱动 IC |
| | 显示混乱，但输出到下一块板的信号正常 | 1. 检测放大芯片对应的 STB 锁存输出端与驱动 IC 的锁存端是否连接<br>2. 检测放大芯片对应的 STB 锁存输出端与驱动 IC 的锁存端信号是否被短路到其他线路 |

续表

| 类型 | 故障现象 | 故障检修 |
|---|---|---|
| 单元板故障 | 显示混乱，且输出不正常 | 1. 检测时钟 CLK 锁存 STB 信号是否短路<br>2. 检测放大芯片的时钟 CLK 是否有输入和输出<br>3. 检测时钟信号是否短路到其他线路 |
| | 单元板输出到下一单元板的信号有问题 | 1. 检测输出接口到信号输出 IC 的线路是否连接或短路<br>2. 检测输出口的时钟锁存信号是否正常<br>3. 检测最后一个驱动 IC 之间的级连输出数据口是否与输出接口的数据口连接或短路<br>4. 检测输出的信号是否有相互短路的或有短路到地的情况<br>5. 检查输出的排线是否良好 |
| | 单元板显示缺色 | 1. 检查放大芯片的该颜色的数据端是否有输入和输出<br>2. 检测该颜色的数据信号是否短路到其他线路<br>3. 检测该颜色的驱动 IC 之间的级连数据口是否有断路或虚焊、短路 |
| 整屏故障 | 整屏不亮（黑屏） | 1. 检测供电电源是否通电<br>2. 检测通信线是否接通、有无接错（同步屏）<br>3. 检查发送卡和接收卡绿灯有无闪烁<br>4. 检查计算机显示器是否保护，或显示屏显示领域是黑色或纯蓝色（同步屏） |
| | 多块单元板不亮（黑屏） | 1. 如果是连续几块单元板横向不亮，应检查正常单元板与异常单元板之间的排线是否连通，或检查放大电路芯片是否正常<br>2. 如果是连续几块单元板纵向不亮，应检查这几块屏的列电源供电是否正常 |
| | 整屏一行或几行不亮 | 1. 检查行信号输入脚与行驱动芯片输出脚是否连通<br>2. 检查译码芯片是否正常<br>3. 检查行扫描驱动芯片是否正常，或检查行扫描驱动芯片的控制信号是否正常<br>4. 检查译码电路与行扫描驱动电路连接是否正常 |
| | 显示屏有“雪花”（闪点） | 1. 检查是否有铁屑吸附到磁铁脚上造成漏电或电压外壳漏电干扰到单元板<br>2. 检测控制卡的供电电压是否正常<br>3. 检测行或列扫描信号电压是否正常（信号衰减大也会导致显示屏闪点）<br>4. 检测控制点的点频是否与单元板相匹配 |
| 软件故障 | 计算机与控制卡通信不正常 | 1. 检查串口选择是否设置正确<br>2. 检查控制卡串口是否设置正确（默认端口为 COM1）<br>3. 检查波特率是否设置正确（默认值为 57600）<br>4. 检查用于通信的串口是否被其他程序占用 |
| | 数据发送成功后显示屏无显示 | 1. 检查显示屏参数是否设置正确<br>2. 检查是否发送的是一个空的节目 |
| | 数据发送成功后显示屏显示错乱 | 检查控制软件参数配置与显示屏参数是否设置正确 |
| | 显示屏上的数据反向 | 将控制软件中的数据极性与当前参数反向 |
| | 显示屏上的内容出现虚影 | 将控制软件中的 OE 极性与当前参数反向 |
| | 显示屏上的内容为反斜显示 | 选中控制软件中的“数据镜像” |
| | 显示屏上显示有多余的内容 | 用控制软件清空节目，重新发送编辑过的内容 |

# 实训3　LED 显示屏的故障检修

## 实训目的

1. 能绘制相关电路图及组成框图。
2. 能完成 LED 显示屏的故障检修。

## 实训设备与工具

计算机、宽带网、直流稳压电源、常用的仪器和仪表、LED 显示屏检测工具等。

## 实训内容与步骤

### 一、根据单元板绘制图纸

1. 根据现场提供的 LED 显示屏，绘制显示屏单元板的电路图。
2. 根据现场提供的 LED 显示屏，绘制该 LED 显示系统的组成框图。

### 二、LED 显示屏单元板的故障检修

用示波器、直流稳压电源及 LED 显示屏检测工具等对 LED 显示屏的故障进行检修，并完成表 6–3–2 的填写。

表 6–3–2　　LED 显示屏的故障检修

| 故障现象 | 故障解决步骤 | 故障测试参数 | 故障解决方案 |
| --- | --- | --- | --- |
| | | | |
| | | | |

## 思考与练习

1. LED 显示屏可以分为哪几种？
2. LED 显示系统由哪几部分组成？
3. LED 显示屏的单元箱体由哪几部分组成？
4. 安装 LED 显示屏时要注意哪些问题？
5. 画出 LED 显示屏单元板电路的组成框图，并简述各部分的作用。
6. 简述 LED 显示屏单元板电路的工作原理。
7. 列出 LED 显示屏的主要技术指标。
8. 对 LED 显示屏进行测试时，要注意哪些问题？
9. 对 LED 显示屏进行检修时，要注意哪些问题？
10. LED 显示屏单元板全亮时，出现有一行或几行不亮的故障，应如何进行检修？

# 附图 1

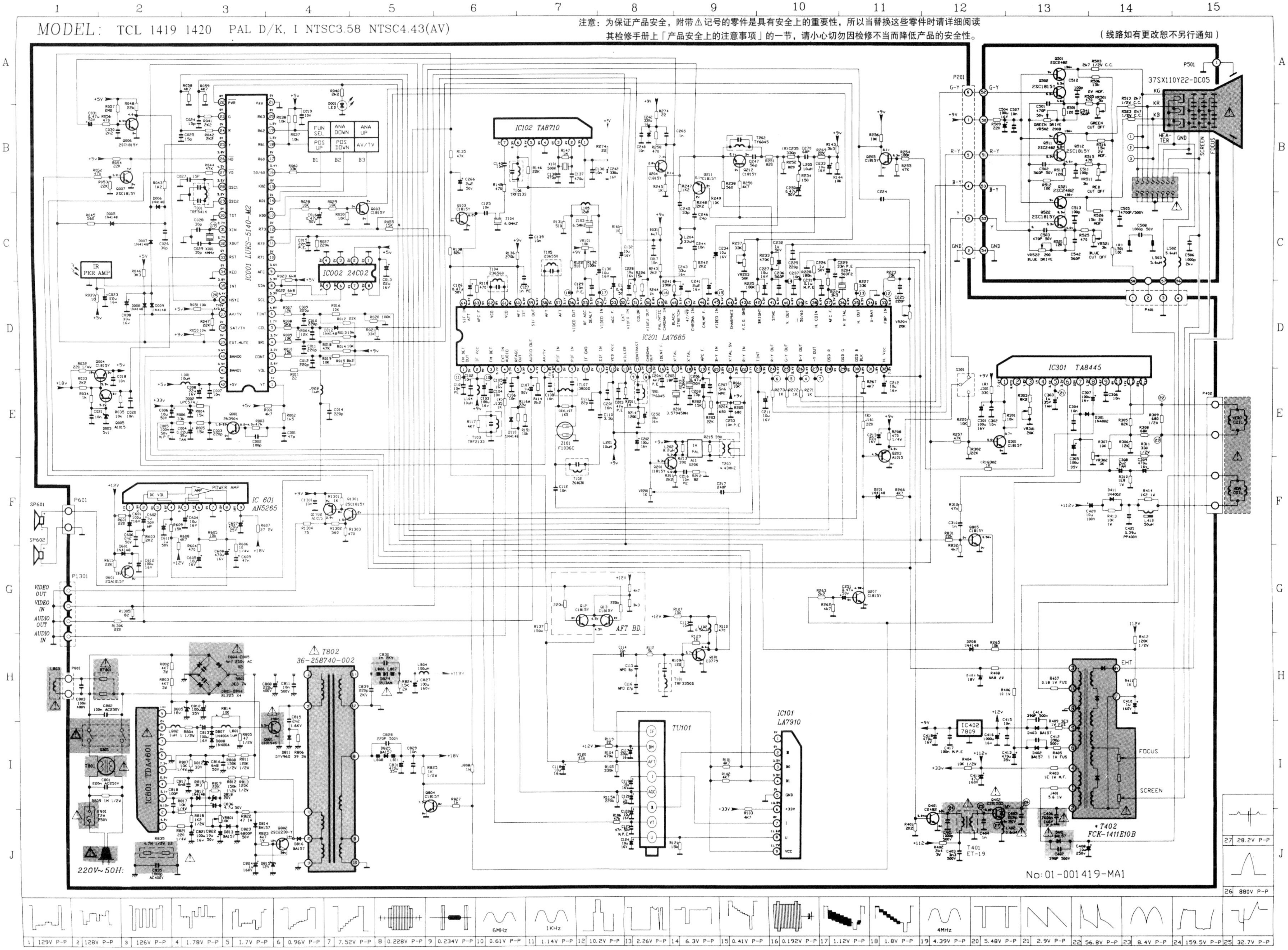

MODEL: TCL 1419 1420 PAL D/K, I NTSC3.58 NTSC4.43(AV)
注意：为保证产品安全，附带⚠记号的零件是具有安全上的重要性，所以当替换这些零件时请详细阅读
其检修手册上「产品安全上的注意事项」的一节，请小心切勿因检修不当而降低产品的安全性。
（线路如有更改恕不另行通知）
IC001 LUKS-5140-M2
IC002 24C02
IC102 TA8710
IC201 LA7685
IC301 TA8445
IC601 AN5265
IC801 TDA4601
IC101 LA7910
IC402 7809
TU101
T802 36-258740-002
T402 FCK-1411E10B
T401 ET-19
37SX110Y22-DC05
AFT BD.
220V~50Hz
No: 01-001419-MA1


注：附图 1 为 TCL 9614C 型遥控彩色电视机工作原理原图。

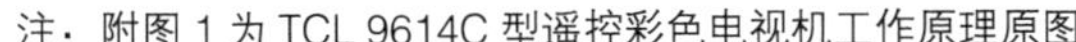

# 附图 2

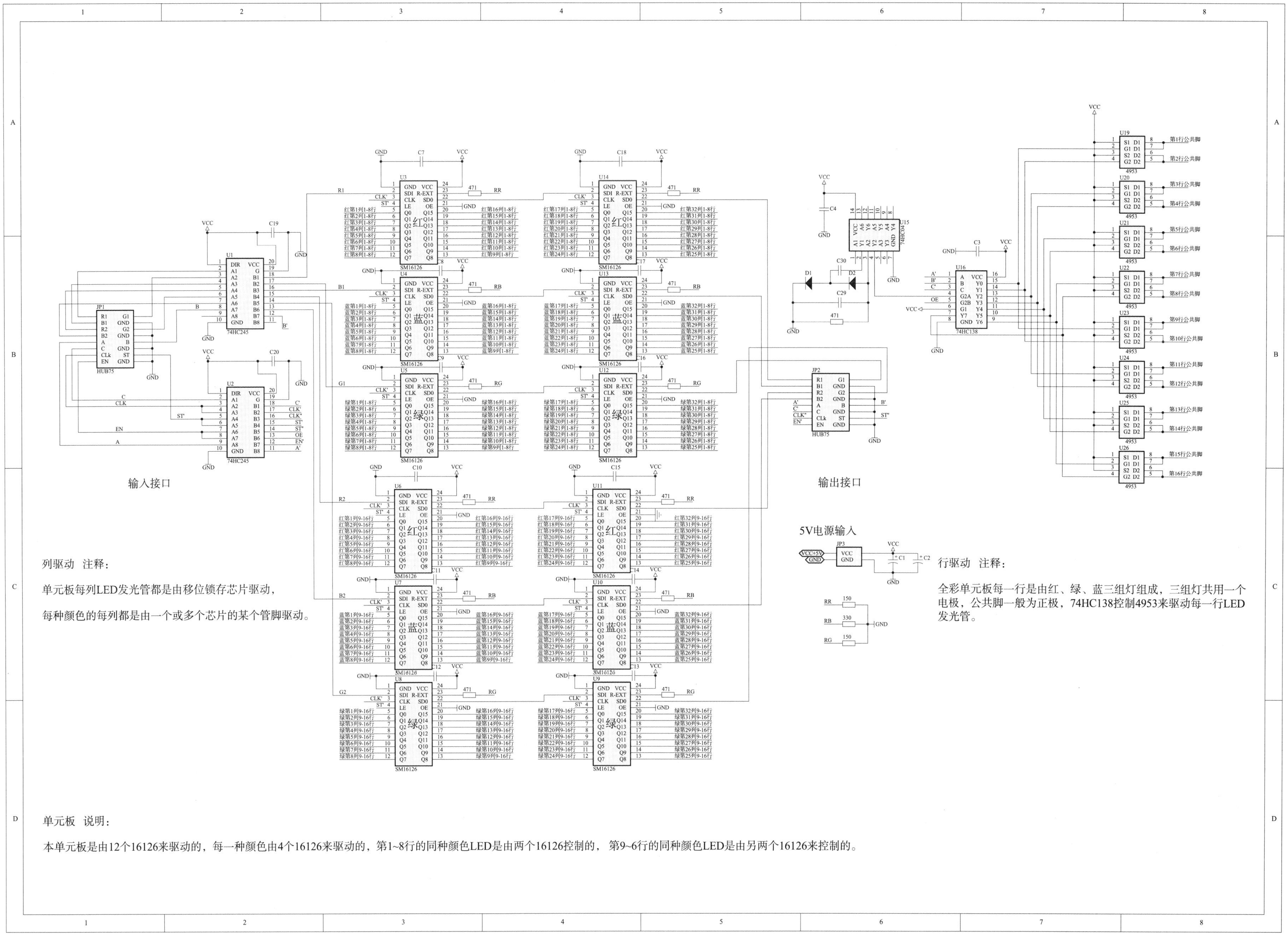

输入接口

输出接口

5V电源输入

列驱动 注释：

单元板每列LED发光管都是由移位锁存芯片驱动，

每种颜色的每列都是由一个或多个芯片的某个管脚驱动。

行驱动 注释：

全彩单元板每一行是由红、绿、蓝三组灯组成，三组灯共用一个电极，公共脚一般为正极，74HC138控制4953来驱动每一行LED发光管。

单元板 说明：

本单元板是由12个16126来驱动的，每一种颜色由4个16126来驱动的，第1~8行的同种颜色LED是由两个16126控制的，第9~6行的同种颜色LED是由另两个16126来控制的。

注：附图 2 为彩色 LED 显示屏单元板整板电路图。